21 世纪
高等院校数学规划系列教材／主编 肖筱南

高 等 数 学

（第二版）

（上　册）

肖筱南　　林建华　　高琪仁
许清泉　　庄平辉　　林应标　编著

北京大学出版社
PEKING UNIVERSITY PRESS

图书在版编目(CIP)数据

高等数学. 上册/肖筱南等编著. —2 版. —北京：北京大学出版社，2022.8
21 世纪高等院校数学规划系列教材

ISBN 978-7-301-33169-9

Ⅰ.①高… Ⅱ.①肖… Ⅲ.①高等数学 – 高等学校 – 教材 Ⅳ.①O13

中国版本图书馆 CIP 数据核字（2022）第 134416 号

书　　　名	高等数学（第二版）（上册）
	GAODENG SHUXUE（DI-ER BAN）（SHANGCE）
著作责任者	肖筱南　林建华　高琪仁　许清泉　庄平辉　林应标　编著
责 任 编 辑	曾琬婷
标 准 书 号	ISBN 978-7-301-33169-9
出 版 发 行	北京大学出版社
地　　　址	北京市海淀区成府路 205 号　100871
网　　　址	http://www.pup.cn　新浪微博：@北京大学出版社
电 子 信 箱	zpup@ pup.cn
电　　　话	邮购部 010-62752015　发行部 010-62750672　编辑部 010-62754819
印 刷 者	北京鑫海金澳胶印有限公司
经 销 者	新华书店
	787 毫米×960 毫米　16 开本　19.5 印张　420 千字
	2010 年 8 月第 1 版
	2022 年 8 月第 2 版　2024 年 7 月第 3 次印刷（总第10次印刷）
印　　　数	28001—30000 册
定　　　价	55.00 元

"21 世纪高等院校数学规划系列教材"
编审委员会

主　编　肖筱南

编　委　（按姓氏笔画为序）

王海玲　　王惠君　　庄平辉　　许振明

许清泉　　李清桂　　杨世廉　　林应标

林建华　　欧阳克智　周小林　　周牡丹

单福奎　　茹世才　　宣飞红　　殷　倩

高琪仁　　曹镇潮

"21 世纪高等院校数学规划系列教材"书目

内 容 简 介

　　本书是根据教育部关于高等学校理工类本科"高等数学"课程教学大纲的要求,结合编者多年在教学第一线积累的实践经验以及对"高等数学"课程内容的深入研究和透彻理解编写而成的.本书旨在培养学生的数学素质、创新意识以及运用数学知识解决实际问题的能力.全书分上、下两册,上册内容包括:函数、极限与连续,导数与微分,微分中值定理与导数的应用,不定积分,定积分,定积分的应用,常微分方程;下册内容包括:空间解析几何与向量代数,多元函数微分学,重积分,曲线积分与曲面积分,无穷级数.各章中除"综合例题"一节外,每节均配有适量的习题,书末附有部分习题答案或提示,供读者参考.

　　本书内容取材适当,逻辑清晰,重点突出,难点分散,通俗易懂,便于自学.每一章的最后设置了"综合例题"一节,介绍各种重要的题型,博采众长的解题方法.这对开阔解题思路,激发学生学习兴趣,提高学生综合运用数学知识的能力将是十分有益的.本次修订保持了第一版的风格、体系与结构以及诸多优点,同时更加注重实用性和适用性,力图使本书更切合学生的实际要求,更便于教学与自学.

　　本书可作为高等学校理工类本科"高等数学"课程的教材,也可作为考研学生的一本无师自通的参考书.

第二版前言

本书自第一版出版以来,受到了广大读者和同行的青睐,并被许多高等学校的教师相继选为教材或教学参考书.

进入 21 世纪以来,随着我国高等教育事业的快速发展,对高等学校数学基础课程的教学提出了新的挑战.为了更好地满足新形势下对高等学校理工类本科"高等数学"课程培养高素质复合型、创新型人才的要求,我们根据多年的教学研究与实践,结合广大读者的反馈意见以及新形势下广大理工类本科生对"高等数学"课程的学习要求,在第一版的基础上,对本书进行全面修订.

在修订中,我们在保持第一版风格、体系与结构以及诸多优点的基础上,特别注意针对教学中学生经常出现的疑惑,进一步加强了对一些重要概念的引入描述以及重点、难点问题与典型实例的深入剖析,使全书脉络更加清晰,理论内容更加深入浅出、通俗易懂,思路更加开阔,解题方法、技巧更加完善,以达到易教易学之目的.

本次修订由肖筱南制订修订方案,并负责统稿、定稿,其中参与修订工作的有林建华、高琪仁、许清泉、庄平辉、林应标.在修订过程中,充分听取了广大用书教师与学生的意见与建议,并广泛汲取了国内外优秀教材的优点.在此,对相关人员表示衷心感谢.

本书的修订出版得到了北京大学出版社及厦门大学嘉庚学院的鼎力支持与帮助,在此谨一并表示由衷感谢.

我们谨将此书奉献给广大的热心读者.书中不妥之处,敬请广大读者批评指正.

编 者
2022 年 1 月

第一版前言

随着我国高等教育改革的不断深入,根据教育部《关于做好2009年度高等学校本科教学质量与教学改革工程项目申报工作的通知》的精神,为了更好地适应21世纪对高等学校培养复合型高素质人才的需要,北京大学出版社计划出版一套对国内高等学校本科大学数学公共课程教学质量与教学改革起到积极推动作用的"21世纪高等院校数学规划系列教材".应北京大学出版社的邀请,我们这些长期在教学第一线的教师,经过统一策划、集体讨论、反复推敲,编写了这套教材,其中包括:《高等数学(上册)》《高等数学(下册)》《微积分》《线性代数》《新编概率论与数理统计》《现代数值计算方法》.

在结合编写者长期讲授本科大学数学公共课程所积累的成功教学经验的同时,本套教材紧扣教育部关于本科大学数学公共课程的教学大纲,紧紧围绕21世纪大学数学公共课程教学改革与创新这一主题,立足大学数学公共课程教学改革新的起点、新的高度,狠抓了教材建设中基础性与前瞻性、通俗性与创新性、启发性与开拓性、趣味性与科学性、直观性与严谨性、技巧性与应用性的和谐与统一的"六突破".实践将会有力证明,符合上述先进理念的优秀教材,将会深受广大学生的欢迎.

本套教材的特点还体现在:在编写过程中,我们按照本科数学基础课程要"加强基础,培养能力,重视应用"的改革精神,对传统的教材体系及教学内容进行了必要的调整和改革,在遵循本学科科学性、系统性与逻辑性的前提下,尽量注意贯彻深入浅出、通俗易懂、循序渐进、融会贯通的教学原则与直观形象的教学方法.既注重数学基本概念、基本定理和基本方法的本质内涵的剖析与阐述,特别是对它们的几何意义、物理背景、经济解释以及实际应用价值的剖析,又注重学生基本运算能力的训练以及综合分析问题、解决问题能力的培养;既兼顾教材的前瞻性,教材的优点,又注意数学基础课程与相关专业课程的联系,为各专业后续课程打好坚实的基础.

为了帮助各类学生更好地掌握相应课程的教学内容,加强基础训练和基本能力的培养,本套教材紧密结合概念、定理和运算法则配置了丰富的例题,并做了深入的剖析与解答.各章中除"综合例题"一节外,每节均配有适量习题,以供读者复习、巩固所学知识.书末附有部分习题答案与提示,以便读者参考.

本书分上、下两册,共十二章,其中第一章由杨世嶷编写,第二章由林建华编写,第三章由林应标编写,第四、五、六章由许清泉编写,第七章由庄平辉编写,第八章由杨世嶷编写,第九章由高琪仁编写,第十章由林应标编写,第十一章由林建华编写,第十二章由庄平辉编写,许清泉参与全书习题的编写.全书先由林建华负责修改与统稿,最后由肖筱南负责审稿和定稿.

　　本套教材的编写与出版,得到了北京大学出版社及厦门大学嘉庚学院的大力支持与帮助,刘勇副编审与责任编辑曾琬婷为本套教材的出版付出了辛勤劳动,在此一并表示诚挚的谢意.

　　限于编者水平,书中难免有不妥之处,恳请读者指正!

编　者

2010 年 6 月

目　　录

目录

第一章

函数、极限与连续

> "高等数学"是以函数为主要对象,以极限理论为基础,分析研究函数的连续、可微与可积等性态的一门课程.本章将着重介绍函数、极限和连续的基本概念、基本性质及基本方法,为今后学习微积分学打下必要的基础.

§1.1 初 等 函 数

一、邻域

由于集合、数集、映射等知识在中学已介绍过,因此我们在这里着重介绍邻域的概念.

邻域 以点 a 为中心的开区间 $(a-\delta,a+\delta)(\delta>0)$ 称为点 a 的 δ 邻域(简称邻域),记作 $U(a,\delta)$,其中点 a 称为该邻域的**中心**,δ 称为该邻域的**半径**.

显然,$U(a,\delta)$ 表示与点 a 的距离小于 δ 的点组成的集合,即

$$U(a,\delta)=\{x\mid |x-a|<\delta\}.$$

当无须强调邻域的半径时,我们常用记号 $U(a)$ 表示以点 a 为中心的某个开区间,称为点 a 的邻域.

去心邻域 点 a 的 δ 邻域去掉中心 a 后,称为点 a 的去心 δ 邻域(简称去心邻域),记作 $\mathring{U}(a,\delta)$,即

$$\mathring{U}(a,\delta)=\{x\mid 0<|x-a|<\delta\}.$$

另外,开区间 $(a-\delta,a)$ 称为点 a 的**左 δ 邻域**(简称左邻域),而开区间 $(a,a+\delta)$ 称为点 a 的**右 δ 邻域**(简称右邻域).

二、两个常用不等式

我们不加证明地介绍两个简单而又常用的不等式.

三角不等式 对于任意的实数 a 和 b,都有

$$||a|-|b||\leqslant|a+b|\leqslant|a|+|b|.$$

平均值不等式　对于任意 n 个正数 $a_1,a_2,\cdots,a_n$,恒有

$$\sqrt[n]{a_1a_2\cdots a_n}\leqslant\frac{a_1+a_2+\cdots+a_n}{n},$$

其中等号当且仅当 $a_1,a_2,\cdots,a_n$ 全部相等时才成立.

在上述平均值不等式中,左边的式子称为 $a_1,a_2,\cdots,a_n$ 的**几何平均**,右边的式子称为 $a_1,a_2,\cdots,a_n$ 的**算术平均**.因此,正数的几何平均小于或等于算术平均.

三、函数

1. 函数概念

定义 1　设 D 是实数域 **R** 上的非空数集.若存在某一确定的法则 f,使得对于每个 $x\in D$,都有唯一确定的实数 y 与之对应,则称对应法则 f 为定义在 D 上的**一元函数**(简称**函数**),记作

$$y=f(x),\quad x\in D,$$

其中 x 称为函数 f 的**自变量**, y 称为函数 f 的**因变量**, D 称为函数 f 的**定义域**(通常记为 D_f),与 x 对应的值 $y=f(x)$ 称为点 x 处的**函数值**,函数值的全体构成的集合称为函数 f 的**值域**[通常记为 R_f 或 $f(D)$].这时也称 y 是 x 的函数.

定义 1 中的"唯一确定"表明所讨论的函数是单值的.除非特别说明,本书不讨论多值函数.另外,表示函数的记号除了常用的 f 外,还可用任何其他字母,有时甚至就用 $y=y(x)$ 来表示一个函数,且为了简便,常常用 $f(x),g(x),y(x)$ 等表示 x 的函数.

确定一个函数的因素有三个:定义域、对应法则、值域.函数的定义域通常由自然定义域或实际定义域决定.**自然定义域**是指使函数的抽象表达式有意义的自变量取值范围,而**实际定义域**则是指由问题的实际背景所限定的自变量取值范围.显然,两个函数相等,当且仅当它们的定义域和对应法则都相同.

在平面直角坐标系中,以自变量 x 为横坐标,对应的函数值 $y=f(x)$ 为纵坐标,就得到平面上一个点,这种点全体构成的点集称为**函数 $y=f(x)$ 的图形**.

函数的表示法主要有三种:解析法(公式法)、图示法和表格法.用解析法表示函数时,有些函数无法用一个统一的表达式表示,必须根据自变量的不同取值范围而采用不同表达式.这类函数称为**分段函数**,在学习中尤应引起重视.

下面举几个例子.

例 1　绝对值函数

$$y=|x|=\begin{cases}-x,&x<0,\\x,&x\geqslant0.\end{cases}$$

例 2　符号函数

$$y = \operatorname{sgn} x = \begin{cases} -1, & x < 0, \\ 0, & x = 0, \\ 1, & x > 0. \end{cases}$$

例 3 取整函数 $y = [x]$,其中记号 $[x]$ 表示不超过 x 的最大整数(见图 1-1).

例 4 狄利克雷(Dirichlet)函数

$$D(x) = \begin{cases} 0, & x \text{ 为无理数}, \\ 1, & x \text{ 为有理数}. \end{cases}$$

例 5 设函数

$$f(x) = \begin{cases} x^2, & x \leqslant 1, \\ 2x - 1, & x > 1, \end{cases}$$

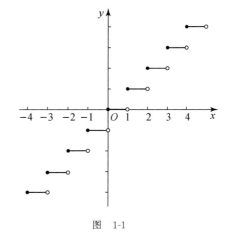

图 1-1

求 $f(1 + \Delta x) - f(1)$.

解 易得 $f(1) = 1$.

当 $\Delta x < 0$ 时,$f(1 + \Delta x) = (1 + \Delta x)^2$,则

$$f(1 + \Delta x) - f(1) = 2\Delta x + (\Delta x)^2;$$

当 $\Delta x > 0$ 时,$f(1 + \Delta x) = 2(1 + \Delta x) - 1$,则

$$f(1 + \Delta x) - f(1) = 2\Delta x.$$

因此

$$f(1 + \Delta x) - f(1) = \begin{cases} 2\Delta x + (\Delta x)^2, & \Delta x < 0, \\ 0, & \Delta x = 0, \\ 2\Delta x, & \Delta x > 0. \end{cases}$$

例 6 设 $f(\sin x) = \sqrt{\cos 2x}$,求函数 $f(x)$ 的表达式及其定义域.

解 因 $\sqrt{\cos 2x} = \sqrt{1 - 2\sin^2 x}$,令 $t = \sin x$,则 $f(t) = \sqrt{1 - 2t^2}$.于是

$$f(x) = \sqrt{1 - 2x^2}.$$

为使 $\sqrt{1 - 2x^2}$ 有意义,应有 $1 - 2x^2 \geqslant 0$.由此解得 $|x| \leqslant \dfrac{\sqrt{2}}{2}$,所以函数 $f(x)$ 的定义域为 $\left[-\dfrac{\sqrt{2}}{2}, \dfrac{\sqrt{2}}{2} \right]$.

2. 函数的一些性质

2.1 有界性

设函数 $f(x)$ 在数集 D 上有定义.若存在正数 M,使得对于任何 $x \in D$,都有

$$|f(x)| \leqslant M,$$

则称 $f(x)$ 在 D 上**有界**,或称 $f(x)$ 是 D 上的**有界函数**;否则,称 $f(x)$ 在 D 上**无界**,或称

$f(x)$ 是 D 上的**无界函数**. 也就是说,若 $f(x)$ 是 D 上的无界函数,则不管事先给定的正数 M 多么大,总存在一个 $x_0 \in D$,使得 $|f(x_0)| > M$.

　　例如,函数 $y = \sin x$ 在区间 $(-\infty, +\infty)$ 上有界,而函数 $y = 2x + 1$ 在任何有限区间上都是有界的,但在区间 $(-\infty, +\infty)$ 上却无界.

　　2.2　单调性

　　设函数 $f(x)$ 在区间 I 上有定义. 对于任意的 $x_1, x_2 \in I$,若当 $x_1 < x_2$ 时,有 $f(x_1) < f(x_2)$,则称 $f(x)$ 在 I 上**单调增加**(或**递增**);若当 $x_1 < x_2$ 时,有 $f(x_1) > f(x_2)$,则称 $f(x)$ 在 I 上**单调减少**(或**递减**). 单调增加的函数和单调减少的函数统称为**单调函数**,而相应的区间 I 称为**单调区间**.

　　例如,函数 $y = x^2$ 在区间 $(-\infty, 0)$ 上单调减少,而在区间 $(0, +\infty)$ 上单调增加.

　　2.3　奇偶性

　　设函数 $f(x)$ 的定义域 D 关于原点对称. 对于任意的 $x \in D$,若都有 $f(-x) = f(x)$,则称 $f(x)$ 为**偶函数**;若都有 $f(-x) = -f(x)$,则称 $f(x)$ 为**奇函数**.

　　例如,函数 $y = \cos x$ 是偶函数,而函数 $y = x^3$ 是奇函数.

　　易知,偶函数的图形关于 y 轴对称,而奇函数的图形关于原点对称.

　　例 7　判定下列函数的奇偶性:

　　(1) $f(x) = \ln(x + \sqrt{1 + x^2})$;

　　(2) $F(x) = \sin f(x)$,其中 $f(x)$ 为偶函数.

　　解　(1) 因为

$$f(-x) = \ln[-x + \sqrt{1 + (-x)^2}] = \ln \frac{1}{\sqrt{1 + x^2} + x}$$

$$= -\ln(x + \sqrt{1 + x^2}) = -f(x),$$

所以 $f(x)$ 为奇函数.

　　(2) 因 $f(x)$ 为偶函数,故 $f(-x) = f(x)$,从而有

$$F(-x) = \sin f(-x) = \sin f(x) = F(x).$$

所以,$F(x)$ 为偶函数.

　　2.4　周期性

　　设函数 $f(x)$ 的定义域为 D. 若存在一个正数 $T > 0$,使得对于任意的 $x \in D$,必有 $x \pm T \in D$,且有

$$f(x \pm T) = f(x),$$

则称 $f(x)$ 为**周期函数**,并称 T 为 $f(x)$ 的**周期**.

　　显然,一个周期函数有无穷多个周期,因为若 T 是函数 $f(x)$ 的一个周期,则 kT(k 为任意正整数)也是 $f(x)$ 的周期. 以后周期函数的周期通常指它的最小正周期. 需要注意的是,

并非每个周期函数都有最小正周期. 例如, 对于常数函数 $f(x)\equiv C$(C 为常数), 任何一个正数都是它的周期; 又如, 对于例 4 中的狄利克雷函数, 任何一个正有理数都是它的周期.

在科学研究与工程技术中所讨论的许多现象都呈现出明显的周期特征, 如交流电的电流和电压的变化是周期的, 家用微波炉中电磁场的变化是周期的, 季节和气候的变化以及天体的运动也是周期的, 因此周期函数的应用非常广泛.

3. 反函数

定义 2　设函数 $y=f(x)$ 的定义域为 D, 值域为 R. 若对于每个 $y\in R$, 都有唯一确定的 $x\in D$ 与之对应, 使得 $f(x)=y$, 则在 R 上定义了一个函数, 称它为 $y=f(x)$ 的**反函数**, 记为

$$x=f^{-1}(y), \quad y\in R.$$

显然, 函数 $y=f(x)$($x\in D_f$)与 $x=f^{-1}(y)$($y\in R_f$)互为反函数.

由于函数的本质是其对应规律, 因此习惯上我们选用 x 作为自变量, 把函数 $y=f(x)$($x\in D_f$)的反函数记为 $y=f^{-1}(x)$($x\in R_f$). 另外, 相对于反函数, 我们常常把 $y=f(x)$ 称为**直接函数**.

在同一平面直角坐标系中, 函数 $y=f(x)$ 与其反函数 $y=f^{-1}(x)$ 的图形关于直线 $y=x$ 对称.

何时一个函数存在反函数呢? 我们有如下反函数存在定理:

定理　设函数 $y=f(x)$ 在区间 D 上单调增加(或减少), 则 $y=f(x)$ 存在反函数, 且其反函数 $x=f^{-1}(y)$ 在 $R=f(D)$ 上也单调增加(或减少).

中学时已经学习了反三角函数, 它们有一个主值区间, 这个主值区间就是为了保证三角函数的单调性, 从而确保反三角函数存在. 类似地, 函数 $y=x^2$ 在整个定义域$(-\infty,+\infty)$上并不是单调的. 当限制在区间$(0,+\infty)$上时, 它就是单调增加的, 因而有反函数 $x=\sqrt{y}$; 而当限制在区间$(-\infty,0)$上时, 它则是单调减少的, 此时它有反函数 $x=-\sqrt{y}$.

例 8　求函数 $y=\dfrac{\mathrm{e}^x-\mathrm{e}^{-x}}{2}$ 的反函数.

解　记 $u=\mathrm{e}^x$, 则 $y=\dfrac{u-u^{-1}}{2}$. 由此得 $u^2-2yu-1=0$, 解得

$$u=y\pm\sqrt{y^2+1}.$$

因 $u>0$, 故上式中应取正号, 从而 $u=y+\sqrt{y^2+1}$, 即

$$\mathrm{e}^x=y+\sqrt{y^2+1}.$$

所以 $x=\ln(y+\sqrt{y^2+1})$, 或改写为

$$y=\ln(x+\sqrt{x^2+1}).$$

这就是函数 $y=\dfrac{\mathrm{e}^x-\mathrm{e}^{-x}}{2}$ 的反函数.

4. 复合函数

定义 3　设函数 $y=f(u)$ 的定义域为 D_1，函数 $u=\varphi(x)$ 的定义域为 D，且值域 $\varphi(D)\subset D_1$，则称函数 $y=f[\varphi(x)]$ 为 $y=f(u)$ 与 $u=\varphi(x)$ 复合而成的**复合函数**，其定义域为 D，这时变量 u 称为**中间变量**.

如果函数 $y=f(x)$ 存在反函数，易知

$$f^{-1}[f(x)]=x\ (x\in D_f),\quad f[f^{-1}(y)]=y\ (y\in R_f).$$

例 9　设函数 $f(x)=1-\mathrm{e}^x$，$\varphi(x)=\sqrt{x}$，求复合函数 $f[\varphi(x)]$ 与 $\varphi[f(x)]$ 及其定义域.

解　$f[\varphi(x)]=f(\sqrt{x})=1-\mathrm{e}^{\sqrt{x}}$，其定义域为区间 $[0,+\infty)$.

$\varphi[f(x)]=\varphi(1-\mathrm{e}^x)=\sqrt{1-\mathrm{e}^x}$. 为使其有意义，必须 $1-\mathrm{e}^x\geqslant0$. 由此得 $x\leqslant0$. 因此，$\varphi[f(x)]=\sqrt{1-\mathrm{e}^x}$ 的定义域为区间 $(-\infty,0]$.

例 10　设函数 $f(x)=\begin{cases}x, & x<0,\\ \mathrm{e}^x, & x\geqslant0,\end{cases}$ $\varphi(x)=\ln(1+x)$，求复合函数 $f[\varphi(x)]$ 与 $\varphi[f(x)]$ 及其定义域.

解　当 $-1<x<0$ 时，$\varphi(x)<0$，因而 $f[\varphi(x)]=\varphi(x)=\ln(1+x)$；

当 $x\geqslant0$ 时，$\varphi(x)\geqslant0$，因而 $f[\varphi(x)]=\mathrm{e}^{\varphi(x)}=\mathrm{e}^{\ln(1+x)}=1+x$.

因此

$$f[\varphi(x)]=\begin{cases}\ln(1+x), & -1<x<0,\\ 1+x, & x\geqslant0,\end{cases}$$

其定义域为区间 $(-1,+\infty)$.

当 $-1<x<0$ 时，$f(x)=x$，所以 $\varphi[f(x)]=\varphi(x)=\ln(1+x)$；

当 $x\geqslant0$ 时，$f(x)=\mathrm{e}^x$，所以 $\varphi[f(x)]=\varphi(\mathrm{e}^x)=\ln(1+\mathrm{e}^x)$.

因此

$$\varphi[f(x)]=\begin{cases}\ln(1+x), & -1<x<0,\\ \ln(1+\mathrm{e}^x), & x\geqslant0,\end{cases}$$

其定义域也是区间 $(-1,+\infty)$.

值得说明的是，并非任意两个函数都能构成复合函数. 例如，函数 $f(u)=\sqrt{u}$ 与 $u=\varphi(x)=\sin x-2$ 就不能构成复合函数 $f[\varphi(x)]$.

两个函数在一定条件下可以构成复合函数，多个函数也可以构成复合函数，只要它们顺次满足构成复合函数的条件.

我们不仅要懂得把几个函数复合成复合函数，还应善于把一个比较复杂的函数分解为

若干简单函数的复合.

例 11 试把函数 $y = e^{2\sin x^2}$ 分解为若干简单函数的复合.

解 函数 $y = e^{2\sin x^2}$ 可以看成由 $y = e^u, u = 2\sin v, v = x^2$ 复合而成的复合函数.

5. 函数的运算

函数可以做四则运算.

设有两个函数 $y = f(x)(x \in D_1), y = g(x)(x \in D_2)$,且 $D = D_1 \bigcap D_2 \neq \varnothing$,则可以分别定义它们的和、差、积、商运算如下:

$$(f \pm g)(x) = f(x) \pm g(x), \ x \in D; \quad (fg)(x) = f(x)g(x), \ x \in D;$$

$$\left(\frac{f}{g}\right)(x) = \frac{f(x)}{g(x)}, \ x \in \{x \mid x \in D, g(x) \neq 0\}.$$

例 12 设函数 $f(x) = \begin{cases} x, & x < 0 \\ \sin x, & x \geqslant 0, \end{cases} g(x) = \begin{cases} 2, & x < 1 \\ 1 - \sin x, & x \geqslant 1, \end{cases}$ 求 $(f+g)(x)$.

解 $(f+g)(x) = f(x) + g(x) = \begin{cases} x + 2, & x < 0, \\ \sin x + 2, & 0 \leqslant x < 1, \\ 1, & x \geqslant 1. \end{cases}$

四、初等函数

1. 基本初等函数

我们把中学已经学过的以下五类函数称为**基本初等函数**:

(1) **幂函数**: $y = x^\mu (\mu \in \mathbf{R}$ 为常数).

(2) **指数函数**: $y = a^x (a > 0$ 且 $a \neq 1)$.

(3) **对数函数**: $y = \log_a x \ (a > 0$ 且 $a \neq 1)$. 当 $a = e$ 时,称之为**自然对数函数**,记为 $y = \ln x$.

(4) **三角函数**: $y = \sin x, y = \cos x, y = \tan x, y = \cot x, y = \sec x, y = \csc x$ 等.

(5) **反三角函数**: $y = \arcsin x, y = \arccos x, y = \arctan x$ 等. 为了保证反三角函数的单值性,我们还规定了反三角函数相应的主值区间. 例如,$y = \arcsin x$ 的主值区间为 $\left[-\dfrac{\pi}{2}, \dfrac{\pi}{2}\right]$.

2. 初等函数

由常数和基本初等函数经过有限次四则运算或复合运算所构成并可用一个式子表示的函数,称为**初等函数**. 例如,$y = \sin(2x+1), y = \sqrt{x^2+3}$ 都是初等函数. 需要指出的是,分段函数一般不是初等函数. 但是,分段函数 $y = |x| = \begin{cases} -x, & x < 0, \\ x, & x \geqslant 0 \end{cases}$ 可以表示为 $y = \sqrt{x^2}$,因而它仍为初等函数.

本书研究的函数主要是初等函数.

例 13　设 $u(x)[u(x)>0]$ 与 $v(x)$ 是两个初等函数,问:$u(x)^{v(x)}$ 是否为初等函数?

解　$u(x)^{v(x)}$ 可以表示为 $u(x)^{v(x)}=\mathrm{e}^{v(x)\ln u(x)}$,它可以视为由函数 $y=\mathrm{e}^{w},w=v(x)s$, $s=\ln t,t=u(x)$ 复合而成的,因而它是初等函数.

通常称形如 $u(x)^{v(x)}[u(x)>0]$ 的函数为**幂指函数**.

3. 双曲函数与反双曲函数

我们还要介绍一类在工程技术中应用十分广泛的函数,它们由函数 $y=\mathrm{e}^{x}$ 与 $y=\mathrm{e}^{-x}$ 组合而成,且具有许多与三角函数相似的性质,如平方关系式、二倍角公式、两角和与差公式等.这类函数称为**双曲函数**,具体定义如下:

双曲正弦函数:$y=\mathrm{sh}x=\dfrac{\mathrm{e}^{x}-\mathrm{e}^{-x}}{2}$;

双曲余弦函数:$y=\mathrm{ch}x=\dfrac{\mathrm{e}^{x}+\mathrm{e}^{-x}}{2}$;

双曲正切函数:$y=\mathrm{th}x=\dfrac{\mathrm{sh}x}{\mathrm{ch}x}=\dfrac{\mathrm{e}^{x}-\mathrm{e}^{-x}}{\mathrm{e}^{x}+\mathrm{e}^{-x}}$.

易知,这些双曲函数的定义域都是区间 $(-\infty,+\infty)$.双曲正弦函数与双曲正切函数都是奇函数,而双曲余弦函数是偶函数.它们满足下列公式:

(1) **平方关系式**:$\mathrm{ch}^{2}x-\mathrm{sh}^{2}x=1$;

(2) **二倍角公式**:$\mathrm{sh}2x=2\mathrm{sh}x\mathrm{ch}x$,$\mathrm{ch}2x=\mathrm{ch}^{2}x+\mathrm{sh}^{2}x$;

(3) **两角和与差公式**:$\mathrm{sh}(x\pm y)=\mathrm{sh}x\mathrm{ch}y\pm\mathrm{ch}x\mathrm{sh}y$,$\mathrm{ch}(x\pm y)=\mathrm{ch}x\mathrm{ch}y\pm\mathrm{sh}x\mathrm{sh}y$.

上述双曲函数的反函数分别为反双曲正弦函数 $y=\mathrm{arsh}x$,反双曲余弦函数 $y=\mathrm{arch}x$,反双曲正切函数 $y=\mathrm{arth}x$.不难证明:

$$y=\mathrm{arsh}x=\ln(x+\sqrt{x^{2}+1}),\quad y=\mathrm{arch}x=\ln(x+\sqrt{x^{2}-1}),\quad y=\mathrm{arth}x=\frac{1}{2}\ln\frac{1+x}{1-x}.$$

习　题　1.1

1. 求下列函数的定义域:

(1) $y=\dfrac{x+1}{x^{2}-x-2}$;　　　　(2) $y=\dfrac{1}{4x^{3}}-\sqrt{2-x^{2}}$;

(3) $y=\ln(2x-1)$;　　　　(4) $y=\arcsin\left(\dfrac{x}{2}+1\right)$.

2. 判断下列函数的奇偶性:

(1) $y=x^{2}+\cos 2x$;　　(2) $y=|\sin x|$;　　(3) $y=\dfrac{\mathrm{e}^{x}-1}{\mathrm{e}^{x}+1}$;　　(4) $y=x^{4}+x$.

3. 证明:函数 $y=\dfrac{x}{1+x}$ 在区间 $(-1,+\infty)$ 上单调增加.

4. 下列函数中哪个是周期函数？哪个是非周期函数？若是周期函数，指出其周期.

(1) $y = x\sin x$；　　　　　　　(2) $y = 1 + \cos\dfrac{\pi}{2}x$.

5. 函数 $f(x) = \begin{cases} 2-x, & -1 \leqslant x < 0, \\ 2+x, & 0 \leqslant x \leqslant 1 \end{cases}$ 在其定义域内是（　　）.

(A) 无界函数　　　(B) 偶函数　　　(C) 单调函数　　　(D) 周期函数

6. 求下列函数的反函数：

(1) $y = \dfrac{x+2}{x-1}$ $(x \neq 1)$；　　　　　(2) $y = 2^{3x+1}$.

7. 下列函数是由哪些简单函数复合而成的？

(1) $y = (2+\sqrt{x^2+1})^3$；　　　　　(2) $y = e^{3\arcsin(2x+1)}$.

8. 设函数 $f(x) = \begin{cases} 1, & |x| \leqslant 1, \\ 0, & |x| > 1, \end{cases}$ $g(x) = 2x+1$，则复合函数 $f[g(x)] = $ ＿＿＿＿＿＿.

9. 设 $f\left(x - \dfrac{2}{x}\right) = x^2 + \dfrac{4}{x^2} + 3$，则函数 $f(x) = $ ＿＿＿＿＿＿.

§1.2　数列的极限

一、数列

1. 数列的概念

按照正整数顺序排列的无穷多个数

$$x_1, x_2, \cdots, x_n, \cdots$$

称为**数列**，简记为 $\{x_n\}$. 数列 $\{x_n\}$ 中的每个数称为该数列的**项**，第 n 项 x_n 称为该数列的**通项**或**一般项**. 例如，数列

$$1, \frac{1}{2}, \frac{1}{4}, \cdots, \frac{1}{2^{n-1}}, \cdots,$$

$$2, \frac{1}{2}, \frac{4}{3}, \frac{3}{4}, \frac{6}{5}, \cdots, \frac{n+(-1)^{n-1}}{n}, \cdots,$$

$$1, -\frac{1}{2}, \frac{1}{3}, -\frac{1}{4}, \cdots, (-1)^{n-1}\frac{1}{n}, \cdots,$$

$$1, -1, 1, \cdots, (-1)^{n-1}, \cdots,$$

它们的通项依次为 $x_n = \dfrac{1}{2^{n-1}}$，$x_n = \dfrac{n+(-1)^{n-1}}{n}$，$x_n = (-1)^{n-1}\dfrac{1}{n}$，$x_n = (-1)^{n-1}$.

数列可以视为以正整数 n 为自变量的函数 $x_n = f(n)(n=1,2,\cdots)$ 的值按 $f(1), f(2), \cdots,$

$f(n)$,…的顺序排列得到的.若把数列$\{x_n\}$中的每一项在数轴上表示出来,就得到数轴上的一个点列.

2. 有界数列

定义 1　设有数列$\{x_n\}$.若存在正数M,使得对于所有的$x_n(n=1,2,\cdots)$,都有

$$|x_n|\leqslant M,$$

则称数列$\{x_n\}$是**有界**的;否则,则称数列$\{x_n\}$是**无界**的.

显然,数列$\{x_n\}=\left\{(-1)^{n-1}\dfrac{1}{n}\right\}$是有界的,而数列$\{x_n\}=\{2^{n-1}\}$是无界的.

从几何上看,当数列$\{x_n\}$有界时,则存在正数M,使得$-M\leqslant x_n\leqslant M(n=1,2,\cdots)$,从而$\{x_n\}$的点列落在闭区间$[-M,M]$上;反之,若一个数列的点列落在一个闭区间$[-M,M]$上,则这个数列必定是有界的.

若存在常数M_1,使得对于所有的$x_n(n=1,2,\cdots)$,都有

$$x_n\leqslant M_1,$$

则称数列$\{x_n\}$是**有上界**的,并称M_1为数列$\{x_n\}$的一个**上界**;类似地,若存在常数M_2,使得对于所有的$x_n(n=1,2,\cdots)$,都有

$$x_n\geqslant M_2,$$

则称数列$\{x_n\}$是**有下界**的,并称M_2为数列$\{x_n\}$的一个**下界**.

易知,若数列$\{x_n\}$是有上(下)界的,则它必有无穷多个上(下)界;一个数列有界的充要条件是它既有上界又有下界.

3. 单调数列

定义 2　如果数列$\{x_n\}$满足条件

$$x_1\leqslant x_2\leqslant x_3\leqslant\cdots\leqslant x_n\leqslant x_{n+1}\leqslant\cdots,$$

则称数列$\{x_n\}$是**单调增加**的;如果数列$\{x_n\}$满足条件

$$x_1\geqslant x_2\geqslant x_3\geqslant\cdots\geqslant x_n\geqslant x_{n+1}\geqslant\cdots,$$

则称数列$\{x_n\}$是**单调减少**的.

单调增加数列与单调减少数列统称为**单调数列**.

4. 子列

定义 3　在数列$\{x_n\}$中任意抽取无穷多项并保持这些项在原数列中的先后次序,这样得到的数列称为数列$\{x_n\}$的**子数列**,简称**子列**,记为$\{x_{n_k}\}$.

显然,子列$\{x_{n_k}\}$中的第一项x_{n_1}在原数列$\{x_n\}$中是第n_1项,且$n_1\geqslant 1$;子列$\{x_{n_k}\}$中的第二项x_{n_2}在原数列$\{x_n\}$中是第n_2项,且$n_2\geqslant 2$;一般地,子列$\{x_{n_k}\}$中的第k项x_{n_k}在原数列$\{x_n\}$中是第n_k项,且$n_k\geqslant k$.

二、数列极限的定义

对于给定的数列 $\{x_n\}$,我们感兴趣的是,当项数 n 无限增大时,其对应的项 $x_n = f(n)$ 是否会无限地靠近某个常数 a.

通过观察,我们发现当 n 无限增大时,数列 $\left\{\dfrac{1}{2^{n-1}}\right\}$ 的通项 $x_n = \dfrac{1}{2^{n-1}}$ 无限靠近 0,数列 $\left\{\dfrac{n+(-1)^{n-1}}{n}\right\}$ 的通项 $x_n = \dfrac{n+(-1)^{n-1}}{n}$ 无限靠近 1,而数列 $\{(-1)^{n-1}\}$ 的通项 $x_n = (-1)^{n-1}$ 则来回摆动,不靠近任何常数.

x_n 无限靠近常数 a,即 x_n 与常数 a 的距离 $|x_n-a|$ 无限小. 如何描述 $|x_n-a|$ 无限小呢? 我们引进一个正数 ε,它可以由我们任意取,也即 ε 可以要多小就取多小. 若 $|x_n-a|$ 能够比这个 ε 还小,那么它当然就可以无限小了. 不过,要记住,"x_n 无限靠近常数 a"是在"n 无限增大"这个过程中实现的,也就是对于任意给定的正数 ε,项数 n 必须增大到一定程度,比如从某一项开始,$|x_n-a|$ 才会比 ε 小. 为此,我们引进如下数列极限的定义:

定义 4 设 $\{x_n\}$ 为一数列. 若存在常数 a,对于任意给定的正数 ε(不论它多么小),总可以找到正整数 N,使得当 $n>N$ 时,不等式 $|x_n-a|<\varepsilon$ 恒成立,则称数列 $\{x_n\}$ **收敛**于 a,或称 a 是数列 $\{x_n\}$ 的**极限**,记为

$$\lim_{n\to\infty}x_n=a \quad \text{或} \quad x_n\to a \ (n\to\infty);$$

如果不存在这样的常数 a,则称数列 $\{x_n\}$ **发散**或**没有极限**,也称极限 $\lim\limits_{n\to\infty}x_n$ **不存在**.

注 正数 ε 必须是任意给定的,而正整数 N 则是根据给定的 ε 来加以选取的. 因此,一般来说,N 是与任意正数 ε 有关的,它随 ε 的改变而改变.

不等式 $|x_n-a|<\varepsilon$ 等价于 $x_n\in(a-\varepsilon,a+\varepsilon)$. 因此,若把常数 a 及数列 $\{x_n\}$ 表示为数轴上的点列,则上述定义(通常称为数列极限的"ε-N 语言"或"ε-N 定义")的几何意义是,点列 $\{x_n\}$ 从第 $N+1$ 点起,后面所有的点 x_n 全都要落在开区间 $(a-\varepsilon,a+\varepsilon)$ 内,也即落在点 a 的 ε 邻域内. 换句话说,若数列 $\{x_n\}$ 收敛于 a,则不管 a 的 ε 邻域多么小,点列 $\{x_n\}$ 中最多只有有限个点落在它的外面.

数列极限的定义并未给出求极限的方法,只给出验证数列 $\{x_n\}$ 的极限为常数 a 的方法,通常称之为"ε-N 论证法". 其具体步骤如下:

(1) 对任意给定的正数 ε,解绝对值不等式 $|x_n-a|<\varepsilon$;

(2) 适度放大:$|x_n-a|<\alpha(n)<\varepsilon$,解出 $n>\varphi(\varepsilon)$,其中 $\alpha(n)$ 和 $\varphi(\varepsilon)$ 分别是关于 n 和关于 ε 的表达式;

(3) 取 $N\geqslant[\varphi(\varepsilon)]$,按照 ε-N 定义论述结论.

下面举几个例子说明 ε-N 论证法中寻找 N 的方法.

例 1 利用定义证明数列极限:$\lim\limits_{n\to\infty}\dfrac{n+(-1)^{n-1}}{n}=1$.

证　这里 $x_n = \dfrac{n+(-1)^{n-1}}{n}, a=1$. 由于

$$|x_n-a| = \left| \frac{n+(-1)^{n-1}}{n} - 1 \right| = \frac{1}{n},$$

所以对于任意给定的正数 ε，为使 $|x_n-a|<\varepsilon$，只要 $n>\dfrac{1}{\varepsilon}$ 即可. 因此，取正整数 $N=\left[\dfrac{1}{\varepsilon}\right]+1$，则当 $n>N$ 时，就有

$$\left| \frac{n+(-1)^{n-1}}{n} - 1 \right| < \varepsilon.$$

由数列极限的定义知

$$\lim_{n\to\infty} \frac{n+(-1)^{n-1}}{n} = 1.$$

在利用定义证明数列的极限时，以下两个技巧是常用的：

技巧 1　对 $|x_n-a|$ 做适度放大. 由于所寻找的正整数 N 并不要求是最小的，只要能找到一个合适的 N 即可，因此可通过对 $|x_n-a|$ 适度放大，再让其小于 ε 的办法来简化计算.

例 2　利用定义证明数列极限：$\lim\limits_{n\to\infty} \dfrac{2n}{n+1} = 2$.

证　这里 $x_n = \dfrac{2n}{n+1}, a=2$. 由于

$$|x_n-a| = \left| \frac{2n}{n+1} - 2 \right| = \frac{2}{n+1} < \frac{2}{n},$$

所以对于任意给定的正数 ε，为使 $|x_n-a|<\varepsilon$，只要 $\dfrac{2}{n}<\varepsilon$ 或 $n>\dfrac{2}{\varepsilon}$ 即可. 因此，取正整数 $N=\left[\dfrac{2}{\varepsilon}\right]+1$，则当 $n>N$ 时，就有

$$\left| \frac{2n}{n+1} - 2 \right| < \varepsilon.$$

由数列极限的定义知

$$\lim_{n\to\infty} \frac{2n}{n+1} = 2.$$

技巧 2　可事先取 ε 充分小. 要保证 $|x_n-a|<\varepsilon$，显然正数 ε 越小就越难做到. 因此，只要对于充分小的正数 ε 都能保证 $|x_n-a|<\varepsilon$，则对于任意给定的正数 ε，$|x_n-a|<\varepsilon$ 自然也就满足.

例 3　用定义证明数列极限：$\lim\limits_{n\to\infty}\left(-\dfrac{1}{2}\right)^n = 0$.

证　这里 $x_n = \left(-\dfrac{1}{2}\right)^n, a=0$. 由于

$$\mid x_n - a \mid = \left| \left(-\frac{1}{2}\right)^n - 0 \right| = \frac{1}{2^n},$$

所以对于任意给定的正数 ε,不妨设 $0 < \varepsilon < \frac{1}{2}$,为使 $\mid x_n - a \mid < \varepsilon$,只要 $\frac{1}{2^n} < \varepsilon$ 或 $2^n > \frac{1}{\varepsilon}$ 即可.

取以 2 为底的对数,得 $n > \log_2 \frac{1}{\varepsilon}$. 因此,取正整数 $N = \left[\log_2 \frac{1}{\varepsilon}\right]$ $\left(\text{因 } 0 < \varepsilon < \frac{1}{2}, \text{故}\right.$

$\left.\log_2 \frac{1}{\varepsilon} > 1\right)$,则当 $n > N$ 时,就有

$$\left| \left(-\frac{1}{2}\right)^n - 0 \right| < \varepsilon.$$

由数列极限的定义知

$$\lim_{n \to \infty} \left(-\frac{1}{2}\right)^n = 0.$$

注 类似地,可以证明更一般的结论:当 $0 < \mid q \mid < 1$ 时,有极限 $\lim\limits_{n \to \infty} q^n = 0$.

三、收敛数列的性质

1. 唯一性

定理 1 若数列 $\{x_n\}$ 收敛,则其极限唯一.

证 用反证法.设既有 $\lim\limits_{n \to \infty} x_n = a$,又有 $\lim\limits_{n \to \infty} x_n = b$,且 $a < b$. 取 $\varepsilon = \dfrac{b-a}{2} > 0$. 由 $\lim\limits_{n \to \infty} x_n = a$

知,存在正整数 N_1,使得当 $n > N_1$ 时,恒有 $\mid x_n - a \mid < \dfrac{b-a}{2}$. 由此得

$$x_n < \frac{a+b}{2} \quad (n > N_1).$$

同理,由 $\lim\limits_{n \to \infty} x_n = b$ 知,存在正整数 N_2,使得当 $n > N_2$ 时,恒有 $\mid x_n - b \mid < \dfrac{b-a}{2}$. 由此得

$$x_n > \frac{a+b}{2} \quad (n > N_2).$$

因此,若取正整数 $N = \max\{N_1, N_2\}$,则当 $n > N$ 时,$x_n < \dfrac{a+b}{2}$ 与 $x_n > \dfrac{a+b}{2}$ 应同时满足,但这是不可能的,从而定理得证.

2. 有界性

定理 2 收敛数列必定有界.

证 设数列 $\{x_n\}$ 收敛于 a,即 $\lim\limits_{n \to \infty} x_n = a$. 取 $\varepsilon = 1$,则存在正整数 N,使得当 $n > N$ 时,恒有 $\mid x_n - a \mid < 1$,因而有

第一章   函数、极限与连续

$$|x_n| = |x_n - a + a| \leqslant |x_n - a| + |a| < 1 + |a|.$$

取 $M = \max\{|x_1|, |x_2|, \cdots, |x_N|, 1 + |a|\}$,则对于所有的 $x_n (n = 1, 2, \cdots)$,均有

$$|x_n| \leqslant M.$$

因此,数列 $\{x_n\}$ 是有界的.

推论   无界数列必定发散.

注   有界数列未必收敛,发散数列未必无界. 例如,数列 $\{x_n\} = \{(-1)^{n-1}\}$ 是发散的(这一点我们稍后将给出证明),但它却是有界的.

3. 保号性

定理 3   设数列 $\{x_n\}$ 满足 $\lim\limits_{n \to \infty} x_n = a > 0$(或 < 0),则存在正整数 N,使得当 $n > N$ 时,恒有

$$x_n > 0 \quad (\text{或 } x_n < 0).$$

证   以 $a > 0$ 为例证明. 取 $\varepsilon = \dfrac{a}{2} > 0$,由于 $\lim\limits_{n \to \infty} x_n = a$,所以存在正整数 N,使得当 $n > N$ 时,恒有

$$|x_n - a| < \frac{a}{2}, \quad \text{从而} \quad x_n > a - \frac{a}{2} = \frac{a}{2} > 0.$$

由定理 3 的证明过程,我们还可得到更强的结论.

推论 1   若数列 $\{x_n\}$ 满足 $\lim\limits_{n \to \infty} x_n = a > 0$(或 < 0),则存在正整数 N,使得当 $n > N$ 时,恒有

$$x_n > \frac{a}{2} > 0 \quad \left(\text{或 } x_n < \frac{a}{2} < 0\right).$$

推论 2   若数列 $\{x_n\}$ 满足 $\lim\limits_{n \to \infty} x_n = a$,且从某一项起有 $x_n \geqslant 0$(或 $\leqslant 0$),则 $a \geqslant 0$(或 $\leqslant 0$).

应用反证法不难得到推论 2 的证明,我们把它留给读者.

注   即便是对所有的 $x_n (n = 1, 2, \cdots)$,$x_n > 0$ 恒成立,也无法保证一定有数列 $\{x_n\}$ 的极限 $a > 0$. 例如,$x_n = \dfrac{1}{n} > 0 (n = 1, 2, \cdots)$,但数列 $\{x_n\}$ 的极限为 0.

推论 3(保序性)   设数列 $\{x_n\}, \{y_n\}$ 满足 $\lim\limits_{n \to \infty} x_n = a$,$\lim\limits_{n \to \infty} y_n = b$,且 $a < b$,则存在正整数 N,使得当 $n > N$ 时,恒有 $x_n < y_n$.

4. 子列的收敛性

下面我们不加证明地给出收敛数列与其子列之间的关系.

定理 4   若数列 $\{x_n\}$ 收敛于 a,则其任一子列 $\{x_{n_k}\}$ 也必收敛,且收敛于 a.

注 1   若数列 $\{x_n\}$ 存在两个子列收敛于不同的极限,则此数列必定发散.

利用注 1,我们很容易证明数列 $\{x_n\} = \{(-1)^{n-1}\}$ 发散. 事实上,它的子列 $\{x_{2n-1}\}$(称为

奇子列)收敛于 1,而子列 $\{x_{2n}\}$(称为**偶子列**)收敛于 -1,因此它是发散的.

注 2 可以证明,数列 $\{x_n\}$ 收敛于 a 的充要条件是其奇子列 $\{x_{2n-1}\}$ 与偶子列 $\{x_{2n}\}$ 都收敛于 a.

四、收敛数列的四则运算法则

由定义容易证明数列极限具有下面的四则运算法则:

定理 5 设数列 $\{x_n\}$,$\{y_n\}$ 满足 $\lim\limits_{n\to\infty}x_n=a$,$\lim\limits_{n\to\infty}y_n=b$,则

(1) 数列 $\{x_n\pm y_n\}$ 也收敛,且有 $\lim\limits_{n\to\infty}(x_n\pm y_n)=\lim\limits_{n\to\infty}x_n\pm\lim\limits_{n\to\infty}y_n=a\pm b$;

(2) 数列 $\{x_n y_n\}$ 也收敛,且有 $\lim\limits_{n\to\infty}x_n y_n=\lim\limits_{n\to\infty}x_n\cdot\lim\limits_{n\to\infty}y_n=ab$;

(3) 当 $b\neq 0$ 时,数列 $\left\{\dfrac{x_n}{y_n}\right\}$ 也收敛,且有 $\lim\limits_{n\to\infty}\dfrac{x_n}{y_n}=\dfrac{\lim\limits_{n\to\infty}x_n}{\lim\limits_{n\to\infty}y_n}=\dfrac{a}{b}$.

在计算数列的极限时,应用数列极限的四则运算法则常常可以简化计算. 另外,注意到 $\lim\limits_{n\to\infty}\dfrac{1}{n}=0$,由定理 5 易知,对于任意的正整数 k 及常数 C,有

$$\lim_{n\to\infty}\frac{C}{n^k}=0.$$

例 4 求下列数列极限:

(1) $\lim\limits_{n\to\infty}\dfrac{3n^2-n+1}{n^2+4n+7}$; (2) $\lim\limits_{n\to\infty}\sqrt{n}(\sqrt{n+1}-\sqrt{n-2})$; (3) $\lim\limits_{n\to\infty}\left(\dfrac{1}{n^2}+\dfrac{2}{n^2}+\cdots+\dfrac{n}{n^2}\right)$.

解 (1) $\lim\limits_{n\to\infty}\dfrac{3n^2-n+1}{n^2+4n+7}=\lim\limits_{n\to\infty}\dfrac{3-\dfrac{1}{n}+\dfrac{1}{n^2}}{1+\dfrac{4}{n}+\dfrac{7}{n^2}}=3.$

(2) $\lim\limits_{n\to\infty}\sqrt{n}(\sqrt{n+1}-\sqrt{n-2})=\lim\limits_{n\to\infty}\dfrac{3\sqrt{n}}{\sqrt{n+1}+\sqrt{n-2}}=\lim\limits_{n\to\infty}\dfrac{3}{\sqrt{1+\dfrac{1}{n}}+\sqrt{1-\dfrac{2}{n}}}=\dfrac{3}{2}.$

(3) 这是无穷多项之和的极限,应先求和,再求极限:

$$\lim_{n\to\infty}\left(\frac{1}{n^2}+\frac{2}{n^2}+\cdots+\frac{n}{n^2}\right)=\lim_{n\to\infty}\frac{1+2+\cdots+n}{n^2}=\lim_{n\to\infty}\frac{\dfrac{1}{2}n(n+1)}{n^2}$$

$$=\lim_{n\to\infty}\frac{n+1}{2n}=\lim_{n\to\infty}\frac{1+\dfrac{1}{n}}{2}=\frac{1+0}{2}=\frac{1}{2}.$$

习　题　1.2

1. 用定义证明下列数列极限：

(1) $\lim\limits_{n\to\infty}\dfrac{n^2+(-1)^{n-1}}{n^2}=1$；　　　　(2) $\lim\limits_{n\to\infty}\dfrac{\cos n}{n(2n+1)}=0$.

2. 设 $|q|<1,S_n=1+q+q^2+\cdots+q^{n-1}(n=1,2,\cdots)$，证明：$\lim\limits_{n\to\infty}S_n=\dfrac{1}{1-q}$.

3. 设数列 $\{x_n\}$ 有界，数列 $\{y_n\}$ 满足 $\lim\limits_{n\to\infty}y_n=0$，证明：$\lim\limits_{n\to\infty}x_ny_n=0$.

4. 设数列 $\{x_n\}$ 收敛，数列 $\{y_n\}$ 发散，问：数列 $\{x_n+y_n\}$ 收敛还是发散？数列 $\{x_n-y_n\}$ 呢？证明你的结论.

5. (1) 有界数列是否一定收敛？　　(2) 收敛数列是否一定有界？

(3) 发散数列是否一定无界？

6. 求下列数列极限：

(1) $\lim\limits_{n\to\infty}\dfrac{4n^3+5\sin 2n}{n^3-3\cos n}$；　　　　(2) $\lim\limits_{n\to\infty}\dfrac{1+2+3+\cdots+n^2}{n^4}$；

(3) $\lim\limits_{n\to\infty}(\sqrt{n^2-3n}-n)$.

7. 证明：数列 $\{x_n\}=\{\cos n\pi\}$ 发散.

§1.3　函数的极限

一、函数极限的定义

数列是以正整数 n 为自变量的特殊函数 $f(n)$. 数列的极限考查的是，在自变量 n 无限增大 $(n\to\infty)$ 过程中，函数值 $f(n)$ 是否会无限靠近某个常数. 我们很自然地想到把上述思想推广到一般函数 $f(x)$ 上去. 不过，此时自变量 x 的变化形式复杂得多，归纳起来有如下两大类型：

(1) 自变量 x 趋于一个有限值 x_0，记为 $x\to x_0$；

(2) 自变量 x 的绝对值 $|x|$ 无限增大，即 x 趋于无穷大，记为 $x\to\infty$.

1. 自变量趋于有限值时函数的极限

考虑函数 $f(x)$ 的自变量 x 趋于一个有限值 x_0，即 $x\to x_0$ 的情形. 若此时函数值 $f(x)$ 无限靠近一个常数 A，我们就说函数 $f(x)$ 当 $x\to x_0$ 时以常数 A 为极限. 但这是描述性的语言，我们希望用数学语言把它精确表达出来.

与数列极限的定义类似，我们分别用 $|x-x_0|$，$|f(x)-A|$ 表达 x 与 x_0，$f(x)$ 与常数 A 的靠近程度. 因此，我们有下面的定义：

定义 1　设函数 $f(x)$ 在点 x_0 的某个去心邻域内有定义. 若存在常数 A，对于任意给定

的正数 ε(不管它多么小),总存在正数 δ,使得当 x 满足不等式 $0<|x-x_0|<\delta$ 时,恒有

$$|f(x)-A|<\varepsilon,$$

则称常数 A 为函数 $f(x)$ 当 $x\to x_0$ **时的极限**,记为

$$\lim_{x\to x_0}f(x)=A \quad 或 \quad f(x)\to A \ (x\to x_0).$$

注 1 定义 1 中限制 $0<|x-x_0|$,说明 $x\neq x_0$,这表示当 $x\to x_0$ 时函数 $f(x)$ 是否有极限以及极限为何值,与 $f(x)$ 在点 x_0 处是否有定义或取何值是没有关系的.

注 2 正数 ε 必须是任意给定的.它给定之后,再寻找 δ.因此,δ 是依赖于 ε 的,也与点 x_0 有关.所寻找的 δ,只要存在就行,不要求是最大的.一般说来,ε 给得越小,则满足要求的 δ 就可能会更小一些.

注 3 定义 1 说明,正数 ε 任意给定之后,就给定了常数 A 的一个邻域 $U(A,\varepsilon)=(A-\varepsilon,A+\varepsilon)$,函数 $f(x)$ 当 $x\to x_0$ 时以常数 A 为极限,就意味着必可以找到点 x_0 的一个去心 δ 邻域 $\mathring{U}(x_0,\delta)$,使得只要 x 落在这个去心 δ 邻域内,函数值 $f(x)$ 就必定要落在常数 A 的邻域 $U(A,\varepsilon)$ 内.从几何上看,若作两条平行于 x 轴的直线 $y=A-\varepsilon$ 与 $y=A+\varepsilon$,构成一个带形区域,则只要横坐标 x 落在点 x_0 的去心 δ 邻域 $\mathring{U}(x_0,\delta)$ 内,函数 $f(x)$ 的图形就一定要落在上述带形区域内(见图 1-2).

通常称定义 1 为函数极限的"ε-δ 定义".类似于数列极限的 ε-N 论证法,我们有证明函数极限的"ε-δ 论证法":

(1) 对于任意给定的正数 ε,解绝对值不等式

$$|f(x)-A|<\varepsilon;$$

(2) 适度放大:$|f(x)-A|<\alpha(|x-x_0|)<\varepsilon$,解出 $0<|x-x_0|<\varphi(\varepsilon)$,其中 $\alpha(|x-x_0|)$ 和 $\varphi(\varepsilon)$ 分别是关于 $|x-x_0|$ 和关于 ε 的表达式;

(3) 取 $\delta\leqslant\varphi(\varepsilon)$,按照 ε-δ 定义论述结论.

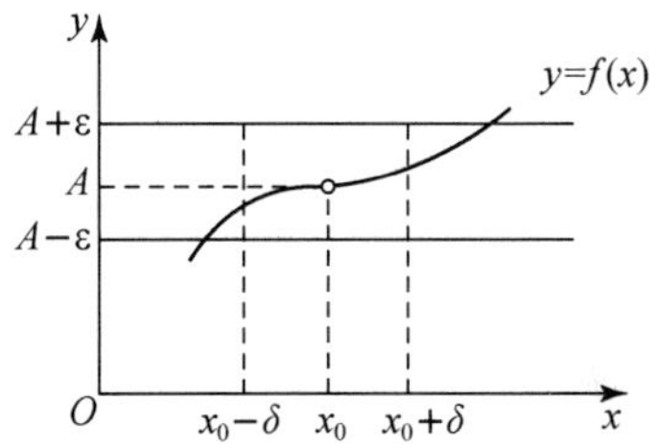

图 1-2

例 1 用定义证明极限:$\lim_{x\to 1}(2x+3)=5$.

证 这里 $f(x)=2x+3$,$A=5$.由于

$$|f(x)-A|=|(2x+3)-5|=2|x-1|,$$

所以对于任意给定的 $\varepsilon>0$,为使 $|f(x)-A|<\varepsilon$,只要 $|x-1|<\dfrac{\varepsilon}{2}$ 即可.因此,取 $\delta=\dfrac{\varepsilon}{2}>0$,则当 $0<|x-1|<\delta$ 时,就有

$$|(2x+3)-5|<\varepsilon.$$

所以

$$\lim_{x\to 1}(2x+3)=5.$$

例 2 用定义证明极限:$\lim_{x\to 2}\dfrac{x^2-4}{x-2}=4$.

证 这里 $f(x)=\dfrac{x^2-4}{x-2}$，$A=4$．由于当 $x\neq 2$ 时，有

$$|f(x)-A|=\left|\dfrac{x^2-4}{x-2}-4\right|=|x+2-4|=|x-2|,$$

所以对于任意给定的 $\varepsilon>0$，为使 $|f(x)-A|<\varepsilon$，只要 $|x-2|<\varepsilon$ 即可．因此，取 $\delta=\varepsilon>0$，则当 $0<|x-2|<\delta$ 时，就有

$$\left|\dfrac{x^2-4}{x-2}-4\right|<\varepsilon.$$

所以

$$\lim_{x\to 2}\dfrac{x^2-4}{x-2}=4.$$

例 2 进一步说明，尽管函数 $f(x)=\dfrac{x^2-4}{x-2}$ 在点 $x=2$ 处没有定义，却并不影响它有极限 4．

注 仿上面的例子易证

$$\lim_{x\to x_0}x=x_0,\quad \lim_{x\to x_0}\sqrt{x}=\sqrt{x_0}\ (x_0>0).$$

对此，我们留给读者完成．更一般地，有

$$\lim_{x\to x_0}\sqrt[n]{x}=\sqrt[n]{x_0},$$

其中当 n 为偶数时，$x_0>0$．

2. 单侧极限

在上述函数极限的定义中，自变量 x 既可以从 x_0 的左侧（x 比 x_0 小）趋于 x_0，也可以从 x_0 的右侧（x 比 x_0 大）趋于 x_0．但是，有时候函数 $f(x)$ 只在 x_0 的某一侧有定义，或者我们需要考查 x 只从 x_0 的某一侧趋于 x_0 时函数 $f(x)$ 的性态，这时就要引进函数单侧极限的概念．

当 x 从 x_0 的左侧趋于 x_0（记为 $x\to x_0^-$ 时），若函数值 $f(x)$ 无限靠近一个常数 A，就称 A 为函数 $f(x)$ 当 $x\to x_0$ 时的**左极限**，记为

$$\lim_{x\to x_0^-}f(x)=A\quad 或\quad f(x_0^-)=A.$$

若用 ε-δ 语言表述，只要在定义 1 中把"$0<|x-x_0|<\delta$"改为"$x_0-\delta<x<x_0$"即可．

类似地，当 x 从 x_0 的右侧趋于 x_0（记为 $x\to x_0^+$）时，也可以定义函数 $f(x)$ 当 $x\to x_0$ 时的**右极限**

$$\lim_{x\to x_0^+}f(x)=A\quad 或\quad f(x_0^+)=A,$$

此时只要相应地在定义 1 中把"$0<|x-x_0|<\delta$"改为"$x_0<x<x_0+\delta$"即可．

函数 $f(x)$ 当 $x\to x_0$ 时的左极限和右极限统称为**单侧极限**．

从函数极限及单侧极限的定义，不难看出它们之间的联系．我们有如下定理：

定理 1 $\lim\limits_{x \to x_0} f(x) = A$ 的充要条件是

$$\lim\limits_{x \to x_0^-} f(x) = \lim\limits_{x \to x_0^+} f(x) = A.$$

定理 1 告诉我们, 若函数 $f(x)$ 的两个单侧极限中有一个不存在, 或者虽然两个单侧极限都存在但不相等, 那么函数 $f(x)$ 的极限就不存在. 在判断分段函数在分段点处的极限是否存在时, 这个定理是相当有用的.

例 3 考查函数 $f(x) = \begin{cases} \dfrac{|x|}{x}, & x \neq 0, \\ 1, & x = 0 \end{cases}$ 当 $x \to 0$ 时的极限.

解 由于

$$\lim\limits_{x \to 0^-} f(x) = \lim\limits_{x \to 0^-} \frac{|x|}{x} = \lim\limits_{x \to 0^-} \frac{-x}{x} = -1, \quad \lim\limits_{x \to 0^+} f(x) = \lim\limits_{x \to 0^+} \frac{|x|}{x} = \lim\limits_{x \to 0^+} \frac{x}{x} = 1,$$

即 $\lim\limits_{x \to 0^-} f(x) \neq \lim\limits_{x \to 0^+} f(x)$, 所以 $\lim\limits_{x \to 0} f(x)$ 不存在.

例 4 考查函数 $f(x) = \begin{cases} 2x+3, & x < 1, \\ 4x+1, & x > 1 \end{cases}$ 当 $x \to 1$ 时的极限.

解 由于

$$\lim\limits_{x \to 1^-} f(x) = \lim\limits_{x \to 1^-} (2x+3) = 5, \quad \lim\limits_{x \to 1^+} f(x) = \lim\limits_{x \to 1^+} (4x+1) = 5,$$

即 $\lim\limits_{x \to 1^-} f(x) = \lim\limits_{x \to 1^+} f(x) = 5$, 所以 $\lim\limits_{x \to 1} f(x) = 5$ [尽管函数 $f(x)$ 在点 $x = 1$ 处没有定义].

3. 自变量趋于无穷大时函数的极限

当自变量 x 的绝对值无限增大, 即 $x \to \infty$ 时, 若对应的函数值 $f(x)$ 无限靠近一个常数 A, 则我们称常数 A 为函数 $f(x)$ 当 $x \to \infty$ 时的极限. 对此, 用数学语言可以描述如下:

定义 2 设函数 $f(x)$ 当 $|x|$ 大于某一正数时有定义. 若存在常数 A, 对于任意给定的正数 ε (不管它多么小), 总存在正数 X, 使得当 x 满足不等式 $|x| > X$ 时, 恒有

$$|f(x) - A| < \varepsilon,$$

则称常数 A 为函数 $f(x)$ 当 $x \to \infty$ 时的极限, 记为

$$\lim\limits_{x \to \infty} f(x) = A \quad \text{或} \quad f(x) \to A \ (x \to \infty).$$

有时称定义 2 为函数极限的 "ε-X 定义". 这一定义的几何解释与定义 1 类似, $\lim\limits_{x \to \infty} f(x) = A$ 意味着, 当横坐标 x 位于区间 $(-\infty, -X)$ 或 $(X, +\infty)$ 内时, 曲线 $y = f(x)$ 相应的部分就一定要落到由两条平行直线 $y = A - \varepsilon$ 和 $y = A + \varepsilon$ 所构成的带形区域内.

类似地, 可以定义极限 $\lim\limits_{x \to +\infty} f(x) = A$, 此时自变量 x 无限增大 (记为 $x \to +\infty$), 定义 2 中的 $|x| > X$ 应该相应地改为 $x > X$; 也可以定义极限 $\lim\limits_{x \to -\infty} f(x) = A$, 此时自变量 x 无限减小, $|x|$ 无限增大 (记为 $x \to -\infty$), 定义 2 中的 $|x| > X$ 应该相应地改为 $x < -X$.

容易看到,当自变量 x 为正整数 n 时,极限 $\lim\limits_{x \to +\infty} f(x) = A$ 就是数列极限 $\lim\limits_{n \to \infty} f(n) = A$.

对应于定理1,我们有下面的结论:

定理 2　$\lim\limits_{x \to \infty} f(x) = A$ 的充要条件是

$$\lim_{x \to -\infty} f(x) = \lim_{x \to +\infty} f(x) = A.$$

例 5　用定义证明极限: $\lim\limits_{x \to \infty} \dfrac{\sin x}{x} = 0$.

证　这里 $f(x) = \dfrac{\sin x}{x}, A = 0$. 由于当 $x \neq 0$ 时,有

$$|f(x) - A| = \left| \frac{\sin x}{x} - 0 \right| < \frac{1}{|x|},$$

所以对于任意给定的 $\varepsilon > 0$,为使 $|f(x) - A| < \varepsilon$,只要 $\dfrac{1}{|x|} < \varepsilon$ 或 $|x| > \dfrac{1}{\varepsilon}$ 即可. 因此,取 $X = \dfrac{1}{\varepsilon} > 0$,则当 $|x| > X$ 时,就有

$$\left| \frac{\sin x}{x} - 0 \right| < \varepsilon.$$

所以

$$\lim_{x \to \infty} \frac{\sin x}{x} = 0.$$

注　我们不加证明地给出以下两个常用极限,读者不难利用定义自行验证:

$$\lim_{x \to +\infty} \arctan x = \frac{\pi}{2}, \qquad \lim_{x \to -\infty} \arctan x = -\frac{\pi}{2}.$$

二、函数极限的性质

函数极限有着一系列与数列极限类似的性质,它们的证明也与数列极限相应性质的证明基本相同. 我们平行地列出有关性质,把证明留给读者. 此外,读者应注意比较二者的性质之间细微的差别. 这些性质对于自变量的六种变化过程 $x \to x_0, x \to x_0^+, x \to x_0^-, x \to \infty$, $x \to +\infty, x \to -\infty$ 都是适用的,我们仅以 $x \to x_0$ 为例加以阐述.

1. 唯一性

定理 3　若极限 $\lim\limits_{x \to x_0} f(x)$ 存在,则其极限必唯一.

2. 局部有界性

在 §1.2 中我们知道,若一个数列收敛,则它一定是有界的. 但是,对应到函数极限上,却得不到同样的结论. 也就是说,尽管函数极限 $\lim\limits_{x \to x_0} f(x)$ 存在,函数 $f(x)$ 却未必有界. 例如,例 1 已经证明 $\lim\limits_{x \to 1}(2x + 3) = 5$,但显然函数 $f(x) = 2x + 5$ 在区间 $(-\infty, +\infty)$ 上无界. 不过,

若限制在点 $x_0=1$ 的附近,$f(x)$ 就有界了. 我们称这种有界性为**局部有界性**.

定理 4 若极限 $\lim\limits_{x\to x_0} f(x)$ 存在,则存在正数 δ,使得函数 $f(x)$ 在点 x_0 的去心 δ 邻域 $\overset{\circ}{U}(x_0,\delta)$ 内有界.

3. 局部保号性

定理 5 若极限 $\lim\limits_{x\to x_0} f(x)=A>0$(或$<0$),则存在正数 δ,使得当 $0<|x-x_0|<\delta$ 时,恒有 $f(x)>0$(或<0).

与数列极限的情形相同,我们还可得到更强的一些推论.

推论 1 若极限 $\lim\limits_{x\to x_0} f(x)=A>0$(或$<0$),则存在正数 δ,使得当 $0<|x-x_0|<\delta$ 时,恒有

$$f(x)>\frac{A}{2}>0 \quad \left[\text{或 } f(x)<\frac{A}{2}<0\right].$$

推论 2 若极限 $\lim\limits_{x\to x_0} f(x)=A$,且在点 x_0 的某个去心邻域内有 $f(x)\geqslant 0$(或$\leqslant 0$),则必有 $A\geqslant 0$(或$\leqslant 0$).

推论 3 若在点 x_0 的某个去心邻域内有 $f(x)\geqslant g(x)$,且极限 $\lim\limits_{x\to x_0} f(x)=A$,$\lim\limits_{x\to x_0} g(x)=B$,则 $A\geqslant B$.

4. 函数极限与数列极限的关系

由于数列是自变量取正整数的特殊函数,因此数列的极限与相应函数的极限之间必然存在某种联系. 这种联系集中体现在下述定理中.

定理 6(海涅[①]定理) 极限 $\lim\limits_{x\to x_0} f(x)=A$ 的充要条件是,对于函数 $f(x)$ 定义域中满足条件 $\lim\limits_{n\to\infty} x_n=x_0$ 且 $x_n\neq x_0(n=1,2,\cdots)$ 的任意数列 $\{x_n\}$,相应的函数值数列 $\{f(x_n)\}$ 都收敛,且收敛于常数 A,即 $\lim\limits_{n\to\infty} f(x_n)=A$.

证 设 $\lim\limits_{x\to x_0} f(x)=A$,则对于任意给定的 $\varepsilon>0$,存在 $\delta>0$,使得当 $0<|x-x_0|<\delta$ 时,恒有 $|f(x)-A|<\varepsilon$. 因 $\lim\limits_{n\to\infty} x_n=x_0$,故对于上述 $\delta>0$,必定存在正整数 N,使得当 $n>N$ 时,有 $|x_n-x_0|<\delta$. 由于 $x_n\neq x_0(n=1,2,\cdots)$,因而当 $n>N$ 时,有 $0<|x_n-x_0|<\delta$,从而

$$|f(x_n)-A|<\varepsilon.$$

这说明 $\lim\limits_{n\to\infty} f(x_n)=A$,必要性得证.

充分性的证明略.

---

① 海涅(Heine,1821—1881),德国数学家.

注 1　海涅定理提供了计算数列极限的另一种思路：如果数列 $\{x_n\}$ 的极限 $\lim\limits_{n\to\infty}x_n=\lim\limits_{n\to\infty}f(n)$ 不易求出，可以把 n 改为 x，转而计算函数极限 $\lim\limits_{x\to+\infty}f(x)$（注意，极限过程应是 $x\to+\infty$，而不是 $x\to\infty$）. 若求得 $\lim\limits_{x\to+\infty}f(x)=A$，则必有 $\lim\limits_{n\to\infty}x_n=\lim\limits_{n\to\infty}f(n)=A$. 将来可以看到，求函数极限的工具相对来说比较多，这就给了我们很大的便利.

注 2　海涅定理还常常用来证明函数的极限不存在. 只要以下两种情形中有一种发生，则极限 $\lim\limits_{x\to x_0}f(x)$ 必不存在：

(1) 能找到一个数列 $\{x_n\}$，其各项不等于 x_0，且它收敛于 x_0，但 $\lim\limits_{n\to\infty}f(x_n)$ 不存在；

(2) 能找到两个数列 $\{x_n\}$ 与 $\{y_n\}$，其各项不等于 x_0，且它们都收敛于 x_0，但

$$\lim_{n\to\infty}f(x_n)\neq\lim_{n\to\infty}f(y_n).$$

例 6　证明：函数 $f(x)=\sin\dfrac{1}{x}$ 当 $x\to0$ 时的极限不存在.

证　取数列 $\{x_n\}=\left\{\dfrac{1}{2n\pi}\right\}$，$\{y_n\}=\left\{\dfrac{1}{2n\pi+\pi/2}\right\}$. 显然，有 $x_n\neq0,y_n\neq0(n=1,2,\cdots)$，且

$$x_n\to0,\quad y_n\to0\quad(n\to\infty).$$

由于

$$\lim_{n\to\infty}f(x_n)=\lim_{n\to\infty}\sin\frac{1}{x_n}=\lim_{n\to\infty}\sin 2n\pi=0,\quad \lim_{n\to\infty}f(y_n)=\lim_{n\to\infty}\sin\frac{1}{y_n}=\lim_{n\to\infty}\sin\left(2n\pi+\frac{\pi}{2}\right)=1,$$

即 $\lim\limits_{n\to\infty}f(x_n)\neq\lim\limits_{n\to\infty}f(y_n)$，故由海涅定理知，极限 $\lim\limits_{x\to0}\sin\dfrac{1}{x}$ 不存在.

思考　证明：函数 $f(x)=\cos\dfrac{1}{x}$ 当 $x\to0$ 时的极限不存在.

习　题　1.3

1. 根据函数极限的定义证明：

(1) $\lim\limits_{x\to-3}\dfrac{x^2-9}{x+3}=-6$；　　(2) $\lim\limits_{x\to\infty}\dfrac{x+3}{x}=1$；　　(3) $\lim\limits_{x\to1^-}\sqrt{2(1-x)}=0$.

2. 设函数 $f(x)=\dfrac{|2x|}{x}$.

(1) 求左极限 $f(0^-)$ 和右极限 $f(0^+)$，并判断极限 $\lim\limits_{x\to0}f(x)$ 是否存在；

(2) 求极限 $\lim\limits_{x\to-\infty}f(x)$，$\lim\limits_{x\to+\infty}f(x)$，并判断极限 $\lim\limits_{x\to\infty}f(x)$ 是否存在.

3. 函数 $f(x)$ 当 $x\to x_0$ 时的极限存在是 $f(x)$ 在点 x_0 的某个去心邻域内有界的(　　).

(A) 充分但非必要条件　　　(B) 必要但非充分条件

(C) 充要条件　　　　　　　(D) 既非充分又非必要条件

4. 左极限 $f(x_0^-)$ 与右极限 $f(x_0^+)$ 都存在是极限 $\lim\limits_{x \to x_0} f(x)$ 存在的(　　).

(A) 充分但非必要条件　　　　(B) 必要但非充分条件

(C) 充要条件　　　　　　　　(D) 既非充分又非必要条件

5. 证明：函数 $f(x) = \sin x$ 当 $x \to \infty$ 时的极限不存在.

§1.4　无穷小与无穷大

这一节我们要研究两类特殊的变量：一类是以 0 为极限的变量；另一类变量虽说在其变化过程中极限不存在,但其绝对值无限增大,是特殊发散的变量.这两类变量在极限的研究中起着十分重要的作用,它们就是下面要介绍的无穷小与无穷大.

一、无穷小与无穷大的概念

1. 无穷小

定义 1　以 0 为极限的函数称为**无穷小量**(简称无穷小).

具体地,以 $x \to x_0$ 和 $x \to \infty$ 的自变量变化过程为例,如果当 $x \to x_0$(或 $x \to \infty$)时, $f(x) \to 0$,那么称函数 $f(x)$ 为当 $x \to x_0$(或 $x \to \infty$)时的无穷小.特别地,若 $\lim\limits_{n \to \infty} x_n = 0$,则称数列 $\{x_n\}$ 为无穷小.

例如, $f(x) = 2x$ 是当 $x \to 0$ 时的无穷小; $\{x_n\} = \left\{\dfrac{1}{n}\right\}$ 是无穷小, $\{x_n\} = \left\{(-1)^n \dfrac{1}{2n}\right\}$ 也是无穷小.

注　无穷小是一个变量,是一个在其自变量的变化过程中,绝对值变得可以小于任意事先给定的正数的变量.因此,除了常数 0 外,任何非零常数都不可能是无穷小.

2. 无穷大

定义 2　若对于任意给定的正数 M(不管它多么大),总存在正数 δ(或正数 X),使得当 $0 < |x - x_0| < \delta$(或 $|x| > X$)时,恒有

$$|f(x)| > M,$$

则称函数 $f(x)$ 为当 $x \to x_0$(或 $x \to \infty$)时的**无穷大**,记为

$$\lim_{x \to x_0} f(x) = \infty \quad [\text{或} \lim_{x \to \infty} f(x) = \infty].$$

类似地,可以定义

$$\lim_{x \to x_0} f(x) = +\infty \quad [\text{或} \lim_{x \to \infty} f(x) = +\infty]$$

与

$$\lim_{x \to x_0} f(x) = -\infty \quad [\text{或} \lim_{x \to \infty} f(x) = -\infty],$$

此时只需把定义 2 中的 $|f(x)| > M$ 分别改为 $f(x) > M$ 与 $f(x) < -M$ 即可.当然,也可以

定义 $x \to x_0^+, x \to x_0^-, x \to +\infty$ 和 $x \to -\infty$ 时的无穷大,请读者自行给出.

　　注 1　无穷大是一个变量而不是一个数,任何很大的数都不是无穷大.

　　注 2　$\lim\limits_{x \to x_0} f(x) = \infty$ 只是一个记号,并不代表函数 $f(x)$ 的极限存在. 相反地,此时函数 $f(x)$ 的极限不存在,它是函数 $f(x)$ 的极限不存在的一种特殊形式.

　　注 3　一个函数是否为无穷大或无穷小,与自变量的变化过程息息相关. 例如,函数 $f(x) = \dfrac{1}{x}$ 当 $x \to 0$ 时是无穷大,而当 $x \to \infty$ 时却是无穷小;当 $x \to x_0$ ($x_0 \neq 0$ 为有限数)时, $f(x) \to \dfrac{1}{x_0}$,从而此时 $f(x)$ 既不是无穷小,也不是无穷大.

　　注 4　我们不加证明地给出如下事实:

　　(1) 与 §1.3 的定理 1 平行,有

$$\lim_{x \to x_0} f(x) = \infty \iff \lim_{x \to x_0^+} f(x) = \lim_{x \to x_0^-} f(x) = \infty,$$

$$\lim_{x \to \infty} f(x) = \infty \iff \lim_{x \to +\infty} f(x) = \lim_{x \to -\infty} f(x) = \infty,$$

其中"$\iff$"表示等价.

　　(2) $\lim\limits_{x \to +\infty} e^x = +\infty$,而 $\lim\limits_{x \to -\infty} e^x = 0$; $\lim\limits_{x \to 0^+} e^{\frac{1}{x}} = +\infty$,而 $\lim\limits_{x \to 0^-} e^{\frac{1}{x}} = 0$.

若以 a($a > 1$)代替 e,上述(2)中的公式仍成立.

上述几个极限公式十分常用,必须牢记.

　　3. 无穷小与无穷大的关系

　　由定义 1 和定义 2 可以看出,无穷小与无穷大之间存在着天然的联系.

　　定理 1　在自变量 x 的同一变化过程中,若函数 $f(x)$ 为无穷大,则 $\dfrac{1}{f(x)}$ 为无穷小;反之,若函数 $f(x)$ 为无穷小,且 $f(x) \neq 0$,则 $\dfrac{1}{f(x)}$ 为无穷大.

　　证　仅对 $x \to x_0$ 的情形加以证明.

　　设 $\lim\limits_{x \to x_0} f(x) = \infty$. 对于任意给定的正数 ε,取 $M = \dfrac{1}{\varepsilon} > 0$. 根据无穷大的定义,存在 $\delta > 0$,使得当 $0 < |x - x_0| < \delta$ 时,恒有

$$|f(x)| > M = \frac{1}{\varepsilon}.$$

由此得

$$\left| \frac{1}{f(x)} - 0 \right| < \varepsilon.$$

这说明,当 $x \to x_0$ 时, $\dfrac{1}{f(x)}$ 为无穷小.

反之,设 $\lim\limits_{x \to x_0} f(x) = 0$,且 $f(x) \neq 0$.对于任意给定的正数 M,取 $\varepsilon = \dfrac{1}{M} > 0$. 根据无穷小的定义,存在 $\delta > 0$,使得当 $0 < |x - x_0| < \delta$ 时,恒有

$$|f(x)| < \varepsilon = \frac{1}{M},$$

从而

$$\left| \frac{1}{f(x)} \right| > M,$$

所以 $\lim\limits_{x \to x_0} \dfrac{1}{f(x)} = \infty$,即当 $x \to x_0$ 时,$\dfrac{1}{f(x)}$ 为无穷大.

在上述注 4 中,只需令 $t = -x$,再应用定理 1,读者很容易由极限 $\lim\limits_{x \to +\infty} \mathrm{e}^x = +\infty$ 自行推导出另一个极限 $\lim\limits_{x \to -\infty} \mathrm{e}^x = 0$.

4. 无穷小与极限的关系

用极限的 ε-δ 定义(或 ε-X 定义)去验证常数 A 是否为某个函数的极限,相对来说是比较复杂的. 有了无穷小的概念,我们可以建立函数极限存在的一个等价定理,通过它把函数极限的问题转化为常数与无穷小的代数运算问题,从而为验证极限,尤其是在理论上证明和推导极限带来便利.

定理 2　极限 $\lim\limits_{x \to x_0} f(x) = A$ 的充要条件是 $f(x) = A + \alpha$,其中 α 是当 $x \to x_0$ 时的无穷小.

证　**必要性**　设 $\lim\limits_{x \to x_0} f(x) = A$,则对于任意给定的正数 ε,存在正数 δ,使得当 $0 < |x - x_0| < \delta$ 时,恒有

$$|f(x) - A| < \varepsilon,$$

令 $\alpha = f(x) - A$,则 $f(x) = A + \alpha$,且 $\lim\limits_{x \to x_0} \alpha = 0$,即 α 是当 $x \to x_0$ 时的无穷小.

充分性　设 $f(x) = A + \alpha$,其中 α 是当 $x \to x_0$ 时的无穷小,则有

$$\alpha = f(x) - A.$$

于是,由无穷小的定义知,对于任意给定的正数 ε,存在正数 δ,使得当 $0 < |x - x_0| < \delta$ 时,恒有

$$|\alpha| < \varepsilon, \quad 即 \quad |f(x) - A| < \varepsilon.$$

由此得 $\lim\limits_{x \to x_0} f(x) = A$.

注　定理 2 对于自变量的其他变化过程仍然成立.

二、无穷小的运算性质

由定理 2 可以看出,在极限的验证与计算中,无穷小的代数运算是重要的. 下面不加证

明地介绍无穷小的运算性质,证明过程请读者自行补出.

定理 3　有限个无穷小的代数和仍为无穷小.

定理 4　有限个无穷小的乘积仍为无穷小.

定理 5　有界函数与无穷小的乘积仍为无穷小.

推论　常数与无穷小的乘积仍为无穷小.

例　求极限 $\lim\limits_{x \to 0} x \sin \dfrac{1}{x}$.

解　因为 $\lim\limits_{x \to 0} x = 0$,即当 $x \to 0$ 时,x 是无穷小,而 $\sin \dfrac{1}{x}$ 是有界函数,所以由定理 5 知 $x \sin \dfrac{1}{x}$ 也是无穷小,即

$$\lim\limits_{x \to 0} x \sin \dfrac{1}{x} = 0.$$

类似地,可以证得

$$\lim\limits_{x \to \infty} \dfrac{\sin x}{x} = 0.$$

注　从有限到无限,是从量变到质变的过程.有限个无穷小的代数和仍为无穷小,而无穷多个无穷小的和未必是无穷小,这一点应引起注意.例如,$\dfrac{1}{n}$ 当 $n \to \infty$ 时是无穷小,有限个 $\dfrac{1}{n}$ 相加,比如 k 个(k 是有限数)$\dfrac{1}{n}$ 相加等于 $\dfrac{k}{n}$,仍为无穷小.但是,n 个 $\dfrac{1}{n}$ 的和却等于常数 1,它当 $n \to \infty$ 时不再是无穷小.若 n^2 个 $\dfrac{1}{n}$ 相加,其和为 n,当 $n \to \infty$ 时却变为无穷大.类似地,无穷多个无穷小的乘积也未必是无穷小.

习　题　1.4

1. 判断题:

(1) x^2 是无穷小;　　　　　　　　　　　　　　　　　　　　　(　)

(2) 0 是无穷小;　　　　　　　　　　　　　　　　　　　　　　(　)

(3) 无穷多个无穷小的和仍然是无穷小;　　　　　　　　　　　　(　)

(4) 两个无穷小的商是无穷小;　　　　　　　　　　　　　　　　(　)

(5) 两个无穷大之和一定是无穷大;　　　　　　　　　　　　　　(　)

(6) 无穷大必为无界函数;　　　　　　　　　　　　　　　　　　(　)

(7) 有界函数与无穷小的乘积仍然是无穷小;　　　　　　　　　　(　)

(8) 有界函数与无穷大的乘积仍然是无穷大.　　　　　　　　　　(　)

2. 指出下列函数中哪些是无穷小,哪些是无穷大:

(1) $(-1)^{n-1}\dfrac{1}{n}$ $(n \to \infty)$; (2) $\dfrac{1}{x+1}$ $(x \to -1)$; (3) $\dfrac{1}{2+\cos x}\sin\dfrac{1}{x}$ $(x \to \infty)$;

(4) $(-1)^n\dfrac{1}{3^n}$ $(n \to \infty)$; (5) e^{-x} $(x \to -\infty)$.

3. 设当 $x \to x_0$ 时,$\alpha(x)$ 为无穷小,$\beta(x)$ 为无穷大,则( )必为无穷大.

(A) $\alpha(x)+\beta(x)$ (B) $\dfrac{1}{\alpha(x)}+\beta(x)$ (C) $\alpha(x)\beta(x)$ (D) $\dfrac{\alpha(x)}{\beta(x)}$

4. 当 $x \to \infty$ 时,函数 $f(x)=x\sin x$ 是( ).
(A) 无穷小   (B) 无穷大   (C) 有界函数   (D) 无界函数

5. 根据定义证明:函数 $y=\dfrac{x}{1+x}$ 为当 $x \to 0$ 时的无穷小.

§1.5 极限的运算法则

函数极限的 ε-δ 定义(或 ε-X 定义)以及 §1.4 的定理 2,都只能用来验证常数 A 是否为函数 $f(x)$ 的极限,不仅验证过程较为烦琐,而且若事先无法确定常数 A,就没办法操作了. 为此,我们有必要发展一套直接计算极限的方法与规则. 在以下的讨论中,引进记号"lim",它泛指自变量的各种变化过程,即不管是 $x \to x_0$,或是 $x \to \infty$,还是单侧极限,都是适用的.

一、极限的四则运算法则

函数的极限也有与数列的极限类似的四则运算法则,其前提条件是各有关函数的极限都是存在的.

定理 1 若极限 $\lim f(x)=A$,$\lim g(x)=B$,则

(1) $\lim [f(x)\pm g(x)]=\lim f(x)\pm\lim g(x)=A\pm B$;

(2) $\lim [f(x)g(x)]=\lim f(x)\cdot\lim g(x)=AB$;

(3) $\lim \dfrac{f(x)}{g(x)}=\dfrac{\lim f(x)}{\lim g(x)}=\dfrac{A}{B}$ $(B\neq 0)$.

证 仅证(2),另外两个结论的证明留给读者.

因 $\lim f(x)=A$,$\lim g(x)=B$,故由 §1.4 的定理 2 有 $f(x)=A+\alpha$,$g(x)=B+\beta$,其中 α 和 β 都是自变量同一变化过程的无穷小,所以

$$f(x)g(x)-AB=(A+\alpha)(B+\beta)-AB=A\beta+B\alpha+\alpha\beta.$$

由无穷小的运算性质知,$A\alpha$,$B\beta$,$\alpha\beta$ 都是无穷小,从而其和也是无穷小. 因此,再由 §1.4 的定理 2 得

$$\lim[f(x)g(x)]=AB=\lim f(x)\cdot\lim g(x).$$

注 定理 1 的(1)和(2)均可推广到有限个函数的情形.

推论 若极限 $\lim f(x)=A$,则

(1) $\lim[Cf(x)]=C\lim f(x)=CA$,其中 C 为常数;

(2) $\lim[f(x)]^n=[\lim f(x)]^n=A^n$,其中 n 是正整数.

下面举几个例子说明极限四则运算法则的应用.

例 1 求极限 $\lim\limits_{x\to 2}(3x^2-5x+4)$.

解 $\lim\limits_{x\to 2}(3x^2-5x+4)=3(\lim\limits_{x\to 2}x)^2-5\lim\limits_{x\to 2}x+4=3\cdot 2^2-5\cdot 2+4=6.$

若记 $f(x)=3x^2-5x+4$,从上面计算过程可以看出

$$\lim\limits_{x\to 2}f(x)=3\cdot 2^2-5\cdot 2+4=f(2).$$

推广 例 1 的结论可以推广到一般的多项式(有理整函数)的极限:设多项式

$$P(x)=a_0x^n+a_1x^{n-1}+\cdots+a_n,$$

则

$$\lim\limits_{x\to x_0}P(x)=a_0(\lim\limits_{x\to x_0}x)^n+a_1(\lim\limits_{x\to x_0}x)^{n-1}+\cdots+\lim\limits_{x\to x_0}a_n$$

$$=a_0x_0^n+a_1x_0^{n-1}+\cdots+a_n=P(x_0),$$

即多项式 $P(x)$ 当 $x\to x_0$ 时的极限等于 $P(x)$ 在点 x_0 处的值 $P(x_0)$.

例 2 求极限 $\lim\limits_{x\to 1}\dfrac{x^2+3x-1}{2x^2+x-5}$.

解 根据例 1 的推广,可得

$$\lim\limits_{x\to 1}(x^2+3x-1)=1^2+3\cdot 1-1=3,$$

$$\lim\limits_{x\to 1}(2x^2+x-5)=2\cdot 1^2+1-5=-2,$$

所以

$$\lim\limits_{x\to 1}\frac{x^2+3x-1}{2x^2+x-5}=\frac{\lim\limits_{x\to 1}(x^2+3x-1)}{\lim\limits_{x\to 1}(2x^2+x-5)}=\frac{3}{-2}=-\frac{3}{2}.$$

推广 对于一般的有理分式函数 $F(x)=\dfrac{P(x)}{Q(x)}$,其中 $P(x),Q(x)$ 都是多项式,根据例 1 的推广,有

$$\lim\limits_{x\to x_0}P(x)=P(x_0),\quad \lim\limits_{x\to x_0}Q(x)=Q(x_0).$$

设 $Q(x_0)\neq 0$,则

$$\lim\limits_{x\to x_0}F(x)=\lim\limits_{x\to x_0}\frac{P(x)}{Q(x)}=\frac{\lim\limits_{x\to x_0}P(x)}{\lim\limits_{x\to x_0}Q(x)}=\frac{P(x_0)}{Q(x_0)}=F(x_0),$$

即有理分式函数 $F(x)=\dfrac{P(x)}{Q(x)}[Q(x_0)\neq 0]$ 当 $x \rightarrow x_0$ 时的极限等于 $F(x)$ 在点 x_0 处的值 $F(x_0)$.

　　值得注意的是,若 $Q(x_0)=0$,则关于商的极限运算法则不再适用,因而上述推广的结论就不成立.

　　例 3　求极限 $\lim\limits_{x \rightarrow 3}\dfrac{x^2-5x+6}{x^2-9}$.

　　解　因为分母的极限为 0,所以商的极限运算法则不能用.注意到分子的极限也为 0,可采用因式分解的方法加以化简:

$$\lim_{x \rightarrow 3}\frac{x^2-5x+6}{x^2-9}=\lim_{x \rightarrow 3}\frac{(x-2)(x-3)}{(x+3)(x-3)}.$$

由于 $x \rightarrow 3$ 是指 $x \neq 3$ 而趋于 3,因而

$$\lim_{x \rightarrow 3}\frac{x^2-5x+6}{x^2-9}=\lim_{x \rightarrow 3}\frac{x-2}{x+3}=\frac{3-2}{3+3}=\frac{1}{6}.$$

　　注　当分子、分母的极限均为 0 时,这种分式的极限称为 $\dfrac{0}{0}$ 型**未定式**.之所以称为"未定式",是因为这类分式的极限可能存在,也可能不存在,不能一概而论,它存在与否取决于分式的具体形式,需具体问题具体分析.最常用的方法是把分子、分母因式分解,约去极限为 0 的因子,化为分母极限不为 0 的商的极限,再运用极限的运算法则.

　　极限的未定式一共有七种类型: $\dfrac{0}{0}$ 型、$\dfrac{\infty}{\infty}$ 型、$0 \cdot \infty$ 型、$\infty-\infty$ 型、1^{∞} 型、∞^0 型、0^0 型,今后会陆续遇到.求未定式的极限,是极限计算重点关注的问题.

　　例 4　求极限 $\lim\limits_{x \rightarrow 9}\dfrac{\sqrt{x}-3}{x-9}$.

　　解　当 $x \rightarrow 9$ 时,分子、分母的极限均为 0,这是 $\dfrac{0}{0}$ 型未定式.先进行因式分解,再利用极限的运算法则,得

$$\lim_{x \rightarrow 9}\frac{\sqrt{x}-3}{x-9}=\lim_{x \rightarrow 9}\frac{\sqrt{x}-3}{(\sqrt{x}-3)(\sqrt{x}+3)}=\lim_{x \rightarrow 9}\frac{1}{\sqrt{x}+3}=\frac{1}{3+3}=\frac{1}{6}.$$

　　例 5　求极限 $\lim\limits_{x \rightarrow 1}\left(\dfrac{2}{1-x}-\dfrac{6}{1-x^3}\right)$.

　　解　当 $x \rightarrow 1$ 时,$\dfrac{2}{1-x}$ 和 $\dfrac{6}{1-x^3}$ 均为无穷大,这是 $\infty-\infty$ 型未定式,也不能直接使用极限的运算法则.对它可先通分,化为分式的极限,再进行计算:

$$\lim_{x \to 1}\left(\frac{2}{1-x} - \frac{6}{1-x^3}\right) = \lim_{x \to 1}\frac{2(1+x+x^2)-6}{1-x^3} = \lim_{x \to 1}\frac{2(x^2+x-2)}{1-x^3}$$

$$= \lim_{x \to 1}\frac{2(x+2)(x-1)}{(1-x)(1+x+x^2)} = \frac{-2(1+2)}{1+1+1^2} = -2.$$

例 6 求下列极限:

(1) $\lim\limits_{x \to \infty}\dfrac{2x^3-7x^2+6x-5}{3x^3+5x^2-7x+2}$;　　　　(2) $\lim\limits_{x \to \infty}\dfrac{2x^3-7x^2+6x-5}{3x^4+5x^2-7x+2}$;

(3) $\lim\limits_{x \to \infty}\dfrac{2x^4-7x^2+6x-5}{3x^3+5x^2-7x+2}$.

解 (1) 显然,当 $x \to \infty$ 时,分子、分母都是无穷大,这是 $\dfrac{\infty}{\infty}$ 型未定式. 分子、分母同时除以 x 的最高次项 x^3,再求极限:

$$\lim_{x \to \infty}\frac{2x^3-7x^2+6x-5}{3x^3+5x^2-7x+2} = \lim_{x \to \infty}\frac{2-\dfrac{7}{x}+\dfrac{6}{x^2}-\dfrac{5}{x^3}}{3+\dfrac{5}{x}-\dfrac{7}{x^2}+\dfrac{2}{x^3}} = \frac{2}{3}.$$

(2) 这是 $\dfrac{\infty}{\infty}$ 型未定式,且分母的次数比分子的次数高. 先分子、分母同时除以 x 的最高次项 x^4,再求极限,得

$$\lim_{x \to \infty}\frac{2x^3-7x^2+6x-5}{3x^4+5x^2-7x+2} = \lim_{x \to \infty}\frac{\dfrac{2}{x}-\dfrac{7}{x^2}+\dfrac{6}{x^3}-\dfrac{5}{x^4}}{3+\dfrac{5}{x^2}-\dfrac{7}{x^3}+\dfrac{2}{x^4}} = \frac{0}{3} = 0.$$

(3) 这是 $\dfrac{\infty}{\infty}$ 型未定式,且分子的次数比分母的次数高. 先考虑分子、分母对调的分式的极限:

$$\lim_{x \to \infty}\frac{3x^3+5x^2-7x+2}{2x^4-7x^2+6x-5} = \lim_{x \to \infty}\frac{\dfrac{3}{x}+\dfrac{5}{x^2}-\dfrac{7}{x^3}+\dfrac{2}{x^4}}{2-\dfrac{7}{x^2}+\dfrac{6}{x^3}-\dfrac{5}{x^4}} = \frac{0}{2} = 0.$$

可见,当 $x \to \infty$ 时,$\dfrac{3x^3+5x^2-7x+2}{2x^4-7x^2+6x-5}$ 是无穷小,从而 $\dfrac{2x^4-7x^2+6x-5}{3x^3+5x^2-7x+2}$ 为无穷大,即

$$\lim_{x \to \infty}\frac{2x^4-7x^2+6x-5}{3x^3+5x^2-7x+2} = \infty.$$

从例 6 的三个小题可以看出,当 $x \to \infty$ 时,有理分式函数的极限是 $\dfrac{\infty}{\infty}$ 型未定式,其最终

结果取决于分子、分母关于变量 x 的次数：若分子、分母的次数相等，则该极限等于分子、分母最高次项的系数之比；若分母的次数比分子的次数高，则该极限为 0；若分子的次数比分母的次数高，则该极限为 ∞. 用数学式子表达如下：

$$\lim_{x\to\infty}\frac{a_0x^m+a_1x^{m-1}+\cdots+a_m}{b_0x^n+b_1x^{n-1}+\cdots+b_n}=\begin{cases}a_0/b_0, & n=m,\\ 0, & n>m,\\ \infty, & n<m.\end{cases}$$

显然，分子、分母中的低次项不起作用，关键看的是它们的最高次项. 因此，可以形象地把计算过程概括为"抓大放小"，只需求最高次项比的极限就够了. 例如：

$$\lim_{x\to\infty}\frac{6x^4-3x^3+5x-11}{7x^6-x^5+4x^4-9x+1}=\lim_{x\to\infty}\frac{6x^4}{7x^6}=0,$$

$$\lim_{x\to\infty}\frac{6x^4-5x-11}{7x^4-9x+1}=\lim_{x\to\infty}\frac{6x^4}{7x^4}=\frac{6}{7}.$$

二、复合函数极限的运算法则

极限的四则运算法则大大拓宽了极限计算的范围，我们摆脱了步步依靠极限的 ε-δ 定义(或 ε-X 定义)来验证极限(而非求极限)的困境. 但是，仍然有很多简单的问题没办法直接求解. 例如，对于极限 $\lim\limits_{x\to1}\sqrt{x+1}$，尽管前面已经知道 $\lim\limits_{x\to1}\sqrt{x}=\sqrt{1}=1$，但是缺少依据来说明 $\lim\limits_{x\to1}\sqrt{x+1}=\sqrt{1+1}=\sqrt{2}$. 不难发现，$\sqrt{x+1}$ 是由 $\sqrt{u}$ 与 $u=x+1$ 复合而成的. 因此，有必要研究复合函数的极限问题. 对此，我们有如下结论：

定理 2(复合函数极限的运算法则)　设函数 $y=f[\varphi(x)]$ 是由函数 $y=f(u)$ 与 $u=\varphi(x)$ 复合而成的，$f[\varphi(x)]$ 在点 x_0 的某个去心邻域内有定义. 若极限 $\lim\limits_{x\to x_0}\varphi(x)=u_0$，$\lim\limits_{u\to u_0}f(u)=A$，且存在 $\delta_0>0$，使得当 $0<|x-x_0|<\delta_0$ 时，有 $\varphi(x)\neq u_0$，则

$$\lim_{x\to x_0}f[\varphi(x)]=\lim_{u\to u_0}f(u)=A.$$

证明略.

上述定理说明，在定理条件下求极限 $\lim\limits_{x\to x_0}f[\varphi(x)]$，可以通过做变量代换 $u=\varphi(x)$，把所求的极限转化为极限 $\lim\limits_{u\to u_0}f(u)$：

$$\lim_{x\to x_0}f[\varphi(x)]\xrightarrow{\text{令}\,u=\varphi(x)}\lim_{u\to u_0}f(u)=A.$$

将自变量的变化过程 $x\to x_0$ 换为其他变化过程，或者把 $\lim\limits_{x\to x_0}\varphi(x)=u_0$ 换为 $\lim\limits_{x\to x_0}\varphi(x)=\infty$，同时把 $\lim\limits_{u\to u_0}f(u)=A$ 换为 $\lim\limits_{u\to\infty}f(u)=A$，可以得到类似的结论.

例 7 求极限 $\lim\limits_{x \to 2} \dfrac{x-2}{\sqrt{2x+5}-3}$.

解 做变量代换 $u = 2x+5$,则 $x-2 = \dfrac{u-9}{2}$,且当 $x \to 2$ 时,有 $u \to 9$. 由定理 2 得

$$\lim_{x \to 2} \frac{x-2}{\sqrt{2x+5}-3} = \lim_{u \to 9} \frac{1}{2} \cdot \frac{u-9}{\sqrt{u}-3} = \frac{1}{2} \lim_{u \to 9} \frac{(\sqrt{u}+3)(\sqrt{u}-3)}{\sqrt{u}-3} = 3.$$

若做变量代换 $u = \sqrt[n]{1+x}$,我们容易证明:

$$\lim_{x \to 0} \frac{\sqrt[n]{1+x}-1}{x} = \frac{1}{n}.$$

这个结论可以作为公式直接应用.

例 8 求极限 $\lim\limits_{x \to 1^-} \left(\sqrt{\dfrac{1}{1-x}+1} - \sqrt{\dfrac{1}{1-x}-1} \right)$.

解 做变量代换 $u = \dfrac{1}{1-x}$,则当 $x \to 1^-$ 时,$u \to +\infty$. 由定理 2 得

$$\lim_{x \to 1^-} \left(\sqrt{\frac{1}{1-x}+1} - \sqrt{\frac{1}{1-x}-1} \right) = \lim_{u \to +\infty} (\sqrt{u+1} - \sqrt{u-1}) = \lim_{u \to +\infty} \frac{2}{\sqrt{u+1}+\sqrt{u-1}} = 0.$$

由 §1.1 的例 13 我们知道,幂指函数 $u(x)^{v(x)}$ $[u(x)$ 与 $v(x)$ 是初等函数,且 $u(x) > 0]$ 仍然是初等函数. 如何求 $x \to x_0$ 时幂指函数 $u(x)^{v(x)}$ 的极限呢?对此,可以证明下面的结论成立:

结论(幂指函数极限的运算法则) 设 $u(x)$ 与 $v(x)$ 是初等函数,$u(x) > 0$,且 $\lim\limits_{x \to x_0} u(x) = A > 0$,$\lim\limits_{x \to x_0} v(x) = B$,则有

$$\lim_{x \to x_0} u(x)^{v(x)} = A^B.$$

习　题　1.5

1. 求下列极限:

(1) $\lim\limits_{x \to 1} \dfrac{x^2-5x+2}{x^3-4x+1}$;

(2) $\lim\limits_{x \to -1} \dfrac{x^2+2x+1}{x^3+1}$;

(3) $\lim\limits_{t \to \infty} \dfrac{2t^3+t-1}{t^3+2t^2-3}$;

(4) $\lim\limits_{x \to \infty} \dfrac{3x^4+x-5}{x^2+2}$;

(5) $\lim\limits_{h \to 0} \dfrac{(x+h)^2-x^2}{h}$;

(6) $\lim\limits_{x \to \infty} \left(\dfrac{x}{x+1} - \dfrac{1}{x-1} \right)$;

(7) $\lim\limits_{x \to 1} \left(\dfrac{1}{x-1} - \dfrac{2}{x^2-1} \right)$;

(8) $\lim\limits_{x \to 3} \dfrac{\sqrt{1+x}-2}{x-3}$.

2. 求下列极限：

(1) $\lim\limits_{x \to \infty}\left(1+\dfrac{1}{x}\right)\left(1+\dfrac{1}{x^2}\right)\cdots\left(1+\dfrac{1}{x^{100}}\right)$;　　　　(2) $\lim\limits_{x \to \infty}\dfrac{\arctan x}{x}$;

(3) $\lim\limits_{x \to \infty}\dfrac{(x-1)^{10}(2x+1)^{20}}{(4x^2-1)^{15}}$;　　　　　　(4) $\lim\limits_{x \to 1}(2x+1)^{3x^2-1}$.

3. 设函数

$$f(x)=\begin{cases} \sqrt[3]{1+x}-\dfrac{3}{2x}, & -2 \leqslant x \leqslant -1, \\[3mm] \dfrac{x^2-x-2}{x^2-1}, & -1 < x \leqslant 0, \end{cases}$$

求极限 $\lim\limits_{x \to -1}f(x)$.

4. 若极限 $\lim\limits_{x \to 2}\dfrac{x^2+x+k}{x-2}=5$,求常数 k 的值.

§1.6 极限存在准则 两个重要极限

考查一个函数(包括数列)的极限,若应用极限的定义,必须事先知道极限是多少,这常常是不易实现的;若应用极限的运算法则,遇上未定式又常常力不从心.例如,对于极限

$$\lim\limits_{n \to \infty}\left(\dfrac{1}{n^2+1}+\dfrac{2}{n^2+2}+\cdots+\dfrac{n}{n^2+n}\right),$$

虽说它的每一项当 $n \to \infty$ 时都趋于 0,但由于有无穷多项,我们无法判定其极限存在与否,更不能断定其极限为 0.再如,极限 $\lim\limits_{n \to \infty}\left(1+\dfrac{1}{n}\right)^n$ 是 1^∞ 型未定式,虽然 $\lim\limits_{n \to \infty}\left(1+\dfrac{1}{n}\right)=1$,但它的极限并不等于 1.因此,有必要建立一套判定极限存在与否的准则.此外,在相当多的时候,如果能判定极限存在,就可以借此求出极限.下面介绍两个重要的极限存在准则.

一、极限存在准则

1. 夹逼准则

定理 1 若函数 $f(x),g(x)$ 和 $h(x)$ 满足条件:

(1) 在点 x_0 的某个去心邻域 $\mathring{U}(x_0,\eta)$ 内恒有 $g(x) \leqslant f(x) \leqslant h(x)$;

(2) $\lim\limits_{x \to x_0}g(x)=A$,$\lim\limits_{x \to x_0}h(x)=A$ (A 为常数),

则极限 $\lim\limits_{x \to x_0}f(x)$ 存在,且

$$\lim_{x \to x_0} f(x) = A.$$

证 对于任意给定的 $\varepsilon > 0$,存在 $\delta_1 > 0$,使得当 $0 < |x - x_0| < \delta_1$ 时,有

$$|g(x) - A| < \varepsilon, \quad \text{从而} \quad A - \varepsilon < g(x);$$

存在 $\delta_2 > 0$,使得当 $0 < |x - x_0| < \delta_2$ 时,有

$$|h(x) - A| < \varepsilon, \quad \text{从而} \quad h(x) < A + \varepsilon.$$

取 $\delta = \min\{\delta_1, \delta_2, \eta\}$,则当 $0 < |x - x_0| < \delta$ 时,有

$$A - \varepsilon < g(x) \leqslant f(x) \leqslant h(x) < A + \varepsilon,$$

即 $|f(x) - A| < \varepsilon$,从而有

$$\lim_{x \to x_0} f(x) = A.$$

注 当 $x \to \infty$ 时,把定理 1 中的去心邻域 $\mathring{U}(x_0, \eta)$ 换为 $|x| > M$,结论仍成立. 当然,对于 $x \to x_0^+$,$x \to x_0^-$,$x \to +\infty$,$x \to -\infty$,也有相应的结论成立.

定理 1 对于数列的极限照样成立,相应的定理内容叙述如下:

定理 2 若数列 $\{x_n\}$,$\{y_n\}$ 和 $\{z_n\}$ 满足条件:

(1) $y_n \leqslant x_n \leqslant z_n$ ($n > N$,N 为某个正整数);

(2) $\lim\limits_{n \to \infty} y_n = a$,$\lim\limits_{n \to \infty} z_n = a$ (a 为常数),

则数列 $\{x_n\}$ 的极限存在,且 $\lim\limits_{n \to \infty} x_n = a$.

定理 1 和定理 2 统称为**夹逼准则**. 借助夹逼准则,不仅能证明极限存在,而且可求出极限的值. 利用夹逼准则求极限,关键是构造 $g(x)$ 和 $h(x)$(或 y_n 和 z_n),使得它们有易求的相同极限. 我们看看前面指出的第一个例子.

例 1 求极限 $\lim\limits_{n \to \infty} \left(\dfrac{1}{n^2+1} + \dfrac{2}{n^2+2} + \cdots + \dfrac{n}{n^2+n} \right)$.

解 记 $x_n = \dfrac{1}{n^2+1} + \dfrac{2}{n^2+2} + \cdots + \dfrac{n}{n^2+n}$,显然对 $n \geqslant 2$ 有

$$\frac{1}{n^2+n} + \frac{2}{n^2+n} + \cdots + \frac{n}{n^2+n} < x_n < \frac{1}{n^2+1} + \frac{2}{n^2+1} + \cdots + \frac{n}{n^2+1},$$

即

$$\frac{1+2+\cdots+n}{n^2+n} < x_n < \frac{1+2+\cdots+n}{n^2+1}.$$

因为

$$\lim_{n \to \infty} \frac{1+2+\cdots+n}{n^2+n} = \lim_{n \to \infty} \frac{\frac{1}{2}n(1+n)}{n^2+n} = \frac{1}{2},$$

$$\lim_{n \to \infty} \frac{1+2+\cdots+n}{n^2+1} = \lim_{n \to \infty} \frac{\frac{1}{2}n(1+n)}{n^2+1} = \frac{1}{2} \lim_{n \to \infty} \frac{1+\frac{1}{n}}{1+\frac{1}{n^2}} = \frac{1}{2},$$

所以由定理 2 得 $\lim\limits_{n\to\infty} x_n = \dfrac{1}{2}$,即

$$\lim_{n\to\infty}\left(\frac{1}{n^2+1}+\frac{2}{n^2+2}+\cdots+\frac{n}{n^2+n}\right)=\frac{1}{2}.$$

2. 单调有界收敛准则

定理 3(单调有界收敛准则) 单调有界数列必有极限.

从几何上看,定理 3 的结论是很显然的.如果数列 $\{x_n\}$ 是单调增加的,那么数列 $\{x_n\}$ 所对应点列中的点就逐渐向数轴(正向向右)的右端移动.但数列 $\{x_n\}$ 又是有界的,这些点不可能无限制地向右移,因此必然逐步往某一个点(数)靠拢,而这个点就是此数列的极限.

注 定理 3 可以更明确地表达如下:

定理 3′ 单调增加且有上界的数列必有极限;单调减少且有下界的数列必有极限.

虽然定理 3 只能推出数列的极限存在,但正如前面说过的,在某些场合,只要能证明数列的极限存在,就可以求出极限.

例 2 设数列 $\{x_n\}$ 满足 $x_1=\sqrt{2}$,$x_n=\sqrt{2+x_{n-1}}$ $(n=2,3,\cdots)$,求极限 $\lim\limits_{n\to\infty} x_n$.

解 由于 $x_2=\sqrt{2+x_1}=\sqrt{2+\sqrt{2}}>\sqrt{2}=x_1>0$,归纳假设 $x_k>x_{k-1}>0$,则有

$$x_{k+1}=\sqrt{2+x_k}>\sqrt{2+x_{k-1}}=x_k>0,$$

因此数列 $\{x_n\}$ 是一个单调增加的正数列.

下面证明数列 $\{x_n\}$ 有上界.由于 $0<x_1=\sqrt{2}<2$,归纳假设 $0<x_k<2$,则有

$$0<x_{k+1}=\sqrt{2+x_k}<\sqrt{2+2}=2,$$

因此数列 $\{x_n\}$ 有上界.

根据单调有界收敛准则(定理 3),极限 $\lim\limits_{n\to\infty} x_n$ 存在.设 $\lim\limits_{n\to\infty} x_n=a$,由保号性显然有 $a\geqslant 0$.由 $x_n=\sqrt{2+x_{n-1}}$ 得 $x_n^2=2+x_{n-1}$,再两边同时令 $n\to\infty$,得

$$a^2=2+a,$$

由此解得 $a=\dfrac{1\pm 3}{2}$.舍去负值,得 $a=2$,所以 $\lim\limits_{n\to\infty} x_n=2$.

二、两个重要极限

作为极限存在准则的应用例子,我们着手推导两个重要极限.

重要极限 I $\lim\limits_{x\to 0}\dfrac{\sin x}{x}=1$.

证 先证明 $\lim\limits_{x\to 0^+}\dfrac{\sin x}{x}=1$.

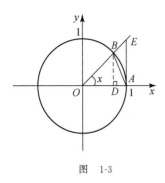

图 1-3

不妨设 $0<x<\dfrac{\pi}{2}$. 以原点为圆心作单位圆，记圆心角 $\angle AOB=x$，过点 B 作 $BD\perp OA$ 于 D，过点 A 作单位圆的切线交 OB 的延长线于点 E（见图 1-3），于是 $BD=\sin x$，$AE=\tan x$. 因为

$\triangle OAB$ 的面积 $<$ 扇形 OAB 的面积 $<\triangle OAE$ 的面积，

所以有 $\dfrac{1}{2}\sin x<\dfrac{1}{2}x<\dfrac{1}{2}\tan x$，即

$$\sin x<x<\tan x,\tag{1}$$

从而有

$$1<\frac{x}{\sin x}<\frac{1}{\cos x},\quad 即\quad \cos x<\frac{\sin x}{x}<1.$$

又因

$$0<1-\cos x=2\sin^2\frac{x}{2}<2\left(\frac{x}{2}\right)^2=\frac{x^2}{2}\to 0\quad(x\to 0^+),$$

故由夹逼准则得

$$\lim_{x\to 0^+}(1-\cos x)=0\ ,\quad 即\quad \lim_{x\to 0^+}\cos x=1.$$

再一次应用夹逼准则得

$$\lim_{x\to 0^+}\frac{\sin x}{x}=1.$$

当 $-\dfrac{\pi}{2}<x<0$ 时，令 $y=-x$，则 $0<y<\dfrac{\pi}{2}$，且 $x\to 0^-\iff y\to 0^+$. 又由于 $\dfrac{\sin x}{x}$ 是偶函数，所以

$$\lim_{x\to 0^-}\frac{\sin x}{x}=\lim_{y\to 0^+}\frac{\sin y}{y}=1.$$

综上，应用 §1.3 的定理 1，得

$$\lim_{x\to 0}\frac{\sin x}{x}=1.$$

从上述证明过程还可以得到几个有用的结论：

（1）$\lim\limits_{x\to 0}\cos x=1$.

事实上，我们已证 $\lim\limits_{x\to 0^+}\cos x=1$. 由于 $\cos x$ 是偶函数，仿上令 $y=-x$，易得 $\lim\limits_{x\to 0^-}\cos x=1$，因而有 $\lim\limits_{x\to 0}\cos x=1$.

（2）对于任意的 $x\in(-\infty,+\infty)$，有 $|\sin x|\leqslant|x|$，其中等号当且仅当 $x=0$ 时成立.

事实上，当 $x=0$ 时，显然有 $|\sin 0|=|0|$.

由(1)式知,当 $0<x<\dfrac{\pi}{2}$ 时,有 $\sin x<x$,从而 $|\sin x|<|x|$;当 $-\dfrac{\pi}{2}<x<0$ 时,有 $0<-x<\dfrac{\pi}{2}$,于是 $\sin(-x)<-x$,从而 $|\sin x|<|x|$. 故当 $0<|x|<\dfrac{\pi}{2}$ 时,有

$$|\sin x|<|x|.$$

当 $|x|\geqslant\dfrac{\pi}{2}$ 时,显然有 $|\sin x|\leqslant 1<\dfrac{\pi}{2}\leqslant|x|$.

综上,当 $0<|x|<+\infty$ 时,有 $|\sin x|<|x|$.

(3) $\lim\limits_{x\to 0}\sin x=0$.

事实上,由(2)知 $0\leqslant|\sin x|\leqslant|x|$,再由夹逼准则得 $\lim\limits_{x\to 0}|\sin x|=0$,从而 $\lim\limits_{x\to 0}\sin x=0$.

(4) $\lim\limits_{\square\to 0}\dfrac{\sin\square}{\square}=1$,其中□代表自变量 x 的某个函数,且在 x 的变化过程中是无穷小.

例如,$\lim\limits_{x\to 0}\dfrac{\sin 3x}{3x}=1$,$\lim\limits_{x\to 1}\dfrac{\sin(x^2-1)}{x^2-1}=1$,等等.

由上述重要极限,还可以推出几个常用的极限公式,见例3、例4和例5,读者应该熟练掌握它们.

例 3 求极限 $\lim\limits_{x\to 0}\dfrac{\tan x}{x}$.

解 $\lim\limits_{x\to 0}\dfrac{\tan x}{x}=\lim\limits_{x\to 0}\dfrac{\sin x}{x}\cdot\dfrac{1}{\cos x}=\lim\limits_{x\to 0}\dfrac{\sin x}{x}\cdot\lim\limits_{x\to 0}\dfrac{1}{\cos x}=1$.

例 4 求极限 $\lim\limits_{x\to 0}\dfrac{1-\cos x}{x^2}$.

解 $\lim\limits_{x\to 0}\dfrac{1-\cos x}{x^2}=\lim\limits_{x\to 0}\dfrac{2\sin^2(x/2)}{x^2}=\lim\limits_{x\to 0}\dfrac{1}{2}\left[\dfrac{\sin(x/2)}{x/2}\right]^2=\dfrac{1}{2}$.

例 5 求极限 $\lim\limits_{x\to 0}\dfrac{\arcsin x}{x}$.

解 令 $t=\arcsin x$,则 $x=\sin t$,且当 $x\to 0$ 时,有 $t\to 0$. 于是,由复合函数极限的运算法则得

$$\lim\limits_{x\to 0}\dfrac{\arcsin x}{x}=\lim\limits_{t\to 0}\dfrac{t}{\sin t}=1.$$

类似可得

$$\lim\limits_{x\to 0}\dfrac{\arctan x}{x}=1.$$

例 6 求极限 $\lim\limits_{x\to 0}\dfrac{\tan 3x}{\sin 2x}$.

解　$\lim\limits_{x\to 0}\dfrac{\tan 3x}{\sin 2x}=\lim\limits_{x\to 0}\left(\dfrac{\tan 3x}{3x}\cdot\dfrac{3x}{2x}\cdot\dfrac{2x}{\sin 2x}\right)=\lim\limits_{x\to 0}\dfrac{\tan 3x}{3x}\cdot\lim\limits_{x\to 0}\dfrac{3x}{2x}\cdot\lim\limits_{x\to 0}\dfrac{2x}{\sin 2x}=\dfrac{3}{2}.$

重要极限 Ⅱ　$\lim\limits_{x\to\infty}\left(1+\dfrac{1}{x}\right)^{x}=\mathrm{e}.$

证　首先,证明$\lim\limits_{n\to\infty}\left(1+\dfrac{1}{n}\right)^{n}=\mathrm{e}.$

记$x_n=\left(1+\dfrac{1}{n}\right)^{n}$,下面证明数列$\{x_n\}$单调增加且有上界.

取如下$n+1$个正数:

$$1,\underbrace{1+\dfrac{1}{n},\ 1+\dfrac{1}{n},\ \cdots,\ 1+\dfrac{1}{n}}_{n\uparrow}.$$

应用平均值不等式,有

$$\sqrt[n+1]{1\cdot\underbrace{\left(1+\dfrac{1}{n}\right)\left(1+\dfrac{1}{n}\right)\cdots\left(1+\dfrac{1}{n}\right)}_{n\uparrow}}\leqslant\dfrac{1}{n+1}\left[1+\underbrace{\left(1+\dfrac{1}{n}\right)+\left(1+\dfrac{1}{n}\right)+\cdots+\left(1+\dfrac{1}{n}\right)}_{n\uparrow}\right],$$

整理得

$$\sqrt[n+1]{\left(1+\dfrac{1}{n}\right)^{n}}\leqslant 1+\dfrac{1}{n+1}.$$

上式两边$n+1$次方,得

$$\left(1+\dfrac{1}{n}\right)^{n}\leqslant\left(1+\dfrac{1}{n+1}\right)^{n+1},\quad\text{即}\quad x_n\leqslant x_{n+1}.$$

可见,数列$\{x_n\}$单调增加. 另外,由牛顿二项展开式有

$$x_n=\left(1+\dfrac{1}{n}\right)^{n}$$

$$=1+\dfrac{n}{1!}\cdot\dfrac{1}{n}+\dfrac{n(n-1)}{2!}\cdot\dfrac{1}{n^{2}}+\dfrac{n(n-1)(n-2)}{3!}\cdot\dfrac{1}{n^{3}}$$

$$+\cdots+\dfrac{n(n-1)\cdots(n-n+1)}{n!}\cdot\dfrac{1}{n^{n}}$$

$$\leqslant 1+1+\dfrac{1}{2!}+\dfrac{1}{3!}+\cdots+\dfrac{1}{n!}<1+1+\dfrac{1}{2}+\dfrac{1}{2^{2}}+\cdots+\dfrac{1}{2^{n-1}}$$

$$=1+\dfrac{1-1/2^{n}}{1-1/2}=3-\dfrac{1}{2^{n-1}}<3.$$

因此,数列$\{x_n\}$不仅单调增加,而且有上界. 根据单调有界收敛准则,数列$\{x_n\}$的极限存在,记为 e,即

$$\lim_{n\to\infty}\left(1+\frac{1}{n}\right)^{n}=\mathrm{e}. \tag{2}$$

其次,应用夹逼准则我们不难把数列的极限(2)推广至相应函数的极限(证明略),得

$$\lim_{x\to+\infty}\left(1+\frac{1}{x}\right)^{x}=\mathrm{e}\quad 及\quad \lim_{x\to-\infty}\left(1+\frac{1}{x}\right)^{x}=\mathrm{e},$$

因此

$$\lim_{x\to\infty}\left(1+\frac{1}{x}\right)^{x}=\mathrm{e}.$$

稍稍变形,还可以得到重要极限Ⅱ的另一种形式.令 $t=\frac{1}{x}$,则当 $x\to\infty$ 时,$t\to0$.于是 $\lim_{t\to0}(1+t)^{\frac{1}{t}}=\mathrm{e}$,可改写为

$$\lim_{x\to0}(1+x)^{\frac{1}{x}}=\mathrm{e}.$$

注1　从以上证明过程可以得到以下两个有用的结论:

(1) $2<\mathrm{e}<3$;　　(2) $\left(1+\frac{1}{n}\right)^{n}<\left(1+\frac{1}{n+1}\right)^{n+1}<\mathrm{e}.$

注2　通过实验逼近可以证明 e 是一个无理数,其值为 2.718 281 828 459 045 ⋯.

注3　重要极限Ⅱ更一般的形式为

$$\lim_{\square\to\infty}\left(1+\frac{1}{\square}\right)^{\square}=\mathrm{e}\quad 或\quad \lim_{\square\to0}(1+\square)^{\frac{1}{\square}}=\mathrm{e},$$

其中□代表自变量 x 的某个函数,且在 x 的变化过程中是无穷大(第一个式子)或无穷小(第二个式子).

例如,$\lim_{x\to0}(1+2x)^{\frac{1}{2x}}=\mathrm{e}$,$\lim_{x\to\infty}\left(1+\frac{1}{x^{2}+1}\right)^{x^{2}+1}=\mathrm{e}$,等等.

重要极限Ⅱ是处理 1^{∞} 型未定式的强有力工具,把它与§1.5的定理2(复合函数极限的运算法则)及其推论(幂指函数极限的运算法则)结合起来,可以大大简化有关这类未定式的计算.下面举几个例子,说明其应用.

例7　求极限 $\lim_{x\to\infty}\left(1+\frac{1}{x}\right)^{kx}$($k$ 为常数).

解　容易判定这是 1^{∞} 型未定式,且有

$$\lim_{x\to\infty}\left(1+\frac{1}{x}\right)^{kx}=\left[\lim_{x\to\infty}\left(1+\frac{1}{x}\right)^{x}\right]^{k}=\mathrm{e}^{k}.$$

例8　求极限 $\lim_{x\to\infty}\left(1-\frac{1}{2x}\right)^{x+1}$.

解　$\lim_{x\to\infty}\left(1-\frac{1}{2x}\right)^{x+1}=\lim_{x\to\infty}\left(1-\frac{1}{2x}\right)^{x}\cdot\lim_{x\to\infty}\left(1-\frac{1}{2x}\right)=\lim_{x\to\infty}\left[\left(1+\frac{1}{-2x}\right)^{-2x}\right]^{-\frac{1}{2}}\cdot1=\mathrm{e}^{-\frac{1}{2}}.$

例 9 求极限 $\lim\limits_{x\to\infty}\left(\dfrac{2x+1}{2x-1}\right)^{x}$.

解 **方法 1** $\lim\limits_{x\to\infty}\left(\dfrac{2x+1}{2x-1}\right)^{x}=\lim\limits_{x\to\infty}\left(1+\dfrac{2}{2x-1}\right)^{x}=\lim\limits_{x\to\infty}\left[\left(1+\dfrac{2}{2x-1}\right)^{\frac{2x-1}{2}}\right]^{\frac{2x}{2x-1}}=e^{\lim\limits_{x\to\infty}\frac{2x}{2x-1}}=e.$

方法 2 $\lim\limits_{x\to\infty}\left(\dfrac{2x+1}{2x-1}\right)^{x}=\lim\limits_{x\to\infty}\left(\dfrac{1+\dfrac{1}{2x}}{1-\dfrac{1}{2x}}\right)^{x}=\lim\limits_{x\to\infty}\dfrac{\left[\left(1+\dfrac{1}{2x}\right)^{2x}\right]^{\frac{1}{2}}}{\left[\left(1+\dfrac{1}{-2x}\right)^{-2x}\right]^{-\frac{1}{2}}}=\dfrac{e^{\frac{1}{2}}}{e^{-\frac{1}{2}}}=e.$

习 题 1.6

1. 求下列极限:

(1) $\lim\limits_{x\to0}\dfrac{\sin3x}{\sin2x}$;

(2) $\lim\limits_{x\to0}\dfrac{\tan3x}{\sin x}$;

(3) $\lim\limits_{x\to0}x\cot x$;

(4) $\lim\limits_{x\to0}\dfrac{1-\cos2x}{x\sin2x}$;

(5) $\lim\limits_{x\to0}\dfrac{\sin x^{3}}{(\sin2x)^{3}}$;

(6) $\lim\limits_{n\to\infty}n\sin\dfrac{1}{n+1}$.

2. 求下列极限:

(1) $\lim\limits_{x\to\infty}\left(1+\dfrac{1}{3x}\right)^{5x}$;

(2) $\lim\limits_{x\to0}(1-3x)^{\frac{2}{x}}$;

(3) $\lim\limits_{x\to\infty}\left(\dfrac{1+x}{x}\right)^{3x+1}$;

(4) $\lim\limits_{x\to\infty}\left(\dfrac{x-1}{x+1}\right)^{x}$;

(5) $\lim\limits_{x\to0}(1+3\tan x)^{\cot x}$.

3. 利用极限存在准则证明:

$$\lim_{n\to\infty}\left(\dfrac{1}{\sqrt{n^{2}+1}}+\dfrac{1}{\sqrt{n^{2}+2}}+\cdots+\dfrac{1}{\sqrt{n^{2}+n}}\right)=1.$$

4. 设数列 $\{x_{n}\}$ 满足 $0<x_{1}<\pi, x_{n+1}=\sin x_{n}(n=1,2,\cdots)$,证明:极限 $\lim\limits_{n\to\infty}x_{n}$ 存在;并求该极限.

§1.7 无穷小比较

一、无穷小比较的概念

我们知道,无穷小是以 0 为极限的函数,也就是说,在其自变量的某一变化过程中,它会无限地趋于 0. 我们感兴趣的问题是:在自变量同一变化过程中的两个无穷小,它们趋于 0 的快慢程度如何?例如,显然当 $x\to0$ 时,$2x,x^{2},\sin x$ 与 x 一样,都是无穷小,但是

$$\lim_{x\to0}\dfrac{2x}{x}=2,\quad \lim_{x\to0}\dfrac{x^{2}}{x}=0,\quad \lim_{x\to0}\dfrac{x}{x^{2}}=\infty,\quad \lim_{x\to0}\dfrac{\sin x}{x}=1.$$

可见,x^2 趋于 0 比 x 趋于 0 快很多,$\sin x$ 趋于 0 和 x 趋于 0 的快慢程度则差不多,而 $2x$ 趋于 0 和 x 趋于 0 的快慢程度有差异,但处在同一个级别.为了更精细地研究无穷小的性态,我们引入以下定义:

定义　设 $\alpha(x)$ 和 $\beta(x)$ 都是在自变量 x 的同一变化过程中的无穷小,"lim"表示在这一变化过程中取极限.

(1) 若极限 $\lim \dfrac{\beta}{\alpha}=0$,则称 β 是**比 α 高阶的无穷小**,记作 $\beta=o(\alpha)$.

(2) 若极限 $\lim \dfrac{\beta}{\alpha}=\infty$,则称 β 是**比 α 低阶的无穷小**.

(3) 若极限 $\lim \dfrac{\beta}{\alpha}=c$($c$ 为常数且 $c\neq 0$),则称 β 与 α 是**同阶无穷小**.特别地,若 $c=1$,则称 β 与 α 是**等价无穷小**,记作 $\alpha\sim\beta$.

(4) 若极限 $\lim \dfrac{\beta}{\alpha^k}=c$($c,k$ 为常数且 $c\neq 0,k>0$),则称 β 是 α 的 k **阶无穷小**.

在前面的例子中,当 $x\to 0$ 时,x 是比 x^2 低阶的无穷小;x^2 是比 x 高阶的无穷小,即 $x^2=o(x)$(或更精细些,x^2 是 x 的二阶无穷小);$2x$ 与 x 是同阶无穷小;$\sin x$ 与 x 则是等价无穷小,即 $\sin x\sim x$.显然,在自变量的某一变化过程中,若 α 是比 β 高阶的无穷小,则 β 是比 α 低阶的无穷小.

注　由 §1.5 和 §1.6 中给出的例子可得到以下常用的等价无穷小,读者务必熟记:当 $x\to 0$ 时,有

$$\sqrt[n]{1+x}-1\sim\frac{1}{n}x,\quad \sin x\sim x,\qquad \tan x\sim x,$$

$$1-\cos x\sim\frac{1}{2}x^2,\quad \arcsin x\sim x,\quad \arctan x\sim x.$$

后面还将陆续推出一些常用的等价无穷小.

例 1　证明:当 $x\to 0$ 时,$x(1-\cos x)\sin^3 x$ 是 x^2 的三阶无穷小.

证　显然,当 $x\to 0$ 时,x^2,$x(1-\cos x)\sin^3 x$ 均为无穷小.因为

$$\lim_{x\to 0}\frac{x(1-\cos x)\sin^3 x}{(x^2)^3}=\lim_{x\to 0}\left(\frac{\sin x}{x}\right)^3\frac{1-\cos x}{x^2}=1^3\cdot\frac{1}{2}=\frac{1}{2},$$

所以当 $x\to 0$ 时,$x(1-\cos x)\sin^3 x$ 是 x^2 的三阶无穷小.

二、等价无穷小替代定理

等价无穷小是同阶无穷小的特殊情形,它在极限计算中有重要的意义.我们有如下**等价无穷小替代定理**:

定理　设在自变量的某个变化过程中,$\alpha\sim\bar{\alpha}$,$\beta\sim\bar{\beta}$,且极限 $\lim\dfrac{\bar{\beta}}{\bar{\alpha}}$ 存在,则

$$\lim \frac{\beta}{\alpha} = \lim \frac{\bar{\beta}}{\bar{\alpha}}.$$

证　$\lim \dfrac{\beta}{\alpha} = \lim \left(\dfrac{\beta}{\bar{\beta}} \cdot \dfrac{\bar{\beta}}{\bar{\alpha}} \cdot \dfrac{\bar{\alpha}}{\alpha} \right) = \lim \dfrac{\beta}{\bar{\beta}} \cdot \lim \dfrac{\bar{\beta}}{\bar{\alpha}} \cdot \lim \dfrac{\bar{\alpha}}{\alpha} = \lim \dfrac{\bar{\beta}}{\bar{\alpha}}.$

该定理说明,求两个无穷小之比的极限时,分子、分母可分别用它们的等价无穷小替代,从而简化计算.

例 2　求极限 $\lim\limits_{x \to 0} \dfrac{\sin 3x}{\tan 2x}$.

解　由当 $x \to 0$ 时,$\sin x \sim x$,$\tan x \sim x$ 知,此时 $\sin 3x \sim 3x$,$\tan 2x \sim 2x$,所以

$$\lim_{x \to 0} \frac{\sin 3x}{\tan 2x} = \lim_{x \to 0} \frac{3x}{2x} = \frac{3}{2}.$$

例 3　求极限 $\lim\limits_{x \to 0} \dfrac{\sin 2x}{x^3 + 3x}$.

解　当 $x \to 0$ 时,$\sin 2x \sim 2x$,所以

$$\lim_{x \to 0} \frac{\sin 2x}{x^3 + 3x} = \lim_{x \to 0} \frac{2x}{x^3 + 3x} = \lim_{x \to 0} \frac{2}{x^2 + 3} = \frac{2}{3}.$$

注　等价无穷小替代定理的使用原则是"乘除可用,加减慎用". 也就是说,求两个无穷小相乘或相除的极限时,可以分别用它们的等价无穷小替代;但是,当出现两个无穷小相加或相减时,若分别用它们的等价无穷小替代来求极限,就有可能导致错误的结论,因此应慎用. 请看下面的例子.

例 4　求极限 $\lim\limits_{x \to 0} \dfrac{\tan x - \sin x}{x^3}$.

错误解法　当 $x \to 0$ 时,$\tan x \sim x$,$\sin x \sim x$,所以

$$\lim_{x \to 0} \frac{\tan x - \sin x}{x^3} = \lim_{x \to 0} \frac{x - x}{x^3} = 0.$$

正确解法　因为 $\dfrac{\tan x - \sin x}{x^3} = \dfrac{\tan x (1 - \cos x)}{x^3}$,而当 $x \to 0$ 时,有

$$\tan x \sim x, \quad 1 - \cos x \sim \frac{1}{2} x^2,$$

所以
$$\lim_{x \to 0} \frac{\tan x - \sin x}{x^3} = \lim_{x \to 0} \frac{\tan x (1 - \cos x)}{x^3} = \lim_{x \to 0} \frac{x \cdot \frac{1}{2} x^2}{x^3} = \frac{1}{2}.$$

习　题　1.7

1. 当 $x \to 0$ 时,下列无穷小是 x 的几阶无穷小?

(1) $x^2 + \sin x$;　　(2) $\sqrt{1+3x^2} - 1$;　　(3) $\cos 2x^2 - 1$.

2. 当 $x \to 1$ 时, $f(x) = 1 - x^2$ 与 $g(x) = x\sin(x-1)$ 相比较是(　　)的无穷小.

(A) 等价　　　(B) 同阶但非等价　　　(C) 高阶　　　(D) 低阶

3. 利用等价无穷小替代定理求下列极限:

(1) $\lim\limits_{x \to 0} \dfrac{(\arcsin x)^2}{x \tan x}$;　　　　(2) $\lim\limits_{x \to 0} \dfrac{\sin x^3 \tan x}{1 - \cos x^2}$;

(3) $\lim\limits_{x \to 0} \dfrac{\tan x - \sin x}{x(1 - \cos 2x)}$;　　　(4) $\lim\limits_{x \to 0} \dfrac{x^3 \arctan x}{\sqrt{1-x^4} - 1}$.

§1.8　函数的连续性

一、函数的连续性

　　自然界中许多现象都是连续不断地变化着的,如气温随着时间的变化而连续变化,金属棒受热后其长度随着温度的改变而连续变化,植物的生长随着岁月的流逝而连续变化,等等.这些现象反映在函数关系上,就是我们常说的连续性,数学上称相应的函数为连续函数.从几何上看,一条连绵不断的曲线表示的就是一个连续函数.连续函数是微积分学研究的主要对象.本节我们将以极限为主要工具,把上述几何直观抽象为连续函数的严格定义,并以此揭示连续函数的本质及性质.

　　首先给出函数在一点处连续的几种等价定义.

　　定义 1　若函数 $f(x)$ 在点 x_0 的某个邻域内有定义,且

$$\lim_{x \to x_0} f(x) = f(x_0),$$

则称 $f(x)$ 在点 x_0 处**连续**.

　　例 1　讨论函数 $f(x) = \dfrac{2x^2+1}{3x+4}$ 在点 $x=1$ 处的连续性.

　　解　由 §1.5 例 2 的推广结论有

$$\lim_{x \to 1} f(x) = \lim_{x \to 1} \frac{2x^2+1}{3x+4} = \frac{2 \cdot 1^2 + 1}{3 \cdot 1 + 4} = f(1),$$

所以函数 $f(x) = \dfrac{2x^2+1}{3x+4}$ 在点 $x=1$ 处连续.

例 2　讨论函数 $f(x)=\begin{cases} x\sin\dfrac{1}{x}, & x\neq 0 \\ 0, & x=0 \end{cases}$，在点 $x=0$ 处的连续性.

解　因为 $\lim\limits_{x\to 0}f(x)=\lim\limits_{x\to 0}x\sin\dfrac{1}{x}=0=f(0)$，所以函数 $f(x)$ 在点 $x=0$ 处连续.

直观上看，连续的特点是：当自变量变化一小点儿时，函数值也只跟着变化一小点儿. 为了准确地表达出这种特点，我们引进增量的概念.

若自变量 x 从初值 x_0 变化到 x，则称改变量 $\Delta x=x-x_0$ 为自变量 x 的**增量**. 增量 Δx 可正可负. 相应地，若此时函数值从 $f(x_0)$ 变化到 $f(x_0+\Delta x)$，则称其改变量 $\Delta y=f(x_0+\Delta x)-f(x_0)$ 为函数 $y=f(x)$ 对应的**增量**. 利用增量可将函数在一个点处的连续性定义如下：

定义 2　若函数 $y=f(x)$ 在点 x_0 的某个邻域内有定义，且
$$\lim_{\Delta x\to 0}\left[f(x_0+\Delta x)-f(x_0)\right]=0,\quad 即 \quad \lim_{\Delta x\to 0}\Delta y=0,$$
则称 $y=f(x)$ 在点 x_0 处**连续**.

用 $\varepsilon\text{-}\delta$ 语言把 $\lim\limits_{x\to x_0}f(x)=f(x_0)$ "翻译"出来，函数 $f(x)$ 在点 x_0 处连续的定义又可表达如下：

定义 3　设函数 $f(x)$ 在点 x_0 的某个邻域内有定义. 若对于任意给定的 $\varepsilon>0$，存在 $\delta>0$，使得当 $|x-x_0|<\delta$ 时，恒有 $|f(x)-f(x_0)|<\varepsilon$，则称 $f(x)$ 在点 x_0 处**连续**.

注　函数 $f(x)$ 在点 x_0 处有极限并不要求在点 x_0 处有定义，而函数 $f(x)$ 在点 x_0 处连续则要求在点 x_0 及其某个邻域内有定义. 点 x_0 自然满足不等式 $|f(x)-f(x_0)|<\varepsilon$，因此在定义 3 中用"当 $|x-x_0|<\delta$ 时"，其中 x_0 的邻域不能"去心"，而在极限的定义中用"当 $0<|x-x_0|<\delta$ 时"，其中 x_0 的邻域必须"去心".

上述三个定义是等价的，它们表明：函数在一点处连续的本质特征是"自变量变化很小时，对应的函数值变化也很小".

二、左、右连续

由于 $\lim\limits_{x\to x_0}f(x)=A \iff f(x_0^+)=f(x_0^-)=A$，因此我们有以下结论：

定理 1　函数 $f(x)$ 在点 x_0 处连续的充要条件是
$$f(x_0^+)=f(x_0^-)=f(x_0).$$

定义 4　对于函数 $f(x)$，若
$$\lim_{x\to x_0^-}f(x)=f(x_0),\quad 即 \quad f(x_0^-)=f(x_0),$$
则称 $f(x)$ 在点 x_0 处**左连续**；若

$$\lim_{x \to x_0^+} f(x) = f(x_0), \quad 即 \quad f(x_0^+) = f(x_0),$$

则称 $f(x)$ 在点 x_0 处**右连续**.

现在我们可以用另一种观点重新表述定理 1：

函数 $f(x)$ 在点 x_0 处连续 $\Longleftrightarrow$ 函数 $f(x)$ 在点 x_0 处既左连续，又右连续.

例 3 讨论函数 $f(x) = \begin{cases} 2\cos(x-1), & 0 < x < 1, \\ x^2 + 1, & x \geq 1 \end{cases}$ 在点 $x = 1$ 处的连续性.

解 因为

$$\lim_{x \to 1^-} f(x) = \lim_{x \to 1^-} 2\cos(x-1) = 2 \cdot 1 = 2, \quad \lim_{x \to 1^+} f(x) = \lim_{x \to 1^+} (x^2+1) = 2,$$

而 $f(1) = 2$，所以函数 $f(x)$ 在点 $x = 1$ 处连续.

三、连续函数

定义 5 若函数 $f(x)$ 在开区间 (a, b) 内处处连续，则称 $f(x)$ **在开区间** (a, b) **内连续**，记为 $f(x) \in C(a, b)$. 若 $f(x)$ 在开区间 (a, b) 内连续，且在左端点 a 处右连续，在右端点 b 处左连续，则称 $f(x)$ **在闭区间** $[a, b]$ **上连续**，记为 $f(x) \in C[a, b]$. 在某个区间上连续的函数，称为该区间上的**连续函数**.

在 §1.5 的例 1 和例 2 及其推广中，我们已经证明：若 $f(x)$ 是多项式，则对于任意的实数 x_0，都有 $\lim_{x \to x_0} f(x) = f(x_0)$，即多项式在区间 $(-\infty, +\infty)$ 内都是连续的；对于有理分式函数 $F(x) = \dfrac{P(x)}{Q(x)}$，当 $Q(x_0) \neq 0$ 时，有 $\lim_{x \to x_0} F(x) = F(x_0)$，即有理分式函数在其定义域内处处连续. 容易证明，三角函数 $y = \sin x, y = \cos x$ 在其定义域内也是连续的. 下面以 $y = \sin x$ 为例加以证明.

例 4 证明：函数 $y = \sin x$ 在区间 $(-\infty, +\infty)$ 内连续.

证 对于任意的 $x \in (-\infty, +\infty)$，有

$$\lim_{\Delta x \to 0} [\sin(x + \Delta x) - \sin x] = \lim_{\Delta x \to 0} 2\sin \frac{\Delta x}{2} \cos\left(x + \frac{\Delta x}{2}\right).$$

因为 $\cos\left(x + \dfrac{\Delta x}{2}\right)$ 是有界函数，而 $\sin \dfrac{\Delta x}{2}$ 当 $\Delta x \to 0$ 时为无穷小，所以由无穷小的性质知，$\sin \dfrac{\Delta x}{2} \cos\left(x + \dfrac{\Delta x}{2}\right)$ 仍是无穷小. 因此

$$\lim_{\Delta x \to 0} [\sin(x + \Delta x) - \sin x] = 0.$$

这说明 $y = \sin x$ 在点 x 处连续. 由点 x 的任意性知，$y = \sin x$ 在区间 $(-\infty, +\infty)$ 内连续.

类似可得，函数 $y = \cos x$ 在区间 $(-\infty, +\infty)$ 内连续.

四、函数的间断点

1. 间断点的定义

由定义可知,一个函数 $f(x)$ 在点 x_0 处连续必须满足下列三个条件:

(1) $f(x)$ 在点 x_0 处有定义;

(2) $\lim\limits_{x \to x_0^-} f(x) = \lim\limits_{x \to x_0^+} f(x) = A$,即 $\lim\limits_{x \to x_0} f(x) = A$ (A 为常数);

(3) $A = f(x_0)$.

定义 6　上述三个条件中只要有一个不满足,函数 $f(x)$ 在点 x_0 处就不是连续的,此时称 $f(x)$ 在点 x_0 处**间断**或**不连续**,并称 x_0 为 $f(x)$ 的**间断点**.

更具体些,假设函数 $f(x)$ 在点 x_0 的某个去心邻域内有定义,若出现下列三种情形之一,则 $f(x)$ 在点 x_0 处间断:

(1) $f(x)$ 在点 x_0 处没有定义;

(2) 虽然 $f(x)$ 在点 x_0 处有定义,但是极限 $\lim\limits_{x \to x_0} f(x)$ 不存在;

(3) 虽然 $f(x)$ 在点 x_0 处有定义,且极限 $\lim\limits_{x \to x_0} f(x)$ 存在,但是 $\lim\limits_{x \to x_0} f(x) \neq f(x_0)$.

2. 间断点的分类

根据函数 $f(x)$ 在其间断点处左、右极限的不同情况,可以把其间断点分成如下两类:

第一类间断点　若函数 $f(x)$ 在其间断点 x_0 处的左、右极限 $f(x_0^-)$ 和 $f(x_0^+)$ 均存在,则称 x_0 是 $f(x)$ 的第一类间断点.第一类间断点又分为两种:

(1) 若 $f(x_0^-) \neq f(x_0^+)$,则称 x_0 是 $f(x)$ 的**跳跃间断点**.

(2) 若 $f(x_0^-) = f(x_0^+)$,即极限 $\lim\limits_{x \to x_0} f(x)$ 存在,则称 x_0 是 $f(x)$ 的**可去间断点**.此时,或者 $\lim\limits_{x \to x_0} f(x) \neq f(x_0)$,或者 $f(x)$ 在点 x_0 处没有定义.

第二类间断点　函数 $f(x)$ 的不是第一类间断点的任何间断点,称为 $f(x)$ 的第二类间断点.显然,若 x_0 是 $f(x)$ 的第二类间断点,则左、右极限 $f(x_0^-)$ 和 $f(x_0^+)$ 中至少有一个不存在.常见的第二类间断点有两种:

(1) 若 $f(x_0^-),f(x_0^+)$ 中至少有一个为 ∞,则称 x_0 为 $f(x)$ 的**无穷间断点**.

(2) 若在 $x \to x_0$ 的过程中,$f(x)$ 的值在某两个常数之间无限次变动,来回振荡,从而极限不存在,则称 x_0 为 $f(x)$ 的**振荡间断点**.

我们来看几个具体的例子.

例 5　判断函数 $f(x) = \begin{cases} \dfrac{|x|}{x}, & x \neq 0, \\ 0, & x = 0 \end{cases}$ 在点 $x = 0$ 处的连续性,若不连续,指出此间断

点的类型.

解 易知 $\lim\limits_{x\to 0^-}f(x)=-1,\lim\limits_{x\to 0^+}f(x)=1$.虽然函数 $f(x)$ 在点 $x=0$ 处的左、右极限都存在,但是不相等,所以 $x=0$ 是 $f(x)$ 的第一类间断点,且是跳跃间断点(见图 1-4).

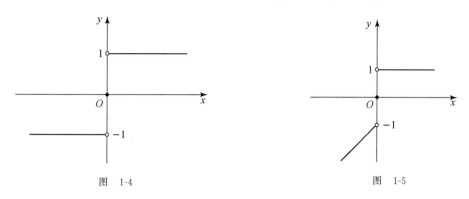

图 1-4　　　　　　　　　　　　　　　　图 1-5

例 6 函数 $f(x)=\begin{cases}x-1, & x<0,\\ 0, & x=0,\\ 1, & x>0\end{cases}$ 在点 $x=0$ 处是否连续?若不连续,指出此间断点的类型.

解 因 $\lim\limits_{x\to 0^-}f(x)=\lim\limits_{x\to 0^-}(x-1)=-1,\lim\limits_{x\to 0^+}f(x)=1$,即 $f(x)$ 在点 $x=0$ 处的左、右极限虽然都存在,但是不相等,故 $f(x)$ 在点 $x=0$ 处是间断的,$x=0$ 是 $f(x)$ 的第一类间断点,且是跳跃间断点(见图 1-5).

例 7 讨论下列函数的连续性,说明间断点的类型,若是可去间断点,则补充或改变函数的定义,使之连续:

(1) $f(x)=\dfrac{\sin x}{x}$; 　　　　(2) $f(x)=\begin{cases}\dfrac{\sin x}{x}, & x\neq 0\\ 0, & x=0.\end{cases}$

解 (1) 当 $x\neq 0$ 时,由极限的四则运算法则及例 4 知,函数 $f(x)$ 是连续的.

当 $x=0$ 时,因为 $f(x)$ 没有定义,所以 $x=0$ 是 $f(x)$ 的间断点.又因为

$$\lim\limits_{x\to 0}f(x)=\lim\limits_{x\to 0}\frac{\sin x}{x}=1,$$

所以 $x=0$ 是 $f(x)$ 的第一类间断点,且是可去间断点.此时,若补充定义 $f(0)=1$,则 $\lim\limits_{x\to 0}f(x)=1=f(0)$,从而 $f(x)$ 在点 $x=0$ 处连续.

(2) 显然,当 $x\neq 0$ 时,与(1)相同,函数 $f(x)$ 是连续的.而当 $x=0$ 时,$f(x)$ 虽然有定义,但是

$$\lim_{x\to 0}f(x)=\lim_{x\to 0}\frac{\sin x}{x}=1\neq f(0),$$

所以 $x=0$ 是 $f(x)$ 的第一类间断点,且是可去间断点. 此时,$f(x)$ 在点 $x=0$ 处已有定义,故只能改变定义. 令 $f(0)=1$,则 $\lim_{x\to 0}f(x)=1=f(0)$,从而 $f(x)$ 在点 $x=0$ 处连续.

注　例 7 说明了可去间断点这个名称的由来.

例 8　函数 $f(x)=\sin\dfrac{1}{x}$ 在点 $x=0$ 处是否连续? 若不连续,说明此间断点的类型.

解　当 $x=0$ 时,函数 $f(x)$ 没有定义,所以 $x=0$ 是 $f(x)$ 的间断点.

在 §1.3 的例 6 中,我们证明了极限 $\lim_{x\to 0}f(x)=\lim_{x\to 0}\sin\dfrac{1}{x}$ 不存在. 用同样的方法还可以证明 $f(x)$ 当 $x\to 0$ 时的左、右极限都不存在,所以 $x=0$ 是 $f(x)$ 的第二类间断点.

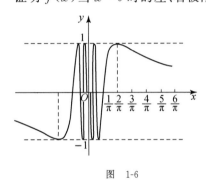

图　1-6

进一步研究发现,当 $x\to 0$ 时,$f(x)$ 的值在 -1 与 1 之间变动无限多次,来回振荡,所以 $x=0$ 是 $f(x)$ 的振荡间断点(见图 1-6).

例 9　讨论函数 $f(x)=\dfrac{1}{x}$ 的连续性.

解　显然,函数 $f(x)$ 在 $x\neq 0$ 时连续,而在点 $x=0$ 处没有定义,所以 $x=0$ 是 $f(x)$ 的间断点. 又因为

$$\lim_{x\to 0}f(x)=\lim_{x\to 0}\frac{1}{x}=\infty,$$

所以 $x=0$ 是 $f(x)$ 的第二类间断点,且是无穷间断点.

五、连续函数的运算

1. 连续函数的和、差、积、商的连续性

由极限的四则运算法则及连续的定义,立即可得如下定理:

定理 2　若函数 $f(x),g(x)$ 在点 x_0 处连续,则 $f(x)\pm g(x),f(x)g(x),\dfrac{f(x)}{g(x)}\left[g(x_0)\neq 0\right]$ 在点 x_0 处也连续.

由例 4 已知,三角函数 $y=\sin x,y=\cos x$ 在区间 $(-\infty,+\infty)$ 内连续. 再由定理 2 可以推出其余几个三角函数 $y=\tan x,y=\cot x,y=\sec x,y=\csc x$ 在其定义域内也是连续的.

2. 反函数的连续性

定理 3　单调增加(或减少)的连续函数,其反函数在对应区间上也单调增加(或减少)且连续. 换句话说,若函数 $y=f(x)$ 在区间 I_x 上单调增加(或减少)且连续,则它的反函数 $x=$

$f^{-1}(y)$ 在对应区间 $I_y = \{y \mid y = f(x), x \in I_x\}$ 上也单调增加(或减少)且连续.

定理 3 的证明略. 根据该定理,由函数 $y = \sin x$ 在区间 $\left[-\dfrac{\pi}{2}, \dfrac{\pi}{2}\right]$ 上单调增加且连续,可以推出其反函数 $y = \arcsin x$ 在区间 $[-1,1]$ 上也单调增加且连续. 同理可得其他反三角函数的连续性. 因此,反三角函数在其定义域内都是连续的.

3. 复合函数的连续性

对于复合函数的连续性,我们不加证明地给出下面的结论:

定理 4 连续函数与连续函数的复合函数仍为连续函数. 具体地,设函数 $y = f[\varphi(x)]$ 由函数 $y = f(u)$ 与 $u = \varphi(x)$ 复合而成,$u = \varphi(x)$ 在点 x_0 处连续,而 $y = f(u)$ 在对应点 $u_0 = \varphi(x_0)$ 处连续,则复合函数 $y = f[\varphi(x)]$ 在点 x_0 处连续.

定理 4 说明,若 $\lim\limits_{x \to x_0} \varphi(x) = \varphi(x_0)$, $\lim\limits_{u \to u_0} f(u) = f(u_0)$,且 $u_0 = \varphi(x_0)$,则

$$\lim_{x \to x_0} f[\varphi(x)] = f[\varphi(x_0)], \quad 即 \quad \lim_{x \to x_0} f[\varphi(x)] = f\left[\lim_{x \to x_0} \varphi(x)\right].$$

它表明,求连续函数的复合函数的极限时,极限符号可与函数符号交换位置.

六、初等函数的连续性

1. 基本初等函数的连续性

我们已经知道,三角函数及反三角函数在它们的定义域内是连续的.

我们指出,指数函数 $a^x (a > 0$ 且 $a \neq 1)$ 在区间 $(-\infty, +\infty)$ 内是单调且连续的.

由于对数函数是指数函数的反函数,根据定理 3 可得,对数函数 $\log_a x (a > 0$ 且 $a \neq 1)$ 在区间 $(0, +\infty)$ 内单调且连续.

由于当 $x > 0$ 时,$y = x^\mu = e^{\mu \ln x}$,因此幂函数 $y = x^\mu (x > 0)$ 可看作由函数 $y = e^u$ 与 $u = \mu \ln x$ 复合而成. 由定理 4,同样可以证明幂函数 $y = x^\mu$ 在其定义域内是连续的.

综上所述,基本初等函数在它们的定义域内都是连续的.

2. 初等函数的连续性

因为初等函数是由常数和基本初等函数经过有限次四则运算或复合运算而构成的,所以我们有下面的结论:

定理 5 初等函数在其定义区间内都是连续的.

这里定义区间是指包含在定义域内的区间. 初等函数在其定义域内未必都连续.

定理 5 为我们提供了求函数极限的一个方法:如果 $f(x)$ 是初等函数,且 x_0 是 $f(x)$ 的定义区间内的点,则有

$$\lim_{x \to x_0} f(x) = f(x_0),$$

即 $f(x)$ 在点 x_0 处的极限值等于函数值.

例 10   求极限 $\lim\limits_{x\to 0}\cos(\sqrt{1-x^2}-1)$.

解   因为 $\cos(\sqrt{1-x^2}-1)$ 是初等函数，$[-1,1]$ 为定义区间，而点 $x=0$ 是其内的点，所以

$$\lim_{x\to 0}\cos(\sqrt{1-x^2}-1)=\cos(\sqrt{1}-1)=\cos 0=1.$$

作为定理 5 的应用，下面导出几个常用的极限公式.

例 11   证明：$\lim\limits_{x\to 0}\dfrac{\ln(1+x)}{x}=1$.

证 $\lim\limits_{x\to 0}\dfrac{\ln(1+x)}{x}=\lim\limits_{x\to 0}\ln(1+x)^{\frac{1}{x}}=\ln\left[\lim\limits_{x\to 0}(1+x)^{\frac{1}{x}}\right]=\ln\mathrm{e}=1.$

注   更一般地，有

$$\lim_{x\to 0}\frac{\log_a(1+x)}{x}=\log_a\mathrm{e}=\frac{1}{\ln a}\quad(a>0\ \text{且}\ a\neq 1).$$

例 12   证明：$\lim\limits_{x\to 0}\dfrac{\mathrm{e}^x-1}{x}=1$.

证   令 $t=\mathrm{e}^x-1$，则 $x=\ln(1+t)$，且当 $x\to 0$ 时，$t\to 0$. 于是

$$\lim_{x\to 0}\frac{\mathrm{e}^x-1}{x}=\lim_{t\to 0}\frac{t}{\ln(1+t)}=1$$

注   更一般地，有

$$\lim_{x\to 0}\frac{a^x-1}{x}=\ln a\quad(a>0\ \text{且}\ a\neq 1).$$

由例 11 和例 12 立即可得：当 $x\to 0$ 时，有

$$\mathrm{e}^x-1\sim x,\quad \ln(1+x)\sim x.$$

这两个式子可以作为公式直接应用，读者应牢记.

习　题　1.8

1. 下列函数在指定点处是否连续？为什么？

(1) $f(x)=\begin{cases}x+1, & x\leqslant 0,\\ (x-1)^2, & x>0,\end{cases}$ 在点 $x=0$ 处；

(2) $f(x)=\begin{cases}\dfrac{1}{x}\sin x, & x<0,\\ 1, & x=0,\\ 1-x\sin\dfrac{1}{x}, & x>0,\end{cases}$ 在点 $x=0$ 处；

(3) $f(x)=\begin{cases}\dfrac{x^2-3x+2}{\ln x}, & x\neq 1,\\ 1, & x=1,\end{cases}$ 在点 $x=1$ 处;

(4) $f(x)=\begin{cases}\dfrac{\ln(1-x)}{x}, & x<0,\\ -1, & x=0,\\ \dfrac{\sqrt{1+x}-1}{x}, & x>0,\end{cases}$ 在点 $x=0$ 处.

2. 设函数 $f(x)=\begin{cases}\dfrac{\sqrt{x+4}-2}{x}, & x\neq 0,\\ k, & x=0\end{cases}$ 在点 $x=0$ 处连续,则 $k=$ _____.

3. 设当 $x\neq 0$ 时,函数 $f(x)=\dfrac{\tan 2x}{\ln(1+x)}$,且 $f(x)$ 在点 $x=0$ 处连续,求 $f(0)$ 的值.

4. 选择常数 a,使函数 $f(x)=\begin{cases}x^2, & x\leqslant 1,\\ a+x, & x>1\end{cases}$ 在区间 $(-\infty,+\infty)$ 内连续.

5. 求下列函数的间断点,并指出其类型,若是可去间断点,请补充或改变函数的定义,使其连续:

(1) $f(x)=2x+\dfrac{1}{x}$;   (2) $f(x)=\dfrac{\sin(x-1)}{1-x^2}$;

(3) $f(x)=\cos\dfrac{1}{x}$;   (4) $f(x)=\begin{cases}e^{\frac{1}{x}}, & x<0,\\ 1, & x\geqslant 0.\end{cases}$

6. 求下列极限:

(1) $\lim\limits_{x\to 0}\dfrac{\ln(x+a)-\ln a}{x}$ $(a>0)$;   (2) $\lim\limits_{x\to 0}\dfrac{1-\cos x}{(e^x-1)\ln(1+x)}$;   (3) $\lim\limits_{x\to\infty}e^{\frac{1}{x}}\cos\dfrac{1}{x}$;

(4) $\lim\limits_{x\to 0}\dfrac{\sqrt{1+x}-\sqrt{x+\cos x}}{\sqrt{1+\sin^2 x}-1}$;   (5) $\lim\limits_{x\to 0}\dfrac{1}{x}\ln\sqrt{\dfrac{1+x}{1-x}}$.

§1.9　闭区间上连续函数的性质

闭区间上的连续函数具有一系列极其重要的性质,归结起来有以下四个定理:

定理 1(有界性定理)　若函数 $f(x)$ 在闭区间 $[a,b]$ 上连续,则 $f(x)$ 在 $[a,b]$ 上有界.

定理 2(最大最小值定理)　若函数 $f(x)$ 在闭区间 $[a,b]$ 上连续,则 $f(x)$ 在 $[a,b]$ 上必能取到它的最小值 m 和最大值 M(见图 1-7).

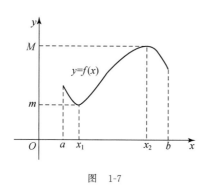

图　1-7

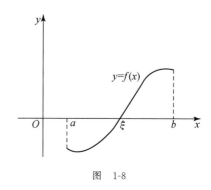

图　1-8

注　若函数 $f(x)$ 仅在开区间 (a,b) 内连续或在闭区间 $[a,b]$ 上有间断点,则上述两个定理的结论未必成立.例如,函数 $f(x)=\dfrac{1}{x}$ 在开区间 $(0,1)$ 内连续,但是无界,也无最大值;它在闭区间 $[-1,1]$ 上也是如此,因为有无穷间断点 $x=0$.

定理 3(零点定理)　若函数 $f(x)$ 在闭区间 $[a,b]$ 上连续,且 $f(a)$ 与 $f(b)$ 异号$[f(a)\cdot f(b)<0]$,则在开区间 (a,b) 内至少存在一点 ξ,使得 $f(\xi)=0$(见图 1-8).

从几何上看,定理 3 是很显然的:若曲线弧 $y=f(x)(a\leqslant x\leqslant b)$ 的两个端点分别在 x 轴的两侧,而曲线 $y=f(x)$ 又在闭区间 $[a,b]$ 上连续,则它必然要与 x 轴相交.

我们通常把使函数 $f(x)$ 的值为零的点称为该函数的**零点**.定理 3 给出函数 $f(x)$ 有零点的充分条件.函数 $f(x)$ 的零点就是方程 $f(x)=0$ 的一个根.因此,定理 3 常用来证明一个方程有根以及估计方程根的大致范围.

例　证明:方程 $e^x=3x$ 至少有一个小于 1 的正根.

证　令函数 $f(x)=e^x-3x$,显然它在闭区间 $[0,1]$ 上连续,且
$$f(0)=1-0=1>0,\quad f(1)=e-3<0.$$
由零点定理知,在开区间 $(0,1)$ 内至少存在一点 ξ,使得 $f(\xi)=e^\xi-3\xi=0$.这说明 $x=\xi\in(0,1)$ 是方程 $e^x=3x$ 的一个根.

定理 4(介值定理)　若函数 $f(x)$ 在闭区间 $[a,b]$ 上连续,且在此区间的端点取不同的函数值:$f(a)=A,f(b)=B,A\neq B$,那么对于 A 与 B 之间的任意一个常数 C,在开区间 (a,b) 内至少存在一点 ξ,使得 $f(\xi)=C$.

定理 4 说明,若连续曲线弧 $y=f(x)(a\leqslant x\leqslant b)$ 的两个端点位于直线 $y=C$ 的两侧,则它必与这条直线相交.通常称定理 4 中的常数 C 为**介值**,因而称定理 4 为介值定理.

推论　在闭区间 $[a,b]$ 上连续的函数 $f(x)$ 必能取到介于其最大值 M 与最小值 m 之间的任何值 C.

这些定理的证明涉及抽象的实数理论,故把它们略去.不过,不难看出,由定理 2 立刻可

推出定理 1. 同样,由定理 3 也容易证明定理 4,只需令函数 $\varphi(x)=f(x)-C$,再对 $\varphi(x)$ 在闭区间 $[a,b]$ 上应用零点定理. 详细过程留给读者完成.

习　题　1.9

1. 证明:方程 $x^5-3x=1$ 至少有一个根介于 1 和 2 之间.

2. 证明:方程 $\sin x+x+1=0$ 在开区间 $\left(-\dfrac{\pi}{2},\dfrac{\pi}{2}\right)$ 内至少有一个根.

3. 设函数 $f(x)$ 在闭区间 $[a,b]$ 上连续,且 $f(a)<a$,$f(b)>b$,试证:在开区间 (a,b) 内至少存在一个点 ξ,使得 $f(\xi)=\xi$.

4. 设函数 $f(x)$ 在闭区间 $[a,b]$ 上连续,且 $a<x_1<x_2<x_3<b$,证明:至少存在一点 $\xi\in(a,b)$,使得 $f(\xi)=\dfrac{f(x_1)+f(x_2)+f(x_3)}{3}$.

§1.10　综　合　例　题

一、函数

1. 求函数的表达式与定义域

例 1　已知 $f(x^2-1)=\ln\dfrac{x^2}{x^2-2}$,则函数 $f(x)$ 的定义域是_____.

解　设 $u=x^2-1$,则 $x^2=u+1$,从而 $f(u)=\ln\dfrac{u+1}{u-1}$. 于是

$$f(x)=\ln\frac{x+1}{x-1}.$$

解不等式 $\dfrac{x+1}{x-1}>0$,得 $|x|>1$. 因此,$f(x)$ 的定义域是 $D_f=(-\infty,-1)\cup(1,+\infty)$.

例 2　已知函数 $f(x)=\mathrm{e}^{x^2}$,$f[\varphi(x)]=1-x$,且 $\varphi(x)\geqslant0$,求函数 $\varphi(x)$ 的表达式及其定义域.

解　一方面,由复合函数的定义有

$$f[\varphi(x)]=\mathrm{e}^{\varphi^2(x)};$$

另一方面,由对数恒等式有

$$f[\varphi(x)]=1-x=\mathrm{e}^{\ln(1-x)}.$$

比较上述二式,得

$$\varphi^2(x)=\ln(1-x),\quad 且\quad \varphi(x)\geqslant0.$$

由此解得

$$\varphi(x)=\sqrt{\ln(1-x)}.$$

由 $\ln(1-x)\geqslant 0$ 得 $1-x\geqslant 1$,故 $\varphi(x)$ 定义域为 $x\leqslant 0$.

2. 求复合函数

例 3　设函数

$$g(x)=\begin{cases}2-x, & x\leqslant 0, \\ x+2, & x>0,\end{cases} \quad f(x)=\begin{cases}x^2, & x<0, \\ -x, & x\geqslant 0,\end{cases}$$

求复合函数 $g[f(x)]$.

解　$g[f(x)]=\begin{cases}2-f(x), & f(x)\leqslant 0, \\ f(x)+2, & f(x)>0.\end{cases}$

显然,$f(x)\leqslant 0 \Longleftrightarrow x\geqslant 0$.

当 $x<0$ 时,$f(x)=x^2>0$,从而 $g[f(x)]=x^2+2$;

当 $x\geqslant 0$ 时,$f(x)=-x\leqslant 0$,从而 $g[f(x)]=2-(-x)=2+x$.

综上可得

$$g[f(x)]=\begin{cases}x^2+2, & x<0, \\ 2+x, & x\geqslant 0.\end{cases}$$

3. 函数的性质

例 4　设函数 $f(x)=\begin{cases}8\sin x-x^2, & -\pi\leqslant x<0, \\ 8\sin x+x^2, & 0\leqslant x\leqslant\pi,\end{cases}$ 则 $f(x)$ 在区间 $[-\pi,\pi]$ 上为(　　).

(A) 奇函数　　　(B) 无界函数　　　(C) 单调函数　　　(D) 周期函数

解　因为

$$f(-x)=\begin{cases}8\sin(-x)-(-x)^2, & -\pi\leqslant -x<0, \\ 8\sin(-x)+(-x)^2, & 0\leqslant -x\leqslant\pi\end{cases}$$

$$=\begin{cases}-8\sin x-x^2, & 0<x\leqslant\pi, \\ -8\sin x+x^2, & -\pi\leqslant x\leqslant 0\end{cases}=-f(x),$$

所以 $f(x)$ 在 $[-\pi,\pi]$ 上为奇函数. 故应选(A).

二、极限

1. 极限的概念与性质

例 5　设数列 $\{x_n\}$ 与 $\{y_n\}$ 满足 $\lim\limits_{n\to\infty}x_ny_n=0$,则下列断言中正确的是(　　).

(A) 若 $\{x_n\}$ 发散,则 $\{y_n\}$ 必发散　　　(B) 若 $\{x_n\}$ 无界,则 $\{y_n\}$ 必有界

(C) 若$\{x_n\}$有界,则$\{y_n\}$必为无穷小　　　　(D) 若$\left\{\dfrac{1}{x_n}\right\}$为无穷小,则$\{y_n\}$必为无穷小

解　直接利用无穷小的性质可知选项(D)是正确的.这是因为,若$\left\{\dfrac{1}{x_n}\right\}$为无穷小,则有

$$\lim_{n\to\infty}y_n=\lim_{n\to\infty}x_n y_n\cdot\dfrac{1}{x_n}=0\cdot 0=0.$$

因此,$\{y_n\}$是无穷小.

注　选项(A),(B),(C)是错的,请读者自行举出反例加以说明.

2. 极限的计算

2.1　左、右极限

求分段函数在分段点处的极限,常常需要分别求分段点处函数的左、右极限.

例 6　设函数

$$f(x)=\begin{cases} x\sin\dfrac{1}{x}+b, & x<0, \\ a, & x=0, \\ \dfrac{\sin x}{x}, & x>0, \end{cases}$$

问:(1) a,b 为何值时,$f(x)$在点 $x=0$ 处的极限存在?

(2) a,b 为何值时,$f(x)$在点 $x=0$ 处连续?

解　(1) 要 $f(x)$在点 $x=0$ 处的极限存在,即要$\lim\limits_{x\to 0^-}f(x)=\lim\limits_{x\to 0^+}f(x)$.因为

$$\lim_{x\to 0^-}f(x)=\lim_{x\to 0^-}\left(x\sin\dfrac{1}{x}+b\right)=b, \quad \lim_{x\to 0^+}f(x)=\lim_{x\to 0^+}\dfrac{\sin x}{x}=1,$$

所以当 $b=1$ 时,有$\lim\limits_{x\to 0^-}f(x)=\lim\limits_{x\to 0^+}f(x)$,即当 $b=1$ 时,$f(x)$在点 $x=0$ 处的极限存在.又因为函数在某点处有极限与在该点处是否有定义无关,所以此时 a 可以取任意值.

(2) $f(x)$在点 $x=0$ 处连续的充要条件是$\lim\limits_{x\to 0^-}f(x)=\lim\limits_{x\to 0^+}f(x)=f(0)$,即 $b=1=a$,因此当 $a=b=1$ 时,$f(x)$在点 $x=0$ 处连续.

有时虽然给定的函数不是分段函数,但由于它包含着在给定点处左、右极限不相同的函数,这时往往也需要分别求左、右极限.

例 7　求极限$\lim\limits_{x\to 0}\left(\dfrac{2+\mathrm{e}^{\frac{1}{x}}}{1+\mathrm{e}^{\frac{4}{x}}}+\dfrac{\sin x}{|x|}\right).$

解　当 $x\to 0^-$ 时,$\mathrm{e}^{\frac{1}{x}}\to 0$;当 $x\to 0^+$ 时,$\mathrm{e}^{\frac{1}{x}}\to+\infty$.所以,应分别考虑左、右极限:

$$\lim_{x\to 0^-}\left(\frac{2+e^{\frac{1}{x}}}{1+e^{\frac{4}{x}}}+\frac{\sin x}{|x|}\right)=\lim_{x\to 0^-}\left(\frac{2+e^{\frac{1}{x}}}{1+e^{\frac{4}{x}}}-\frac{\sin x}{x}\right)=\frac{2+0}{1+0}-1=1,$$

$$\lim_{x\to 0^+}\left(\frac{2+e^{\frac{1}{x}}}{1+e^{\frac{4}{x}}}+\frac{\sin x}{|x|}\right)=\lim_{x\to 0^+}\left(\frac{2e^{-\frac{4}{x}}+e^{-\frac{3}{x}}}{e^{-\frac{4}{x}}+1}+\frac{\sin x}{x}\right)=\frac{0+0}{0+1}+1=1.$$

因上述左、右极限存在并且相等,故

$$\lim_{x\to 0}\left(\frac{2+e^{\frac{1}{x}}}{1+e^{\frac{4}{x}}}+\frac{\sin x}{|x|}\right)=1.$$

2.2　恒等变形和极限的运算法则

例 8　已知函数 $\varphi(x)$ 满足 $\lim\limits_{x\to 0}\dfrac{\varphi(x)}{x}=3$,则 $\lim\limits_{n\to\infty}\varphi\left(\dfrac{1}{n}\right)=$ ＿＿＿＿＿＿.

解　因为 $\lim\limits_{x\to 0}\dfrac{\varphi(x)}{x}=3$,所以

$$\lim_{x\to 0}\varphi(x)=\lim_{x\to 0}x\cdot\frac{\varphi(x)}{x}=0\cdot 3=0.$$

注意到 $\dfrac{1}{n}\to 0(n\to\infty)$,故有 $\lim\limits_{n\to\infty}\varphi\left(\dfrac{1}{n}\right)=0.$

注　由例 8 可以导出如下有用的一般性结论:

命题 1　若函数 $f(x)$ 和 $g(x)$ 满足下列条件:

(1) $\lim\limits_{x\to x_0}\dfrac{f(x)}{g(x)}=A$ (A 为常数);

(2) $\lim\limits_{x\to x_0}g(x)=0$,

则有

$$\lim_{x\to x_0}f(x)=0.$$

证　$\lim\limits_{x\to x_0}f(x)=\lim\limits_{x\to x_0}g(x)\cdot\dfrac{f(x)}{g(x)}=0\cdot A=0.$

注　命题 1 对于其他自变量变化过程也是正确的.

若条件(2)改为 $\lim\limits_{x\to x_0}f(x)=0$,能否推出 $\lim\limits_{x\to x_0}g(x)=0$? 请读者思考.

例 9　求下列极限:

(1) $\lim\limits_{x\to+\infty}(\sin\sqrt{x+1}-\sin\sqrt{x})$;　(2) $\lim\limits_{x\to 0}\dfrac{\ln(1+2x)}{3+e^{\frac{1}{x}}}$;　(3) $\lim\limits_{x\to+\infty}(\sqrt{x^2+x}-\sqrt{x^2-x})$.

解　(1) 由于当 $x\to+\infty$ 时,函数 $\sin\sqrt{x+1}$ 与 $\sin\sqrt{x}$ 的极限均不存在,所以应先进行

恒等变形:

$$\sin\sqrt{x+1}-\sin\sqrt{x}=2\sin\frac{\sqrt{x+1}-\sqrt{x}}{2}\cos\frac{\sqrt{x+1}+\sqrt{x}}{2}$$

$$=2\sin\frac{1}{2(\sqrt{x+1}+\sqrt{x})}\cos\frac{\sqrt{x+1}+\sqrt{x}}{2}.$$

当 $x\to+\infty$ 时,$\sin\dfrac{1}{2(\sqrt{x+1}+\sqrt{x})}$ 是无穷小,而 $\cos\dfrac{\sqrt{x+1}+\sqrt{x}}{2}$ 是有界函数,所以

$$\lim_{x\to+\infty}(\sin\sqrt{x+1}-\sin\sqrt{x})=0.$$

(2) 虽然当 $x\to0$ 时分母的左、右极限是不相同的,但是由于 $0<\dfrac{1}{3+e^{\frac{1}{x}}}<\dfrac{1}{3}$,即 $\dfrac{1}{3+e^{\frac{1}{x}}}$ 是有界函数,而 $\lim\limits_{x\to0}\ln(1+2x)=0$,因此

$$\lim_{x\to0}\frac{\ln(1+2x)}{3+e^{\frac{1}{x}}}=0.$$

(3) 这是 $\infty-\infty$ 型未定式,应先根式有理化,再求极限:

$$\lim_{x\to+\infty}(\sqrt{x^2+x}-\sqrt{x^2-x})=\lim_{x\to+\infty}\frac{2x}{\sqrt{x^2+x}+\sqrt{x^2-x}}=\lim_{x\to+\infty}\frac{2}{\sqrt{1+\frac{1}{x}}+\sqrt{1-\frac{1}{x}}}=1.$$

2.3 等价无穷小替代定理

例 10 求下列极限:

(1) $\lim\limits_{x\to0}\dfrac{3\sin x+x^2\cos\frac{1}{x}}{(1+\cos x)\ln(1+x)}$; 　　(2) $\lim\limits_{x\to0}\dfrac{\sqrt{1+\sin x}-\sqrt{1-\sin x}}{\sqrt{1+\frac{1}{3}x}-1}$.

解 (1) 当 $x\to0$ 时,$\ln(1+x)\sim x$,且 $\lim\limits_{x\to0}(1+\cos x)=2$,故

$$原式=\frac{1}{2}\lim_{x\to0}\frac{3\sin x+x^2\cos\frac{1}{x}}{x}=\frac{1}{2}\lim_{x\to0}\left(\frac{3\sin x}{x}+x\cos\frac{1}{x}\right)=\frac{1}{2}(3+0)=\frac{3}{2}.$$

(2) 把分子有理化,得

$$原式=\lim_{x\to0}\frac{2\sin x}{\left(\sqrt{1+\frac{1}{3}x}-1\right)(\sqrt{1+\sin x}+\sqrt{1-\sin x})}.$$

因 $\lim\limits_{x\to0}(\sqrt{1+\sin x}+\sqrt{1-\sin x})=2$,且当 $x\to0$ 时,$\sqrt{1+\frac{1}{3}x}-1\sim\frac{1}{2}\left(\frac{1}{3}x\right)=\frac{1}{6}x$,$\sin x\sim x$,

故 $$原式=\lim_{x\to 0}\frac{2x}{\dfrac{1}{6}x\cdot 2}=6.$$

例 11　求极限 $\lim\limits_{x\to 1}(1-x)\tan\dfrac{\pi x}{2}$.

解　这是 $0\cdot\infty$ 型未定式.

$$原式=\lim_{x\to 1}(1-x)\tan\frac{\pi x}{2}=\lim_{x\to 1}(1-x)\frac{\sin\dfrac{\pi x}{2}}{\cos\dfrac{\pi x}{2}}=\lim_{x\to 1}\sin\frac{\pi x}{2}\cdot\lim_{x\to 1}\frac{1-x}{\cos\dfrac{\pi x}{2}}=\lim_{x\to 1}\frac{1-x}{\cos\dfrac{\pi x}{2}}.$$

令 $t=x-1$,则当 $x\to 1$ 时,$t\to 0$. 又 $\cos\dfrac{\pi x}{2}=\cos\dfrac{\pi}{2}(t+1)=-\sin\dfrac{\pi}{2}t\sim-\dfrac{\pi}{2}t(t\to 0)$,于是

$$原式=\lim_{t\to 0}\frac{-t}{\cos\dfrac{\pi}{2}(t+1)}=\lim_{t\to 0}\frac{-t}{-\dfrac{\pi}{2}t}=\frac{2}{\pi}.$$

2.4　重要极限和对数恒等式

对 1^{∞} 型未定式的计算,重要极限 Ⅱ 是解决此类问题的强有力工具,此外还可以利用对数恒等式.

例 12　设极限 $\lim\limits_{x\to 0}\left(\dfrac{1+x}{1-ax}\right)^{\frac{1}{x}}=e^{3}$,则常数 $a=$ ＿＿＿＿＿＿.

解　$\lim\limits_{x\to 0}\left(\dfrac{1+x}{1-ax}\right)^{\frac{1}{x}}$ 是 1^{∞} 型未定式. 由于

$$\lim_{x\to 0}\left(\frac{1+x}{1-ax}\right)^{\frac{1}{x}}=\lim_{x\to 0}\frac{(1+x)^{\frac{1}{x}}}{(1-ax)^{\frac{1}{x}}}=\lim_{x\to 0}\frac{(1+x)^{\frac{1}{x}}}{\left[(1-ax)^{-\frac{1}{ax}}\right]^{-a}}=\frac{e}{e^{-a}}=e^{1+a},$$

因此 $e^{1+a}=e^{3}$,从而有 $1+a=3$,即 $a=2$.

例 13　求极限 $\lim\limits_{x\to 0}\left(\dfrac{\cos x+4\sin x}{\cos x}\right)^{\frac{1}{\sin 2x}}$.

解　**方法 1**　原式 $=\lim\limits_{x\to 0}\left[(1+4\tan x)^{\frac{1}{4\tan x}}\right]^{\frac{4\tan x}{2\sin x\cos x}}=\lim\limits_{x\to 0}\left[(1+4\tan x)^{\frac{1}{4\tan x}}\right]^{\frac{2}{\cos^2 x}}=e^{2}.$

方法 2　由于

$$原式=\lim_{x\to 0}(1+4\tan x)^{\frac{1}{\sin 2x}}=\lim_{x\to 0}e^{\frac{1}{\sin 2x}\ln(1+4\tan x)}=e^{\lim\limits_{x\to 0}\frac{1}{\sin 2x}\ln(1+4\tan x)},$$

而 $$\lim_{x\to 0}\frac{1}{\sin 2x}\ln(1+4\tan x)=\lim_{x\to 0}\frac{4\tan x}{2x}=\lim_{x\to 0}\frac{4x}{2x}=2,$$

所以 $$原式=e^{2}.$$

注　对例 13 稍加变形,可以得出一个实用的计算公式,见下面的命题:

命题 2　若当 $x \to x_0$ 时，$u(x) \to 0$，$v(x) \to \infty$，且 $\lim\limits_{x \to x_0} u(x)v(x)$ 存在，$1+u(x)>0$，则

$$\lim_{x \to x_0} [1+u(x)]^{v(x)} = \mathrm{e}^{\lim\limits_{x \to x_0} u(x)v(x)}.$$

证　由对数恒等式有

$$[1+u(x)]^{v(x)} = \mathrm{e}^{v(x)\ln[1+u(x)]}.$$

因为当 $x \to x_0$ 时，$\ln[1+u(x)] \sim u(x)$，所以

$$\lim_{x \to x_0} [1+u(x)]^{v(x)} = \lim_{x \to x_0} \mathrm{e}^{v(x)\ln[1+u(x)]} = \mathrm{e}^{\lim\limits_{x \to x_0} u(x)v(x)}.$$

命题 2 对于其他自变量变化过程也是成立的.

2.5　极限存在准则

例 14　设 $a>0$ 为常数，数列 $\{x_n\}$ 由下式定义：

$$x_n = \frac{1}{2}\left(x_{n-1} + \frac{a}{x_{n-1}}\right) \quad (n=1,2,\cdots),$$

其中 $x_0>0$ 为常数，求极限 $\lim\limits_{n \to \infty} x_n$.

解　先证明数列 $\{x_n\}$ 的极限存在，再求其极限.

由 $a>0$，$x_0>0$ 可推知 $x_n>0(n=1,2,\cdots)$. 应用平均值不等式，得

$$x_n = \frac{1}{2}\left(x_{n-1} + \frac{a}{x_{n-1}}\right) \geqslant \frac{1}{2} \cdot 2\sqrt{x_{n-1} \cdot \frac{a}{x_{n-1}}} = \sqrt{a} \quad (n=1,2,\cdots),$$

因此数列 $\{x_n\}$ 有下界. 又对于 $n=1,2,\cdots$，有

$$\frac{x_{n+1}}{x_n} = \frac{1}{2}\left(1 + \frac{a}{x_n^2}\right) = \frac{1}{2} + \frac{1}{2} \cdot \frac{a}{x_n^2} \leqslant 1,$$

故数列 $\{x_n\}$ 单调减少. 由单调有界准则知 $\lim\limits_{n \to \infty} x_n$ 存在，不妨设 $\lim\limits_{n \to \infty} x_n = A(A \geqslant 0)$.

对式子 $x_n = \frac{1}{2}\left(x_{n-1} + \dfrac{a}{x_{n-1}}\right)$ 两边取极限得

$$A = \frac{1}{2}\left(A + \frac{a}{A}\right),$$

解之得

$$A = \sqrt{a}, \quad 即 \quad \lim_{n \to \infty} x_n = \sqrt{a}.$$

例 15　求极限 $\lim\limits_{n \to \infty} (1+2^n+3^n)^{\frac{1}{n}}$.

解　记 $x_n = (1+2^n+3^n)^{\frac{1}{n}}$，则

$$x_n = 3\left[1 + \left(\frac{2}{3}\right)^n + \left(\frac{1}{3}\right)^n\right]^{\frac{1}{n}}.$$

显然，对于任意自然数 n，有

$$1 < 1 + \left(\frac{2}{3}\right)^n + \left(\frac{1}{3}\right)^n < 3, \quad 故 \quad 1^{\frac{1}{n}} < \left[1 + \left(\frac{2}{3}\right)^n + \left(\frac{1}{3}\right)^n\right]^{\frac{1}{n}} < 3^{\frac{1}{n}},$$

从而

$$3 \cdot 1^{\frac{1}{n}} < x_n = 3\left[1 + \left(\frac{2}{3}\right)^n + \left(\frac{1}{3}\right)^n\right]^{\frac{1}{n}} < 3 \cdot 3^{\frac{1}{n}}.$$

由于 $\lim\limits_{n \to \infty} 3 \cdot 1^{\frac{1}{n}} = 3, \lim\limits_{n \to \infty} 3 \cdot 3^{\frac{1}{n}} = 3$，根据夹逼准则得

$$\lim_{n \to \infty} x_n = 3, \quad 即 \quad \lim_{n \to \infty}(1 + 2^n + 3^n)^{\frac{1}{n}} = 3.$$

2.6　极限式中待定常数的确定

例 16　已知极限 $\lim\limits_{x \to \infty}\left(\dfrac{x^2}{x+1} - ax - b\right) = 0$，求常数 a, b.

解　由题设可知

$$\lim_{x \to \infty}\left(\frac{x^2}{x+1} - ax - b\right) = \lim_{x \to \infty}\frac{(1-a)x^2 - (a+b)x - b}{x+1} = 0.$$

上述求极限的分式中分子的次数应低于分母的次数，所以

$$\begin{cases} 1 - a = 0, \\ a + b = 0, \end{cases} \quad 解得 \quad \begin{cases} a = 1, \\ b = -1. \end{cases}$$

2.7　无穷小的比较

例 17　已知函数 $f(x) = k(1 - x^2)$ 与 $g(x) = 1 - \sqrt[3]{x}$ 当 $x \to 1$ 时为等价无穷小，求常数 k.

解　由等价无穷小的定义知，应有 $\lim\limits_{x \to 1}\dfrac{f(x)}{g(x)} = 1$. 因为

$$\lim_{x \to 1}\frac{f(x)}{g(x)} = \lim_{x \to 1}\frac{k(1 - x^2)}{1 - \sqrt[3]{x}} = k\lim_{x \to 1}\left[(1 + \sqrt[3]{x} + \sqrt[3]{x^2})(1 + x)\right] = 6k,$$

所以

$$6k = 1, \quad 即 \quad k = \frac{1}{6}.$$

三、连续性

1. 函数在某点处的连续性

例 18　设函数

$$f(x) = \begin{cases} \dfrac{a(1 - \cos x)}{x^2}, & x < 0 \\ 1, & x = 0, \\ \ln(b + x^2), & x > 0 \end{cases}$$

在点 $x = 0$ 处连续，求常数 a, b.

解　函数 $f(x)$ 在点 $x = 0$ 处连续 $\iff f(0^-) = f(0^+) = f(0)$. 由于

$$f(0^-) = \lim_{x \to 0^-} \frac{a(1-\cos x)}{x^2} = \frac{a}{2}, \quad f(0^+) = \lim_{x \to 0^+} \ln(b+x^2) = \ln b,$$

而 $f(0)=1$，因此 $\dfrac{a}{2} = \ln b = 1$，解得 $a=2$，$b=e$.

2. 函数的间断点

例 19　求函数 $f(x) = \dfrac{x^2+x}{|x|(x^2-1)}$ 的间断点，并判断其类型，若为可去间断点，试补充或修改 $f(x)$ 的定义，使其连续.

解　因为 $f(x)$ 在点 $x=0,\pm 1$ 处无定义，所以 $x=0,\pm 1$ 是 $f(x)$ 的间断点，而其余的点都在 $f(x)$ 的定义区间内，因而 $f(x)$ 在其余点处都连续.

因为
$$\lim_{x \to 0^-} f(x) = \lim_{x \to 0^-} \frac{x^2+x}{-x(x^2-1)} = 1, \quad \lim_{x \to 0^+} f(x) = \lim_{x \to 0^+} \frac{x^2+x}{x(x^2-1)} = -1,$$
所以 $x=0$ 为 $f(x)$ 的第一类间断点，且是跳跃间断点.

因为
$$\lim_{x \to 1} \frac{x^2+x}{|x|(x^2-1)} = \infty, \quad \lim_{x \to -1} \frac{x^2+x}{|x|(x^2-1)} = \lim_{x \to -1} \frac{1}{1-x} = \frac{1}{2},$$
所以 $x=1$ 为 $f(x)$ 的第二类间断点，且为无穷间断点，而 $x=-1$ 为 $f(x)$ 的第一类间断点，且为可去间断点. 若令 $f(-1) = \dfrac{1}{2}$，则 $f(x)$ 在点 $x=-1$ 处连续.

3. 函数在闭区间上的连续性

例 20　设函数 $f(x)$ 在闭区间 $[0,a]$ 上连续，且 $f(a)=f(0)$，证明：在开区间 $(0,a)$ 内，方程 $f(x) = f\left(x+\dfrac{a}{2}\right)$ 至少有一个根.

证　令函数 $F(x) = f(x) - f\left(x+\dfrac{a}{2}\right)$，显然它在闭区间 $\left[0,\dfrac{a}{2}\right]$ 上连续，且

$$F(0) = f(0) - f\left(\frac{a}{2}\right), \quad F\left(\frac{a}{2}\right) = f\left(\frac{a}{2}\right) - f(a) = f\left(\frac{a}{2}\right) - f(0) = -F(0),$$

所以 $F(0) \cdot F\left(\dfrac{a}{2}\right) \leqslant 0$. 若 $f(0) = f\left(\dfrac{a}{2}\right)$，则 $x=0,\dfrac{a}{2}$ 为该方程在 $(0,a)$ 内的根. 若 $f(0) \neq f\left(\dfrac{a}{2}\right)$，则 $F(0) \cdot F\left(\dfrac{a}{2}\right) < 0$，从而由零点定理知，存在 $\xi \in \left(0,\dfrac{a}{2}\right) \subset (0,a)$，使得

$$F(\xi) = 0, \quad \text{即} \quad f(\xi) = f\left(\xi+\frac{a}{2}\right).$$

因此，ξ 为该方程在 $(0,a)$ 内的根.

第二章 导数与微分

> 微积分学是牛顿[①]和莱布尼茨[②]于 17 世纪分别独立创立的. 它是高等数学最基本、最重要的组成部分,是现代数学许多分支的基础,是人类认识自然、探索宇宙奥秘的最经典的数学模型之一.导数与微分是微分学的核心概念,本章及下一章将介绍一元函数导数和微分的概念、性质、应用及其相关内容.

§2.1 导数的概念

一、导数概念的引例

导数来源于力学中的瞬时速度问题与几何学中的切线斜率问题.

1. 变速直线运动的瞬时速度问题

设质点 M 从某时刻(不妨设为 0)开始沿直线做变速运动.如果经过时间 t 后,质点 M 的位移为 $s = f(t)$,求该质点在 t_0 时刻的瞬时速度 $v(t_0)$.

易知,当时间 t 由 t_0 变到 $t_0 + \Delta t (\Delta t > 0)$ 时,质点 M 在 Δt 这段时间内的位移为 $\Delta s = f(t_0 + \Delta t) - f(t_0)$.因此,在 Δt 时间段内,质点 M 的平均速度为

$$\bar{v} = \frac{\Delta s}{\Delta t} = \frac{f(t_0 + \Delta t) - f(t_0)}{\Delta t}.$$

若质点 M 做匀速直线运动,平均速度 $\bar{v}$ 不随时间的变化而变化,即为一个常数,此时它就是质点 M 在 t_0 时刻的瞬时速度 $v(t_0)$.现在质点 M 做变速直线运动,$\bar{v}$ 可作为 $v(t_0)$ 的近似值,Δt 越小,$\bar{v}$ 就越接近 $v(t_0)$.故当 $\Delta t \to 0$ 时,如果极限 $\lim\limits_{\Delta t \to 0} \dfrac{\Delta s}{\Delta t}$ 存在,就称此极限值为质点 M 在 t_0 时刻的

---

① 牛顿(Newton,1643—1727),英国物理学家、数学家与天文学家.
② 莱布尼茨(Leibniz,1646—1716),德国数学家与哲学家.

瞬时速度 $v(t_0)$,即

$$v(t_0) = \lim_{\Delta t \to 0} \frac{f(t_0 + \Delta t) - f(t_0)}{\Delta t}.$$

由此可见,质点 M 在 t_0 时刻的瞬时速度 $v(t_0)$ 是位移函数 $s = f(t)$ 的增量 Δs 与其自变量 t 的增量 Δt 之比 $\dfrac{\Delta s}{\Delta t}$ 当 $\Delta t \to 0$ 时的极限.

例 1　已知自由落体的运动规律是 $s(t) = \dfrac{1}{2} g t^2$($s$ 的单位:m;t 的单位:s),其中 g 为重力加速度.对于做自由落体运动的物体,求:

(1) 它在从 $t = t_0$ 到 $t = t_0 + \Delta t$ 这段时间内的平均速度 $\bar{v}$;

(2) 它在 $t = t_0$ 时刻的瞬时速度;

(3) 它在从 $t = 1\,\mathrm{s}$ 到 $t = 1.01\,\mathrm{s}$ 这段时间内的平均速度;

(4) 它在 $t = 1\,\mathrm{s}$ 时的瞬时速度.

解　(1) 在从 $t = t_0$ 到 $t = t_0 + \Delta t$ 这段时间内位移的增量为

$$\Delta s = \frac{1}{2} g (t_0 + \Delta t)^2 - \frac{1}{2} g t_0^2 = g t_0 \Delta t + \frac{1}{2} g (\Delta t)^2,$$

故这段时间内物体的平均速度是

$$\bar{v} = \frac{\Delta s}{\Delta t} = g t_0 + \frac{1}{2} g \Delta t = g \left(t_0 + \frac{1}{2} \Delta t \right).$$

(2) 物体在 $t = t_0$ 时刻的瞬时速度为

$$v(t_0) = \lim_{\Delta t \to 0} g \left(t_0 + \frac{1}{2} \Delta t \right) = g t_0.$$

(3) 从 $t = 1\,\mathrm{s}$ 到 $t = 1.01\,\mathrm{s}$,$\Delta t = 0.01\,\mathrm{s}$.由(1)知,这段时间内物体的平均速度为

$$\bar{v} = g \left(1 + \frac{1}{2} \times 0.01 \right) = 1.005g \ (\text{单位:m/s}).$$

(4) 由(2)知,物体在 $t = 1\,\mathrm{s}$ 时的速度为 $v(1) = g$(单位:m/s).

2. 平面曲线的切线斜率问题

设曲线 L 是函数 $y = f(x)$ 的图形,$M_0(x_0, y_0)$ [$y_0 = f(x_0)$] 为曲线 L 上的一个定点,求曲线 L 在点 M_0 处的切线斜率.

如图 2-1 所示,设 $M(x_0 + \Delta x, y_0 + \Delta y)$($\Delta x \neq 0$) 为曲线 L 上的另一点,过点 M_0, M 的直线 $M_0 M$ 叫作曲线 L 的**割线**.当动点 M 沿曲线 L 趋于点 M_0 时,割线 $M_0 M$ 的极限位置所在的直线 $M_0 T$,叫作曲线 L 在点 M_0 处的**切线**.

过点 M 作 x 轴的垂线,交切线 $M_0 T$ 于点 P,再过点

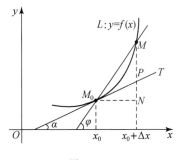

图　2-1

M_0 作 MP 的垂线,垂足为点 N.易知,割线 M_0M 的斜率是

$$\tan\varphi = \frac{NM}{M_0N} = \frac{f(x_0+\Delta x)-f(x_0)}{\Delta x} = \frac{\Delta y}{\Delta x}.$$

显然,当动点 M 沿曲线 L 趋于点 M_0,即 $\Delta x\to 0$ 时,割线 M_0M 的倾角 φ 趋于切线 M_0T 的倾角 α,于是割线 M_0M 的斜率 $\tan\varphi$ 趋于切线的斜率 $\tan\alpha$,故曲线 L 在点 M_0 处的切线斜率为

$$\tan\alpha = \lim_{M\to M_0}\tan\varphi = \lim_{\Delta x\to 0}\frac{\Delta y}{\Delta x}.$$

由此可见,曲线 L 在点 $M_0(x_0,y_0)$ 处的切线斜率为函数 $y=f(x)$ 的增量 Δy 与其自变量的增量 Δx 之比 $\dfrac{\Delta y}{\Delta x}$ 当 $\Delta x\to 0$ 时的极限.

　　上述瞬时速度问题和切线斜率问题,虽然具体含义不同,但从抽象的数量关系来看,其实质都是求函数的增量与自变量的增量之比当自变量的增量趋于 0 时的极限.我们把这种特定意义下的极限叫作函数的导数.

二、导数的定义

1. 函数在某点处的导数与导函数

定义 1　设函数 $y=f(x)$ 在点 x_0 的某个邻域 $U(x_0)$ 内有定义,当自变量 x 在点 x_0 处取得增量 $\Delta x[\Delta x\neq 0,x_0+\Delta x\in U(x_0)]$ 时,$y=f(x)$ 相应地取得增量

$$\Delta y = f(x_0+\Delta x)-f(x_0).$$

如果极限

$$\lim_{\Delta x\to 0}\frac{\Delta y}{\Delta x} = \lim_{\Delta x\to 0}\frac{f(x_0+\Delta x)-f(x_0)}{\Delta x} \tag{1}$$

存在,则称 $y=f(x)$ 在点 x_0 处**可导**,称 x_0 为 $y=f(x)$ 的**可导点**,并称此极限值为 $y=f(x)$ 在点 x_0 的**导数**,记为 $f'(x_0),\dfrac{\mathrm{d}y}{\mathrm{d}x}\Big|_{x=x_0},\dfrac{\mathrm{d}f}{\mathrm{d}x}\Big|_{x=x_0}$ 或 $y'|_{x=x_0}$,即

$$f'(x_0) = \lim_{\Delta x\to 0}\frac{f(x_0+\Delta x)-f(x_0)}{\Delta x}.$$

若极限(1)不存在,则称 $y=f(x)$ 在点 x_0 处**不可导**,并称 x_0 为 $y=f(x)$ 的**不可导点**.

　　当 $\lim\limits_{\Delta x\to 0}\dfrac{\Delta y}{\Delta x}=\infty$ 时,为了方便起见,也常常称函数 $y=f(x)$ 在点 x_0 处的导数为无穷大.

　　通常称比值 $\dfrac{\Delta y}{\Delta x}=\dfrac{f(x_0+\Delta x)-f(x_0)}{\Delta x}$ 为函数 $y=f(x)$ 在区间 $[x_0,x_0+\Delta x]$ 上的**平均变化率**;而称极限 $f'(x_0)=\lim\limits_{\Delta x\to 0}\dfrac{\Delta y}{\Delta x}$ 为函数 $y=f(x)$ 在点 x_0 处的**瞬时变化率**.

　　若在(1)式中令 $x=x_0+\Delta x$,则 $\Delta x=x-x_0$,且当 $\Delta x\to 0$ 时,$x\to x_0$.于是,函数 $y=f(x)$ 在

点 x_0 处的导数又可表示为

$$f'(x_0) = \lim_{x \to x_0} \frac{f(x) - f(x_0)}{x - x_0}. \tag{2}$$

如果函数 $y = f(x)$ 在区间 (a,b) 内每一点处都可导,则称 $y = f(x)$ **在区间 (a,b) 内可导**. 这时,对于任一 $x \in (a,b)$,都有一个确定的导数值 $f'(x)$ 与之对应,这就定义了一个新的函数,此函数称为 $y = f(x)$ 在 (a,b) 内对 x 的**导函数**(简称**导数**),记作

$$f'(x), \quad y', \quad \frac{dy}{dx} \quad \text{或} \quad \frac{df}{dx}.$$

在(1)式中把 x_0 换成 x,立即得导函数的表达式

$$f'(x) = \lim_{\Delta x \to 0} \frac{f(x + \Delta x) - f(x)}{\Delta x}.$$

上式中 x 可以取 (a,b) 内的任意值,但在求极限过程中应视 x 为不变量,而视 Δx 是变量.

显然,函数 $f(x)$ 在点 x_0 处的导数 $f'(x_0)$ 就是导函数 $f'(x)$ 在点 x_0 处的函数值,即

$$f'(x_0) = f'(x)\big|_{x=x_0}.$$

例2 设函数 $f(x) = \sqrt{x}$,求 $f'(x), f'(1), f'(2)$.

解 由导数的定义有

$$\begin{aligned}
f'(x) &= \lim_{\Delta x \to 0} \frac{f(x + \Delta x) - f(x)}{\Delta x} = \lim_{\Delta x \to 0} \frac{\sqrt{x + \Delta x} - \sqrt{x}}{\Delta x} \\
&= \lim_{\Delta x \to 0} \frac{(\sqrt{x + \Delta x} - \sqrt{x})(\sqrt{x + \Delta x} + \sqrt{x})}{\Delta x(\sqrt{x + \Delta x} + \sqrt{x})} \\
&= \lim_{\Delta x \to 0} \frac{\Delta x}{\Delta x(\sqrt{x + \Delta x} + \sqrt{x})} = \frac{1}{2\sqrt{x}},
\end{aligned}$$

所以

$$f'(1) = f'(x)\big|_{x=1} = \frac{1}{2\sqrt{1}} = \frac{1}{2}, \quad f'(2) = f'(x)\big|_{x=2} = \frac{1}{2\sqrt{2}} = \frac{1}{4}\sqrt{2}.$$

由导数的定义,做变速直线运动的质点 M 在 t_0 时刻的瞬时速度 $v(t_0)$ 为位移函数 $s = f(t)$ 在点 t_0 处的导数 $f'(t_0)$,即 $v(t_0) = f'(t_0)$;曲线 $y = f(x)$ 在点 x_0 处的切线斜率是函数 $f(x)$ 在点 x_0 处的导数 $f'(x_0)$,即 $\tan\alpha = f'(x_0)$,其中 α 为切线的倾角.

2. 用导数的定义求导数

由导数的定义求函数 $f(x)$ 在点 x 处的导数可按以下步骤进行:

第一步,求出对应于自变量增量 Δx 的函数增量 $\Delta y = f(x + \Delta x) - f(x)$;

第二步,求出比值 $\dfrac{\Delta y}{\Delta x} = \dfrac{f(x + \Delta x) - f(x)}{\Delta x}$;

第三步,求出极限 $\lim\limits_{\Delta x \to 0} \dfrac{\Delta y}{\Delta x} = f'(x)$.

例 3 求常数函数 $f(x) \equiv C$(C 为常数)的导数.

解 由 $f(x) = f(x+\Delta x) = C$,$\Delta y = f(x+\Delta x) - f(x) = C - C = 0$,得

$$\lim_{\Delta x \to 0} \frac{\Delta y}{\Delta x} = \lim_{\Delta x \to 0} \frac{0}{\Delta x} = 0.$$

也就是说,常数函数的导数为 0.

例 4 求幂函数 $y = f(x) = x^n$(n 为正整数)的导数.

解 因为

$$\Delta y = f(x+\Delta x) - f(x) = (x+\Delta x)^n - x^n$$
$$= C_n^1 x^{n-1} \Delta x + C_n^2 x^{n-2} (\Delta x)^2 + \cdots + (\Delta x)^n,$$
$$\frac{\Delta y}{\Delta x} = C_n^1 x^{n-1} + C_n^2 x^{n-2} (\Delta x) + \cdots + (\Delta x)^{n-1},$$

所以

$$\lim_{\Delta x \to 0} \frac{\Delta y}{\Delta x} = C_n^1 x^{n-1} = n x^{n-1}.$$

后面将会证明,对于一般的幂函数 $y = x^\mu$(μ 为任意常数),仍有

$$y' = (x^\mu)' = \mu x^{\mu-1}.$$

例如,当 $\mu = \dfrac{1}{4}$ 时,$y = \sqrt[4]{x} = x^{\frac{1}{4}}$ 的导数为

$$y' = \left(x^{\frac{1}{4}}\right)' = \frac{1}{4} x^{-\frac{3}{4}} = \frac{1}{4\sqrt[4]{x^3}};$$

当 $\mu = -1$ 时,$y = \dfrac{1}{x} = x^{-1}$ 的导数为

$$y' = (x^{-1})' = -x^{-2} = -\frac{1}{x^2}.$$

例 5 求正弦函数 $y = f(x) = \sin x$ 的导数.

解 因为

$$\Delta y = f(x+\Delta x) - f(x) = \sin(x+\Delta x) - \sin x = 2\cos\left(x + \frac{\Delta x}{2}\right)\sin\frac{\Delta x}{2},$$

$$\frac{\Delta y}{\Delta x} = 2\cos\left(x + \frac{\Delta x}{2}\right)\frac{\sin\dfrac{\Delta x}{2}}{\Delta x},$$

所以

$$\lim_{\Delta x \to 0} \frac{\Delta y}{\Delta x} = \lim_{\Delta x \to 0} \cos\left(x + \frac{\Delta x}{2}\right)\frac{\sin\dfrac{\Delta x}{2}}{\dfrac{\Delta x}{2}} = \cos x,$$

即
$$(\sin x)' = \cos x.$$

同理可得
$$(\cos x)' = -\sin x.$$

例 6 求指数函数 $y = f(x) = a^x (a > 0 \text{ 且 } a \neq 1)$ 的导数.

解 因为
$$\Delta y = f(x + \Delta x) - f(x) = a^{x+\Delta x} - a^x = a^x(a^{\Delta x} - 1), \quad \frac{\Delta y}{\Delta x} = \frac{a^x(a^{\Delta x} - 1)}{\Delta x},$$

所以
$$\lim_{\Delta x \to 0} \frac{\Delta y}{\Delta x} = a^x \lim_{\Delta x \to 0} \frac{a^{\Delta x} - 1}{\Delta x}. \tag{3}$$

在(3)式中,令 $a^{\Delta x} - 1 = \alpha$,则当 $\Delta x \to 0$ 时,$\alpha \to 0$,且 $\Delta x = \frac{\ln(1+\alpha)}{\ln a}$. 于是

$$\lim_{\Delta x \to 0} \frac{\Delta y}{\Delta x} = a^x \lim_{\alpha \to 0} \frac{\alpha}{\frac{\ln(1+\alpha)}{\ln a}} = a^x \ln a \lim_{\alpha \to 0} \frac{\alpha}{\ln(1+\alpha)}$$

$$= a^x \ln a \lim_{\alpha \to 0} \frac{1}{\ln(1+\alpha)^{\frac{1}{\alpha}}} = a^x \ln a,$$

即
$$(a^x)' = a^x \ln a.$$

特别地,当 $a = e$ 时,有
$$(e^x)' = e^x.$$

例 7 求对数函数 $y = f(x) = \log_a x (a > 0 \text{ 且 } a \neq 1)$ 的导数.

解 因为
$$\Delta y = f(x + \Delta x) - f(x) = \log_a(x + \Delta x) - \log_a x = \log_a\left(1 + \frac{\Delta x}{x}\right),$$

所以
$$\lim_{\Delta x \to 0} \frac{\Delta y}{\Delta x} = \lim_{\Delta x \to 0} \frac{\log_a\left(1 + \frac{\Delta x}{x}\right)}{\Delta x} = \frac{1}{x} \lim_{\Delta x \to 0} \log_a\left(1 + \frac{\Delta x}{x}\right)^{\frac{x}{\Delta x}} = \frac{1}{x} \log_a e = \frac{1}{x \ln a},$$

即
$$(\log_a x)' = \frac{1}{x \ln a}.$$

特别地,当 $a = e$ 时,有
$$(\ln x)' = \frac{1}{x}.$$

例 8 求函数 $y = f(x) = \begin{cases} x^{1+\alpha} \sin \dfrac{1}{x}, & x \neq 0 \\ 0, & x = 0 \end{cases}$ 在点 $x = 0$ 处的导数,其中 $\alpha > 0$.

解 当 $\Delta x \neq 0$ 时,有

$$\Delta y = f(0 + \Delta x) - f(0) = f(\Delta x) = (\Delta x)^{1+\alpha} \sin \frac{1}{\Delta x}, \quad \frac{\Delta y}{\Delta x} = (\Delta x)^\alpha \sin \frac{1}{\Delta x},$$

所以
$$\lim_{\Delta x \to 0} \frac{\Delta y}{\Delta x} = \lim_{\Delta x \to 0} (\Delta x)^\alpha \sin \frac{1}{\Delta x} = 0, \quad 即 \quad f'(0) = 0.$$

3. 单侧导数

类似于单侧极限,也可定义单侧导数.

定义 2 对于在点 x_0 的某个左邻域及点 x_0 有定义的函数 $y = f(x)$,如果极限

$$\lim_{\Delta x \to 0^-} \frac{\Delta y}{\Delta x} = \lim_{\Delta x \to 0^-} \frac{f(x_0 + \Delta x) - f(x_0)}{\Delta x}$$

存在,则称此极限值为 $y = f(x)$ 在点 x_0 处的**左导数**,记为 $f'_-(x_0)$;对于在点 x_0 的某个右邻域及点 x_0 有定义的函数 $y = f(x)$,如果极限

$$\lim_{\Delta x \to 0^+} \frac{\Delta y}{\Delta x} = \lim_{\Delta x \to 0^+} \frac{f(x_0 + \Delta x) - f(x_0)}{\Delta x}$$

存在,则称此极限值为 $y = f(x)$ 在点 x_0 处的**右导数**,记为 $f'_+(x_0)$. 左导数 $f'_-(x_0)$ 与右导数 $f'_+(x_0)$ 统称为 $y = f(x)$ 在点 x_0 处的**单侧导数**.

由函数极限与其单侧极限的关系易证下面的结论成立:

定理 1 函数 $f(x)$ 在点 x_0 处可导的充要条件是左导数 $f'_-(x_0)$ 与右导数 $f'_+(x_0)$ 都存在且相等.

例 9 证明:函数 $y = f(x) = |x|$ 在点 $x = 0$ 处连续,但在点 $x = 0$ 处不可导.

证 由于 $\lim\limits_{x \to 0} f(x) = \lim\limits_{x \to 0} |x| = 0 = f(0)$,所以 $y = f(x)$ 在点 $x = 0$ 处连续.

因为

$$f'_+(0) = \lim_{\Delta x \to 0^+} \frac{\Delta y}{\Delta x} = \lim_{\Delta x \to 0^+} \frac{|0 + \Delta x| - |0|}{\Delta x} = \lim_{\Delta x \to 0^+} \frac{|\Delta x|}{\Delta x} = \lim_{\Delta x \to 0^+} \frac{\Delta x}{\Delta x} = 1,$$

$$f'_-(0) = \lim_{\Delta x \to 0^-} \frac{\Delta y}{\Delta x} = \lim_{\Delta x \to 0^-} \frac{|\Delta x|}{\Delta x} = \lim_{\Delta x \to 0^-} \frac{-\Delta x}{\Delta x} = -1,$$

即 $f'_+(0) \neq f'_-(0)$,所以 $y = f(x)$ 在点 $x = 0$ 处不可导.

从图 2-2 可以看出,曲线 $y = |x|$ 在原点处无切线.

例 9 说明,利用单侧导数研究函数在某点处的导数,是判断函数在该点处可导性的重要方法之一.

函数 $f(x)$ 在闭区间 $[a, b]$ 上可导,指的是 $f(x)$ 在开区间 (a, b) 内可导,且在左端点 $x = a$ 处的右导数 $f'_+(a)$ 存在,在右端点 $x = b$ 处的左导数 $f'_-(b)$ 存在.

三、导数的几何意义

从上面讨论可知,函数 $y = f(x)$ 在点 x_0 处的导数在数值上恰好等于该函数所表示的

曲线在点 $M_0(x_0,f(x_0))$ 处的切线斜率,即 $f'(x_0)=\tan\alpha$,其中 α 为切线的倾角.这就是 $y=f(x)$ 在点 x_0 处的导数 $f'(x_0)$ 的几何意义(见图 2-3).

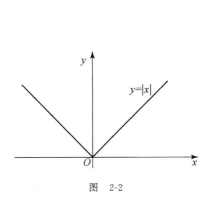

图   2-2

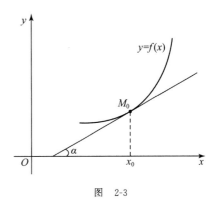

图   2-3

记 $y_0=f(x_0)$.根据导数的几何意义,可以求出曲线 $y=f(x)$ 在点 $M_0(x_0,y_0)$ 处的切线方程和法线方程:

(1) 若 $\lim\limits_{\Delta x\to 0}\dfrac{\Delta y}{\Delta x}=k$,即 $f'(x_0)=k$(k 为常数且 $k\neq 0$),则曲线 $y=f(x)$ 在点 $M_0(x_0,y_0)$ 处的切线方程为

$$y-y_0=k(x-x_0),$$

法线方程为

$$y-y_0=-\frac{1}{k}(x-x_0).$$

(2) 若 $\lim\limits_{\Delta x\to 0}\dfrac{\Delta y}{\Delta x}=0$,即 $f'(x_0)=0$,则曲线 $y=f(x)$ 在点 $M_0(x_0,y_0)$ 处的切线平行于 x 轴,其方程为 $y=y_0$;法线平行于 y 轴,其方程为 $x=x_0$.

(3) 若 $\lim\limits_{\Delta x\to 0}\dfrac{\Delta y}{\Delta x}=\infty$,则曲线 $y=f(x)$ 在点 $M_0(x_0,y_0)$ 处的切线平行于 y 轴,其方程为 $x=x_0$;法线平行于 x 轴,其方程为 $y=y_0$.

例 10   求抛物线 $y=x^2$ 在点 $(3,9)$ 处的切线方程和法线方程.

解   抛物线 $y=x^2$ 在点 $(3,9)$ 处的切线斜率为

$$k=y'|_{x=3}=2x|_{x=3}=6,$$

所以抛物线 $y=x^2$ 在点 $(3,9)$ 处的切线方程为

$$y-9=6(x-3),\quad 即\quad 6x-y-9=0,$$

法线方程为

$$y-9=-\frac{1}{6}(x-3),\quad 即\quad x+6y-57=0.$$

四、可导性与连续性的关系

定理 2   如果函数 $y=f(x)$ 在点 x_0 处可导,则它在点 x_0 处一定连续.

证   因为 $y=f(x)$ 在点 x_0 处可导,所以由导数的定义知极限 $\lim\limits_{\Delta x \to 0} \dfrac{\Delta y}{\Delta x}=f'(x_0)$ 存在.

故

$$\lim_{\Delta x \to 0} \Delta y = \lim_{\Delta x \to 0} \frac{\Delta y}{\Delta x} \cdot \Delta x = \lim_{\Delta x \to 0} \frac{\Delta y}{\Delta x} \cdot \lim_{\Delta x \to 0} \Delta x = f'(x_0) \cdot 0 = 0,$$

即 $y=f(x)$ 在点 x_0 处连续.

注 1   定理 2 说明,可导函数一定连续. 然而,反之不真. 也就是说,连续是可导的必要条件,但不是充分条件. 上面讨论过的函数 $y=|x|$ 就是一个例子,它在点 $x=0$ 处是连续的,但在点 $x=0$ 处却不可导.

注 2   根据定理 2,若函数 $f(x)$ 在点 x_0 处不连续,则 $f(x)$ 在点 x_0 处不可导.

习　题　2.1

1. 根据导数的定义求下列函数的导数,并求 $f'(0)$ 和 $f'(1)$:

(1) $f(x)=\sqrt{x+1} \ (x>-1)$;　　　　(2) $f(x)=\dfrac{1}{x+5} \ (x \neq -5)$;

(3) $f(x)=\cos(2x+5)$.

2. 求曲线 $y=\sqrt{x}$ 在点 $(1,1)$ 处的切线方程和法线方程.

3. 求平行于直线 $y=3x-4$ 且与曲线 $y=x^3+1$ 相切的直线方程.

4. 将一个物体垂直上抛,设经过时间 t(单位:s)后,该物体的位移为 $s=5t-\dfrac{1}{2}gt^2$(单位:m),其中 g 为重力加速度. 求:

(1) 该物体在从 $t=1$ s 到 $t=1$ s$+\Delta t$ 这段时间内的平均速度;

(2) 该物体在 $t=1$ s 时的瞬时速度;

(3) 该物体在从 $t=t_0$ 到 $t=t_0+\Delta t$ 这段时间内的平均速度;

(4) 该物体在 $t=t_0$ 时的瞬时速度.

5. 设函数 $f(x)$ 在点 x_0 处可导,计算下列极限:

(1) $\lim\limits_{\Delta x \to 0} \dfrac{f(x_0)-f(x_0-\Delta x)}{\Delta x}$;　　　　(2) $\lim\limits_{\Delta x \to 0} \dfrac{f(x_0+\Delta x)-f(x_0-\Delta x)}{\Delta x}$;

(3) $\lim\limits_{\Delta x \to 0} \dfrac{f(x_0+2\Delta x)-f(x_0)}{\Delta x}$;　　　　(4) $\lim\limits_{\Delta x \to 0} \dfrac{f(x_0+2\Delta x)-f(x_0-\Delta x)}{2\Delta x}$.

6. 设函数 $f(x)$ 在点 $x=0$ 处可导,且 $f(0)=0$,求:

(1) $\lim\limits_{x \to 0} \dfrac{f(x)}{x}$;　　　　(2) $\lim\limits_{x \to 0} \dfrac{f(tx)-f(-tx)}{x}$ (t 为与 x 无关的参数).

7. 证明：函数 $f(x) = \begin{cases} x\sin\dfrac{1}{x}, & x \neq 0, \\ 0, & x = 0 \end{cases}$ 在点 $x=0$ 处连续,但不可导.

8. 讨论下列函数在点 $x=0$ 处的连续性和可导性:

(1) $y = |\sin x|$;　　　(2) $y = \begin{cases} 1-x, & x < 0, \\ 1+x, & x \geqslant 0. \end{cases}$

9. 设函数 $f(x) = \begin{cases} x, & x < 0, \\ \ln(1+x), & x \geqslant 0, \end{cases}$ 求 $f'(0)$.

10. 设函数 $f(x) = \begin{cases} x^2, & x \leqslant x_0, \\ ax+b, & x > x_0, \end{cases}$ 为使 $f(x)$ 在点 $x=x_0$ 处连续且可导,应如何选取常数 a,b?

11. 设函数 $f(x)$ 在点 $x=a$ 的某个邻域内有定义,则 $f(x)$ 在点 $x=a$ 处可导的充分条件是(　　).

(A) $\lim\limits_{h \to +\infty} h\left[f\left(a+\dfrac{1}{h}\right) - f(a)\right]$ 存在　　　(B) $\lim\limits_{h \to 0} \dfrac{f(a+2h) - f(a+h)}{h}$ 存在

(C) $\lim\limits_{h \to 0} \dfrac{f(a+h) - f(a-h)}{2h}$ 存在　　　(D) $\lim\limits_{h \to 0} \dfrac{f(a) - f(a-h)}{h}$ 存在

12. 设函数 $f(x)$ 在区间 $(-\delta, \delta)$ 内有定义.若当 $x \in (-\delta, \delta)$ 时,恒有 $|f(x)| \leqslant x^2$,则 $x=0$ 必是 $f(x)$ 的(　　).

(A) 间断点　　　　　　　　　　　(B) 连续而不可导的点

(C) 可导点,且 $f'(0)=0$ 　　　　　(D) 可导点,且 $f'(0) \neq 0$

13. 设函数 $f(x)$ 在点 x_0 处可导,则必存在点 x_0 的某个邻域,使得在该邻域内(　　).

(A) $f(x)$ 可导　　　　　　　　　(B) $f(x)$ 连续但未必可导

(C) $f(x)$ 有界　　　　　　　　　(D) $\lim\limits_{x \to x_0} f(x)$ 未必存在

14. 设 $f(x)$ 是可导的奇(偶)函数,证明：$f'(x)$ 为偶(奇)函数.

15. (1) 设 $f(x)$ 为奇函数,且 $f'_+(0)$ 存在,证明：$f'_-(0)$ 也存在,且 $f'_-(0) = f'_+(0)$;

(2) 设 $f(x)$ 为偶函数,且 $f'(0)$ 存在,证明：$f'(0)=0$.

16. 抛物线 $y = x^2$ 上哪些点处的切线和直线 $3x - y + 1 = 0$ 相交的夹角为 $45°$?

17. 证明：双曲线 $xy = a^2$ 上任一点处的切线与两条坐标轴所构成的三角形面积都等于常数 $2a^2$.

18. 设 $f(x)$ 和 $g(x)$ 是两个在实数集 **R** 上均有定义的函数,且满足以下性质:

(1) $f(x+y) = f(x)g(y) + f(y)g(x)$;

(2) $f(x)$ 和 $g(x)$ 在点 $x=0$ 处可导,且 $f(0)=0, g(0)=1, f'(0)=1, g'(0)=0.$

证明：$f'(x) = g(x)$.

$$§2.2\quad 求导法则与基本导数公式$$

导数的定义不仅阐明了导数的概念,而且也给出了求导数的方法.然而,对大部分函数而言,直接利用定义来求它们的导数,有时是相当烦琐或困难的.在本节中,我们将给出一些求导法则.借助它们,我们可以较迅速、准确地求出函数的导数.

一、导数的四则运算法则

定理 1　若函数 $u(x),v(x)$ 在点 x 处可导,则 $u(x)\pm v(x),u(x)v(x),\dfrac{u(x)}{v(x)}\big[v(x)\neq 0\big]$ 在点 x 处也可导,且

(1) $\big[u(x)\pm v(x)\big]'=u'(x)\pm v'(x)$;

(2) $\big[u(x)v(x)\big]'=u'(x)v(x)+u(x)v'(x)$;

(3) $\left[\dfrac{u(x)}{v(x)}\right]'=\dfrac{u'(x)v(x)-u(x)v'(x)}{v^2(x)}$.

证　在此仅证明(3),把(1),(2)的证明留给读者完成.

设 $y=\dfrac{u(x)}{v(x)}$,自变量 x 取得增量 Δx,相应地有

$$\Delta y=\frac{u(x+\Delta x)}{v(x+\Delta x)}-\frac{u(x)}{v(x)}=\frac{u(x)+\Delta u}{v(x)+\Delta v}-\frac{u(x)}{v(x)}$$

$$=\frac{v(x)u(x)+v(x)\Delta u-u(x)v(x)-u(x)\Delta v}{v(x)\big[v(x)+\Delta v\big]}$$

$$=\frac{v(x)\Delta u-u(x)\Delta v}{v(x)\big[v(x)+\Delta v\big]},$$

$$\frac{\Delta y}{\Delta x}=\frac{v(x)\dfrac{\Delta u}{\Delta x}-u(x)\dfrac{\Delta v}{\Delta x}}{v(x)\big[v(x)+\Delta v\big]}.$$

已知 $u(x),v(x)$ 在点 x 处可导,从而极限 $\lim\limits_{\Delta x\to 0}\dfrac{\Delta u}{\Delta x}=u'(x),\lim\limits_{\Delta x\to 0}\dfrac{\Delta v}{\Delta x}=v'(x)$ 存在,且 $v(x)$ 在点 x 处连续,于是 $\lim\limits_{\Delta x\to 0}\Delta v=0$,故得

$$\lim\limits_{\Delta x\to 0}\frac{\Delta y}{\Delta x}=\frac{v(x)u'(x)-u(x)v'(x)}{v^2(x)},\quad 即\quad \left[\frac{u(x)}{v(x)}\right]'=\frac{v(x)u'(x)-u(x)v'(x)}{v^2(x)}.$$

注意: $\big[u(x)v(x)\big]'\neq u'(x)v'(x)$, $\left[\dfrac{u(x)}{v(x)}\right]'\neq \dfrac{u'(x)}{v'(x)}$.

在定理 1 的(2)中,若 $u(x)\equiv C$(C 为常数),则有

$$[Cv(x)]' = Cv'(x);$$

在定理 1 的(3)中,若 $u(x) \equiv C$(C 为常数),则有

$$\left[\frac{C}{v(x)}\right]' = -\frac{Cv'(x)}{v^2(x)}.$$

定理 1 的(1),(2)均可推广到更一般的有限个可导函数运算的情形,即如果 $u_1(x)$, $u_2(x), \cdots, u_k(x)$ 可导,$C_1, C_2, \cdots, C_k$ 为常数,那么

$$[C_1 u_1(x) + C_2 u_2(x) + \cdots + C_k u_k(x)]' = C_1 u_1'(x) + C_2 u_2'(x) + \cdots + C_k u_k'(x),$$

$$[u_1(x)u_2(x)\cdots u_k(x)]' = u_1'(x)u_2(x)u_3(x)\cdots u_k(x) + u_1(x)u_2'(x)u_3(x)\cdots u_k(x)$$
$$+ \cdots + u_1(x)u_2(x)\cdots u_{k-1}(x)u_k'(x).$$

例 1　设函数 $y = 3 \cdot 4^x - 2\log_5 x + 6\sin x + 8\cos x + \alpha \ln c + \sqrt[3]{x} + \dfrac{\beta}{x}$（$c, \alpha, \beta$ 为常数且 $c > 0$）,求 y'.

解　$y' = 3 \cdot 4^x \ln 4 - \dfrac{2}{x \ln 5} + 6\cos x - 8\sin x + \dfrac{1}{3\sqrt[3]{x^2}} - \dfrac{\beta}{x^2}$.

例 2　设函数 $y = (1 + 4x^3)(1 + 2x^2)$,求 y'.

解　$y' = (1 + 4x^3)'(1 + 2x^2) + (1 + 4x^3)(1 + 2x^2)'$

$= 12x^2(1 + 2x^2) + (1 + 4x^3) \cdot 4x = 12x^2 + 24x^4 + 4x + 16x^4$

$= 4x + 12x^2 + 40x^4 = 4x(1 + 3x + 10x^3)$.

例 3　求函数 $y = \tan x$ 的导数.

解　$y' = (\tan x)' = \left(\dfrac{\sin x}{\cos x}\right)' = \dfrac{\cos x \cos x - \sin x(-\sin x)}{\cos^2 x}$

$= \dfrac{\cos^2 x + \sin^2 x}{\cos^2 x} = \dfrac{1}{\cos^2 x} = \sec^2 x$,

即

$$(\tan x)' = \sec^2 x.$$

同理可得

$$(\cot x)' = -\csc^2 x.$$

例 4　求函数 $y = \sec x$ 的导数.

解　$y' = (\sec x)' = \left(\dfrac{1}{\cos x}\right)' = -\dfrac{(-\sin x)}{\cos^2 x} = \tan x \sec x$,

即

$$(\sec x)' = \tan x \sec x.$$

同理可得

$$(\csc x)' = -\csc x \cot x.$$

二、反函数的求导法则

定理 2　若函数 $y = f(x)$ 在点 x_0 的某个邻域 $U(x_0)$ 内单调且连续,又 $y = f(x)$ 在点

x_0 处可导,且 $f'(x_0) \neq 0$,则 $y = f(x)$ 的反函数 $x = \varphi(y)$ 在对应点 $y_0 = f(x_0)$ 处也可导,且有

$$\varphi'(y_0) = \frac{1}{f'(x_0)} \quad \text{或} \quad \frac{\mathrm{d}x}{\mathrm{d}y}\bigg|_{y=y_0} = \frac{1}{\dfrac{\mathrm{d}y}{\mathrm{d}x}\bigg|_{x=x_0}}. \tag{1}$$

也就是说,反函数的导数等于直接函数导数的倒数.

*证 设 $x = \varphi(y)$ 的自变量在点 y_0 处取得增量 $\Delta y, \Delta y \neq 0, y_0 + \Delta y \in f[U(x_0)]$,那么
$$\Delta x = \varphi(y_0 + \Delta y) - \varphi(y_0), \quad \Delta y = f(x_0 + \Delta x) - f(x_0).$$
已知 $y = f(x)$ 在点 x_0 的邻域 $U(x_0)$ 内单调且连续,所以其反函数 $x = \varphi(y)$ 在对应邻域 $f[U(x_0)]$ 内也单调且连续. 于是,当 $\Delta y \to 0$ 时,$\Delta x \to 0$;当 $\Delta y \neq 0$ 时,$\Delta x \neq 0$ [否则,由 $\Delta x = \varphi(y_0 + \Delta y) - \varphi(y_0) = 0$,即可得 $y_0 + \Delta y = y_0$,即 $\Delta y = 0$,这与 $\Delta y \neq 0$ 矛盾]. 又已知 $y = f(x)$ 在点 x_0 处可导,即 $\lim\limits_{\Delta x \to 0} \dfrac{\Delta y}{\Delta x} = f'(x_0)$ 存在,且 $f'(x_0) \neq 0$,所以

$$\varphi'(y_0) = \lim_{\Delta y \to 0} \frac{\Delta x}{\Delta y} = \lim_{\Delta x \to 0} \frac{1}{\dfrac{\Delta y}{\Delta x}} = \frac{1}{f'(x_0)}.$$

例 5 求函数 $y = \arctan x$ 的导数.

解 由于 $y = \arctan x \, (-\infty < x < +\infty)$ 是 $x = \tan y \left(-\dfrac{\pi}{2} < y < \dfrac{\pi}{2}\right)$ 的反函数,又 $x = \tan y$ 在 $\left(-\dfrac{\pi}{2}, \dfrac{\pi}{2}\right)$ 内单调增加、可导,且 $\dfrac{\mathrm{d}x}{\mathrm{d}y} = (\tan y)' = \sec^2 y > 0$,$\sec^2 y = 1 + \tan^2 y = 1 + x^2$,从而 $y = \arctan x$ 在相应区间 $(-\infty, +\infty)$ 内也可导,且有

$$(\arctan x)' = \frac{1}{(\tan y)'} = \frac{1}{\sec^2 y} = \frac{1}{1 + \tan^2 y} = \frac{1}{1 + x^2}.$$

同理可得

$$(\operatorname{arccot} x)' = -\frac{1}{1 + x^2}, \quad (\arcsin x)' = \frac{1}{\sqrt{1 - x^2}}, \quad (\arccos x)' = -\frac{1}{\sqrt{1 - x^2}}.$$

三、复合函数的求导法则

定理 3 设函数 $u = \varphi(x)$ 在点 x 处可导,而函数 $y = f(u)$ 在对应点 $u = \varphi(x)$ 处可导,则复合函数 $y = f[\varphi(x)]$ 在点 x 处可导,且有

$$\frac{\mathrm{d}y}{\mathrm{d}x} = f'(u)\varphi'(x) \quad \text{或} \quad \frac{\mathrm{d}y}{\mathrm{d}x} = \frac{\mathrm{d}f}{\mathrm{d}u} \cdot \frac{\mathrm{d}u}{\mathrm{d}x}. \tag{2}$$

也就是说,复合函数的导数等于复合函数对中间变量的导数乘以中间变量对自变量的导数.

*证 当自变量 x 有增量 $\Delta x (\Delta x \neq 0)$ 时,中间变量 u 有增量 Δu,从而 $y = f[\varphi(x)]$ 有

增量 Δy. 因 $y=f(u)$ 在点 u 处可导,所以

$$\lim_{\Delta u \to 0} \frac{\Delta y}{\Delta u} = f'(u).$$

于是,当 $\Delta u \neq 0$ 时,有 $\dfrac{\Delta y}{\Delta u} = f'(u) + \alpha$,其中 $\lim\limits_{\Delta u \to 0} \alpha = 0$,即有

$$\Delta y = f'(u)\Delta u + \alpha \Delta u. \tag{3}$$

当 $\Delta u = 0$ 时,因 $\Delta y = f(u + \Delta u) - f(u) = 0$,故(3)式亦成立. 因此,不论 $\Delta u \neq 0$ 还是 $\Delta u = 0$,(3)式总成立. 用 Δx 除(3)式的两边,得

$$\frac{\Delta y}{\Delta x} = f'(u)\frac{\Delta u}{\Delta x} + \alpha \frac{\Delta u}{\Delta x},$$

故有

$$\lim_{\Delta x \to 0} \frac{\Delta y}{\Delta x} = f'(u)\lim_{\Delta x \to 0}\frac{\Delta u}{\Delta x} + \lim_{\Delta x \to 0}\alpha \cdot \lim_{\Delta x \to 0}\frac{\Delta u}{\Delta x} = f'(u)\varphi'(x) + 0 \cdot \varphi'(x)$$
$$= f'(u)\varphi'(x),$$

其中由 $u = \varphi(x)$ 在点 x 处可导知它在点 x 处连续,从而当 $\Delta x \to 0$ 时,$\Delta u \to 0$.

复合函数的求导法则(2)也称为**链式法则**,它可以推广到多层复合函数的情况. 例如,若函数 $y = f(u)$,$u = \varphi(v)$,$v = \psi(x)$ 都可导,则

$$y' = f'(u)\varphi'(v)\psi'(x) \quad \text{或} \quad \frac{\mathrm{d}y}{\mathrm{d}x} = \frac{\mathrm{d}f}{\mathrm{d}u} \cdot \frac{\mathrm{d}u}{\mathrm{d}v} \cdot \frac{\mathrm{d}v}{\mathrm{d}x}.$$

在运用复合函数的求导法则时,一定要搞清楚复合函数的复合层次,从最外层开始,逐层依次求导数,务必不要漏层. 在复合层次较多时,可适当设置中间变量.

例 6　求函数 $y = x^\mu (x > 0)$ 的导数,其中 μ 为任意常数.

解　把 $y = x^\mu$ 化为 $y = \mathrm{e}^{\mu \ln x}$. 令 $y = \mathrm{e}^u$,$u = \mu \ln x$,则由复合函数的求导法则有

$$y' = (\mathrm{e}^u)'(\mu \ln x)' = \mathrm{e}^u \mu \frac{1}{x} = x^\mu \mu \frac{1}{x} = \mu x^{\mu-1}.$$

例 6 就证明了对于任意常数 μ,幂函数的导数公式均为

$$(x^\mu)' = \mu x^{\mu-1}.$$

例 7　求函数 $y = \ln\cot x$ 的导数.

解　设 $y = \ln u$,$u = \cot x$,则

$$y' = (\ln u)'(\cot x)' = \frac{1}{u}(-\csc^2 x) = \frac{\sin x}{\cos x}\left(-\frac{1}{\sin^2 x}\right)$$
$$= -\frac{2}{2\sin x \cos x} = -\frac{2}{\sin 2x}.$$

例 8　设函数 $y = -\dfrac{1}{2}\mathrm{arccot}\dfrac{2x}{1-x^2}$,求 y'.

解　令 $y=-\dfrac{1}{2}\mathrm{arccot}u$，$u=\dfrac{2x}{1-x^2}$，则

$$y'=\left(-\frac{1}{2}\mathrm{arccot}u\right)'\left(\frac{2x}{1-x^2}\right)'=\frac{1}{2}\cdot\frac{1}{1+u^2}\cdot\frac{2(1-x^2)-2x(-2x)}{(1-x^2)^2}$$

$$=\frac{1}{2}\cdot\frac{1}{1+\left(\frac{2x}{1-x^2}\right)^2}\cdot\frac{2+2x^2}{(1-x^2)^2}=\frac{1}{2}\cdot\frac{1}{(1+x^2)^2}\cdot2(1+x^2)=\frac{1}{1+x^2}.$$

例 9　求函数 $y=2^{\sin^2\frac{1}{x}}$ 的导数.

解　令 $y=2^u$，$u=v^2$，$v=\sin w$，$w=\dfrac{1}{x}$，则

$$y'=(2^u)'(v^2)'(\sin w)'\left(\frac{1}{x}\right)'=2^u\ln2\cdot2v\cdot\cos w\cdot\left(-\frac{1}{x^2}\right)$$

$$=2^{\sin^2\frac{1}{x}}\cdot\ln2\cdot2\sin\frac{1}{x}\cdot\cos\frac{1}{x}\cdot\left(-\frac{1}{x^2}\right)=-\frac{1}{x^2}2^{\sin^2\frac{1}{x}}\ln2\sin\frac{2}{x}.$$

注　对复合函数的分解熟练后，中间变量可以省略不写，直接按照复合层次逐层求导数.

例 10　求函数 $y=\sin\sqrt{1+x^2}$ 的导数.

解　$y'=\left(\sin\sqrt{1+x^2}\right)'=\cos\sqrt{1+x^2}\cdot\left(\sqrt{1+x^2}\right)'$

$$=\cos\sqrt{1+x^2}\cdot\frac{1}{2}(1+x^2)^{-\frac{1}{2}}(1+x^2)'$$

$$=\cos\sqrt{1+x^2}\cdot\frac{2x}{2\sqrt{1+x^2}}=\frac{x\cos\sqrt{1+x^2}}{\sqrt{1+x^2}}.$$

例 11　求函数 $y=\sin nx\cdot\sin^n x$（n 为常数）的导数.

解　先利用函数乘积的求导法则，得

$$y'=(\sin nx)'\sin^n x+\sin nx\cdot(\sin^n x)';$$

再应用复合函数的求导法则，得

$$y'=n\cos nx\cdot\sin^n x+\sin nx\cdot n\sin^{n-1}x\cdot\cos x$$

$$=n\sin^{n-1}x\cdot(\cos nx\cdot\sin x+\sin nx\cdot\cos x)$$

$$=n\sin^{n-1}x\cdot\sin(n+1)x.$$

四、初等函数的导数问题

到目前为止，我们已经把所有基本初等函数及常数函数的导数求出，其结果可作为公式使用. 为了便于查阅与记忆，现将这些基本导数公式汇集成表 2.1（其中 C，μ，a 为常数，且 $a>0$，$a\neq1$）.

§ 2.2　求导法则与基本导数公式

表　2.1

y	y'	y	y'	y	y'	y	y'
C	0	$\log_a x$	$\dfrac{1}{x\ln a}$	$\tan x$	$\sec^2 x$	$\arcsin x$	$\dfrac{1}{\sqrt{1-x^2}}$
x^μ	$\mu x^{\mu-1}$	$\ln x$	$\dfrac{1}{x}$	$\cot x$	$-\csc^2 x$	$\arccos x$	$-\dfrac{1}{\sqrt{1-x^2}}$
a^x	$a^x \ln a$	$\sin x$	$\cos x$	$\sec x$	$\sec x \tan x$	$\arctan x$	$\dfrac{1}{1+x^2}$
e^x	e^x	$\cos x$	$-\sin x$	$\csc x$	$-\csc x \cot x$	$\operatorname{arccot} x$	$-\dfrac{1}{1+x^2}$

另外,我们还建立了以下求导法则(假设涉及的函数可导):

(1) $(\alpha u+\beta v)'=\alpha u'+\beta v'$ (α,β 为常数);

(2) $(uv)'=u'v+uv'$;

(3) $\left(\dfrac{u}{v}\right)'=\dfrac{u'v-uv'}{v^2}$ ($v\neq 0$);

(4) 若 $x=\varphi(y)$ 是 $y=f(x)$ 的反函数,且 $f'(x)\neq 0$,则

$$\varphi'(y)=\frac{1}{f'(x)};$$

(5) 若 $y=f(u),u=\varphi(x)$,则

$$\frac{\mathrm{d}y}{\mathrm{d}x}=\frac{\mathrm{d}y}{\mathrm{d}u}\cdot\frac{\mathrm{d}u}{\mathrm{d}x}.$$

由于全部基本初等函数的导数已经求出,又有上述的求导法则,所以任何一个初等函数的导数一定能应用求导法则与表 2.1 中的基本导数公式计算出来,而且其导数仍为初等函数.

下面再举一些综合例子.

例 12　设函数 $y=\ln\{\cos[\arctan\sin(10+3x^2)]\}$,求 y'.

解　$y'=\dfrac{-\sin[\arctan\sin(10+3x^2)]}{\cos[\arctan\sin(10+3x^2)]}[\arctan\sin(10+3x^2)]'$

$=\dfrac{-\sin[\arctan\sin(10+3x^2)]}{\cos[\arctan\sin(10+3x^2)]}\cdot\dfrac{\cos(10+3x^2)}{1+\sin^2(10+3x^2)}\cdot 6x$

$=-\tan[\arctan\sin(10+3x^2)]\dfrac{6x\cos(10+3x^2)}{1+\sin^2(10+3x^2)}$

$=-\dfrac{6x\sin(10+3x^2)\cos(10+3x^2)}{1+\sin^2(10+3x^2)}=-\dfrac{3x\sin[2(10+3x^2)]}{1+\sin^2(10+3x^2)}.$

例 13　设函数 $y=x^{a^3}+a^{x^3}+a^{3^x}+a^{a^3}+x^{x^3}$ ($a>0$ 且 $a\neq 1$),求 y'.

解 $y' = a^3 x^{a^3-1} + a^{x^3} \cdot 3x^2 \cdot \ln a + a^{3^x} \ln a \cdot 3^x \cdot \ln 3 + 0 + (e^{x^3 \ln x})'$

$\qquad = a^3 x^{a^3-1} + 3x^2 a^{x^3} \ln a + 3^x a^{3^x} \ln a \cdot \ln 3 + x^{x^3}(3x^2 \ln x + x^2)$

$\qquad = a^3 x^{a^3-1} + 3x^2 a^{x^3} \ln a + 3^x a^{3^x} \ln a \cdot \ln 3 + x^{2+x^3}(3\ln x + 1).$

例 14 设函数 $f(x)$ 可导,求 $[f(\ln x)]'$,$\{f[(x+a)^n]\}'$,$\{[f(x+a)]^n\}'$ (a 为常数).

解 应注意导数符号"$'$"的位置,因为它在不同位置表示对不同变量求导数.例如,$f'(\ln x)$ 表示对 $\ln x$ 求导数,$[f(\ln x)]'$ 表示对 x 求导数.我们有

$$[f(\ln x)]' = f'(\ln x)(\ln x)' = \frac{1}{x} f'(\ln x),$$

$$\{f[(x+a)^n]\}' = f'[(x+a)^n][(x+a)^n]' = n(x+a)^{n-1} f'[(x+a)^n],$$

$$\{[f(x+a)]^n\}' = n[f(x+a)]^{n-1} f'(x+a).$$

习　题　2.2

1. 求下列函数的导数:

(1) $y = 2x^3 - \dfrac{1}{2x^2} + 3\sqrt[3]{2x} + \sqrt{5}$;　　　　(2) $y = x^{10} - 10^x + 10^{10}$;

(3) $y = \dfrac{2t^3 - 3t + \sqrt{t} - 1}{t}$;　　　　(4) $y = \sqrt{x\sqrt{x\sqrt{x}}}$;

(5) $y = (\sqrt{x} + 1)\left(\dfrac{1}{\sqrt{x}} - 1\right)$;　　　　(6) $y = (1 + \alpha x^\beta)(1 + \beta x^\alpha)$ (α, β 为常数);

(7) $y = (x-1)(x-2)(x-3)$;　　　　(8) $y = x\cos x \cdot \ln x$;

(9) $y = \sin x \cdot \arcsin x$;　　　　(10) $y = \dfrac{1-x}{1+x}$;　　　　(11) $y = \dfrac{1 - \ln x}{1 + \ln x}$;

(12) $y = \dfrac{\cos x}{1 + \sin x}$;　　　　(13) $y = \dfrac{\tan x}{1 + x^2}$;　　　　(14) $y = \dfrac{\operatorname{arccot} x}{x}$.

2. (1) 设函数 $y = e^x \sin x$,求 $y'\big|_{x=\pi}$;

(2) 设函数 $f(t) = \dfrac{1 - \sqrt{t}}{1 + \sqrt{t}}$,求 $f'(4)$;

(3) 设函数 $f(x) = x(x+1)(x+2)\cdots(x+n)$,求 $f'(0)$.

3. 求下列函数的导数:

(1) $y = \operatorname{sh} x = \dfrac{1}{2}(e^x - e^{-x})$;　　　(2) $y = \operatorname{ch} x = \dfrac{1}{2}(e^x + e^{-x})$;　　　(3) $y = (1 + \sqrt{x})^{\frac{1}{3}}$;

(4) $y = \sqrt{\sin x^3}$;　　　　(5) $y = \cos\sqrt{1 + x^2}$;　　　　(6) $y = \ln \sin x$;

(7) $y = \cos 3^{\sin x}$;　　　　(8) $y = 2^{\cos(\arctan x^2)}$;　　　　(9) $y = \left(\dfrac{x}{2x+1}\right)^4$;

(10) $y=\ln\left(x+\sqrt{x^2+a^2}\right)$ （a 为常数）；　　　　(11) $y=3^{\frac{x}{\ln x}}$；

(12) $y=e^{\tan\frac{1}{x}}\sin\frac{1}{x}$；　　　　　　　　　(13) $y=\sqrt{\ln\arcsin x}$；　　　(14) $y=\arctan\dfrac{x+1}{x-1}$；

(15) $y=x\arccos\dfrac{x}{2}-\sqrt{4-x^2}$；　　(16) $y=e^x\sqrt{1-e^{2x}}+\arcsin e^x$.

4. 设函数 $f(x)$ 可导，求下列函数的导数：

(1) $y=f(x^2)+f^2(x)$；　　(2) $y=f(\sin^2 x)+f(\cos^2 x)$；　　(3) $y=f(e^x)e^{f(x)}$.

5. 设函数 $f(x),g(x)$ 可导，且 $f^2(x)+g^2(x)\neq 0$，求 $y=\sqrt{f^2(x)+g^2(x)}$ 的导数.

6. 设 $f(x)>0,g(x)>0$，且函数 $f(x),g(x)$ 可导. 若 $y=\log_{g(x)}f(x)$，求 $\dfrac{\mathrm{d}y}{\mathrm{d}x}$.

7. 求下列函数的导数：

(1) $y=\arcsin\sqrt{\dfrac{1-x}{1+x}}$；　　(2) $y=\dfrac{\sqrt{1+x}-\sqrt{1-x}}{\sqrt{1+x}+\sqrt{1-x}}$；　　(3) $y=\ln\left[\ln^2(\ln 3x)\right]$；

(4) $y=\sqrt{x+\sqrt{x+\sqrt{x}}}$；　　(5) $y=\sin\{f[\sin f(x)]\}$.

8. 证明：

(1) $(\operatorname{arsh}x)'=\dfrac{1}{\sqrt{1+x^2}}$；　　(2) $(\operatorname{arch}x)'=\dfrac{1}{\sqrt{x^2-1}}$ $(x>1)$；

(3) $(\operatorname{arth}x)'=\dfrac{1}{1-x^2}$ $(|x|<1)$.

9. 求下列函数的导数：

(1) $y=e^{\operatorname{ch}x}\operatorname{sh}x$；　　　　　　(2) $y=\operatorname{sh}^3 x+\operatorname{ch}^3 x$；

(3) $y=\operatorname{arch}(x^2+1)$；　　　　(4) $y=e^{\operatorname{ch}2x+\sqrt{1-x}}$.

10. 已知物体的温度高于周围介质的温度时，物体就不断冷却，其温度 T 与时间 t 的函数关系为 $T=(T_0-T_1)e^{-kt}+T_1$，其中 T_0 为物体在初始时刻的温度，T_1 为介质的温度，k 为大于零的常数，试求物体的冷却速率.

11. 已知质量为 m_0 的物质在化学分解中经过时间 t 后，所剩的质量 m 与 t 的函数关系是 $m=m_0 e^{-kt}$，其中 k 为大于零的常数，求此函数的变化率.

12. 将物体从地面以初速度 v_0 垂直上抛，则物体开始上升，到达一定高度又下落返回地面. 如果忽略空气阻力的影响，试求：

(1) 物体运动过程的瞬时速度；　　(2) 物体上升的最大高度；

(3) 物体从开始上升到返回地面所需的时间.

$$\S 2.3 \quad 高\ 阶\ 导\ 数$$

一、高阶导数的概念

设函数 $y = f(x)$ 在某区间内可导,显然其导数 $f'(x)$ 仍为 x 的函数,于是可以继续讨论 $f'(x)$ 的导数问题.

如果函数 $y = f(x)$ 的导函 $f'(x)$ 关于 x 还可导,则称其导数

$$[f'(x)]' = (y')' = \frac{\mathrm{d}}{\mathrm{d}x}\left(\frac{\mathrm{d}y}{\mathrm{d}x}\right)$$

为 $y = f(x)$ 的**二阶导数**,记为 y'', $f''(x)$, $\dfrac{\mathrm{d}^2 y}{\mathrm{d}x^2}$, $\dfrac{\mathrm{d}^2 f}{\mathrm{d}x^2}$ 或 $f^{(2)}(x)$.

若函数 $y = f(x)$ 的二阶导数 $f''(x)$ 关于 x 仍可导,则称其导数为 $y = f(x)$ 的**三阶导数**,记为 y''', $f'''(x)$, $\dfrac{\mathrm{d}^3 f}{\mathrm{d}x^3}$, $\dfrac{\mathrm{d}^3 y}{\mathrm{d}x^3}$ 或 $f^{(3)}(x)$. 一般地,若 $y = f(x)$ 的 $n-1$ 阶导数关于 x 仍可导,则称其导数为 $y = f(x)$ 的 n **阶导数**,记为 $y^{(n)}$, $\dfrac{\mathrm{d}^n y}{\mathrm{d}x^n}$, $\dfrac{\mathrm{d}^n f}{\mathrm{d}x^n}$ 或 $f^{(n)}(x)$,即

$$y^{(n)} = \left[f^{(n-1)}(x) \right]'.$$

二阶和二阶以上的导数统称为**高阶导数**. 相对于高阶导数, $f'(x)$ 称为函数 $f(x)$ 的一阶导数. $f(x)$ 的各阶导数在点 x_0 处的值记为

$$f'(x_0),\ f''(x_0),\ \cdots,\ f^{(n)}(x_0),\ \cdots \quad 或 \quad y'\big|_{x=x_0},\ y''\big|_{x=x_0},\ \cdots,\ y^{(n)}\big|_{x=x_0},\ \cdots.$$

设某质点做变速直线运动,它的运动规律(位移函数)是 $s = f(t)$,则 $s' = f'(t)$ 表示该质点在 t 时刻的瞬时速度.这就是一阶导数的物理意义.而 $s'' = f''(t)$ 就是速度的变化率,在物理学上这个量称为该质点做变速直线运动的加速度.因此,该质点做变速直线运动的加速度正好是位移函数 $s = f(t)$ 的二阶导数.这样就说明了二阶导数与一阶导数一样也有重要的物理意义.

由上述定义知,求函数 $f(x)$ 的 n 阶导数可由 $f(x)$ 连续求 n 次一阶导数而得到.所以,前面讲过的求导法则与基本导数公式完全可以用来计算高阶导数.

例 1　设函数 $y = \mathrm{e}^{-x}\sin x$,求 y'', y'''.

解　$y' = (\mathrm{e}^{-x}\sin x)' = -\mathrm{e}^{-x}\sin x + \mathrm{e}^{-x}\cos x = \mathrm{e}^{-x}(\cos x - \sin x)$,

$y'' = [\mathrm{e}^{-x}(\cos x - \sin x)]' = -\mathrm{e}^{-x}(\cos x - \sin x) + \mathrm{e}^{-x}(-\sin x - \cos x) = -2\mathrm{e}^{-x}\cos x$,

$y''' = (-2\mathrm{e}^{-x}\cos x)' = -2(-\mathrm{e}^{-x}\cos x - \mathrm{e}^{-x}\sin x) = 2\mathrm{e}^{-x}(\cos x + \sin x)$.

例 2　设函数 $y = \ln(1 + x^2)$,求 $y''(0)$.

解　因为

$$y' = \frac{2x}{1 + x^2}, \quad y'' = \frac{2(1 + x^2) - 2x \cdot 2x}{(1 + x^2)^2} = \frac{2(1 - x^2)}{(1 + x^2)^2},$$

所以
$$y''(0)=\frac{2(1-x^2)}{(1+x^2)^2}\bigg|_{x=0}=2.$$

例 3 设函数 $y=f(x^2)+\ln f(x)$，其中 $f''(x)$ 存在，求 y''.

解 $y'=2xf'(x^2)+\dfrac{f'(x)}{f(x)}$，

$$y''=[2xf'(x^2)]'+\left[\frac{f'(x)}{f(x)}\right]'=2f'(x^2)+4x^2f''(x^2)+\frac{f''(x)f(x)-[f'(x)]^2}{f^2(x)}.$$

例 4 设函数 $y=\sin x\sin 3x\sin 2x$，求 y' 与 y''.

解 因为

$$y=\sin x\sin 3x\sin 2x=-\frac{1}{2}\sin x(\cos 5x-\cos x)$$

$$=-\frac{1}{2}\sin x\cos 5x+\frac{1}{2}\sin x\cos x=\frac{1}{4}\sin 2x-\frac{1}{4}\sin 6x+\frac{1}{4}\sin 4x$$

$$=\frac{1}{4}(\sin 2x+\sin 4x-\sin 6x),$$

所以

$$y'=\frac{1}{2}(\cos 2x+2\cos 4x-3\cos 6x),\quad y''=-(\sin 2x+4\sin 4x-9\sin 6x).$$

二、几个初等函数的 n 阶导数公式

例 5 求指数函数 $y=a^x(a>0$ 且 $a\neq 1)$ 的 n 阶导数.

解 逐阶求导可得
$$y'=a^x\ln a,\quad y''=a^x(\ln a)^2,\quad y^{(3)}=a^x(\ln a)^3,\quad\cdots,$$
$$y^{(n)}=(a^x)^{(n)}=a^x(\ln a)^n.$$
特别地，当 $a=e$ 时，有
$$(e^x)^{(n)}=e^x.$$

例 6 求幂函数 $y=(x+a)^\alpha(a,\alpha$ 为常数，$x+a>0)$ 的 n 阶导数.

解 逐阶求导数可得
$$y'=\alpha(x+a)^{\alpha-1},\quad y''=\alpha(\alpha-1)(x+a)^{\alpha-2},$$
$$y^{(3)}=\alpha(\alpha-1)(\alpha-2)(x+a)^{\alpha-3},\quad\cdots,$$
$$y^{(n)}=[(x+a)^\alpha]^{(n)}=\alpha(\alpha-1)(\alpha-2)\cdots(\alpha-n+1)(x+a)^{\alpha-n}.$$
特别地，当 $\alpha=-1$ 时，有
$$\left(\frac{1}{x+a}\right)^{(n)}=\frac{(-1)^n n!}{(x+a)^{n+1}};$$
当 $\alpha=n$ 时，有

$$\left[(x+a)^n\right]^{(n)}=n!.$$

例7 求正弦函数 $y=\sin x$ 和余弦函数 $y=\cos x$ 的 n 阶导数.

解 对于 $y=\sin x$,有

$$y'=\cos x=\sin\left(x+\frac{\pi}{2}\right),\quad y''=\cos\left(x+\frac{\pi}{2}\right)=\sin\left(x+\frac{2\pi}{2}\right),$$

$$y^{(3)}=-\sin\left(x+\frac{\pi}{2}\right)=\sin\left(x+\frac{3\pi}{2}\right),\quad\cdots,$$

$$y^{(n)}=(\sin x)^{(n)}=\sin\left(x+\frac{n\pi}{2}\right).$$

同理可得

$$(\cos x)^{(n)}=\cos\left(x+\frac{n\pi}{2}\right).$$

三、高阶导数的求导法则

设函数 $u(x),v(x)$ 在点 x 处有 n 阶导数,则容易证明 $u(x)\pm v(x)$ 在点 x 处也有 n 阶导数,且有

$$\left[u(x)\pm v(x)\right]^{(n)}=\left[u(x)\right]^{(n)}\pm\left[v(x)\right]^{(n)}.$$

此结论还可以推广到有限个函数的情形.另外,应用两个函数之积的求导法则

$$\left[u(x)v(x)\right]'=u'(x)v(x)+u(x)v'(x),$$

易得

$$\left[u(x)v(x)\right]''=u''(x)v(x)+2u'(x)v'(x)+u(x)v''(x),$$

$$\left[u(x)v(x)\right]'''=u'''(x)v(x)+3u''(x)v(x)+3u'(x)v''(x)+u(x)v'''(x).$$

进一步,我们用数学归纳法不难证明

$$\begin{aligned}
\left[u(x)v(x)\right]^{(n)}&=\sum_{k=0}^{n}\mathrm{C}_n^k u^{(n-k)}(x)v^{(k)}(x)\\
&=u^{(n)}(x)v(x)+\mathrm{C}_n^1 u^{(n-1)}(x)v'(x)\\
&\quad+\mathrm{C}_n^2 u^{(n-2)}(x)v''(x)+\cdots+u(x)v^{(n)}(x),
\end{aligned}\qquad(1)$$

这里记 $u^{(0)}(x)=u(x),v^{(0)}(x)=v(x)$.显然,(1)式等号右边的系数恰好与二项展开式的系数相同.通常称(1)式为**莱布尼茨公式**.

注 如果需求高阶导数的函数是两个函数之积,特别当其中一个因子为多项式或其各阶导数有明显的规律时,宜用莱布尼茨公式求其高阶导数.

例8 设函数 $y=x^2\sin x$,求 $y^{(80)}$.

解 令 $u(x)=\sin x,v(x)=x^2$,则

$$u^{(80)}(x)=\sin\left(x+\frac{80\pi}{2}\right)=\sin x,\quad u^{(79)}(x)=\sin\left(x+\frac{79\pi}{2}\right)=-\cos x,$$

$$u^{(78)}(x) = \sin\left(x + \frac{78\pi}{2}\right) = -\sin x , \quad \cdots;$$

$$v'(x) = 2x , \quad v''(x) = 2 , \quad v^{(k)}(x) = 0 \ (k \geqslant 3).$$

由莱布尼茨公式得

$$y^{(80)} = x^2 (\sin x)^{(80)} + 80 (x^2)'(\sin x)^{(79)} + \frac{1}{2} \cdot 80 \cdot 79 (x^2)''(\sin x)^{(78)}$$

$$= x^2 \sin x + 80 \cdot 2x \cdot (-\cos x) + \frac{1}{2} \cdot 80 \cdot 79 \cdot 2(-\sin x)$$

$$= x^2 \sin x - 160 x \cos x - 6320 \sin x.$$

例 9　求下列函数的 n 阶导数:

(1) $y = \cos^4 x + \cos x \sin x$;　　　　　(2) $y = \sin^6 x + \cos^6 x$.

解　(1) 由于

$$y = (\cos^2 x)^2 + \frac{1}{2}\sin 2x = \left[\frac{1}{2}(1 + \cos 2x)\right]^2 + \frac{1}{2}\sin 2x$$

$$= \frac{1}{4}(1 + 2\cos 2x + \cos^2 2x) + \frac{1}{2}\sin 2x$$

$$= \frac{1}{4}\left[1 + 2\cos 2x + \frac{1}{2}(1 + \cos 4x)\right] + \frac{1}{2}\sin 2x$$

$$= \frac{3}{8} + \frac{1}{2}\cos 2x + \frac{1}{8}\cos 4x + \frac{1}{2}\sin 2x,$$

因此　　　　　$$y^{(n)} = 2^{n-1}\cos\left(2x + \frac{n\pi}{2}\right) + 2^{2n-3}\cos\left(4x + \frac{n\pi}{2}\right) + 2^{n-1}\sin\left(2x + \frac{n\pi}{2}\right).$$

(2) 由于

$$y = (\sin^2 x)^3 + (\cos^2 x)^3 = \sin^4 x - \sin^2 x \cos^2 x + \cos^4 x$$

$$= (\sin^2 x + \cos^2 x)^2 - 3\sin^2 x \cos^2 x = 1 - 3\left(\frac{1}{2}\sin 2x\right)^2$$

$$= 1 - \frac{3}{8}(1 - \cos 4x) = \frac{5}{8} + \frac{3}{8}\cos 4x,$$

因此　　　　　$$y^{(n)} = \frac{3}{8} \cdot 4^n \cos\left(4x + \frac{n\pi}{2}\right).$$

例 10　求下列函数的 n 阶导数:

(1) $y = \dfrac{x^3}{1-x}$;　　　　　(2) $y = \dfrac{2x+2}{x^2+2x-3}$.

解　(1) 由于 $y = -x^2 - x - 1 + \dfrac{1}{1-x}$, 因此

$$y' = -2x - 1 + \frac{1}{(1-x)^2}, \quad y'' = -2 + \frac{2!}{(1-x)^3},$$

$$y''' = \frac{3!}{(1-x)^4}, \quad \cdots, \quad y^{(n)} = \frac{n!}{(1-x)^{n+1}}.$$

(2) 由于 $\dfrac{2x+2}{x^2+2x-3} = \dfrac{1}{x+3} + \dfrac{1}{x-1}$，因此

$$y^{(n)} = \left(\frac{1}{x+3}\right)^{(n)} + \left(\frac{1}{x-1}\right)^{(n)} = (-1)^n n! \left[\frac{1}{(x+3)^{n+1}} + \frac{1}{(x-1)^{n+1}}\right].$$

习　题　2.3

1. 求下列函数的二阶导数：

(1) $y = x\sin x$；　　　　　(2) $y = e^{-t}\cos t$；　　　　(3) $y = \ln(1-x^2)$；

(4) $y = \cos^2 x \ln x$；　　　　　　　　　　　　(5) $y = (1+x^2)\arctan x$；

(6) $y = x(\sin\ln x + \cos\ln x)$；　　　　　　　(7) $y = \ln(x + \sqrt{1+x^2})$；

(8) $y = (\arcsin x)^2$；　　　(9) $y = \dfrac{x}{\sqrt{1-x^2}}$；　　　(10) $y = x\sqrt{1+x^2}$.

2. (1) 设函数 $y = x\sqrt{x^2-16}$，求 $y''\big|_{x=5}$；

(2) 设函数 $f(x) = \cos^2(\ln x)$，求 $f''(e)$.

3. 设 $f''(x)$ 存在，求下列函数的二阶导数：

(1) $y = f(\sin x)$；　　　　　(2) $y = \ln f(x)$.

4. 设函数 $y = x|x|$，求 $\dfrac{d^2 y}{dx^2}$.

5. 已知函数 y 的 $n-2$ 阶导数 $y^{(n-2)} = \dfrac{x}{\ln x}$，求 $y^{(n)}$.

6. 若函数 $y = f(x)$ 存在反函数 $x = \varphi(y)$，且 $y' \neq 0, y'' \neq 0$，求 $\dfrac{d^2 x}{dy^2}$.

7. 求下列函数的 n 阶导数：

(1) $y = \ln(1+x)$；　　(2) $y = xe^x$；　　(3) $y = \sin^2 x$；　　(4) $y = \dfrac{1-x}{1+x}$.

8. 已知函数 $y = x^2 \ln(1-x)$，求 $y^{(10)}(0)$.

9. 设一个物体的运动规律为 $s = A\sin\omega t$（A, ω 为常数），求该物体运动的加速度，并验证：

$$\frac{d^2 s}{dt^2} + \omega^2 s = 0.$$

10. 证明：函数 $y = e^x \sin x$ 满足关系式 $y'' - 2y' + 2y = 0$.

§2.4 隐函数与由参数方程确定的函数的导数 相关变化率

一、隐函数的求导法则

函数的解析表达式有两种:一种是 $y=f(x)$ 形式的表达式,例如 $y=\ln x+\sin x$,$y=e^{x}x^{2}+1$ 等,其左边是因变量的符号,右边是含有自变量的式子. 这样的函数叫作**显函数**. 另一种是方程 $F(x,y)=0$ 形式的表达式,例如方程

$$x-y+\sin xy=0 \quad 和 \quad xy-\cos(x-y)=0$$

分别确定了一个函数,即对于自变量 x 在某个数集上的任一取值,通过方程都有唯一确定的 y 值与之对应. 这种由方程 $F(x,y)=0$ 形式表示的函数称为**隐函数**.

前面介绍的求导数方法都是针对显函数的,那么隐函数如何求导数呢? 通常的做法如下:设 $y=y(x)$ 是由方程 $F(x,y)=0$ 确定的隐函数,将 $y=y(x)$ 代入方程中,就得到恒等式

$$F[x,y(x)]\equiv0;$$

然后,利用复合函数的求导法则,在恒等式两边对自变量 x 求导数(视其中的 y 为中间变量),可得到一个关于所求导数 $y'=y'(x)$ 的方程,由此方程便可解出所求的导数 y',不过在这个导数的表达式中允许含有 y.

例 1 求由方程 $x^{2}+y^{2}=1$ 所确定的隐函数 $y=y(x)$ 的导数 y'.

解 方程 $x^{2}+y^{2}=1$ 两边对 x 求导数,得

$$2x+2yy'=0, \quad 解出 \quad y'=-\frac{x}{y}.$$

例 2 设 $y=y(x)$ 是由方程 $\arctan\dfrac{y}{x}=\ln\sqrt{x^{2}+y^{2}}$ 确定的隐函数,求 y'.

解 先把原方程表示为 $\arctan\dfrac{y}{x}=\dfrac{1}{2}\ln(x^{2}+y^{2})$,再两边对 x 求导数,得

$$\frac{1}{1+(y/x)^{2}}\cdot\frac{y'x-y}{x^{2}}=\frac{2x+2yy'}{2(x^{2}+y^{2})},$$

从而解得 $y'=\dfrac{x+y}{x-y}$.

例 3 已知方程 $y=xe^{y}+1$ 确定了隐函数 $y=y(x)$,试求 $y'|_{x=0}$,$y''|_{x=0}$.

解 方程 $y=xe^{y}+1$ 两边对 x 求导数,得 $y'=e^{y}+xe^{y}y'$,故

$$y'=\frac{e^{y}}{1-xe^{y}}=\frac{e^{y}}{2-y}.$$

上式两边再对 x 求导数,得

$$y'' = \frac{e^y y'(2-y) + e^y y'}{(2-y)^2} = \frac{e^{2y}(3-y)}{(2-y)^3}.$$

在 $y = xe^y + 1$ 中令 $x = 0$,立即得 $y|_{x=0} = 1$,于是

$$y'|_{x=0} = \frac{e^y}{2-y}\bigg|_{y=1} = e, \quad y''|_{x=0} = \frac{e^{2y}(3-y)}{(2-y)^3}\bigg|_{y=1} = 2e^2.$$

由上面的例子可见,求隐函数的导数时,只需在确定隐函数的方程两边对自变量 x 求导数,凡遇到含有因变量 y 的项时,把 y 当作中间变量看待,即 y 是 x 的函数,再按照复合函数的求导法则求导数,最后从所得等式中解出 $y' = \dfrac{dy}{dx}$ 即可.

二、对数求导法

对于幂指函数 $y = u(x)^{v(x)} [u(x) > 0]$,因为它既不是幂函数,也不是指数函数,所以不能直接利用幂函数或指数函数的导数公式来求导数.求这类函数的导数,可用下面的**对数求导法**:

设函数 $u(x), v(x)$ 可导,在等式 $y = u(x)^{v(x)}$ 的两边取对数,得

$$\ln y = v(x)\ln u(x).$$

上式两边对 x 求导数,得

$$\frac{1}{y}y' = v'(x)\ln u(x) + v(x)\frac{1}{u(x)}u'(x),$$

从而

$$y' = [u(x)^{v(x)}]' = u(x)^{v(x)}\left[v'(x)\ln u(x) + \frac{v(x)}{u(x)}u'(x)\right].$$

注　关于幂指函数的导数公式,读者不必死记硬背,只要掌握"先取对数,后求导数"的方法就行了.

例 4　求函数 $y = (\sin x)^{\cos x}$ 的导数.

解　$y = (\sin x)^{\cos x}$ 两边取对数,得

$$\ln y = \cos x \cdot \ln \sin x.$$

上式两边对 x 求导数,得

$$\frac{1}{y}y' = -\sin x \cdot \ln \sin x + \frac{\cos x}{\sin x}\cos x,$$

从而

$$y' = (\sin x)^{\cos x}(-\sin x \cdot \ln \sin x + \sin x \cot^2 x).$$

对数求导法也适用于由多次乘法、除法、乘方、开方运算所得到的函数.

例 5　求函数 $y = \sqrt{\dfrac{(x-1)(x-2)}{(x-3)(x-4)}}$ 的导数.

解　函数表达式两边取绝对值,有

$$|y| = \sqrt{\frac{|x-1||x-2|}{|x-3||x-4|}}.$$

上式两边取对数,得

$$\ln|y| = \frac{1}{2}(\ln|x-1| + \ln|x-2| - \ln|x-3| - \ln|x-4|).$$

上式两边对 x 求导数,并利用 $(\ln|x|)' = \frac{1}{x}$,最后推得

$$y' = \frac{1}{2}\sqrt{\frac{(x-1)(x-2)}{(x-3)(x-4)}}\left(\frac{1}{x-1} + \frac{1}{x-2} - \frac{1}{x-3} - \frac{1}{x-4}\right).$$

注　以后采用对数求导法时,常常将取绝对值这一步省略,但应知道其含义.

例 6　设函数 $y = \frac{\sqrt{x+2}(3-x)^4}{(x+1)^5}$,求 y'.

解　函数表达式两边取对数,得

$$\ln y = \frac{1}{2}\ln(x+2) + 4\ln(3-x) - 5\ln(x+1).$$

上式两边对 x 求导数,得

$$\frac{1}{y}y' = \frac{1}{2}\cdot\frac{1}{x+2} - \frac{4}{3-x} - \frac{5}{x+1},$$

所以

$$y' = y\left(\frac{1}{2}\cdot\frac{1}{x+2} - \frac{4}{3-x} - \frac{5}{x+1}\right) = \frac{\sqrt{x+2}(3-x)^4}{(x+1)^5}\left[\frac{1}{2(x+2)} - \frac{4}{3-x} - \frac{5}{x+1}\right].$$

三、由参数方程确定的函数的求导法则

在某些情况下,因变量 y 与自变量 x 的函数关系不是直接用 $y = f(x)$ 表示,而是通过含某个参变量的方程来表示的,如 $\begin{cases} x = \varphi(t), \\ y = \psi(t). \end{cases}$ 称这样的方程为**函数的参数方程**. 例如,

$$\begin{cases} x = a\cos t, \\ y = a\sin t, \end{cases} \quad (0 \le t \le \pi, a > 0)$$

表示以原点为圆心,a 为半径的半圆周,它是函数 $y = \sqrt{a^2 - x^2}$ 的参数方程.

下面来求由参数方程 $\begin{cases} x = \varphi(t), \\ y = \psi(t) \end{cases}$ 所确定的函数 $y = y(x)$ 的导数 $\frac{dy}{dx}$.

设 $x = \varphi(t)$ 有连续的反函数 $t = \varphi^{-1}(x)$,又 $\varphi'(t), \psi'(t)$ 存在,且 $\varphi'(t) \ne 0$,于是 $y = \psi(t) = \psi[\varphi^{-1}(x)]$ 为复合函数. 利用反函数和复合函数的求导法则,得

$$\frac{dy}{dx} = \frac{dy}{dt}\cdot\frac{dt}{dx} = \psi'(t)\frac{1}{\varphi'(t)} = \frac{\psi'(t)}{\varphi'(t)}, \tag{1}$$

如果再假设 $x=\varphi(t)$，$y=\psi(t)$ 的二阶导数存在，那么由(1)式可得

$$\frac{\mathrm{d}^2 y}{\mathrm{d}x^2}=\frac{\mathrm{d}}{\mathrm{d}t}\left[\frac{\psi'(t)}{\varphi'(t)}\right]\cdot\frac{\mathrm{d}t}{\mathrm{d}x}=\frac{\mathrm{d}}{\mathrm{d}t}\left[\frac{\psi'(t)}{\varphi'(t)}\right]\cdot\frac{1}{\varphi'(t)}=\frac{\psi''(t)\varphi'(t)-\psi'(t)\varphi''(t)}{[\varphi'(t)]^3}.$$

例 7　求由参数方程 $\begin{cases}x=a\cos^3 t\\y=b\sin^3 t\end{cases}$，$(0\leqslant t\leqslant 2\pi,a,b>0)$ 所确定的函数的导数 $\dfrac{\mathrm{d}y}{\mathrm{d}x}$.

解　$\dfrac{\mathrm{d}y}{\mathrm{d}x}=\dfrac{\dfrac{\mathrm{d}y}{\mathrm{d}t}}{\dfrac{\mathrm{d}x}{\mathrm{d}t}}=\dfrac{(b\sin^3 t)'}{(a\cos^3 t)'}=\dfrac{3b\sin^2 t\cos t}{3a\cos^2 t(-\sin t)}=-\dfrac{b}{a}\tan t.$

例 8　求摆线 $\begin{cases}x=a(t-\sin t),\\y=a(1-\cos t)\end{cases}$ $(a>0)$ 在 $t=\dfrac{\pi}{2}$ 处的切线方程与法线方程.

解　当 $t=\dfrac{\pi}{2}$ 时，$x=a\left(\dfrac{\pi}{2}-1\right)$，$y=a$. 根据由参数方程所确定的函数的求导法则(1)，得

$$\frac{\mathrm{d}y}{\mathrm{d}x}=\frac{\dfrac{\mathrm{d}y}{\mathrm{d}t}}{\dfrac{\mathrm{d}x}{\mathrm{d}t}}=\frac{[a(1-\cos t)]'}{[a(t-\sin t)]'}=\frac{a\sin t}{a(1-\cos t)}=\frac{\sin t}{1-\cos t}=\cot\frac{t}{2},$$

于是摆线上点 $\left(a\left(\dfrac{\pi}{2}-1\right),a\right)$ 处的切线斜率为

$$k=\frac{\mathrm{d}y}{\mathrm{d}x}\bigg|_{t=\frac{\pi}{2}}=\cot\frac{t}{2}\bigg|_{t=\frac{\pi}{2}}=1.$$

因此，所求的切线方程为

$$y-a=x-a\left(\frac{\pi}{2}-1\right),\quad\text{即}\quad y-x+\frac{a\pi}{2}-2a=0,$$

法线方程为

$$y-a=-x+a\left(\frac{\pi}{2}-1\right),\quad\text{即}\quad y+x-\frac{a\pi}{2}=0.$$

例 9　设由参数方程 $\begin{cases}x=2t-t^2,\\y=3t-t^3\end{cases}$ 所确定的函数的二阶导数 $\dfrac{\mathrm{d}^2 y}{\mathrm{d}x^2}$.

解　$\dfrac{\mathrm{d}y}{\mathrm{d}x}=\dfrac{\dfrac{\mathrm{d}y}{\mathrm{d}t}}{\dfrac{\mathrm{d}x}{\mathrm{d}t}}=\dfrac{(3t-t^3)'}{(2t-t^2)'}=\dfrac{3-3t^2}{2-2t}=\dfrac{3}{2}(1+t),$

$$\frac{\mathrm{d}^2 y}{\mathrm{d}x^2}=\frac{\mathrm{d}}{\mathrm{d}t}\left[\frac{3}{2}(1+t)\right]\cdot\frac{1}{\dfrac{\mathrm{d}x}{\mathrm{d}t}}=\frac{3}{2}\cdot\frac{1}{2-2t}=\frac{3}{4(1-t)}.$$

四、相关变化率

设变量 $x(t)$ 与 $y(t)$ 之间存在某种关系,于是它们的变化率 $\dfrac{\mathrm{d}x}{\mathrm{d}t}$ 与 $\dfrac{\mathrm{d}y}{\mathrm{d}t}$ 之间也就存在着一定的关系.这种相互依赖的变化率称为**相关变化率**.我们常常需要根据相关变化率中的一个求出另一个.这样的相关变化率问题的解法如下:先建立变量 $x(t)$ 与 $y(t)$ 之间的关系式,再对 t 求导数,得到相关变化率之间的关系式,从而可由已知的变化率求出另一个未知的变化率.

例 10　设一根竿高 $100\ \mathrm{m}$,某人以 $3\ \mathrm{m/s}$ 的速度向该竿前行.当此人距竿脚 $50\ \mathrm{m}$ 时,此人与竿顶距离的变化率为多少?

解　设此人与竿脚的距离为 x(单位:m),则此人与竿顶的距离为 $l=\sqrt{x^2+100^2}$(单位:m,参见图 2-4),其中 l 与 x 都是时间 t 的函数.此式两边对 t 求导数,得

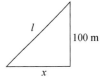

图　2-4

$$\frac{\mathrm{d}l}{\mathrm{d}t}=\frac{1}{2}\cdot\frac{2x\dfrac{\mathrm{d}x}{\mathrm{d}t}}{\sqrt{x^2+100^2}}=\frac{x\dfrac{\mathrm{d}x}{\mathrm{d}t}}{\sqrt{x^2+100^2}}\text{(单位:m/s)}.$$

由已知条件,存在 t_0,使得 $x(t_0)=50\ \mathrm{m}$,$\left.\dfrac{\mathrm{d}x}{\mathrm{d}t}\right|_{t=t_0}=-3\ \mathrm{m/s}$(负号表示此人与竿脚的距离随时间 t 的增加而减少).把它们代入上式,得

$$\frac{\mathrm{d}l}{\mathrm{d}t}=\frac{50\cdot(-3)}{\sqrt{50^2+100^2}}\ \mathrm{m/s}=-\frac{3\sqrt{5}}{5}\ \mathrm{m/s},$$

故当此人距竿脚 $50\ \mathrm{m}$ 时,他与竿顶距离的变化率为 $-\dfrac{3\sqrt{5}}{5}\ \mathrm{m/s}$.

习　题　2.4

1. 求由下列方程所确定的隐函数 $y=y(x)$ 的导数 y':

(1) $y^3+x^3-3axy=0$;　　　　　(2) $\sqrt{x}+\sqrt{y}=\sqrt{a}$;

(3) $\mathrm{e}^y=\cos(x+y)$;　　　　　(4) $\cos xy=x$.

2. 求由方程 $x^2+xy+y^2=4$ 所确定的曲线上点 $(2,-2)$ 处的切线方程与法线方程.

3. 求由下列方程所确定的隐函数的二阶导数 $\dfrac{\mathrm{d}^2 y}{\mathrm{d}x^2}$:

(1) $\mathrm{e}^x+xy=1$;　　　　　(2) $y^2+2\ln y=x^4$;

(3) $\dfrac{x^2}{a^2}+\dfrac{y^2}{b^2}=1$;　　　　　(4) $x=y+\arctan y$.

4. 用对数求导法求下列函数的导数:

(1) $y=\sqrt{\dfrac{(2x-1)(1-3x)}{(x-1)(5-2x)}}$;

(2) $y=\dfrac{(2x+3)^6\sqrt[3]{x-5}}{\sqrt{x+2}}$;

(3) $y=\left(\dfrac{a}{b}\right)^x\left(\dfrac{b}{x}\right)^a\left(\dfrac{x}{a}\right)^b(a,b>0)$.

5. 求由下列参数方程所确定的函数的导数 $\dfrac{\mathrm{d}y}{\mathrm{d}x}$:

(1) $\begin{cases}x=t-\ln(1+t^2),\\ y=\arctan t;\end{cases}$

(2) $\begin{cases}x=\ln\cos t,\\ y=\sin t-t\cos t;\end{cases}$

(3) $\begin{cases}x=\dfrac{a}{2}\left(t+\dfrac{1}{t}\right),\\ y=\dfrac{b}{2}\left(t-\dfrac{1}{t}\right)\end{cases}$ (a,b 为常数);

(4) $\begin{cases}x=\dfrac{3at}{1+t^2},\\ y=\dfrac{3at^2}{1+t^2}\end{cases}$ (a 为常数).

6. 求由下列参数方程所确定的函数的二阶导数 $\dfrac{\mathrm{d}^2y}{\mathrm{d}x^2}$:

(1) $\begin{cases}x=t^2,\\ y=t^3;\end{cases}$

(2) $\begin{cases}x=f'(t),\\ y=tf'(t)-f(t),\end{cases}$ 其中 $f(t)$ 二阶可导,且 $f''(t)\neq0$.

7. 证明:由参数方程 $\begin{cases}x=\mathrm{e}^t\sin t\\ y=\mathrm{e}^t\cos t\end{cases}$ 所确定的函数 $y=y(x)$ 满足方程

$$(x+y)^2y''=2(xy'-y).$$

8. 求曲线 $\begin{cases}x=2\sin t,\\ y=\cos 2t\end{cases}$ 在 $t=\dfrac{\pi}{4}$ 处的切线方程与法线方程.

9. 一块石子落在平静的水面上,激起许多同心圆波纹.若最外面一圈波纹半径的增大速率为 6 m/s,求在 2 s 末时,被波纹扰动的水面面积的增大速率.

10. 将溶液从深 18 cm,上端圆直径为 12 cm 的正圆锥形漏斗注入一个直径为 10 cm 的圆柱形筒中.已知开始时漏斗中盛满了溶液,且当溶液在漏斗中深 12 cm 时,其液面下落的速度为 1 cm/min,问:此时筒中的液面上升的速度是多少?

§2.5 微分及其在近似计算中的应用

一、微分的概念

导数 $f'(x)$ 表示函数 $y=f(x)$ 在点 x 处的变化率,它描述该函数在点 x 处变化的快慢程度.但在实际问题中,我们还需要了解当自变量取得一个微小增量 Δx 时,函数所取得的相应增量 Δy 的大小.为了说明 Δy 随 Δx 的变化而变化的情况,下面先研究一个具体例子.

设有一块正方形均匀金属薄片,边长因受热而由 x 变到 $x+\Delta x$,试问:该薄片的面积改变了多少?

用 S 记边长为 x 时该薄片的面积: $S=x^2$. 当该薄片的边长由 x 变到 $x+\Delta x$ 时,其面积 S 有相应的增量

$$\Delta S=(x+\Delta x)^2-x^2=2x\Delta x+(\Delta x)^2.$$

显而易见, ΔS 是由两部分所组成的,其中第一部分 $2x\Delta x$ (图 2-5 中带有单向斜线的两个矩形面积之和)是 Δx 的线性函数;第二部分为 $(\Delta x)^2$ (图 2-5 中带有双向斜线的小

正方形的面积),且 $\displaystyle\lim_{\Delta x\to 0}\frac{(\Delta x)^2}{\Delta x}=\lim_{\Delta x\to 0}\Delta x=0$, 也就是说,

$(\Delta x)^2$ 是一个比 Δx 高阶的无穷小. 因此,当 $|\Delta x|$ 很小时,可以把第二部分省略掉,而用第一部分 $2x\Delta x$ 近似地表示 ΔS,

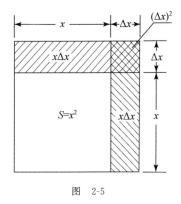

图　2-5

即 $\Delta S\approx 2x\Delta x$. 这时,我们把面积增量的近似值 $2x\Delta x$ 称为面积 S 的微分,记为 $\mathrm{d}S=2x\Delta x$.

是否所有函数的增量都能在一定条件下表示为自变量增量的线性函数与自变量增量的高阶无穷小之和呢? 这个自变量增量的线性函数是什么? 如何求得? 本节我们将讨论这些问题.

1. 微分的定义

定义　设函数 $y=f(x)$ 在区间 I 上有定义,当自变量在点 $x\in I$ 处有增量 $\Delta x(x+\Delta x\in I)$ 时,相应地函数有增量 $\Delta y=f(x+\Delta x)-f(x)$. 如果函数的增量 Δy 可以表示为

$$\Delta y=A\Delta x+\alpha\Delta x,$$

其中 A 是与 Δx 无关的常数, $\displaystyle\lim_{\Delta x\to 0}\alpha=0$, 则称 $y=f(x)$ 在点 x 处**可微**,并称 $A\Delta x$ 为 $y=f(x)$ 在点 x 处关于自变量增量 Δx 的**微分**,记作 $\mathrm{d}y$ 或 $\mathrm{d}f(x)$,即

$$\mathrm{d}y=A\Delta x\quad \text{或}\quad \mathrm{d}f(x)=A\Delta x;$$

否则,称 $y=f(x)$ 在点 x 处**不可微**或**微分不存在**.

由上述定义知,微分 $\mathrm{d}y$ 是自变量增量 Δx 的线性函数,并且当 $\Delta x\to 0$ 时, $\mathrm{d}y-\Delta y$ 是一个比 Δx 高阶的无穷小. 另外,在上述定义中,如果 $A\neq 0$,则

$$\frac{\Delta y}{\mathrm{d}y}=\frac{A\Delta x+\alpha\Delta x}{A\Delta x}=1+\frac{\alpha}{A}\to 1\quad(\Delta x\to 0),$$

即当 $\Delta x\to 0$ 时, Δy 与 $\mathrm{d}y$ 是等价无穷小,亦即当 $|\Delta x|$ 充分小时, $\Delta y\approx\mathrm{d}y$. 通常,把函数的微分 $\mathrm{d}y$ 称为函数增量 Δy 的**线性主部**.

如果函数 $f(x)$ 在区间 I 内每一点均可微,则称 $f(x)$ 在 I 内为**可微函数**,并称 $\mathrm{d}f(x)$ 为 $f(x)$ 的微分.

2. 函数可微的充要条件

定理　函数 $f(x)$ 在点 x 处可微的充要条件是 $f(x)$ 在点 x 处可导.

证　**必要性**　若 $f(x)$ 在点 x 处可微,则由微分的定义有

$$\Delta y = A\Delta x + \alpha\Delta x, \tag{1}$$

其中 A 是与 Δx 无关的常数,且 $\lim\limits_{\Delta x\to 0}\alpha=0$. 用 $\Delta x(\Delta x\neq 0)$ 除(1)式的两边,得 $\dfrac{\Delta y}{\Delta x}=A+\alpha$,于是

$$\lim_{\Delta x\to 0}\frac{\Delta y}{\Delta x}=\lim_{\Delta x\to 0}(A+\alpha)=A.$$

这说明,$f(x)$ 在点 x 处可导,且 $A=f'(x)$.

充分性　若 $f(x)$ 在点 x 处可导,则有

$$\lim_{\Delta x\to 0}\frac{\Delta y}{\Delta x}=f'(x),\quad 即\quad \lim_{\Delta x\to 0}\left[\frac{\Delta y}{\Delta x}-f'(x)\right]=0.$$

这表明,当 $\Delta x\to 0$ 时,$\dfrac{\Delta y}{\Delta x}-f'(x)$ 是无穷小,记为 α,即

$$\frac{\Delta y}{\Delta x}-f'(x)=\alpha,$$

其中 $\lim\limits_{\Delta x\to 0}\alpha=0$. 故

$$\Delta y=f'(x)\Delta x+\alpha\Delta x,$$

其中第一项 $f'(x)\Delta x$ 是 Δx 的线性函数[易知 $f'(x)$ 与 Δx 无关];第二项 $\alpha\Delta x$ 是比 Δx 高阶的无穷小(当 $\Delta x\to 0$ 时). 按照微分的定义可知,$f(x)$ 在点 x 处可微.

从上述定理知,对于函数 $y=f(x)$ 来说,其可微性与可导性是等价的,且有

$$\mathrm{d}y=f'(x)\Delta x.$$

特别地,若 $y=x$,则有 $\mathrm{d}y=\mathrm{d}x=x'\Delta x=\Delta x$. 因此,自变量 x 的微分就是它的增量 Δx. 故 $y=f(x)$ 的微分可以写成

$$\mathrm{d}y=f'(x)\mathrm{d}x.$$

由此得 $\dfrac{\mathrm{d}y}{\mathrm{d}x}=f'(x)$. 这就是说,原先作为一个整体的导数符号 $\dfrac{\mathrm{d}y}{\mathrm{d}x}$,在引进微分后,可看成函数微分 $\mathrm{d}y$ 与自变量微分 $\mathrm{d}x$ 的商. 因此,经常把导数叫作**微商**.

虽然导数与微分有密切的联系,但也是有本质区别的. 导数 $f'(x)$ 是函数 $y=f(x)$ 在点 x 处的变化率,而微分 $\mathrm{d}y$ 是在点 x 处由 Δx 所引起函数增量 Δy 的线性主部;导数 $f'(x)$ 的值只与 x 有关,而微分 $\mathrm{d}y$ 的值却与 x 和 Δx 都有关.

例 1　设函数 $y=x^3-x$,求当 x 由 2 变到 2.01 时的 Δy 及 $\mathrm{d}y$.

解　因 $\mathrm{d}y=y'\Delta x=(3x^2-1)\Delta x$,故当 x 由 2 变到 2.01,即 $x=2$ 且 $\Delta x=0.01$ 时,有

$$\mathrm{d}y\Big|_{\substack{x=2\\ \Delta x=0.01}}=(3\times 2^2-1)\times 0.01=0.11,$$

$$\Delta y\Big|_{\substack{x=2\\ \Delta x=0.01}}=y|_{x=2.01}-y|_{x=2}=(2.01^3-2.01)-(2^3-2)=0.110\,601.$$

从例 1 可以看到,当 $|\Delta x|$ 很小时,Δy 与 dy 之差很小. 换句话说,当 $|\Delta x|$ 很小时,函数的微分 dy 与函数的增量 Δy 很接近,即有 $\Delta y \approx \mathrm{d}y$.

二、微分的几何意义

上面介绍了函数 $y = f(x)$ 的增量 Δy、微分 dy 与导数 $f'(x)$ 之间的关系,下面再从图形上加以说明,以便较直观地理解它们.

设函数 $y = f(x)$ 的图形是如图 2-6 所示的曲线,当自变量 x 由 x_0 变到 $x_0 + \Delta x$ 时,曲线上的对应点由点 $M(x_0, y_0)$ 变到点 $N(x_0 + \Delta x, y_0 + \Delta y)$,其中 $y_0 = f(x_0)$. 过点 M 作曲线的切线 MT,过点 N 作 x 轴的垂线,交切线 MT 于点 P,再过点 M 作 NP 的垂线,垂足为点 Q. 易知

$$MQ = \Delta x, \quad QN = \Delta y.$$

因此,在直角三角形 MQP 中,有

$$QP = MQ \tan\alpha = f'(x_0) \Delta x = \mathrm{d}y \big|_{x=x_0},$$

其中 α 为切线 MT 的倾角,从而 $\mathrm{d}y\big|_{x=x_0}$ 是曲线在点 M 处

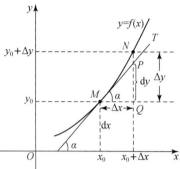

图 2-6

切线纵坐标的对应增量. 所以,当 $|\Delta x|$ 很小时,用微分 $\mathrm{d}y\big|_{x=x_0}$ 近似代替函数增量 Δy,就是用点 M 处切线纵坐标的增量 QP 近似代替曲线纵坐标的增量 QN,并且 $\Delta y - \mathrm{d}y$ 是比 Δx 高阶的无穷小(当 $\Delta x \to 0$ 时). 故在点 M 的邻近,可以用切线段来近似代替曲线段.

三、微分的四则运算法则与基本微分公式

由微分的表达式 $\mathrm{d}y = f'(x)\mathrm{d}x$ 知,要求函数 $f(x)$ 的微分 $\mathrm{d}y$,只要先求导数 $f'(x)$,再乘以 $\mathrm{d}x$ 就可以了. 因此,利用导数的四则运算法则与基本导数公式,相应地可以导出微分的四则运算法则和基本微分公式.

1. 微分的四则运算法则

为了便于对照与记忆,我们将函数的导数与微分的四则运算法则列成表,见表 2.2(表中函数 $u = u(x)$,$v = v(x)$ 可导,C 为常数).

表 2.2

导数的四则运算法则	微分的四则运算法则
$(u \pm v)' = u' \pm v'$	$\mathrm{d}(u \pm v) = \mathrm{d}u \pm \mathrm{d}v$
$(uv)' = u'v + uv'$	$\mathrm{d}(uv) = v\mathrm{d}u + u\mathrm{d}v$
$(Cu)' = Cu'$	$\mathrm{d}(Cu) = C\mathrm{d}u$
$\left(\dfrac{u}{v}\right)' = \dfrac{u'v - uv'}{v^2} \ (v \neq 0)$	$\mathrm{d}\left(\dfrac{u}{v}\right) = \dfrac{v\mathrm{d}u - u\mathrm{d}v}{v^2} \ (v \neq 0)$

2. 基本微分公式

由基本导数公式可直接得到基本微分公式,见表 2.3(表中 C,μ,a 为常数,$a>0$ 且 $a\neq1$).

表　2.3

基本导数公式	基本微分公式
$C'=0$	$\mathrm{d}C=0$
$(x^{\mu})'=\mu x^{\mu-1}$	$\mathrm{d}x^{\mu}=\mu x^{\mu-1}\mathrm{d}x$
$(a^{x})'=a^{x}\ln a$	$\mathrm{d}a^{x}=a^{x}\ln a\,\mathrm{d}x$
$(\mathrm{e}^{x})'=\mathrm{e}^{x}$	$\mathrm{d}\mathrm{e}^{x}=\mathrm{e}^{x}\mathrm{d}x$
$(\log_a x)'=\dfrac{1}{x\ln a}$	$\mathrm{d}(\log_a x)=\dfrac{1}{x\ln a}\mathrm{d}x$
$(\ln x)'=\dfrac{1}{x}$	$\mathrm{d}(\ln x)=\dfrac{1}{x}\mathrm{d}x$
$(\sin x)'=\cos x$	$\mathrm{d}(\sin x)=\cos x\,\mathrm{d}x$
$(\cos x)'=-\sin x$	$\mathrm{d}(\cos x)=-\sin x\,\mathrm{d}x$
$(\tan x)'=\sec^2 x$	$\mathrm{d}(\tan x)=\sec^2 x\,\mathrm{d}x$
$(\cot x)'=-\csc^2 x$	$\mathrm{d}(\cot x)=-\csc^2 x\,\mathrm{d}x$
$(\arcsin x)'=\dfrac{1}{\sqrt{1-x^2}}$	$\mathrm{d}(\arcsin x)=\dfrac{1}{\sqrt{1-x^2}}\mathrm{d}x$
$(\arccos x)'=-\dfrac{1}{\sqrt{1-x^2}}$	$\mathrm{d}(\arccos x)=-\dfrac{1}{\sqrt{1-x^2}}\mathrm{d}x$
$(\arctan x)'=\dfrac{1}{1+x^2}$	$\mathrm{d}(\arctan x)=\dfrac{1}{1+x^2}\mathrm{d}x$
$(\mathrm{arccot} x)'=-\dfrac{1}{1+x^2}$	$\mathrm{d}(\mathrm{arccot} x)=-\dfrac{1}{1+x^2}\mathrm{d}x$

3. 一阶微分形式不变性

设函数 $y=f(x)$ 在点 x 处可导,则

(1) 当 x 为自变量时,$y=f(x)$ 的微分为 $\mathrm{d}y=f'(x)\mathrm{d}x$;

(2) 当 x 不是自变量,而是另一个变量 t 的函数,即 $x=\varphi(t)$ 时,$y=f[\varphi(t)]$ 成为 t 的复合函数,于是有 $\mathrm{d}y=\dfrac{\mathrm{d}y}{\mathrm{d}t}\mathrm{d}t=f'(x)\varphi'(t)\mathrm{d}t$,又 $\varphi'(t)\mathrm{d}t=\mathrm{d}x$,所以 $\mathrm{d}y=f'(x)\mathrm{d}x$.

比较上述(1)与(2)可知,不论 x 是自变量还是中间变量,$y=f(x)$ 的微分形式总为 $\mathrm{d}y=f'(x)\mathrm{d}x$.这种性质称为**一阶微分形式不变性**.

对于复合函数的微分,可以先用复合函数的求导法则求导数,再乘以自变量的微分得到,也可用上述一阶微分形式不变性求得.用后者较为方便,且可以不漏、不乱,不容易出

差错.

例 2 设函数 $y = e^{-x}\cos(3-x)$,求 dy.

解 $dy = \cos(3-x)d(e^{-x}) + e^{-x}d[\cos(3-x)]$

$\qquad = \cos(3-x)e^{-x}d(-x) + e^{-x}[-\sin(3-x)]d(3-x)$

$\qquad = -e^{-x}\cos(3-x)dx + e^{-x}\sin(3-x)dx$

$\qquad = e^{-x}[\sin(3-x) - \cos(3-x)]dx.$

例 3 设函数 $y = \dfrac{\sin 2x}{x^2}$,求 dy.

解 $dy = d\left(\dfrac{\sin 2x}{x^2}\right) = \dfrac{x^2 d(\sin 2x) - \sin 2x \, dx^2}{x^4} = \dfrac{x^2 \cos 2x \, d(2x) - \sin 2x \cdot 2x \, dx}{x^4}$

$\qquad = \dfrac{2(x\cos 2x - \sin 2x)dx}{x^3}.$

四、微分在近似计算中的应用

1. 近似计算

设函数 $f(x)$ 在点 x_0 处可微,则

$$\Delta y = f'(x_0)\Delta x + \alpha \Delta x,$$

其中 $\lim\limits_{\Delta x \to 0}\alpha = 0$. 于是,当 $|\Delta x|$ 很小时,有

$$\Delta y = f(x_0 + \Delta x) - f(x_0) \approx f'(x_0)\Delta x, \qquad (2)$$

$$f(x_0 + \Delta x) \approx f(x_0) + f'(x_0)\Delta x. \qquad (3)$$

这里(2)式为近似计算函数增量的公式,(3)式为近似计算函数值的公式.

如果在(3)式中令 $x_0 + \Delta x = x$,$\Delta x = x - x_0$,那么(3)式化为

$$f(x) \approx f(x_0) + f'(x_0)(x - x_0). \qquad (4)$$

记上式右边的线性函数为 $L(x)$,即 $L(x) = f(x_0) + f'(x_0)(x - x_0)$,易见其图形是曲线 $y = f(x)$ 在点 $(x_0, f(x_0))$ 处的切线.(4)式表明,当 $|\Delta x|$ 很小且 $f'(x_0) \neq 0$ 时,线性函数 $L(x)$ 是 $f(x)$ 的一个很好的近似. 函数的局部线性化是数学建模的重要思想.

特别地,当 $x_0 = 0$ 时,(4)式化为

$$f(x) \approx f(0) + f'(0)x. \qquad (5)$$

由此可以推出以下几个常用的近似公式:当 $|x|$ 很小时,有

(1) $\sin x \approx x$; $\qquad$ (2) $\tan x \approx x$; $\qquad$ (3) $\dfrac{1}{1+x} \approx 1 - x$;

(4) $\sqrt[n]{1+x} \approx 1 + \dfrac{1}{n}x$; $\qquad$ (5) $e^x \approx 1 + x$; $\qquad$ (6) $\ln(1+x) \approx x$.

证 在这里仅证 $\tan x \approx x$ 和 $\sqrt[n]{1+x} \approx 1 + \dfrac{1}{n}x$ 这两个近似公式,其他公式类似可证.

令 $f(x) = \tan x$，则有 $f(0) = 0$，$f'(0) = \sec^2 x|_{x=0} = 1$. 于是，由(5)式得 $\tan x \approx x$.

取 $f(x) = \sqrt[n]{1+x}$，易知 $f(0) = 1$，$f'(0) = \frac{1}{n}(1+x)^{\frac{1}{n}-1}\Big|_{x=0} = \frac{1}{n}$. 将它们代入(5)式即得 $\sqrt[n]{1+x} \approx 1 + \frac{1}{n}x$.

例 4　计算 $\sqrt[3]{996}$ 的近似值.

解　因为当 $|x|$ 很小时，有 $\sqrt[n]{1+x} \approx 1 + \frac{x}{n}$，所以

$$\sqrt[3]{996} = \sqrt[3]{1000-4} = \sqrt[3]{1000\left(1 - \frac{4}{1000}\right)} = 10\sqrt[3]{1 - \frac{4}{1000}}$$

$$\approx 10\left[1 + \frac{1}{3}\left(-\frac{4}{1000}\right)\right] = 10 - \frac{4}{300} \approx 9.9867.$$

例 5　计算 $\tan 136°$ 的近似值.

解　由于 $136° = 135° + 1° = \frac{3\pi}{4} + \frac{\pi}{180}$，取 $x_0 = \frac{3\pi}{4}$，$\Delta x = \frac{\pi}{180}$，则由(3)式得

$$\tan 136° \approx \tan\frac{3\pi}{4} + \sec^2\left(\frac{3\pi}{4}\right)\frac{\pi}{180} = -1 + (\sqrt{2})^2\frac{\pi}{180}$$

$$= -1 + \frac{\pi}{90} \approx -0.965\,09.$$

例 6　设某一钟摆的周期为 1 s，又知在冬天里摆长缩短了 0.01 cm，试问：这个钟每天大约快多少秒?

解　由物理学知识知，单摆的周期 T 为

$$T = 2\pi\sqrt{\frac{l}{g}},$$

其中 l 为摆长，g 为重力加速度. 按题意，钟摆的周期为 $T = 1$ s，所以原摆长为 $l_0 = \frac{g}{(2\pi)^2}$(单位：cm). 若到冬天摆长缩短了 0.01 cm，则摆长的增量为 $\Delta l = -0.01$ cm. 又因为

$$\frac{\mathrm{d}T}{\mathrm{d}l}\Big|_{l=l_0} = \frac{\pi}{\sqrt{g}} \cdot \frac{1}{\sqrt{l_0}} = \frac{2\pi^2}{g} \text{(单位：s/cm)},$$

所以由于摆长的增量 Δl 而引起的钟摆周期的增量是

$$\Delta T \approx \mathrm{d}T = \frac{2\pi^2}{g}\Delta l = \frac{2 \times (3.14)^2}{980} \times (-0.01)\ \text{s} \approx -0.0002\ \text{s}.$$

于是，如果摆长缩短 0.01 cm，则钟摆的周期缩短大约 0.0002 s，也就是说，钟摆的每个周期快 0.0002 s. 故这个钟每天约快 $24 \times 60 \times 60 \times 0.0002$ s = 17.28 s.

2. 误差估计

在实际工程计算中，经常需要根据数据 x 和函数表达式 $y = f(x)$ 求出 y 的值. 但由于

测量仪器的精度、测量条件及测量方法等因素的影响,测得的数据 x 往往带有误差,从而用带有误差的数据 x 求出的 y 值也会有误差.这种误差称为**间接误差**.

设某个量的精确值为 A,它的近似值为 a,则把 $|A-a|$ 称为 a 的**绝对误差**,$\dfrac{|A-a|}{|a|}$ 称为 a 的**相对误差**.

例如,若一根轴的直径的设计要求是 150 mm,但加工后测得 150.04 mm,则

绝对误差:$|150-150.04|$ mm$=0.04$ mm;

相对误差:$\dfrac{|150-150.04|}{|150.04|}=\dfrac{0.04}{150.04}\approx 0.027\%$.

又如,若一根轴的直径的设计要求是 15 mm,但加工后测得 15.04 mm,则

绝对误差:$|15-15.04|$ mm$=0.04$ mm;

相对误差:$\dfrac{|15-15.04|}{|15.04|}=\dfrac{0.04}{15.04}\approx 0.27\%$.

以上两个例子的绝对误差相同,而前者的相对误差比后者的相对误差小得多.也就是说,前者的精确度高很多.由此得知,一个量的近似值的精确度应当由相对误差来衡量.

一般来说,在应用题中所涉及的量,其精确值往往是找不到的,从而绝对误差和相对误差也就没法计算,然而可以根据实际需要确定误差的允许范围.如果某个量的精确值为 A,测得它的近似值为 a,又规定它的绝对误差不超过 δ_A,即 $|A-a|\leqslant\delta_A$,那么称 δ_A 为 A 的**绝对误差限**,而称 $\dfrac{\delta_A}{|a|}$ 为 A 的**相对误差限**.

设 $y=f(x)$ 为可微函数.如果 x 的绝对误差限为 $\delta_x>0$,即 $|\Delta x|\leqslant\delta_x$,那么当 $y'\neq 0$ 时,y 的绝对误差为

$$|\Delta y|\approx|\mathrm{d}y|=|y'|\,|\Delta x|\leqslant|y'|\delta_x,$$

即 y 的绝对误差限为 $\delta_y\approx|y'|\delta_x$,而 y 的相对误差限为 $\dfrac{\delta_y}{|y|}\approx\left|\dfrac{y'}{y}\right|\delta_x$.在实际应用中,通常把绝对误差限与相对误差限分别简称为绝对误差与相对误差.

例 7 设一个圆形截面的直径为 $D=40.2$ cm,其绝对误差为 $\delta_D=0.03$ cm,求该圆形截面面积的绝对误差与相对误差.

解 该截面的面积为 $S=\dfrac{\pi}{4}D^2$,从而 $\dfrac{\mathrm{d}S}{\mathrm{d}D}=\dfrac{\pi}{2}D$,所以该截面面积的绝对误差与相对误差分别为

$$\delta_S\approx\frac{\mathrm{d}S}{\mathrm{d}D}\delta_D=\frac{\pi}{2}D\,\delta_D=\frac{\pi}{2}\times 40.2\times 0.03\ \mathrm{cm}^2\approx 1.894\ \mathrm{cm}^2,$$

$$\frac{\delta_s}{S} \approx \frac{\frac{dS}{dD}\delta_D}{\frac{\pi}{4}D^2} = \frac{\frac{\pi}{2}D\,\delta_D}{\frac{\pi}{4}D^2} = \frac{2\delta_D}{D} = 2 \times \frac{0.03}{40.2} \approx 0.15\%.$$

习　题　2.5

1. 已知函数 $y = x^3 - x$，求在点 $x = 2$ 处，当 Δx 分别为 $1, 0.1, 0.01$ 时的 Δy 及 dy.

2. 将适当的函数填入下列括号中，使等式成立：

(1) d(　　　) $= 3x\,dx$；

(2) d(　　　) $= \cos\omega x\,dx$（ω 为非零常数）；

(3) d(　　　) $= \dfrac{1}{x-1}dx$；

(4) d(　　　) $= e^{-3x}\,dx$；

(5) d(　　　) $= \dfrac{1}{\sqrt{x}}dx$；

(6) d(　　　) $= \sec^2 5x\,dx$.

3. 设函数 $y = f(x)$ 在点 x 处可微，自变量在点 x 处的增量是 Δx，函数相应的增量是 Δy，微分是 dy，则当 $\Delta x \to 0$ 时，(　　　) 正确.

(A) dy 是比 Δx 高阶的无穷小

(B) $\Delta y - dy$ 是比 Δx 高阶的无穷小

(C) $\Delta y - dy$ 是比 Δy 高阶的无穷小

(D) 当 $f'(x) \neq 0$ 时，Δy 与 dy 是等价无穷小

4. 设函数 $y = f(x)$ 的图形如图 2-7(a)，(b)，(c)，(d)所示，试在其中分别标出点 x_0 处的 dy，Δy 及 $\Delta y - dy$，并说明其正负.

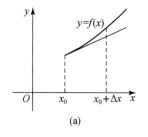

(a)

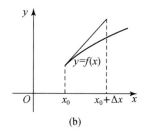

(b)

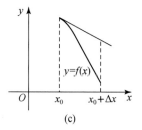

(c)

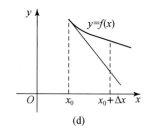

(d)

图　2-7

5. 求下列函数的微分(其中 $\alpha,\beta,\gamma,\omega$ 为常数):

(1) $y=x-\dfrac{1}{2}x^2+\dfrac{1}{3}x^3-\dfrac{1}{4}x^4$;　(2) $y=\mathrm{e}^{ax}\sin\beta x$;　(3) $y=\ln\sqrt{1-x}$;

(4) $y=\dfrac{x^2}{1+x}$;　(5) $y=x^3\mathrm{e}^x\sin x$;　(6) $y=\arcsin\sqrt{1-x^2}$;

(7) $y=\mathrm{e}^{\sin^2 x}$;　(8) $y=\left[\mathrm{e}^{\gamma-ax}\cos(\omega x+\beta)\right]^2$.

6. 求下列函数在指定点处的微分:

(1) $y=x^2\ln x^2+\cos x$,在点 $x=1$ 处;　(2) $y=\dfrac{1}{x}+\dfrac{1}{x^2}$,在点 $x=0.1,0.01$ 处;

(3) $y=(x^2+1)^x+\arctan x$,在点 $x=1$ 处;

(4) 由参数方程 $\begin{cases} x=t+\arctan t+1, \\ y=t^3+6t+2 \end{cases}$ 所确定的函数 $y=y(x)$,在点 $t=1$ 处.

7. 设函数 $y=f\left[\mathrm{e}^{\varphi(x)}\right]$,其中函数 $\varphi(x),f(u)$ 均可微,求 $\mathrm{d}y$.

8. 求由下列方程所确定的隐函数 $y=y(x)$ 的微分:

(1) $x^2+2xy-y^2=a^2\ (a>0)$;　(2) $y=\mathrm{e}^{-\frac{x}{y}}$.

9. 当 $|x|$ 很小时,证明下列近似公式:

(1) $\ln(1+x)\approx x$;　(2) $\dfrac{1}{1+x}\approx 1-x$.

10. 利用微分求下列各数的近似值:

(1) $\mathrm{e}^{-0.02}$;　(2) $\cos 60°20'$;　(3) $\ln 1.0002$;　(4) $\sqrt[3]{8.02}$.

11. 设有一个立方形铁箱,其边长为 $70\,\mathrm{cm}\pm 0.1\,\mathrm{cm}$,求出它的体积,并估计其绝对误差与相对误差.

12. 已知测量球的直径 D 时有 1% 的相对误差,问:用公式 $V=\dfrac{\pi}{6}D^3$ 计算球的体积时,相对误差是多少?

§2.6 综合例题

一、求分段函数与抽象函数的导数

例1 设函数 $f(x)=2^{|x-a|}$,求 $f'(x)$.

解 去掉 $f(x)$ 的绝对值符号,得

$$f(x)=\begin{cases} 2^{-x+a}, & x<a, \\ 2^{x-a}, & x\geqslant a. \end{cases}$$

当 $x \neq a$ 时,有

$$f'(x) = \begin{cases} -\ln 2 \cdot 2^{-x+a}, & x < a, \\ \ln 2 \cdot 2^{x-a}, & x > a. \end{cases}$$

下面用导函数在点 $x = a$ 处的左、右极限确定该点处的左、右导数. 因为

$$f'_-(a) = \lim_{x \to a^-} f'(x) = \lim_{x \to a^-} (-\ln 2 \cdot 2^{-x+a}) = -\ln 2,$$

$$f'_+(a) = \lim_{x \to a^+} f'(x) = \lim_{x \to a^+} \ln 2 \cdot 2^{x-a} = \ln 2,$$

即 $f'_-(a) \neq f'_+(a)$,所以 $f(x)$ 在点 $x = a$ 处不可导.

综上可得

$$f'(x) = \begin{cases} -\ln 2 \cdot 2^{-x+a}, & x < a, \\ \ln 2 \cdot 2^{x-a}, & x > a. \end{cases}$$

注　含绝对值的函数去掉绝对值符号后也是分段函数,需按照分段函数求导数的方法处理.

例 2　设函数 $f(x) = \begin{cases} \dfrac{x}{1 + \mathrm{e}^{\frac{1}{x}}}, & x \neq 0, \\ 0, & x = 0, \end{cases}$　试证:$f(x)$ 在点 $x = 0$ 处连续,但不可导.

证　由于 $\lim\limits_{x \to 0^+} \mathrm{e}^{\frac{1}{x}} = +\infty$, $\lim\limits_{x \to 0^-} \mathrm{e}^{\frac{1}{x}} = 0$,所以

$$\lim_{x \to 0^+} f(x) = \lim_{x \to 0^+} \frac{x}{1 + \mathrm{e}^{\frac{1}{x}}} = 0, \quad \lim_{x \to 0^-} f(x) = \lim_{x \to 0^-} \frac{x}{1 + \mathrm{e}^{\frac{1}{x}}} = 0,$$

即 $f(0^+) = f(0^-) = f(0) = 0$,故 $f(x)$ 在点 $x = 0$ 处连续. 又因为

$$f'_+(0) = \lim_{x \to 0^+} \frac{f(x) - f(0)}{x - 0} = \lim_{x \to 0^+} \frac{\frac{x}{1 + \mathrm{e}^{\frac{1}{x}}}}{x} = \lim_{x \to 0^+} \frac{1}{1 + \mathrm{e}^{\frac{1}{x}}} = 0,$$

$$f'_-(0) = \lim_{x \to 0^-} \frac{f(x) - f(0)}{x - 0} = \lim_{x \to 0^-} \frac{\frac{x}{1 + \mathrm{e}^{\frac{1}{x}}}}{x} = \lim_{x \to 0^-} \frac{1}{1 + \mathrm{e}^{\frac{1}{x}}} = 1,$$

即 $f'_+(0) \neq f'_-(0)$,所以 $f(x)$ 在点 $x = 0$ 处不可导.

注　求定义域分为若干部分的函数(不一定为分段函数)的导数时,在各段的开区间内,通常用初等函数求导数的方法求其导数;分段点处的导数则需根据导数的定义或函数可导的充要条件来求[在分段点两侧表达式不同时,需用左、右导数的定义及函数可导的充要条件来完成;在分段点两侧表达式相同时,常用导数的定义来完成,但对于含有 $\mathrm{e}^{\frac{1}{x}}$, $\arctan \dfrac{1}{x}$

$(x \to 0)$ 等的表达式,仍需借助左、右导数来完成$\Big]$.

例 3 已知函数 $f(x) = |x - a| g(x)$,其中函数 $g(x)$ 在点 $x = a$ 处连续,试证:

(1) 若 $g(a) = 0$,则 $f(x)$ 在点 $x = a$ 处可导;

(2) 若 $g(a) \neq 0$,则 $f(x)$ 在点 $x = a$ 处不可导.

证 把 $f(x)$ 改写为分段函数

$$f(x) = \begin{cases} (x - a) g(x), & x \geqslant a, \\ -(x - a) g(x), & x < a, \end{cases}$$

于是

$$f'_+(a) = \lim_{x \to a^+} \frac{f(x) - f(a)}{x - a} = \lim_{x \to a^+} \frac{(x - a) g(x)}{x - a} = g(a),$$

$$f'_-(a) = \lim_{x \to a^-} \frac{f(x) - f(a)}{x - a} = \lim_{x \to a^-} \frac{-(x - a) g(x)}{x - a} = -g(a).$$

(1) 当 $g(a) = 0$ 时,$f'_+(a) = f'_-(a)$,所以 $f(x)$ 在点 $x = a$ 处可导,且 $f'(a) = 0$;

(2) 当 $g(a) \neq 0$ 时,$f'_+(a) \neq f'_-(a)$,所以 $f(x)$ 在点 $x = a$ 处不可导.

例 4 函数 $f(x) = (x^2 - x - 2) |x^3 - x|$ 的不可导点个数是( ).

(A) 3   (B) 2   (C) 1   (D) 0

解 由于 $f(x) = (x - 2)(x + 1) |x| \cdot |x - 1| \cdot |x + 1|$

$$= (x - 2) |x| \cdot |x - 1| \cdot \big[(x + 1) |x + 1|\big],$$

又由函数可导的充要条件知 $|x|, |x - 1|$ 分别在点 $x = 0, x = 1$ 处不可导,再由例 3 知 $(x + 1) |x + 1|$ 在点 $x = -1$ 处可导,所以 $f(x)$ 的不可导点个数是 2. 故应选(B).

例 5 设函数 $f(x)$ 在点 $x = a$ 处可导,证明:

(1) 若 $f(a) \neq 0$,则 $|f(x)|$ 在点 $x = a$ 处可导;

(2) 若 $f(a) = 0$,则 $|f(x)|$ 在点 $x = a$ 处可导的充要条件为 $f'(a) = 0$.

证 (1) 已知 $f(x)$ 在点 $x = a$ 处可导,所以 $f(x)$ 在点 $x = a$ 处连续,即 $\lim_{x \to a} f(x) = f(a)$. 若 $f(a) \neq 0$,则由函数极限的局部保号性知:

① 当 $f(a) > 0$ 时,存在点 $x = a$ 的某个邻域 $U(a)$,使得当 $x \in U(a)$ 时,有 $f(x) > 0$,故

$$\lim_{x \to a} \frac{|f(x)| - |f(a)|}{x - a} = \lim_{x \to a} \frac{f(x) - f(a)}{x - a} = f'(a),$$

从而 $|f(x)|$ 在点 $x = a$ 处可导,且 $(|f(x)|)' |_{x=a} = f'(a)$.

② 当 $f(a) < 0$ 时,存在点 $x = a$ 的某个邻域 $U(a)$,使得当 $x \in U(a)$ 时,有 $f(x) < 0$,故

$$\lim_{x \to a} \frac{|f(x)| - |f(a)|}{x - a} = \lim_{x \to a} \frac{-f(x) - [-f(a)]}{x - a} = -\lim_{x \to a} \frac{f(x) - f(a)}{x - a} = -f'(a),$$

从而 $|f(x)|$ 在点 $x = a$ 处可导,且 $(|f(x)|)' |_{x=a} = -f'(a)$.

第二章   导数与微分

(2) **必要性**   设 $f(a)=0$. 如果 $|f(x)|$ 在点 $x=a$ 处可导,则由导数的定义知极限

$$\lim_{x \to a} \frac{|f(x)|-|f(a)|}{x-a} = \lim_{x \to a} \frac{|f(x)|}{x-a}$$

存在,即 $\lim\limits_{x \to a^+} \dfrac{|f(x)|}{x-a}$, $\lim\limits_{x \to a^-} \dfrac{|f(x)|}{x-a}$ 存在且相等. 而前者大于或等于零,后者小于或等于零,

故有 $\lim\limits_{x \to a} \dfrac{|f(x)|}{x-a}=0$,所以 $\lim\limits_{x \to a}\left|\dfrac{f(x)-f(a)}{x-a}\right|=0$,从而推得

$$\lim_{x \to a} \frac{f(x)-f(a)}{x-a}=0, \quad \text{即} \quad f'(a)=0.$$

充分性   如果 $f'(a)=0$,那么由 $f'(a)=\lim\limits_{x \to a}\dfrac{f(x)-f(a)}{x-a}=0$ 得 $\lim\limits_{x \to a}\left|\dfrac{f(x)-f(a)}{x-a}\right|=$

0. 又 $f(a)=0$,因而有

$$\lim_{x \to a}\frac{|f(x)|}{x-a}=0, \quad \text{即} \quad \lim_{x \to a}\frac{|f(x)|-|f(a)|}{x-a}=0,$$

故 $|f(x)|$ 在点 $x=a$ 处可导,且 $(|f(x)|)'|_{x=a}=0$.

例 6   设函数 $f(x)=\left|(x-1)^2(x+1)^3\right|$,求 $f'(x)$.

解   把 $f(x)$ 化为

$$f(x)=\begin{cases}(x-1)^2(x+1)^3, & x \geqslant -1, \\ -(x-1)^2(x+1)^3, & x < -1.\end{cases}$$

当 $x>-1$ 时,$f'(x)=2(x-1)(x+1)^3+(x-1)^2 \cdot 3(x+1)^2=(x-1)(x+1)^2(5x-1)$;
当 $x<-1$ 时,$f'(x)=-(x-1)(x+1)^2(5x-1)$.

在分段点 $x=-1$ 处,因

$$f'_+(-1)=\lim_{x \to -1^+}\frac{f(x)-f(-1)}{x+1}=\lim_{x \to -1^+}\frac{(x-1)^2(x+1)^3}{x+1}=0,$$

$$f'_-(-1)=\lim_{x \to -1^-}\frac{f(x)-f(-1)}{x+1}=\lim_{x \to -1^-}\frac{-(x-1)^2(x+1)^3}{x+1}=0,$$

故 $f'(-1)=0$. 于是

$$f'(x)=\begin{cases}(x-1)(x+1)^2(5x-1), & x \geqslant -1, \\ -(x-1)(x+1)^2(5x-1), & x < -1.\end{cases}$$

注   对于含有绝对值符号或最值符号(max 和 min)的函数,讨论其导数时,应先去掉绝对值符号或最值符号,将其表示为分段函数,然后按照例 2 后面注中的方法来处理.

例 7   函数 $f(x)=\lim\limits_{n \to \infty}\sqrt[n]{1+|x|^{3n}}$ 在区间 $(-\infty,+\infty)$ 内(   ).

(A) 处处可导   (B) 恰有一个不可导点

(C) 恰有两个不可导点   (D) 至少有三个不可导点

解 先求极限.分三种情况求之：$|x|<1$，$|x|=1$，$|x|>1$.

当 $|x|<1$ 时，因为 $1\leqslant \sqrt[n]{1+|x|^{3n}}<\sqrt[n]{2}$，所以 $f(x)=\lim\limits_{n\to\infty}\sqrt[n]{1+|x|^{3n}}=1$；

当 $|x|=1$ 时，$f(x)=\lim\limits_{n\to\infty}\sqrt[n]{1+|x|^{3n}}=\lim\limits_{n\to\infty}2^{\frac{1}{n}}=1$；

当 $|x|>1$ 时，因为 $|x|^3=\sqrt[n]{|x|^{3n}}\leqslant\sqrt[n]{1+|x|^{3n}}<\sqrt[n]{2|x|^{3n}}=2^{\frac{1}{n}}|x|^3$，所以

$$f(x)=\lim\limits_{n\to\infty}\sqrt[n]{1+|x|^{3n}}=|x|^3.$$

综上可得

$$f(x)=\begin{cases}1, & |x|\leqslant 1,\\ |x|^3, & |x|>1.\end{cases}$$

在分段点 $x=-1$ 处，有

$$f_-'(-1)=\lim\limits_{x\to-1^-}\frac{f(x)-f(-1)}{x-(-1)}=\lim\limits_{x\to-1^-}\frac{-x^3-1}{x+1}=\lim\limits_{x\to-1^-}[-(x^2-x+1)]=-3,$$

$$f_+'(-1)=\lim\limits_{x\to-1^+}\frac{f(x)-f(-1)}{x-(-1)}=\lim\limits_{x\to-1^+}\frac{1-1}{x+1}=0；$$

在分段点 $x=1$ 处，有

$$f_-'(1)=\lim\limits_{x\to-1^-}\frac{f(x)-f(1)}{x-1}=\lim\limits_{x\to1^-}\frac{1-1}{x-1}=0,$$

$$f_+'(1)=\lim\limits_{x\to-1^+}\frac{f(x)-f(1)}{x-1}=\lim\limits_{x\to1^+}\frac{x^3-1}{x-1}=\lim\limits_{x\to1^+}(x^2+x+1)=3.$$

所以，$f(x)$ 在分段点 $x=\pm1$ 处不可导.显然，除了分段点外，$f(x)$ 处处可导，从而它恰有两个不可导点.故应选(C).

注 关于含极限的函数的可导性讨论，应先求出此极限，得到 $f(x)$ 的表达式，再应用例 2 后面注中的方法处理.

例 8 设函数 $f(x)=g(a+bx)-g(a-bx)$，其中 a,b 为常数，$b\neq0$，函数 $g(x)$ 在区间 $(-\infty,+\infty)$ 内有定义，且在点 $x=a$ 处可导，求 $f'(0)$.

解 $f'(0)=\lim\limits_{x\to0}\dfrac{f(x)-f(0)}{x-0}=\lim\limits_{x\to0}\dfrac{g(a+bx)-g(a-bx)}{x}$

$=\lim\limits_{x\to0}\dfrac{[g(a+bx)-g(a)]-[g(a-bx)-g(a)]}{x}$

$=\lim\limits_{x\to0}\dfrac{g(a+bx)-g(a)}{bx}\cdot b+\lim\limits_{x\to0}\dfrac{g(a-bx)-g(a)}{-bx}\cdot b$

$=2bg'(a).$

例 9 设非零的 x,y 满足关系式 $f(xy)=f(x)+f(y)$，且 $f'(1)=a$，证明：当 $x\neq0$

时,$f'(x)=\dfrac{a}{x}$.

证 在已知关系式 $f(xy)=f(x)+f(y)$ 中取 $x=y=1$,立即得 $f(1)=0$.根据导数的定义,得

$$
\begin{aligned}
f'(x) &= \lim_{h \to 0} \frac{f(x+h)-f(x)}{h} = \lim_{h \to 0} \frac{f\left[x\left(1+\dfrac{h}{x}\right)\right]-f(x)}{h} \\
&= \lim_{h \to 0} \frac{f(x)+f\left(1+\dfrac{h}{x}\right)-f(x)}{h} = \lim_{h \to 0} \frac{f\left(1+\dfrac{h}{x}\right)}{h} \\
&= \lim_{h \to 0} \frac{f\left(1+\dfrac{h}{x}\right)-f(1)}{\dfrac{h}{x} \cdot x} = \frac{f'(1)}{x} = \frac{a}{x}.
\end{aligned}
$$

注 关于抽象函数(无具体表达式的函数)求导数的问题,因为不知它在任一点是否可导,所以不能用求导法则,只能用导数的定义来处理(如例 8).另外,对于抽象函数导数的表达式,也常常用导数的定义来求:先利用已知关系式求出抽象函数在某点处的函数值,再借助导数的定义求其导数的表达式(如例 9).

二、已知某个函数可导,求相关的极限或确定常数

例 10 已知函数 $f(x)$ 满足 $f'(x_0)=-1$,则 $\lim\limits_{x \to 0} \dfrac{x}{f(x_0-2x)-f(x_0-x)}=$ _____.

解
$$
\begin{aligned}
\lim_{x \to 0} \frac{x}{f(x_0-2x)-f(x_0-x)} &= \lim_{x \to 0} \frac{1}{\dfrac{f(x_0-2x)-f(x_0-x)}{x}} \\
&= \lim_{x \to 0} \frac{1}{\dfrac{[f(x_0-2x)-f(x_0)]-[f(x_0-x)-f(x_0)]}{x}} \\
&= \lim_{x \to 0} \frac{1}{\dfrac{f(x_0-2x)-f(x_0)}{-2x} \cdot (-2)+\dfrac{f(x_0-x)-f(x_0)}{-x}} \\
&= \frac{1}{\lim\limits_{x \to 0} \dfrac{f(x_0-2x)-f(x_0)}{-2x} \cdot (-2)+\lim\limits_{x \to 0} \dfrac{f(x_0-x)-f(x_0)}{-x}} \\
&= \frac{1}{-2f'(x_0)+f'(x_0)} = -\frac{1}{f'(x_0)} = 1.
\end{aligned}
$$

例 11 设函数 $f(x)$ 满足 $f(0)=1$,$f'(0)=-2$,计算下列极限:

(1) $\lim\limits_{x \to 1} \dfrac{f(\ln x)-1}{1-x}$;　　　　　　(2) $\lim\limits_{x \to 0} \dfrac{\mathrm{e}^x f(x)-1}{x}$.

解　(1) 易知,当 $x \to 1$ 时,$\ln x \to 0$,所以 $\ln x = \ln[1+(x-1)] \sim x-1$. 因此

$$\lim_{x \to 1} \frac{f(\ln x)-1}{1-x} = -\lim_{x \to 1} \frac{f(\ln x)-1}{x-1} = -\lim_{x \to 1} \frac{f(\ln x)-1}{\ln x}$$

$$= -\lim_{x \to 1} \frac{f(0+\ln x)-f(0)}{\ln x} = -f'(0) = 2.$$

(2) 由于 $\mathrm{e}^x f(x)-1 = \mathrm{e}^x[f(x)-1]+\mathrm{e}^x-1$,又 $f(0)=1$,所以由导数的定义得

$$\lim_{x \to 0} \frac{\mathrm{e}^x f(x)-1}{x} = \lim_{x \to 0} \frac{\mathrm{e}^x[f(x)-1]}{x} + \lim_{x \to 0} \frac{\mathrm{e}^x-1}{x} = \lim_{x \to 0} \mathrm{e}^x \frac{f(x)-f(0)}{x}+1$$

$$= f'(0)+1 = -1.$$

例 12　设函数 $f(x)$ 可导,且 $f(x)>0$,试计算极限 $\lim\limits_{n \to \infty}\left[\dfrac{f\left(a+\dfrac{1}{n}\right)}{f(a)}\right]^n$（$a$ 为常数）.

解　因 $\lim\limits_{n \to \infty}\left[\dfrac{f\left(a+\dfrac{1}{n}\right)}{f(a)}\right]^n = \mathrm{e}^{\lim\limits_{n \to \infty} n\left[\ln f\left(a+\frac{1}{n}\right)-\ln f(a)\right]}$,而

$$\lim_{n \to \infty} n\left[\ln f\left(a+\frac{1}{n}\right)-\ln f(a)\right] = \lim_{n \to \infty} \frac{\ln f\left(a+\dfrac{1}{n}\right)-\ln f(a)}{\dfrac{1}{n}}$$

$$= [\ln f(x)]' \Big|_{x=a} = \frac{f'(x)}{f(x)} \Big|_{x=a} = \frac{f'(a)}{f(a)},$$

故

$$\lim_{n \to \infty}\left[\frac{f\left(a+\dfrac{1}{n}\right)}{f(a)}\right]^n = \mathrm{e}^{\frac{f'(a)}{f(a)}}.$$

注　在利用导数的定义求极限的过程中,常常利用下面的结论:

$$f'(x_0) = \lim_{\varphi(\Delta x) \to 0} \frac{f[x_0+\varphi(\Delta x)]-f(x_0)}{\varphi(\Delta x)}.$$

例 13　试确定常数 a,b,使函数 $f(x) = \lim\limits_{n \to \infty} \dfrac{x^2 \mathrm{e}^{n(x-1)}+ax+b}{1+\mathrm{e}^{n(x-1)}}$ 可导,并求出 $f'(x)$.

解　先分 $x>1$,$x=1$,$x<1$ 三种情况求出极限,导出 $f(x)$ 的表达式,再由 $f(x)$ 的可导性求 a,b.

当 $x>1$ 时,因为 $\lim\limits_{n \to \infty} \mathrm{e}^{n(x-1)} = +\infty$,所以 $f(x) = \lim\limits_{n \to \infty} \dfrac{x^2 \mathrm{e}^{n(x-1)}+ax+b}{1+\mathrm{e}^{n(x-1)}} = x^2$;

当 $x=1$ 时,$f(1) = \dfrac{1}{2}(a+b+1)$;

当 $x<1$ 时,由 $\lim\limits_{n\to\infty}\mathrm{e}^{n(x-1)}=0$ 得 $f(x)=ax+b$.

综上可得

$$f(x)=\begin{cases}x^2, & x>1,\\[2mm]\dfrac{1}{2}(a+b+1), & x=1,\\[2mm]ax+b, & x<1.\end{cases}$$

由题设有 $f(1^+)=f(1^-)=f(1)$,即

$$1=a+b=\frac{1}{2}(a+b+1), \quad 得 \quad a+b=1.$$

又因 $f'_+(1)=f'_-(1)$,故

$$\lim_{x\to1^+}\frac{x^2-1}{x-1}=2=\lim_{x\to1^-}\frac{ax+b-1}{x-1},$$

从而解得 $a=2,b=-1$. 因此,当 $a=2,b=-1$ 时,$f(x)$ 可导,且 $f'(1)=2$. 此时,有

$$f'(x)=\begin{cases}2x, & x\geqslant1,\\ 2, & x<1.\end{cases}$$

注　对于"已知函数 $f(x)$ 可导或在点 x_0 处可导,求 $f(x)$ 的表达式中的待定常数"这样的问题,一般用导数的定义或函数可导的充要条件来求解.

三、已知某个极限,求函数在某点处的导数

例 14　设函数 $f(x)$ 在点 $x=a$ 处连续,且 $\lim\limits_{x\to a}\dfrac{f(x)}{x-a}=b$（$b$ 为常数）,求 $f'(a)$.

解　先利用 $f(x)$ 在点 $x=a$ 处连续求 $f(a)$:

$$f(a)=\lim_{x\to a}f(x)=\lim_{x\to a}\frac{f(x)}{x-a}(x-a)=\lim_{x\to a}\frac{f(x)}{x-a}\cdot\lim_{x\to a}(x-a)=0;$$

再求 $f'(a)$:

$$f'(a)=\lim_{x\to a}\frac{f(x)-f(a)}{x-a}=\lim_{x\to a}\frac{f(x)}{x-a}=b.$$

例 15　设函数 $f(x)$ 在点 $x=0$ 处二阶可导,且 $\lim\limits_{x\to0}\dfrac{f(x)}{1-\cos x}=A$（$A$ 为常数）,求 $f(0)$, $f'(0)$.

解　由于 $f(x)$ 在点 $x=0$ 处二阶可导,所以 $f(x)$ 在点 $x=0$ 处一阶可导,从而 $f(x)$ 在点 $x=0$ 处连续. 于是

$$f(0)=\lim_{x\to0}f(x)=\lim_{x\to0}\frac{f(x)}{1-\cos x}(1-\cos x)=\lim_{x\to0}\frac{f(x)}{1-\cos x}\cdot\lim_{x\to0}(1-\cos x)=0.$$

再利用导数的定义,得

$$f'(0) = \lim_{x \to 0} \frac{f(x) - f(0)}{x - 0} = \lim_{x \to 0} \frac{f(x)}{x} = \lim_{x \to 0} \frac{f(x)}{1 - \cos x} \cdot \lim_{x \to 0} \frac{1 - \cos x}{x} = 0.$$

注 对于"已知某个极限,求函数 $f(x)$ 在点 x_0 处的导数 $f'(x_0)$"这样的问题,常常先将 $f'(x_0)$ 的表达式写出来,把 $f'(x_0)$ 化为一个极限,再利用已知极限求出 $f'(x_0)$.

四、关于导数存在的充要条件的讨论

例 16 设函数 $f(x)$ 可导,函数 $F(x) = f(x)(1 + |\sin x|)$,则 $f(0) = 0$ 是 $F(x)$ 在点 $x = 0$ 处可导的( ).

(A) 充要条件　　　　　　　　(B) 充分但非必要条件

(C) 必要但非充分条件　　　　(D) 既非充分又非必要条件

解
$$F'_+(0) = \lim_{x \to 0^+} \frac{F(x) - F(0)}{x - 0} = \lim_{x \to 0^+} \frac{f(x)(1 + \sin x) - f(0)}{x}$$

$$= \lim_{x \to 0^+} \left[\frac{f(x) - f(0)}{x} + f(x) \frac{\sin x}{x} \right] = f'(0) + f(0),$$

$$F'_-(0) = \lim_{x \to 0^-} \frac{F(x) - F(0)}{x - 0} = \lim_{x \to 0^+} \frac{f(x)(1 - \sin x) - f(0)}{x}$$

$$= \lim_{x \to 0^-} \left[\frac{f(x) - f(0)}{x} - f(x) \frac{\sin x}{x} \right] = f'(0) - f(0).$$

由 $F(x)$ 在点 $x = 0$ 处可导的充要条件 $F'_+(0) = F'_-(0)$ 得

$$f'(0) + f(0) = f'(0) - f(0), \quad 即 \quad f(0) = 0,$$

故本题的正确选项为(A).

五、函数导数与微分的计算

例 17 已知函数 $y = f\left(\dfrac{3x+3}{2x-3}\right)$,且 $f'(x) = \arctan x^2$,求导数 $\dfrac{dy}{dx}\bigg|_{x=0}$.

解 令 $\dfrac{3x+3}{2x-3} = u$,则 $y = f(u)$. 于是

$$\frac{dy}{dx} = \frac{df}{du} \cdot \frac{du}{dx} = f'(u)\left(\frac{3x+3}{2x-3}\right)' = \arctan u^2 \frac{-15}{(2x-3)^2}$$

$$= -\frac{15}{(2x-3)^2} \arctan\left(\frac{3x+3}{2x-3}\right)^2,$$

$$\frac{dy}{dx}\bigg|_{x=0} = -\frac{15}{9} \arctan 1 = -\frac{5\pi}{12}.$$

例 18　设函数 $f(x)$ 在点 $x=1$ 处有连续的导数，且 $f'(1)=2$，求极限 $\lim\limits_{x\to 1^+}\dfrac{\mathrm{d}}{\mathrm{d}x}f(\cos\sqrt{x-1})$.

解　由于

$$\frac{\mathrm{d}}{\mathrm{d}x}f(\cos\sqrt{x-1})=f'(\cos\sqrt{x-1})(-\sin\sqrt{x-1})\frac{1}{2\sqrt{x-1}},$$

所以

$$\lim_{x\to 1^+}\frac{\mathrm{d}}{\mathrm{d}x}f(\cos\sqrt{x-1})=\lim_{x\to 1^+}f'(\cos\sqrt{x-1})\frac{-\sin\sqrt{x-1}}{2\sqrt{x-1}}=f'(1)\left(-\frac{1}{2}\right)=-1.$$

第三章

微分中值定理与导数的应用

> 本章继续讨论一元函数微分学的内容.微分中值定理是指微分学中的中值定理,它们是导数应用的理论基础,在应用导数解决各种问题时起着重要作用.本章先介绍微分中值定理(包括罗尔中值定理、拉格朗日中值定理、柯西中值定理等),然后讲述如何利用导数计算函数的极限,研究函数以及曲线的某些性态,并利用这些知识解决一些实际问题.

§3.1 微分中值定理

一、罗尔中值定理

设函数 $f(x)$ 在某个开区间上的图形是一条光滑曲线(这里光滑是指曲线上每一点处都有切线),且这条曲线在此区间内存在局部最高点或最低点(统称为局部最值点),如图 3-1 所示.通过观察会发现如下几何事实:这条曲线在局部最值点 $(x_0, f(x_0))$ 处必存在水平切线,即有 $f'(x_0)=0$.用数学语言把这一几何事实描述出来,就得到下面的费马引理:

费马[①]引理 设函数 $f(x)$ 在点 x_0 的某个邻域 $U(x_0)$ 内有定义,且在点 x_0 处可导.若对于任意的 $x \in U(x_0)$,恒有 $f(x) \leqslant f(x_0)$[或 $f(x) \geqslant f(x_0)$],则有 $f'(x_0)=0$.

证 不妨设对于任意的 $x \in U(x_0)$,有 $f(x) \leqslant f(x_0)$,于是对于 $x_0+\Delta x \in U(x_0)$,总有 $f(x_0+\Delta x) \leqslant f(x_0)$.因此,当 $\Delta x > 0$ 时,有

$$\frac{f(x_0+\Delta x)-f(x_0)}{\Delta x} \leqslant 0;$$

当 $\Delta x < 0$ 时,有

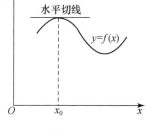

图 3-1

---

① 费马(Fermat, 1601—1665),法国数学家.

$$\frac{f(x_0+\Delta x)-f(x_0)}{\Delta x}\geqslant 0.$$

于是,根据 $f'(x_0)$ 存在与函数极限局部保号性的推论 3 可得

$$f'(x_0)=f'_+(x_0)=\lim_{\Delta x\to 0^+}\frac{f(x_0+\Delta x)-f(x_0)}{\Delta x}\leqslant 0,$$

$$f'(x_0)=f'_-(x_0)=\lim_{\Delta x\to 0^-}\frac{f(x_0+\Delta x)-f(x_0)}{\Delta x}\geqslant 0.$$

而 $f'(x_0)$ 是一个定数,故只有 $f'(x_0)=0$.

同理可证 $f(x)\geqslant f(x_0)$ 的情形.

通常把使函数的导数值为零的点称为函数的**驻点**(或**稳定点、临界点**).

费马引理的几何意义是:若曲线 $y=f(x)$ 在局部最值点 $(x_0,f(x_0))$ 处有切线,则其切线必是水平的(见图 3-1).

罗尔[①]中值定理　设函数 $f(x)$ 满足以下条件:

(1) 在闭区间 $[a,b]$ 上连续;

(2) 在开区间 (a,b) 内可导;

(3) $f(a)=f(b)$,

则在 (a,b) 内至少存在一点 ξ,使得 $f'(\xi)=0$.

证　由已知条件(1)和有界闭区间上连续函数的性质知,$f(x)$ 在 $[a,b]$ 上必取到它的最大值 M 和最小值 m.下面分两种情况来证明.

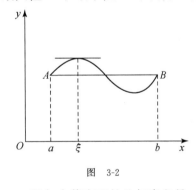

图　3-2

若 $M=m$,则在 $[a,b]$ 上有 $f(x)\equiv M=m$,即在 $[a,b]$ 上 $f(x)$ 恒为常数.因此,在 (a,b) 内有 $f'(x)=0$,于是 (a,b) 内的任一点都可作为 ξ,使得 $f'(\xi)=0$.

若 $M>m$,则由已知条件(3)知,M 与 m 中至少有一个不等于端点的函数值.为确定起见,不妨设 $M\neq f(a)$,因此 $M\neq f(b)$.这样,在 (a,b) 内至少存在一点 ξ,使得 $f(\xi)=M$.因此,对于任意的 $x\in[a,b]$,有 $f(x)\leqslant f(\xi)$.又已知 $f(x)$ 在点 ξ 处可导,于是由费马引理可得

$$f'(\xi)=0.$$

罗尔中值定理的几何意义是:若在连续曲线弧 $\overset{\frown}{AB}$ 上除两个端点外每一点处都有不垂直于 x 轴的切线,且两个端点有相同的纵坐标,则该曲线弧至少有一条切线平行于 x 轴(见图 3-2).

注 1　罗尔中值定理仅从理论上指出使得 $f'(\xi)=0$ 成立的 ξ 是存在的,却没表明 ξ 的具体位置.虽然如此,但这并不减弱罗尔中值定理在微分学中所起的作用.恰恰相反,它对后面两个微分中值定理的证明产生极大的影响.

———————

① 　罗尔(Rolle,1652—1719),法国数学家.

注2 如果罗尔中值定理中的三个条件缺少其中一个,那么结论就可能不成立.例如,从图 3-3 中的四个图形容易看到,都不存在点 ξ,使得 $f'(\xi)=0$.

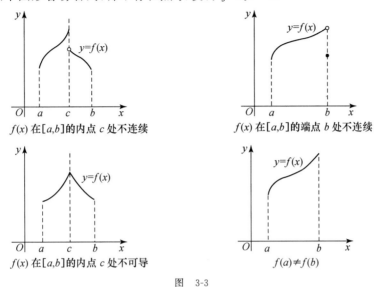

图 3-3

注3 罗尔中值定理的条件是充分的,但不是必要的.也就是说,若罗尔中值定理的三个条件都满足,则结论一定成立,但当这三个条件不全满足(或一个也不满足)时,结论仍然可能成立.这一点可以由图 3-4 看到,其中四个图形均在 (a,b) 内存在点 ξ,使得 $f'(\xi)=0$.

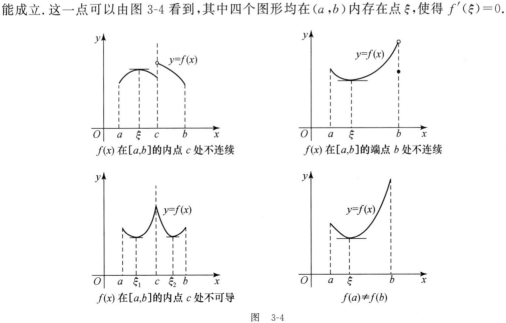

图 3-4

例 1　设函数 $f(x)$ 在闭区间 $[0,1]$ 上连续,在开区间 $(0,1)$ 内可导,且 $f(0)=f(1)=0$,证明:在 $(0,1)$ 内至少存在一点 ξ,使得 $f(\xi)+f'(\xi)=0$.

分析　可将要证的结论改写成 $e^{\xi}[f(\xi)+f'(\xi)]=[e^x f(x)]'|_{x=\xi}=0$,所以考虑引入辅助函数 $F(x)=e^x f(x)$,并对它应用罗尔中值定理.

证　令 $F(x)=e^x f(x)$,则 $F(x)$ 在 $[0,1]$ 上连续,在 $(0,1)$ 内可导,且 $F(0)=F(1)=0$,即 $F(x)$ 在 $[0,1]$ 上满足罗尔中值定理的条件.故存在 $\xi\in(0,1)$,使得

$$F'(\xi)=e^{\xi}[f(\xi)+f'(\xi)]=0,\quad 从而\quad f(\xi)+f'(\xi)=0.$$

二、拉格朗日中值定理

拉格朗日[①]中值定理　设函数 $f(x)$ 满足以下条件:

(1) 在闭区间 $[a,b]$ 上连续;

(2) 在开区间 (a,b) 内可导,

则在 (a,b) 内至少存在一点 ξ,使得

$$f'(\xi)=\frac{f(b)-f(a)}{b-a}. \tag{1}$$

在证明拉格朗日中值定理之前,先看一下其几何意义.如图 3-5 所示,$\dfrac{f(b)-f(a)}{b-a}$ 是曲线弧 $y=f(x)[x\in[a,b]]$ 的端点 A 与 B 连线的斜率,而 $f'(\xi)$ 为该曲线弧在点 M 处的切线斜率.拉格朗日中值定理表明,在满足定理条件的情况下,曲线弧 $y=f(x)[x\in[a,b]]$ 上至少有一点 M,使得该曲线弧在这一点处的切线平行于直线 AB.

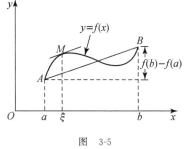

图　3-5

如果在拉格朗日中值定理中增加条件 $f(a)=f(b)$,则拉格朗日中值定理就成为罗尔中值定理,故罗尔中值定理是拉格朗日中值定理的特殊情形.因此,证明拉格朗日中值定理的思路就是构造一个满足罗尔中值定理条件的辅助函数 $\varphi(x)$,然后应用罗尔中值定理给出证明.易见,直线 AB 的方程为

$$y(x)=f(a)+\frac{f(b)-f(a)}{b-a}(x-a),$$

若将函数 $f(x)$ 与 $y(x)$ 相减,构造辅助函数

$$\varphi(x)=f(x)-\left[f(a)+\frac{f(b)-f(a)}{b-a}(x-a)\right], \tag{2}$$

---

① 拉格朗日(Lagrange,1736—1813),法国数学家.

则 $\varphi(x)$ 在 $[a,b]$ 上就满足罗尔中值定理的条件.

证 构造辅助函数(2),易见 $\varphi(x)$ 在 $[a,b]$ 上连续,在 (a,b) 内可导,且 $\varphi(a)=\varphi(b)=0$,于是由罗尔中值定理知,在 (a,b) 内至少有一点 ξ,使得

$$\varphi'(\xi)=f'(\xi)-\frac{f(b)-f(a)}{b-a}=0,$$

故 $$f'(\xi)=\frac{f(b)-f(a)}{b-a} \quad 或 \quad f(b)-f(a)=f'(\xi)(b-a).$$

拉格朗日中值定理精确地描述了函数在一个区间的增量与在这个区间内某点处的导数之间的关系,所以它不仅是用导数的局部性研究函数的整体性的重要工具,而且是沟通函数与其导数之间关系的桥梁.它在理论研究与解决实际问题中有着广泛的应用,是微分学中最重要的定理之一,也是各微分中值定理的核心.因此,有时微分中值定理也特指拉格朗日中值定理,并将(1)式称为**微分中值公式**.

为了应用方便,常常把微分中值公式改写为其他等价的形式.显然,微分中值公式等价于

$$f(b)-f(a)=f'(a+\theta(b-a))(b-a) \quad (0<\theta<1). \tag{3}$$

事实上,因为 $a<\xi<b$,所以 $0<\xi-a<b-a,0<\dfrac{\xi-a}{b-a}<1.$ 令 $\dfrac{\xi-a}{b-a}=\theta$ $(0<\theta<1)$,即有 $\xi=a+\theta(b-a)$,故得(3)式.

若取 $a=x,b=x+\Delta x,b-a=\Delta x$,则微分中值公式又可写成

$$f(x+\Delta x)-f(x)=f'(x+\theta\Delta x)\Delta x \tag{4}$$

或 $$\Delta y=f'(x+\theta\Delta x)\Delta x \quad (0<\theta<1).$$

显然,它是有限函数增量的精确表达式,因此拉格朗日中值定理也称为**有限增量定理**.而微分 $\mathrm{d}y=f'(x)\Delta x$ 却是当 $|\Delta x|$ 很小时函数增量 Δy 的近似表达式.

应用拉格朗日中值定理可以得到下面两个重要推论,它们在积分学中是很有用的.

推论 1 设函数 $f(x)$ 在开区间 (a,b) 内可导,则在 (a,b) 内,$f(x)\equiv C$ (C 为常数)的充要条件是 $f'(x)\equiv 0$.

证 必要性 显然,若在 (a,b) 内有 $f(x)\equiv C$,则有 $f'(x)\equiv 0$.于是,必要性得证.

充分性 设 x_1,x_2 是 (a,b) 内任意两点,且 $x_1<x_2$,则 $f(x)$ 在闭区间 $[x_1,x_2]$ 上满足拉格朗日中值定理的条件,故在开区间 (x_1,x_2) 内至少存在一点 ξ,使得

$$f(x_2)-f(x_1)=f'(\xi)(x_2-x_1).$$

由假设知 $f'(\xi)=0$,于是 $f(x_1)=f(x_2)$.这说明,在 (a,b) 内任意两点的函数值都相等.所以,$f(x)$ 在 (a,b) 内恒为一个常数,即 $f(x)\equiv C$(C 为常数).

推论 2 设函数 $f(x),g(x)$ 在开区间 (a,b) 内可导,且 $f'(x)\equiv g'(x)$,则在 (a,b) 内 $f(x)$ 与 $g(x)$ 至多相差一个常数,也就是说 $f(x)\equiv g(x)+C$(C 为常数).

证 从已知条件可知,在 (a,b) 内有 $[f(x)-g(x)]'\equiv 0$,所以利用推论 1 得,在 (a,b) 内有

$$f(x)-g(x)\equiv C, \quad 即 \quad f(x)\equiv g(x)+C \quad (C\ 为常数).$$

注　在推论 1 和推论 2 中,若把(a,b)改为其他各种区间(含无限区间),结论仍然成立.

例 2　证明:在区间$[-1,1]$上恒有等式

$$\arcsin x+\arccos x=\frac{\pi}{2}.$$

证　由于在$(-1,1)$内有$(\arcsin x+\arccos x)'\equiv 0$,所以由推论 1 可得,在$(-1,1)$内恒有等式

$$\arcsin x+\arccos x=C \quad (C\ 为常数).$$

令$x=0$,得$C=\frac{\pi}{2}$,故在$(-1,1)$内恒有等式

$$\arcsin x+\arccos x=\frac{\pi}{2}.$$

又因为$\arcsin x+\arccos x$在$[-1,1]$上连续,所以这个等式在$[-1,1]$上也恒成立.

拉格朗日中值定理不仅可以用来证明等式,还可以用来证明不等式,这也是它的一个重要应用.在用它来证明不等式时,解题过程如下:先由拉格朗日中值定理得

$$f(b)-f(a)=f'(\xi)(b-a) \quad (a<\xi<b).$$

再根据不等式证明的需要,选用以下两种依据之一,进而就能推出欲证的不等式:

(1) 若在$[a,b]$上有$|f'(x)|\leqslant M\ (M>0)$,则

$$|f(b)-f(a)|\leqslant M(b-a);$$

(2) 若在$[a,b]$上有$m\leqslant f'(x)\leqslant M$(一般地,常数$m,M$与$a$或$b$有关),则

$$m(b-a)\leqslant f(b)-f(a)\leqslant M(b-a).$$

例 3　证明下列不等式:

(1) $|\sin x-\sin y|\leqslant|x-y|$;

(2) 当$a>b>0,n>1$时,$nb^{n-1}(a-b)<a^n-b^n<na^{n-1}(a-b)$.

证　(1) 当$x=y$时,结论显然成立.设$x\neq y$.令$f(t)=\sin t$,易知它在以x与y为端点的闭区间上满足拉格朗日中值定理的条件,故有

$$\sin x-\sin y=\cos\xi\cdot(x-y) \quad (\xi\ 在\ x\ 与\ y\ 之间).$$

因为$|\cos\xi|\leqslant 1$,所以

$$|\sin x-\sin y|\leqslant|x-y|.$$

(2) 令$f(x)=x^n(n>1)$,则$f(x)$在$[b,a]$上连续,在(b,a)内可导.由拉格朗日中值定理知,在(b,a)内至少存在一点ξ,使得

$$a^n-b^n=n\xi^{n-1}(a-b).$$

因为$b<\xi<a,n>1$,所以$nb^{n-1}(a-b)<n\xi^{n-1}(a-b)<na^{n-1}(a-b)$.故

$$nb^{n-1}(a-b)<a^n-b^n<na^{n-1}(a-b).$$

三、柯西中值定理

柯西[①]**中值定理**　设函数 $f(x)$，$g(x)$ 满足以下条件：

(1) 在闭区间 $[a,b]$ 上连续；

(2) 在开区间 (a,b) 内可导；

(3) 在 (a,b) 内，$g'(x)\neq 0$，

则在 (a,b) 中至少有一点 ξ，使得

$$\frac{f(b)-f(a)}{g(b)-g(a)}=\frac{f'(\xi)}{g'(\xi)}.$$

证　可将定理结论改写为 $f'(\xi)[g(b)-g(a)]-g'(\xi)[f(b)-f(a)]=0$，即

$$\{f(x)[g(b)-g(a)]-g(x)[f(b)-f(a)]\}'|_{x=\xi}=0,$$

故构造辅助函数

$$\varphi(x)=f(x)[g(b)-g(a)]-g(x)[f(b)-f(a)].$$

显然，$\varphi(x)$ 在 $[a,b]$ 上连续，在 (a,b) 内可导，且 $\varphi(a)=f(a)g(b)-f(b)g(a)=\varphi(b)$，于是根据罗尔中值定理，在 (a,b) 内至少存在一点 ξ，使得

$$\varphi'(\xi)=f'(\xi)[g(b)-g(a)]-g'(\xi)[f(b)-f(a)]=0,$$

即

$$\frac{f(b)-f(a)}{g(b)-g(a)}=\frac{f'(\xi)}{g'(\xi)}.$$

不难看出，在柯西中值定理中，若 $g(x)=x$，则

$$g'(x)=1,\quad g(a)=a,\quad g(b)=b,\quad g(b)-g(a)=b-a,$$

因而柯西中值定理就化为拉格朗日中值定理. 由此可见，柯西中值定理是拉格朗日中值定理的推广，而拉格朗日中值定理是柯西中值定理的特殊情形.

习　题　3.1

1. 设函数 $f(x)=x(x-1)(x-3)(x-5)$，不求导数，说明方程 $f'(x)=0$ 有几个实根，并指出它们所在的区间.

2. 若函数 $f(x)$ 在区间 (a,b) 内具有二阶导数，且 $f(x_1)=f(x_2)=f(x_3)$，其中 $a<x_1<x_2<x_3<b$，证明：在区间 (x_1,x_3) 内至少存在一点 ξ，使得 $f''(\xi)=0$.

3. 设函数 $f(x)$ 在闭区间 $[0,a]\,(a>0)$ 上连续，在开区间 $(0,a)$ 内可导，且 $f(a)=0$，证明：至少存在一点 $\xi\in(0,a)$，使得

$$f(\xi)+\xi f'(\xi)=0.$$

4. 设 $a_0+\dfrac{1}{2}a_1+\cdots+\dfrac{1}{n+1}a_n=0$，其中 $a_i(i=0,1,\cdots,n)$ 是不全为零的常数，证明：多

---

① 柯西(Cauchy,1789—1857)，法国数学家.

项式 $f(x)=a_0+a_1x+\cdots+a_nx^n$ 在区间$(0,1)$内至少有一个零点.

5. 证明下列等式：

(1) $\arctan x+\operatorname{arccot} x=\dfrac{\pi}{2}$；   (2) $\arctan x=\arcsin\dfrac{x}{\sqrt{1+x^2}}$.

6. 证明下列不等式：

(1) $\dfrac{x}{1+x}<\ln(1+x)<x \ (x>0)$；

(2) $\dfrac{b-a}{1+b^2}<\arctan b-\arctan a<\dfrac{b-a}{1+a^2} \ (0<a<b)$；

(3) $\dfrac{b-a}{b}<\ln\dfrac{b}{a}<\dfrac{b-a}{a} \ (0<a<b)$.

7. 证明：方程 $x^3-3x+c=0$ 在区间$(0,1)$内不可能有两个相异的根.

8. 设函数 $f(x),g(x)$ 在闭区间 $[a,b]$ 上连续,在开区间 (a,b) 内可导,证明：在 (a,b) 内至少存在一点 ξ,使得

$$\begin{vmatrix} f(a) & f(b) \\ g(a) & g(b) \end{vmatrix}=(b-a)\begin{vmatrix} f(a) & f'(\xi) \\ g(a) & g'(\xi) \end{vmatrix}.$$

§3.2 洛必达法则

在§1.5中我们曾提到过,如果当 $x\to x_0$(或 $x\to\infty$)时,两个函数 $f(x),g(x)$ 都趋于 0 或都趋于 ∞,这时极限 $\lim\limits_{\substack{x\to x_0 \\ (\text{或}x\to\infty)}}\dfrac{f(x)}{g(x)}$ 可能存在,也可能不存在,通常把这种类型的极限称为**未定式**,并分别用记号"$\dfrac{0}{0}$"或"$\dfrac{\infty}{\infty}$"表示其类型. 例如,$\lim\limits_{x\to 0}\dfrac{\sin x}{x}$,$\lim\limits_{x\to 0^+}\dfrac{\ln\tan 3x}{\ln\tan 2x}$ 分别是 $\dfrac{0}{0}$ 型和 $\dfrac{\infty}{\infty}$ 型未定式. 关于这类极限,即使极限存在,也不能直接用极限的除法运算法则"商的极限等于极限的商"来计算. 然而,若借助柯西中值定理,就能导出一种求未定式极限的简便而有效的方法. 这就是本节将要介绍的洛必达[1]法则.

一、$\dfrac{0}{0}$ 型未定式

洛必达法则 I   设函数 $f(x),g(x)$ 满足以下条件：

(1) $\lim\limits_{x\to x_0}f(x)=0$,$\lim\limits_{x\to x_0}g(x)=0$；

(2) 在 x_0 的某个去心邻域 $\overset{\circ}{U}(x_0)$ 内可导,且 $g'(x)\neq 0$；

---

① 洛必达(L'Hospital,1661—1704),法国数学家.

(3) $\lim\limits_{x \to x_0} \dfrac{f'(x)}{g'(x)} = l$ (l 为常数或 ∞),

则 $$\lim\limits_{x \to x_0} \dfrac{f(x)}{g(x)} = \lim\limits_{x \to x_0} \dfrac{f'(x)}{g'(x)} = l.$$

证 由于 $\lim\limits_{x \to x_0} \dfrac{f(x)}{g(x)}$ 存在与否与 $f(x),g(x)$ 在点 $x = x_0$ 处取何值无关,所以不妨作辅助函数

$$F(x) = \begin{cases} f(x), & x \neq x_0, \\ 0, & x = x_0, \end{cases} \qquad G(x) = \begin{cases} g(x), & x \neq x_0, \\ 0, & x = x_0. \end{cases}$$

设 x 为 $\mathring{U}(x_0)$ 内任一点. 易知,在以 x 与 x_0 为端点的区间 $[x_0, x]$ [或 $[x, x_0]$] 上,$F(x),G(x)$ 满足柯西中值定理的条件,因此在 (x_0, x) [或 (x, x_0)] 内至少存在一点 ξ,使得

$$\frac{F(x) - F(x_0)}{G(x) - G(x_0)} = \frac{F'(\xi)}{G'(\xi)}.$$

由 $F(x),G(x)$ 的定义,上式化为 $\dfrac{f(x)}{g(x)} = \dfrac{f'(\xi)}{g'(\xi)}$. 因为 ξ 在 x 与 x_0 之间,所以当 $x \to x_0$ 时,$\xi \to x_0$. 于是

$$\lim\limits_{x \to x_0} \frac{f(x)}{g(x)} = \lim\limits_{\xi \to x_0} \frac{f'(\xi)}{g'(\xi)} = \lim\limits_{x \to x_0} \frac{f'(x)}{g'(x)} = l.$$

注 1 对于 $x \to x_0^-$,$x \to x_0^+$,$x \to +\infty$,$x \to -\infty$,$x \to \infty$ 情形的 $\dfrac{0}{0}$ 型未定式,也有相应的结论.

注 2 如果 $\lim \dfrac{f'(x)}{g'(x)}$ 仍为 $\dfrac{0}{0}$ 型未定式,而 $f'(x)$ 与 $g'(x)$ 满足洛必达法则 I 的条件,则可继续使用洛必达法则 I,即

$$\lim \frac{f(x)}{g(x)} = \lim \frac{f'(x)}{g'(x)} = \lim \frac{f''(x)}{g''(x)}.$$

以此类推,直到求出极限为止.

注 3 洛必达法则 I 表明,若 $\lim \dfrac{f'(x)}{g'(x)} = l$ (l 为常数或 ∞),则 $\lim \dfrac{f(x)}{g(x)} = l$. 但是,若不能判定 $\dfrac{f'(x)}{g'(x)}$ 的极限状态,或 $\dfrac{f'(x)}{g'(x)}$ 无极限,则洛必达法则 I 失效. 不过此时还不能断言 $\lim \dfrac{f(x)}{g(x)}$ 不存在,而需要考虑用别的方法来讨论该极限.

例 1 求极限 $\lim\limits_{x \to 0} \dfrac{\sin mx}{\sin nx}$ (m,n 为常数,且 $n \neq 0$).

解 由于 $\lim\limits_{x\to 0}\sin mx=0,\lim\limits_{x\to 0}\sin nx=0$，所以所求的极限为 $\dfrac{0}{0}$ 型未定式.应用洛必达法则 I，得

$$\lim_{x\to 0}\frac{\sin mx}{\sin nx}=\lim_{x\to 0}\frac{m\cos mx}{n\cos nx}=\frac{m}{n}.$$

例 2 求极限 $\lim\limits_{x\to 0}\dfrac{\mathrm{e}^{x}-\mathrm{e}^{-x}-2x}{x-\sin x}$.

解 这是 $\dfrac{0}{0}$ 型未定式,连续用三次洛必达法则 I,则有

$$\lim_{x\to 0}\frac{\mathrm{e}^{x}-\mathrm{e}^{-x}-2x}{x-\sin x}=\lim_{x\to 0}\frac{\mathrm{e}^{x}+\mathrm{e}^{-x}-2}{1-\cos x}=\lim_{x\to 0}\frac{\mathrm{e}^{x}-\mathrm{e}^{-x}}{\sin x}=\lim_{x\to 0}\frac{\mathrm{e}^{x}+\mathrm{e}^{-x}}{\cos x}=2.$$

例 3 求极限 $\lim\limits_{x\to +\infty}\dfrac{\ln\left(1+\dfrac{1}{x}\right)}{\text{arc cot}x}$.

解 这是当 $x\to +\infty$ 时的 $\dfrac{0}{0}$ 型未定式.应用洛必达法则 I,得

$$\lim_{x\to +\infty}\frac{\ln\left(1+\dfrac{1}{x}\right)}{\text{arccot}x}=\lim_{x\to +\infty}\frac{\dfrac{1}{1+1/x}\left(-\dfrac{1}{x^{2}}\right)}{-\dfrac{1}{1+x^{2}}}=\lim_{x\to +\infty}\frac{1+x^{2}}{x^{2}+x}=1.$$

例 4 求极限 $\lim\limits_{x\to 0}\dfrac{\sin x}{x^{2}}$.

解 这是 $\dfrac{0}{0}$ 型未定式.由洛必达法则 I 得

$$\lim_{x\to 0}\frac{\sin x}{x^{2}}=\lim_{x\to 0}\frac{\cos x}{2x}=\infty.$$

例 5 求极限 $\lim\limits_{x\to 0}\dfrac{x-\sin x}{\tan x-x}$.

解 这是 $\dfrac{0}{0}$ 型未定式.由洛必达法则 I 得

$$\lim_{x\to 0}\frac{x-\sin x}{\tan x-x}=\lim_{x\to 0}\frac{1-\cos x}{\sec^{2}x-1}=\lim_{x\to 0}\frac{1-\cos x}{\dfrac{1}{\cos^{2}x}-1}=\lim_{x\to 0}\frac{(1-\cos x)\cos^{2}x}{1-\cos^{2}x}=\lim_{x\to 0}\frac{\cos^{2}x}{1+\cos x}=\frac{1}{2}.$$

注 从上面几个例子的解题过程可以看到,分子、分母求导数后要进行化简、整理,再取极限.另外,若存在非零极限的因子,也应该先分出来求极限,并注意把洛必达法则 I 与其他求极限的方法结合使用,这将会使极限的计算大大简化.

例 6 求极限 $\lim\limits_{x\to 1}\dfrac{\sin^3(e^x-e)}{\ln^2(2-x)}$.

解 这是 $\dfrac{0}{0}$ 型未定式. 因为当 $x\to 0$ 时,$\sin x\sim x$,$\ln(1+x)\sim x$,又当 $x\to 1$ 时,$e^x-e\to$ 0,$1-x\to 0$,所以当 $x\to 1$ 时,$\sin(e^x-e)\sim e^x-e$,$\ln(2-x)=\ln[1+(1-x)]\sim 1-x$.

为了简化求极限过程,先应用等价无穷小替换定理,再应用洛必达法则 I,则有

$$\lim_{x\to 1}\frac{\sin^3(e^x-e)}{\ln^2(2-x)}=\lim_{x\to 1}\frac{(e^x-e)^3}{(1-x)^2}=\lim_{x\to 1}\frac{3e^x(e^x-e)^2}{-2(1-x)}=-\frac{3}{2}\lim_{x\to 1}e^x\cdot\lim_{x\to 1}\frac{(e^x-e)^2}{1-x}$$

$$=-\frac{3}{2}e\lim_{x\to 1}\frac{2(e^x-e)e^x}{-1}=\frac{3}{2}e\cdot 0=0.$$

注 例 6 说明,求两个无穷小之比的极限时,利用等价无穷小替换定理可以使计算简化.

例 7 求极限 $\lim\limits_{x\to 1}\dfrac{x^3-3x+2}{x^3-x^2-x+1}$.

解 这是 $\dfrac{0}{0}$ 型未定式.应用两次洛必达法则 I,得

$$\lim_{x\to 1}\frac{x^3-3x+2}{x^3-x^2-x+1}=\lim_{x\to 1}\frac{3x^2-3}{3x^2-2x-1}=\lim_{x\to 1}\frac{6x}{6x-2}=\frac{3}{2}.$$

注 例 7 中的 $\lim\limits_{x\to 1}\dfrac{6x}{6x-2}$ 已不是未定式,绝不能使用洛必达法则 I,否则将导致错误的结果.由此说明,在使用洛必达法则 I 的过程中,必须考查每次使用后所得的极限是不是未定式,若不是未定式,切勿继续使用.

例 8 求极限 $\lim\limits_{x\to 0}\dfrac{x^2\sin\dfrac{1}{x}}{\sin x}$.

解 这虽为 $\dfrac{0}{0}$ 型未定式,但分子、分母分别求导数后却得到 $\lim\limits_{x\to 0}\dfrac{2x\sin\dfrac{1}{x}-\cos\dfrac{1}{x}}{\cos x}$,该极限不存在,因而洛必达法则 I 失效.然而,原极限却是存在的,可用下面的方法直接求出:

$$\lim_{x\to 0}\frac{x^2\sin\dfrac{1}{x}}{\sin x}=\lim_{x\to 0}\frac{x}{\sin x}\cdot\lim_{x\to 0}x\sin\frac{1}{x}=1\cdot 0=0.$$

二、$\dfrac{\infty}{\infty}$ 型未定式

洛必达法则 II 设函数 $f(x)$,$g(x)$ 满足以下条件:

(1) $\lim\limits_{x\to x_0}f(x)=\infty$,$\lim\limits_{x\to x_0}g(x)=\infty$;

(2) 在 x_0 的某个去心邻域 $\mathring{U}(x_0)$ 内可导,且 $g'(x)\neq 0$;

(3) $\lim\limits_{x\to x_0}\dfrac{f'(x)}{g'(x)}=l$ (l 为常数或 ∞),

则

$$\lim\limits_{x\to x_0}\frac{f(x)}{g(x)}=\lim\limits_{x\to x_0}\frac{f'(x)}{g'(x)}=l.$$

洛必达法则 Ⅱ 的证明与洛必达法则 Ⅰ 的证明相仿,且也有类似的三点注释,这里均略去.

例 9　求极限 $\lim\limits_{x\to 0^+}\dfrac{\ln\sin mx}{\ln\sin nx}$ ($m,n>0$).

解　由于 $\lim\limits_{x\to 0^+}\ln\sin mx=\lim\limits_{x\to 0^+}\ln\sin nx=-\infty$,所以这是 $x\to 0^+$ 时的 $\dfrac{\infty}{\infty}$ 型未定式. 由洛必达法则 Ⅱ 有

$$\lim\limits_{x\to 0^+}\frac{\ln\sin mx}{\ln\sin nx}=\lim\limits_{x\to 0^+}\frac{\dfrac{\cos mx}{\sin mx}\cdot m}{\dfrac{\cos nx}{\sin nx}\cdot n}=\frac{m}{n}\cdot\lim\limits_{x\to 0^+}\frac{\cos mx}{\cos nx}\cdot\lim\limits_{x\to 0^+}\frac{\sin nx}{\sin mx}$$

$$=\frac{m}{n}\cdot 1\cdot\lim\limits_{x\to 0^+}\frac{nx}{mx}=\frac{m}{n}\cdot\frac{n}{m}=1.$$

例 10　求极限 $\lim\limits_{x\to +\infty}\dfrac{x^{\alpha}}{\mathrm{e}^{\beta x}}$ ($\alpha,\beta>0$).

解　这是 $\dfrac{\infty}{\infty}$ 型未定式. 当 α 为正整数时,连续应用 α 次洛必达法则 Ⅱ,得

$$\lim\limits_{x\to +\infty}\frac{x^{\alpha}}{\mathrm{e}^{\beta x}}=\lim\limits_{x\to +\infty}\frac{\alpha(\alpha-1)(\alpha-2)\cdots(\alpha-\alpha+1)}{\beta^{\alpha}\mathrm{e}^{\beta x}}=0.$$

当 α 不是正整数时,显然必存在正整数 k,使得 $k-1<\alpha<k$,此时连续应用 k 次洛必达法则 Ⅱ,即得

$$\lim\limits_{x\to +\infty}\frac{x^{\alpha}}{\mathrm{e}^{\beta x}}=\lim\limits_{x\to +\infty}\frac{\alpha(\alpha-1)(\alpha-2)\cdots(\alpha-k+1)x^{\alpha-k}}{\beta^{k}\mathrm{e}^{\beta x}}=0.$$

综上所述,不论 α 是正整数,还是任意正数,都有 $\lim\limits_{x\to +\infty}\dfrac{x^{\alpha}}{\mathrm{e}^{\beta x}}=0.$

例 11　求极限 $\lim\limits_{x\to +\infty}\dfrac{\mathrm{e}^x-\mathrm{e}^{-x}}{\mathrm{e}^x+\mathrm{e}^{-x}}$.

解　这虽为 $\dfrac{\infty}{\infty}$ 型未定式,但如果应用洛必达法则 Ⅱ,则有

$$\lim\limits_{x\to +\infty}\frac{\mathrm{e}^x-\mathrm{e}^{-x}}{\mathrm{e}^x+\mathrm{e}^{-x}}=\lim\limits_{x\to +\infty}\frac{\mathrm{e}^x+\mathrm{e}^{-x}}{\mathrm{e}^x-\mathrm{e}^{-x}}=\lim\limits_{x\to +\infty}\frac{\mathrm{e}^x-\mathrm{e}^{-x}}{\mathrm{e}^x+\mathrm{e}^{-x}}.$$

可见,又循环回到原极限,故对本题洛必达法则 Ⅱ 失效. 然而,若改用下面的方法即可求出极限:

$$\lim_{x \to +\infty} \frac{\mathrm{e}^x - \mathrm{e}^{-x}}{\mathrm{e}^x + \mathrm{e}^{-x}} = \lim_{x \to +\infty} \frac{\mathrm{e}^x - \mathrm{e}^{-x}}{\mathrm{e}^x + \mathrm{e}^{-x}} \cdot \frac{\mathrm{e}^{-x}}{\mathrm{e}^{-x}} = \lim_{x \to +\infty} \frac{1 - \mathrm{e}^{-2x}}{1 + \mathrm{e}^{-2x}} = 1.$$

三、其他未定式

除了上述 $\frac{0}{0}$ 型与 $\frac{\infty}{\infty}$ 型未定式外,还有 $0 \cdot \infty$ 型、$\infty - \infty$ 型、0^0 型、1^∞ 型、∞^0 型未定式. 通过适当变换,这五种未定式的极限问题都可以化为 $\frac{0}{0}$ 型或 $\frac{\infty}{\infty}$ 型未定式的极限问题.

例 12　求极限 $\lim\limits_{x \to 0^+} x^k \ln x \ (k > 0)$.

解　因为 $\lim\limits_{x \to 0^+} x^k = 0$,$\lim\limits_{x \to 0^+} \ln x = -\infty$,所以这是 $0 \cdot \infty$ 型未定式. 若将 $x^k \ln x$ 化为 $\dfrac{\ln x}{x^{-k}}$,原不定式就化为 $\frac{\infty}{\infty}$ 型未定式,故得

$$\lim_{x \to 0^+} x^k \ln x = \lim_{x \to 0^+} \frac{\ln x}{x^{-k}} = \lim_{x \to 0^+} \frac{1/x}{-kx^{-k-1}} = -\lim_{x \to 0^+} \frac{x^k}{k} = 0.$$

注　在例 12 中,若把 $x^k \ln x$ 化为 $\dfrac{x^k}{(\ln x)^{-1}}$,原未定式就化为 $\frac{0}{0}$ 型未定式,对其应用洛必达法则 I 则不能求出结果:

$$\lim_{x \to 0^+} x^k \ln x = \lim_{x \to 0^+} \frac{x^k}{(\ln x)^{-1}} = \lim_{x \to 0^+} \frac{kx^{k-1}}{-\dfrac{1}{(\ln x)^2} \cdot \dfrac{1}{x}} = -\lim_{x \to 0^+} \frac{kx^k}{\dfrac{1}{(\ln x)^2}} = \cdots.$$

由此可见,关于 $0 \cdot \infty$ 型未定式,应根据具体情况适当选择其中一个函数,将其倒数放在分母中,化为 $\frac{0}{0}$ 型或 $\frac{\infty}{\infty}$ 型未定式,如果选择不当,可能会使求极限的过程变复杂,甚至不能求出极限.

例 13　求极限 $\lim\limits_{x \to 0} \left[\dfrac{1}{\ln(1+x)} - \dfrac{1}{x} \right]$.

解　这是 $\infty - \infty$ 型未定式. 把 $\dfrac{1}{\ln(1+x)} - \dfrac{1}{x}$ 通分,化为 $\dfrac{x - \ln(1+x)}{x \ln(1+x)}$,于是得到 $\frac{0}{0}$ 型未定式. 应用洛必达法则 I,得

$$\lim_{x \to 0} \left[\frac{1}{\ln(1+x)} - \frac{1}{x} \right] = \lim_{x \to 0} \frac{x - \ln(1+x)}{x \ln(1+x)} = \lim_{x \to 0} \frac{1 - \dfrac{1}{1+x}}{\ln(1+x) + \dfrac{x}{1+x}}$$

$$= \lim_{x \to 0} \frac{x}{(1+x)\ln(1+x) + x} = \lim_{x \to 0} \frac{1}{\ln(1+x) + 2} = \frac{1}{2}.$$

例 14 求极限 $\lim\limits_{x\to\infty}\left(1+\dfrac{\alpha}{x}\right)^x$ (α 为常数).

解 这是 1^∞ 型未定式. 因

$$\lim_{x\to\infty}\left(1+\frac{\alpha}{x}\right)^x=\lim_{x\to\infty}e^{x\ln\left(1+\frac{\alpha}{x}\right)}=e^{\lim\limits_{x\to\infty}x\ln\left(1+\frac{\alpha}{x}\right)},$$

而

$$\lim_{x\to\infty}x\ln\left(1+\frac{\alpha}{x}\right)=\lim_{x\to\infty}\frac{\ln\left(1+\frac{\alpha}{x}\right)}{\frac{1}{x}}=\lim_{x\to\infty}\frac{\frac{1}{1+\alpha/x}\left(-\frac{\alpha}{x^2}\right)}{-\frac{1}{x^2}}=\lim_{x\to\infty}\frac{\alpha}{1+\frac{\alpha}{x}}=\alpha,$$

故

$$\lim_{x\to\infty}\left(1+\frac{\alpha}{x}\right)^x=e^\alpha.$$

例 15 求极限 $\lim\limits_{x\to0^+}x^{\sin x}$.

解 这是 0^0 型未定式. 因

$$\lim_{x\to0^+}x^{\sin x}=\lim_{x\to0^+}e^{\sin x\ln x}=e^{\lim\limits_{x\to0^+}\sin x\ln x},$$

而

$$\lim_{x\to0^+}\sin x\ln x=\lim_{x\to0^+}\frac{\ln x}{(\sin x)^{-1}}=\lim_{x\to0^+}\frac{\frac{1}{x}}{-\frac{1}{\sin^2x}\cdot\cos x}=-\lim_{x\to0^+}\frac{1}{\cos x}\cdot\frac{\sin^2x}{x}$$

$$=-\lim_{x\to0^+}\frac{1}{\cos x}\cdot\frac{\sin x}{x}\cdot\sin x=0,$$

故

$$\lim_{x\to0^+}x^{\sin x}=e^0=1.$$

例 16 求极限 $\lim\limits_{x\to0^+}(\cot x)^{\frac{1}{\ln x}}$.

解 这是 ∞^0 型未定式.

$$\lim_{x\to0^+}(\cot x)^{\frac{1}{\ln x}}=\lim_{x\to0^+}e^{\frac{\ln\cot x}{\ln x}}=e^{\lim\limits_{x\to0^+}\frac{\ln\cot x}{\ln x}}=e^{\lim\limits_{x\to0^+}\frac{\frac{1}{\cot x}(-\csc^2x)}{\frac{1}{x}}}=e^{-\lim\limits_{x\to0^+}\frac{1}{\cos x}\cdot\frac{x}{\sin x}}=e^{-1}.$$

习 题 3.2

1. 求下列极限:

(1) $\lim\limits_{x\to\pi}\dfrac{\sin5x}{\tan7x}$;

(2) $\lim\limits_{x\to0}\dfrac{2^x-3^x}{x}$;

(3) $\lim\limits_{x\to0}\dfrac{\sqrt{1+x}-1}{\sin x}$;

(4) $\lim\limits_{x\to\frac{\pi}{2}}\dfrac{\ln\sin x}{(\pi-2x)^2}$;

(5) $\lim\limits_{x\to+\infty}\dfrac{\ln x}{x^p}$ ($p>0$);

(6) $\lim\limits_{x\to\frac{\pi}{2}}(\sec x-\tan x)$;

(7) $\lim\limits_{x\to 1}\left(\dfrac{x}{x-1}-\dfrac{1}{\ln x}\right)$;　　　(8) $\lim\limits_{x\to 1}\left(\dfrac{2}{x^2-1}-\dfrac{1}{x-1}\right)$;　　　(9) $\lim\limits_{x\to 1}\left(\tan\dfrac{\pi}{4}x\right)^{\tan\frac{\pi}{2}x}$;

(10) $\lim\limits_{x\to\frac{\pi}{2}^-}(\cos x)^{\frac{\pi}{2}-x}$.

2. 求下列极限:

(1) $\lim\limits_{x\to\infty}\dfrac{x+\sin x}{x}$;　　　　(2) $\lim\limits_{x\to\infty}\dfrac{x+\sin x}{x-\cos x}$.

3. 设极限 $\lim\limits_{x\to 0}\left(\dfrac{\sin 3x}{x^3}+\dfrac{a}{x^2}+b\right)=0$,求常数 a,b.

4. 设极限 $\lim\limits_{x\to+\infty}\left(\dfrac{x+c}{x-c}\right)^x=4$,求常数 c.

§3.3 泰 勒 公 式

一、问题的提出

　　无论做数值计算还是理论研究,通常都希望能用一个结构简单的函数去近似代替一个比较复杂的函数,以便简化所讨论的问题.而多项式是结构最简单的一种函数,这是因为要求一个多项式的值,只要进行加法、减法、乘法三种运算即可.因此,多项式经常被用来近似地表示函数,这种近似表示在数学上称为**逼近**.对于一个函数,可根据多种方法,用不同的多项式去逼近它,其中利用泰勒多项式来逼近就是最基本、最常用的一种方法.

　　由§2.5我们知道,若函数 $f(x)$ 在点 x_0 处可导,则有
$$f(x)=f(x_0)+f'(x_0)(x-x_0)+o[(x-x_0)],$$
即当 $|x-x_0|$ 充分小且 $f'(x_0)\neq 0$ 时,有
$$f(x)\approx f(x_0)+f'(x_0)(x-x_0).$$
上式是在点 x_0 的附近用一次多项式 $f(x_0)+f'(x_0)(x-x_0)$ 近似表示 $f(x)$.但这种逼近存在明显的不足:首先,精确度不高,所产生的误差仅是 $x-x_0$ 的高阶无穷小;其次,不能具体估计误差的大小.因此,希望寻找一个关于 $x-x_0$ 的 n 次多项式
$$P_n(x)=a_0+a_1(x-x_0)+a_2(x-x_0)^2+\cdots+a_n(x-x_0)^n,$$
使得 $f(x)\approx P_n(x)$,并且满足:

　　(1) 当 $x\to x_0$ 时,$f(x)-P_n(x)=o[(x-x_0)^n]$,即误差是 $(x-x_0)^n$ 的高阶无穷小;

　　(2) 能够写出误差 $|f(x)-P_n(x)|$ 的具体表达式.

　　显然,要使 $P_n(x)$ 在点 x_0 附近很好地近似表示 $f(x)$,首先应要求 $P_n(x)$ 与 $f(x)$ 在点 x_0 处的值相等,即 $P_n(x_0)=f(x_0)$;其次,应要求 $P_n(x)$ 与 $f(x)$ 在点 x_0 处有相同的切线,

即 $P_n'(x_0)=f'(x_0)$. 另外,为了使得 $P_n(x)$ 能更好地近似 $f(x)$,还应要求它们的图形在点 x_0 处有相同的弯曲方向,即 $P_n''(x_0)=f''(x_0)$. 一般地,为了达到两者之间更好地逼近,应满足如下的条件:

$$P_n(x_0)=f(x_0), \quad P_n^{(k)}(x_0)=f^{(k)}(x_0) \ (k=1,2,\cdots,n).$$

现在按照这些条件来求多项式 $P_n(x)$.

由于

$$P_n'(x)=a_1+2a_2(x-x_0)+\cdots+na_n(x-x_0)^{n-1},$$
$$P_n''(x)=2a_2+3\cdot2a_3(x-x_0)+\cdots+n(n-1)a_n(x-x_0)^{n-2},$$
$$\cdots\cdots$$
$$P_n^{(n)}(x)=n(n-1)\cdot\cdots\cdot2\cdot a_n=n!a_n,$$

将它们代入上述条件,可得

$$a_0=f(x_0), \quad a_k=\frac{1}{k!}f^{(k)}(x_0) \ (k=1,2,\cdots,n).$$

再把这些结果代入 $P_n(x)$ 中,得

$$P_n(x)=f(x_0)+f'(x_0)(x-x_0)+\frac{1}{2!}f''(x_0)(x-x_0)^2$$
$$+\cdots+\frac{1}{n!}f^{(n)}(x_0)(x-x_0)^n. \tag{1}$$

我们称这个多项式为函数 $f(x)$ 在点 x_0 处的 **n 阶泰勒[①]多项式**.

下面的泰勒中值定理说明,n 阶泰勒多项式(1)正是我们所要找的 n 次多项式.

二、泰勒公式

泰勒中值定理　若函数 $f(x)$ 在含有点 x_0 的开区间 (a,b) 内具有直到 $n+1$ 阶的导数,则当 $x\in(a,b)$ 时,$f(x)$ 可以表示为一个关于 $x-x_0$ 的 n 次多项式与一个余项 $R_n(x)$ 之和:

$$f(x)=f(x_0)+f'(x_0)(x-x_0)+\frac{1}{2!}f''(x_0)(x-x_0)^2$$
$$+\cdots+\frac{1}{n!}f^{(n)}(x_0)(x-x_0)^n+R_n(x), \tag{2}$$

其中

$$R_n(x)=\frac{f^{(n+1)}(\xi)}{(n+1)!}(x-x_0)^{n+1} \quad (\xi \text{ 在 } x_0 \text{ 与 } x \text{ 之间}) \tag{3}$$

称为**拉格朗日型余项**,而(2)式称为 $f(x)$ 按 $x-x_0$ 的幂展开的**带有拉格朗日型余项的 n 阶**

[①]　泰勒(Taylor,1685—1731),英国数学家.

泰勒公式(简称 n 阶泰勒公式),(2)式的右端称为 $f(x)$ 在点 x_0 处的**带有拉格朗日型余项的 n 阶泰勒展开式**(简称 n **阶泰勒展开式**).

证 令 $f(x)-P_n(x)=R_n(x)$,其中 $P_n(x)$ 为(1)式所表示的多项式,于是只需证明

$$R_n(x)=\frac{f^{(n+1)}(\xi)}{(n+1)!}(x-x_0)^{n+1} \quad (\xi \text{ 在 } x_0 \text{ 与 } x \text{ 之间}).$$

从题设知,$R_n(x)$ 在 (a,b) 内具有直到 $n+1$ 阶的导数,并且

$$R_n(x_0)=R_n'(x_0)=R_n''(x_0)=\cdots=R_n^{(n)}(x_0)=0.$$

由于在以 x_0 与 x 为端点的闭区间上 $R_n(x)$ 与 $(x-x_0)^{n+1}$ 满足柯西中值定理的条件,所以对它们应用柯西中值定理,得

$$\frac{R_n(x)}{(x-x_0)^{n+1}}=\frac{R_n(x)-R_n(x_0)}{(x-x_0)^{n+1}-(x_0-x_0)^{n+1}}=\frac{R_n'(\xi_1)}{(n+1)(\xi_1-x_0)^n} \quad (\xi_1 \text{ 在 } x_0 \text{ 与 } x \text{ 之间}),$$

再对 $R_n'(x)$ 与 $(n+1)(x-x_0)^n$ 在以 x_0 与 ξ_1 为端点的闭区间上应用柯西中值定理,得

$$\frac{R_n'(\xi_1)}{(n+1)(\xi_1-x_0)^n}=\frac{R_n'(\xi_1)-R_n'(x_0)}{(n+1)(\xi_1-x_0)^n-(n+1)(x_0-x_0)^n}=\frac{R_n''(\xi_2)}{(n+1)n(\xi_2-x_0)^{n-1}},$$

其中 ξ_2 在 x_0 与 ξ_1 之间. 如此重复,进行 $n+1$ 次后得到

$$\frac{R_n(x)}{(x-x_0)^{n+1}}=\frac{R_n^{(n+1)}(\xi)}{(n+1)!}, \tag{4}$$

其中 ξ 在 x_0 与 ξ_n 之间,因而 ξ 也在 x_0 与 x 之间. 由于 $P_n^{(n+1)}(x)=0$,所以 $R_n^{(n+1)}(x)=f^{(n+1)}(x)$,则由(4)式得

$$R_n(x)=\frac{f^{(n+1)}(\xi)}{(n+1)!}(x-x_0)^{n+1} \quad (\xi \text{ 在 } x_0 \text{ 与 } x \text{ 之间}).$$

因为拉格朗日型余项 $R_n(x)$ 中的 ξ 在 x_0 与 x 之间,所以可以仿照拉格朗日中值定理引入 $\theta=\dfrac{\xi-x_0}{x-x_0}$,则有 $\xi=x_0+\theta(x-x_0)(0<\theta<1)$,故拉格朗日型余项又可写为

$$R_n(x)=\frac{f^{(n+1)}(x_0+\theta(x-x_0))}{(n+1)!}(x-x_0)^{n+1} \quad (0<\theta<1).$$

当 $n=0$ 时,n 阶泰勒公式变成拉格朗日中值公式

$$f(x)=f(x_0)+f'(\xi)(x-x_0) \quad (\xi \text{ 在 } x_0 \text{ 与 } x \text{ 之间}).$$

这表明,泰勒中值定理是拉格朗日中值定理的推广.

当 $n=1$ 时,n 阶泰勒公式化为

$$f(x)=f(x_0)+f'(x_0)(x-x_0)+\frac{1}{2!}f''(\xi)(x-x_0)^2 \quad (\xi \text{ 在 } x_0 \text{ 与 } x \text{ 之间}).$$

从泰勒中值定理可以看到,在用多项式 $P_n(x)$ 近似表示函数 $f(x)$ 时,其误差为 $|R_n(x)|$. 如果对于某个固定的 n,当 $x\in(a,b)$ 时,$|f^{(n+1)}(x)|\leqslant M$,则有估计式

$$\mid R_n(x)\mid = \left| \frac{f^{(n+1)}(\xi)}{(n+1)!}(x-x_0)^{n+1} \right| \leqslant \frac{M}{(n+1)!}\mid x-x_0\mid^{n+1} \tag{5}$$

及

$$\lim_{x \to x_0} \frac{R_n(x)}{(x-x_0)^n} = 0,$$

即当 $x \to x_0$ 时,$R_n(x)$ 是比 $(x-x_0)^n$ 高阶的无穷小:

$$R_n(x) = o[(x-x_0)^n]. \tag{6}$$

这时,若略去余项,就得到用 n 阶多项式 $P_n(x)$ 近似表示函数 $f(x)$ 的公式:

$$f(x) \approx f(x_0) + f'(x_0)(x-x_0) + \frac{1}{2!}f''(x_0)(x-x_0)^2$$

$$+ \cdots + \frac{1}{n!}f^{(n)}(x_0)(x-x_0)^n. \tag{7}$$

由于 $\lim\limits_{x \to x_0} \dfrac{R_n(x)}{(x-x_0)^n} = 0$,所以在不需要余项的精确表达式时,$n$ 阶泰勒公式也可写为

$$f(x) = f(x_0) + f'(x_0)(x-x_0) + \frac{1}{2!}f''(x_0)(x-x_0)^2$$

$$+ \cdots + \frac{1}{n!}f^{(n)}(x_0)(x-x_0)^n + o[(x-x_0)^n]. \tag{8}$$

余项 $R_n(x) = o[(x-x_0)^n]$ 称为**佩亚诺**①**型余项**,而公式(8)称为**带有佩亚诺型余项的** n **阶泰勒公式**(简称 n 阶泰勒公式),其右端称为**带有佩亚诺型余项的** n **阶泰勒展开式**(简称 n **阶泰勒展开式**).

若在带有拉格朗日型余项的 n 阶泰勒公式(2)中令 $x_0 = 0$ 时,则有

$$f(x) = f(0) + f'(0)x + \frac{1}{2!}f''(0)x^2 + \cdots + \frac{1}{n!}f^{(n)}(0)x^n$$

$$+ \frac{f^{(n+1)}(\theta x)}{(n+1)!}x^{n+1} \quad (0 < \theta < 1). \tag{9}$$

这是泰勒公式的一个相当重要的特殊情形,称为 $f(x)$ 的**带有拉格朗日型余项的** n **阶麦克劳林**②**公式**(简称 n **阶麦克劳林公式**).

若在公式(8)中取 $x_0 = 0$,可得到 $f(x)$ 的**带有佩亚诺型余项的** n **阶麦克劳林公式**(简称 n **阶麦克劳林公式**)

$$f(x) = f(0) + f'(0)x + \frac{1}{2!}f''(0)x^2 + \cdots + \frac{1}{n!}f^{(n)}(0)x^n + o(x^n), \tag{10}$$

由(9)式或(10)式可得近似公式

---

① 佩亚诺(Peano,1858—1932),意大利数学家、逻辑学家.

② 麦克劳林(Maclaurin,1698—1746),英国数学家.

$$f(x) \approx f(0) + f'(0)x + \frac{1}{2!}f''(0)x^2 + \cdots + \frac{1}{n!}f^{(n)}(0)x^n, \tag{11}$$

这时误差估计式(5)相应地可化为

$$|R_n(x)| \leqslant \frac{M}{(n+1)!}|x|^{n+1}. \tag{12}$$

三、几个常用初等函数的泰勒公式

例 1 求函数 $f(x) = \mathrm{e}^x$ 在点 $x=0$ 处带有拉格朗日型余项的 n 阶泰勒公式,并由此计算 e 的近似值,使其误差不超过 10^{-6}.

解 由于 $f'(x) = f''(x) = \cdots = f^{(n)}(x) = \mathrm{e}^x$,所以 $f(0) = f'(0) = f''(0) = \cdots = f^{(n)}(0) = 1, f^{(n+1)}(\theta x) = \mathrm{e}^{\theta x}(0 < \theta < 1)$. 代入公式(9),得

$$\mathrm{e}^x = 1 + x + \frac{1}{2!}x^2 + \cdots + \frac{1}{n!}x^n + \frac{\mathrm{e}^{\theta x}}{(n+1)!}x^{n+1} \quad (0 < \theta < 1).$$

如果舍去余项,则得 e^x 的近似公式

$$\mathrm{e}^x \approx 1 + x + \frac{1}{2!}x^2 + \cdots + \frac{1}{n!}x^n, \tag{13}$$

其误差为

$$|R_n(x)| = \left| \frac{\mathrm{e}^{\theta x}}{(n+1)!}x^{n+1} \right| < \frac{|x|^{n+1}}{(n+1)!}\mathrm{e}^{|x|} \quad (0 < \theta < 1).$$

如果在(13)式中取 $x = 1$,则得到无理数 e 的近似值:

$$\mathrm{e} \approx 1 + 1 + \frac{1}{2!} + \cdots + \frac{1}{n!},$$

其误差为 $|R_n(1)| < \frac{\mathrm{e}}{(n+1)!} < \frac{3}{(n+1)!}$. 当 $n=9$ 时,$|R_9(1)| < \frac{3}{10!} < 10^{-6}$. 因此,$\mathrm{e}$ 的误差不超过 10^{-6} 的近似值为

$$1 + 1 + \frac{1}{2!} + \frac{1}{3!} + \frac{1}{4!} + \frac{1}{5!} + \frac{1}{6!} + \frac{1}{7!} + \frac{1}{8!} + \frac{1}{9!} \approx 2.718\,282.$$

例 2 把函数 $f(x) = \ln(1+x)$ 展开为 n 阶麦克劳林公式,并利用这个公式的前 5 项计算 $\ln 1.2$ 的近似值.

解 当 $x > -1$ 时,$f(x) = \ln(1+x)$ 是 x 的连续函数,且有连续的各阶导数

$$f^{(n)}(x) = (-1)^{n-1}\frac{(n-1)!}{(1+x)^n} \quad (n = 1, 2, \cdots),$$

因此 $\qquad f^{(n)}(0) = (-1)^{n-1}(n-1)! \quad (n = 1, 2, \cdots).$

又 $f(0) = 0$,所以

$$\ln(1+x) = x - \frac{x^2}{2} + \cdots + (-1)^{n-1}\frac{x^n}{n} + R_n(x), \tag{14}$$

其中 $\qquad R_n(x) = (-1)^n \dfrac{x^{n+1}}{n+1} \cdot \dfrac{1}{(1+\xi)^{n+1}}$　(ξ 在 0 与 x 之间).

如果在(14)式中取 $n=5$,可得

$$\ln(1+x) = x - \frac{x^2}{2} + \frac{x^3}{3} - \frac{x^4}{4} + \frac{x^5}{5} - \frac{x^6}{6} \cdot \frac{1}{(1+\xi)^6}$$　(ξ 在 0 与 x 之间).

令 $x=0.2$,则有

$$\ln 1.2 = \ln(1+0.2) = 0.2 - \frac{0.2^2}{2} + \frac{0.2^3}{3} - \frac{0.2^4}{4} + \frac{0.2^5}{5} + R_5,$$

其中 $\qquad |R_5| = \dfrac{1}{6} \times 0.2^6 \times \dfrac{1}{(1+\xi)^6} < \dfrac{1}{6} \times 0.2^6 \approx 0.000\,011$　$(0 < \xi < 0.2)$.

故 $\qquad \ln 1.2 \approx 0.2 - 0.02 + 0.002\,667 - 0.0004 + 0.000\,064 = 0.182\,331$.

例 3　求函数 $f(x) = \sin x$ 的 n 阶麦克劳林公式.

解　由于 $f^{(n)}(x) = \sin\left(x + \dfrac{n\pi}{2}\right)$ $(n=0,1,2,\cdots)$,所以

$$f(0) = 0,\quad f^{(2m)}(0) = 0,\quad f^{(2m-1)}(0) = (-1)^{m-1}\quad (m=1,2,\cdots),$$

即 $f^{(n)}(0)$ 依次循环地取四个数:$0,1,0,-1$. 于是,取 $n=2m$ 时,按照(9)式或(10)式,得到 $2m$ 阶麦克劳林公式

$$\sin x = x - \frac{x^3}{3!} + \frac{x^5}{5!} - \frac{x^7}{7!} + \cdots + (-1)^{m-1}\frac{x^{2m-1}}{(2m-1)!} + \frac{\sin\left(\theta x + \dfrac{2m+1}{2}\pi\right)}{(2m+1)!}x^{2m+1}$$
$$(0 < \theta < 1)$$

或 $\qquad \sin x = x - \dfrac{x^3}{3!} + \dfrac{x^5}{5!} - \dfrac{x^7}{7!} + \cdots + (-1)^{m-1}\dfrac{x^{2m-1}}{(2m-1)!} + o(x^{2m}).$

类似地,还可以得到以下其他函数的麦克劳林公式:

(1) $\cos x = 1 - \dfrac{x^2}{2!} + \dfrac{x^4}{4!} - \cdots + (-1)^m \dfrac{x^{2m}}{(2m)!} + \dfrac{\cos[\theta x + (m+1)\pi]}{(2m+2)!}x^{2m+2}$ $(0<\theta<1)$,

$\qquad \cos x = 1 - \dfrac{x^2}{2!} + \dfrac{x^4}{4!} - \cdots + (-1)^m \dfrac{x^{2m}}{(2m)!} + o(x^{2m+1})$;

(2) $(1+x)^\alpha = 1 + \alpha x + \dfrac{\alpha(\alpha-1)}{2!}x^2 + \cdots + \dfrac{\alpha(\alpha-1)\cdots(\alpha-n+1)}{n!}x^n$

$\qquad\qquad + \dfrac{\alpha(\alpha-1)\cdots(\alpha-n)}{(n+1)!}(1+\theta x)^{\alpha-n-1}x^{n+1}$ $(0<\theta<1)$,

$\qquad (1+x)^\alpha = 1 + \alpha x + \dfrac{\alpha(\alpha-1)}{2!}x^2 + \cdots + \dfrac{\alpha(\alpha-1)\cdots(\alpha-n+1)}{n!}x^n + o(x^n),$

其中 α 为常数.

泰勒公式可以用来求某些未定式极限,且这种方法有时可能会比用洛必达法则来计算

更加简便.

例 4 计算极限 $\lim\limits_{x \to 0} \dfrac{x - \sin x}{x^3}$.

解 由于当 $x \to 0$ 时,分母 x^3 是 x 的三阶无穷小,利用 $\sin x$ 的带有佩亚诺型余项的三阶麦克劳林展开式 $\sin x = x - \dfrac{x^3}{3!} + o(x^4)$,有

$$\lim_{x \to 0} \frac{x - \sin x}{x^3} = \lim_{x \to 0} \frac{x - \left[x - \dfrac{x^3}{3!} + o(x^4) \right]}{x^3} = \lim_{x \to 0} \left[\frac{1}{6} + \frac{o(x^4)}{x^3} \right] = \frac{1}{6}.$$

例 5 求极限 $\lim\limits_{x \to 0} \dfrac{\cos x - \mathrm{e}^{-\frac{x^2}{2}}}{x^4}$.

解 由于当 $x \to 0$ 时,分母 x^4 是 x 的四阶无穷小,利用 $\cos x$,e^x 和 $\mathrm{e}^{-\frac{x}{2}}$ 的带有佩亚诺型余项的麦克劳林展开式

$$\cos x = 1 - \frac{x^2}{2!} + \frac{x^4}{4!} + o(x^5), \quad \mathrm{e}^x = 1 + x + \frac{x^2}{2!} + o(x^2),$$

$$\mathrm{e}^{-\frac{x^2}{2}} = 1 - \frac{x^2}{2} + \frac{1}{2!}\left(-\frac{x^2}{2} \right)^2 + o(x^4),$$

可以得到

$$\lim_{x \to 0} \frac{\cos x - \mathrm{e}^{-\frac{x^2}{2}}}{x^4} = \lim_{x \to 0} \frac{\left[1 - \dfrac{x^2}{2!} + \dfrac{x^4}{4!} + o(x^5) \right] - \left[1 - \dfrac{x^2}{2} + \dfrac{x^4}{8} + o(x^4) \right]}{x^4}$$

$$= \lim_{x \to 0} \frac{\dfrac{x^4}{4!} - \dfrac{x^4}{8} + o(x^4)}{x^4} = \lim_{x \to 0} \left[-\frac{1}{12} + \frac{o(x^4)}{x^4} \right] = -\frac{1}{12}.$$

习 题 3.3

1. 求多项式 $f(x) = x^5 - x^2 + 2x - 1$ 在点 $x_0 = -1$ 处的泰勒展开式.

2. 求函数 $f(x) = \sqrt{x}$ 在点 $x_0 = 1$ 处的带有佩亚诺型余项的四阶泰勒展开式.

3. 求函数 $f(x) = \dfrac{1}{x}$ 按 $x - 1$ 的幂展开的带有拉格朗日型余项的 n 阶泰勒展开式.

4. 求函数 $\mathrm{sh}\,x = \dfrac{\mathrm{e}^x - \mathrm{e}^{-x}}{2}$ 的带有佩亚诺型余项的七阶麦克劳林展开式.

5. 求函数 $f(x) = \tan x$ 的带有佩亚诺型余项的三阶麦克劳林展开式.

6. 求下列各数的近似值(误差不超过 0.0001):

(1) $\sqrt[3]{30}$;　　　　　　　　(2) $\sin 18°$.

7. 利用泰勒公式求下列极限：

(1) $\lim\limits_{x \to 0} \dfrac{\mathrm{e}^x \sin x - x(1+x)}{\sin^3 x}$;

(2) $\lim\limits_{x \to \infty} \left[x - x^2 \ln\left(1 + \dfrac{1}{x}\right) \right]$;

(3) $\lim\limits_{x \to +\infty} \left(\sqrt[6]{x^6 + x^5} - \sqrt[6]{x^6 - x^5} \right)$;

(4) $\lim\limits_{x \to 0} \dfrac{1 - \cos(\sin x)}{2\ln(1+x^2)}$.

§3.4　函数的单调性与曲线的凹凸性

一、函数的单调性

本小节我们讨论如何利用导数研究函数的单调性. 我们观察图 3-6 可发现：如果曲线 $y = f(x)$ 在区间 (a,b) 内的每一点都存在切线, 且这些切线与 x 轴正向的夹角 α 都是锐角, 即 $f'(x) = \tan\alpha > 0$, 则函数 $f(x)$ 在 (a,b) 内单调增加；如果这些切线与 x 轴正向的夹角 α 都是钝角, 即 $f'(x) = \tan\alpha < 0$, 则函数 $f(x)$ 在 (a,b) 内单调减少.

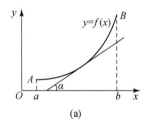
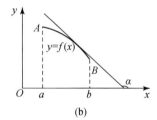

(a)　　　　　　　　　　　(b)

图　3-6

基于上面直观的认识, 我们给出下面的定理：

定理 1(函数单调性的判定定理)　设函数 $f(x)$ 在闭区间 $[a,b]$ 上连续, 在开区间 (a,b) 内可导. 若在 (a,b) 内有 $f'(x) > 0$[或 $f'(x) < 0$], 则 $f(x)$ 在 $[a,b]$ 上单调增加(或减少).

证　在 $[a,b]$ 上任取两点 x_1, x_2, 不妨假定 $x_2 > x_1$. 显而易见, $f(x)$ 在闭区间 $[x_1, x_2]$ 上满足拉格朗日中值定理的条件, 于是至少存在一点 $\xi \in (x_1, x_2)$, 使得

$$f(x_2) - f(x_1) = f'(\xi)(x_2 - x_1).$$

如果在 (a,b) 内有 $f'(x) > 0$, 那么 $f'(\xi) > 0$. 又 $x_2 - x_1 > 0$, 故有 $f(x_2) > f(x_1)$. 再由 x_1, x_2 的任意性可知, $f(x)$ 在 $[a,b]$ 上单调增加.

同理可证 $f'(x) < 0$ 的情形.

注 1　若函数 $f(x)$ 在闭区间 $[a,b]$ 上连续, 在开区间 (a,b) 内可导, 且除了在有限个点

处 $f'(x)=0$ 外都有 $f'(x)>0$[或 $f'(x)<0$],则 $f(x)$ 在 $[a,b]$ 上仍然单调增加(或减少).也就是说,区间内个别处点导数为零,并不影响函数在区间上的单调性.例如,函数 $y=x^3$ 在区间 $(-\infty,+\infty)$ 上是单调增加的,但其导数 $y'=3x^2$ 在点 $x=0$ 处为零.

注 2　如果把函数单调性的判定定理中的闭区间换成其他各种区间(含无穷区间),结论仍然成立.

注 3　函数的单调性是一个区间上的性质,要用导数在一个区间上的符号来判定,而不能用导数在一点处的符号来判定.

我们可按下述步骤来讨论函数 $f(x)$ 的单调性:

(1) 求出 $f(x)$ 的定义域;

(2) 求出 $f(x)$ 的单调区间的所有可能分界点,即 $f'(x)=0$ 和 $f'(x)$ 不存在的点;

(3) 用可能分界点将 $f(x)$ 的定义域分成若干小区间;

(4) 判断在每个小区间内 $f'(x)$ 的符号,然后确定 $f(x)$ 在每个小区间上的单调性.

注　为了简明表示在各小区间内 $f'(x)$ 的符号以及 $f(x)$ 的性态,通常列表进行讨论.

例 1　判定函数 $f(x)=x+\cos x$ 在区间 $[0,2\pi]$ 上的单调性.

解　因为 $f'(x)=1-\sin x\geqslant 0$,且 $f'(x)=0$ 仅在 $x=\dfrac{\pi}{2}$ 处成立,所以 $f(x)=x+\cos x$ 在 $[0,2\pi]$ 上单调增加.

例 2　指出函数 $f(x)=x^{\frac{5}{3}}-2x^{\frac{2}{3}}$ 的单调区间.

解　$f(x)=x^{\frac{5}{3}}-2x^{\frac{2}{3}}$ 的定义域为区间 $(-\infty,+\infty)$. 由 $f'(x)=\dfrac{5}{3}x^{\frac{2}{3}}-\dfrac{4}{3}x^{-\frac{1}{3}}=\dfrac{5x-4}{3\sqrt[3]{x}}$,

令 $f'(x)=0$,解得 $x=\dfrac{4}{5}$. 而当 $x=0$ 时,$f'(x)$ 不存在. 现列表讨论,见表 2.4,其中符号"↗"表示单调增加,符号"↘"表示单调减少.

表　3.1

x	$(-\infty,0)$	0	$\left(0,\dfrac{4}{5}\right)$	$\dfrac{4}{5}$	$\left(\dfrac{4}{5},+\infty\right)$
$f'(x)$	+	不存在	−	0	+
$f(x)$	↗	—	↘	—	↗

由表 3.1 可见,$f(x)$ 的单调增加区间为 $(-\infty,0)$ 和 $\left(\dfrac{4}{5},+\infty\right)$,单调减少区间为 $\left(0,\dfrac{4}{5}\right)$.

例 3　证明:方程 $x^5+x+1=0$ 在区间 $[-1,0]$ 上有且仅有一个根.

证　令 $f(x)=x^5+x+1$.易知,$f(x)$ 在 $[-1,0]$ 上连续,且 $f(-1)=-1<0,f(0)=$

$1>0$,所以根据零点定理,$f(x)$在$(-1,0)$内至少有一个零点,即方程 $x^5+x+1=0$ 在$(-1,0)$内至少有一个根.

又 $f'(x)=5x^4+1>0,x\in(-\infty,+\infty)$,因此 $f(x)$在区间$(-\infty,+\infty)$内单调增加. 于是,$f(x)$的图形与 x 轴至多只有一个交点,即方程 $x^5+x+1=0$ 至多只有一个实根. 故方程 $x^5+x+1=0$ 在$[-1,0]$上有且仅有一个根.

我们还常常用函数的单调性来证明一些不等式.

例 4　证明:当 $x>0$ 时,恒有 $\ln(1+x)>x-\dfrac{1}{2}x^2$.

证　作函数

$$\varphi(x)=\ln(1+x)-\left(x-\frac{1}{2}x^2\right)=\ln(1+x)-x+\frac{1}{2}x^2.$$

因为 $\varphi(x)$在区间 $[0,+\infty)$上连续,且当 $x>0$ 时,有

$$\varphi'(x)=\frac{1}{1+x}-1+x=\frac{x^2}{1+x}>0,$$

所以 $\varphi(x)$在 $[0,+\infty)$上是单调增加的. 又因 $\varphi(0)=0$,故当 $x>0$ 时,有 $\varphi(x)>\varphi(0)=0$,即

$$\ln(1+x)>x-\frac{1}{2}x^2 \quad (x>0).$$

二、曲线的凹凸性与拐点

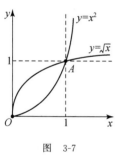

图　3-7

一般函数的单调性在图形上表现为曲线的上升或下降. 但在研究函数图形的变化状况与描绘函数的图形时,若只知道函数的单调性,还不能确定其图形的形状. 例如,函数 $y=x^2$ 和 $y=\sqrt{x}$ 在$[0,1]$上都单调增加且在端点处的取值相同,即其图形都过点 $O(0,0)$ 和 $A(1,1)$,但两者的图形有明显的差异,表现在图形的弯曲方向不同:$y=x^2$ 的图形是向上弯曲的,而 $y=\sqrt{x}$ 的图形是向下弯曲的(见图 3-7). 由此可见,为了更精确地描绘函数的图形,还需进一步讨论曲线的弯曲方向及曲线在何处改变弯曲方向.

从几何上可以看到,有的曲线,若在其上任取两点,则连接这两点的弦总位于这两点间曲线弧的上方[见图 3-8(a)];而有的曲线,连接其上任意两点的弦总位于这两点间曲线弧的下方[见图 3-8(b)]. 曲线的这种性质就是曲线的凹凸性. 所以,曲线的凹凸性可以用曲线上任意两点间的弦的中点与曲线弧上相应点(具有相同横坐标的点)的位置关系来表示. 由此给出下面曲线凹凸性的定义:

定义 1　设函数 $f(x)$在区间 I 上连续. 如果对于 I 中任意两点 x_1,x_2,都有

$$f\left(\frac{x_1+x_2}{2}\right)<\frac{f(x_1)+f(x_2)}{2},$$

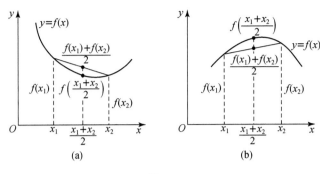

图　3-8

则称曲线 $y=f(x)$ 在 I 上是(向上)凹的(或凹弧);如果对于 I 中任意两点 x_1,x_2,都有

$$f\left(\frac{x_1+x_2}{2}\right)>\frac{f(x_1)+f(x_2)}{2},$$

则称曲线 $y=f(x)$ 在 I 上是(向上)凸的(或凸弧).

由图 3-9(a),(b)可以看到,凹弧上任一点的切线都在曲线弧的下方,且切线斜率是单调增加的;凸弧上任一点的切线都在曲线弧的上方,且切线斜率是单调减少的.而光滑曲线 $y=f(x)$ 在其上任一点 x 处的切线斜率就是 $f'(x)$,且 $f'(x)$ 的单调性可用 $f''(x)$ 的符号来判定,于是有下面的定理:

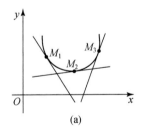 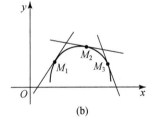

图　3-9

定理 2(曲线凹凸性的判定定理)　设函数 $f(x)$ 在闭区间 $[a,b]$ 上连续,在开区间 (a,b) 内存在二阶导数,则

(1) 如果在 (a,b) 内有 $f''(x)>0$,那么曲线 $y=f(x)$ 在 $[a,b]$ 上是凹的;

(2) 如果在 (a,b) 内有 $f''(x)<0$,那么曲线 $y=f(x)$ 在 $[a,b]$ 上是凸的.

*证　在 $[a,b]$ 上任取两点 x_1,x_2,且 $x_1<x_2$.令 $\dfrac{x_1+x_2}{2}=x_0$,即 $x_1+x_2-2x_0=0$.

由假设知 $f(x)$ 在点 x_0 处有一阶泰勒展开式

$$f(x)=f(x_0)+f'(x_0)(x-x_0)+\frac{1}{2!}f''(\xi)(x-x_0)^2 \quad (\xi \text{ 在 } x_0 \text{ 与 } x \text{ 之间}).$$

在上式中分别取 $x=x_1$ 与 $x=x_2$,则有

$$f(x_1)=f(x_0)+f'(x_0)(x_1-x_0)+\frac{1}{2!}f''(\xi_1)(x_1-x_0)^2 \quad (x_1<\xi_1<x_0),$$

$$f(x_2)=f(x_0)+f'(x_0)(x_2-x_0)+\frac{1}{2!}f''(\xi_2)(x_2-x_0)^2 \quad (x_0<\xi_2<x_2).$$

把上述两式相加,得到

$$\begin{aligned}f(x_1)+f(x_2)&=2f(x_0)+f'(x_0)(x_1+x_2-2x_0)+\frac{1}{2!}\big[f''(\xi_1)(x_1-x_0)^2\\&\quad+f''(\xi_2)(x_2-x_0)^2\big]\\&=2f(x_0)+\frac{1}{2!}\big[f''(\xi_1)(x_1-x_0)^2+f''(\xi_2)(x_2-x_0)^2\big].\end{aligned}$$

(1) 如果对于任意的 $x\in(a,b)$,有 $f''(x)>0$,那么 $f''(\xi_1)>0,f''(\xi_2)>0$. 于是

$$f''(\xi_1)(x_1-x_0)^2+f''(\xi_2)(x_2-x_0)^2>0,$$

从而 $f(x_1)+f(x_2)>2f(x_0)$,即

$$f\left(\frac{x_1+x_2}{2}\right)<\frac{f(x_1)+f(x_2)}{2},$$

亦即曲线 $y=f(x)$ 在 $[a,b]$ 上是凹的.

(2) 如果对于任意的 $x\in(a,b)$,有 $f''(x)<0$,那么 $f''(\xi_1)<0,f''(\xi_2)<0$. 于是

$$f''(\xi_1)(x_1-x_0)^2+f''(\xi_2)(x_2-x_0)^2<0,$$

从而

$$\frac{f(x_1)+f(x_2)}{2}<f\left(\frac{x_1+x_2}{2}\right),$$

即曲线 $y=f(x)$ 在 $[a,b]$ 上是凸的.

注　如果函数 $f(x)$ 的二阶导数 $f''(x)$ 在区间 (a,b) 内除个别点处为零外,均大于零(或小于零),则曲线 $y=f(x)$ 在 (a,b) 内仍为凹(或凸)的.

例 5　判定曲线 $y=x-\ln(1+x)$ 的凹凸性.

解　由于

$$y'=1-\frac{1}{1+x}, \quad y''=\frac{1}{(1+x)^2}>0,$$

所以曲线 $y=x-\ln(1+x)$ 在区间 $(-1,+\infty)$ 内是凹的.

例 6　判定曲线 $y=x^3$ 的凹凸性.

解　易得 $y'=3x^2,y''=6x.$ 当 $x=0$ 时,$y''=0$.

当 $x<0$ 时,$y''<0$,所以曲线 $y=x^3$ 是凸的;

当 $x>0$ 时,$y''>0$,所以曲线 $y=x^3$ 是凹的.

在例 6 中,点 $x=0$ 把区间 $(-\infty,+\infty)$ 分为区间 $(-\infty,0)$ 与 $(0,+\infty)$ 两部分,曲线 $y=x^3$ 在 $(-\infty,0)$ 内是凸的,而在 $(0,+\infty)$ 内是凹的,即点 $(0,0)$ 是曲线 $y=x^3$ 为凸弧与凹

弧的分界点.

定义 2　设函数 $f(x)$ 在某个区间 I 上连续，x_0 是 I 的内部点(I 中除端点外的点). 若曲线 $y=f(x)$ 在经过点 $(x_0,f(x_0))$ 时，其凹凸性发生了改变，则称 $(x_0,f(x_0))$ 为曲线 $y=f(x)$ 的**拐点**.

从拐点的定义知，曲线 $y=f(x)$ 的拐点 $(x_0,f(x_0))$ 就是凹弧与凸弧的分界点，所以如果 $f''(x)$ 在点 x_0 的左、右两侧附近异号，则点 $(x_0,f(x_0))$ 必然是该曲线的一个拐点，而在拐点的横坐标 x_0 处 $f''(x_0)=0$ 或 $f''(x_0)$ 不存在. 因此，可以用二阶导数 $f''(x)$ 的符号来判定曲线 $y=f(x)$ 的拐点.

定理 3(曲线拐点的判定定理)　设函数 $f(x)$ 在区间 (a,b) 内具有二阶连续导数 $f''(x)$，x_0 是 (a,b) 内一点.

(1) 若 $f''(x)$ 在点 x_0 的左、右两侧附近异号，则 $(x_0,f(x_0))$ 为曲线 $y=f(x)$ 的拐点，且必有 $f''(x_0)=0$；

(2) 若 $f''(x)$ 在点 x_0 的左、右两侧附近同号，则 $(x_0,f(x_0))$ 不是曲线 $y=f(x)$ 的拐点.

综上所述，判定曲线 $y=f(x)$ 的凹凸性与拐点可按照下述步骤进行：

(1) 求出 $f(x)$ 的二阶导数 $f''(x)$；

(2) 令 $f''(x)=0$，求出二阶导数为零的点，并找出二阶导数不存在的点；

(3) 用(2)所求得的点把 $f(x)$ 的定义域分成若干小区间，然后列表确定在各小区间内 $f''(x)$ 的符号，并据此来判定曲线 $y=f(x)$ 的凹凸性和拐点.

例 7　判定曲线 $y=x^4-2x^3+1$ 的凹凸性，并求出该曲线的拐点.

解　$y'=4x^3-6x^2, y''=12x^2-12x=12x(x-1).$

令 $y''=0$，得 $x_1=0, x_2=1.$ 它们把函数 $y=x^4-2x^3+1$ 的定义域 $(-\infty,+\infty)$ 分为三个小区间：$(-\infty,0),(0,1),(1,+\infty)$. 列表 3.2 进行讨论，表中符号"$\bigcup$"表示曲线为凹的；符号"$\bigcap$"表示曲线为凸的.

表　3.2

x	$(-\infty,0)$	0	$(0,1)$	1	$(1,+\infty)$
y''	$+$	0	$-$	0	$+$
y	$\bigcup$	1	$\bigcap$	0	$\bigcup$

由表 3.2 可见，曲线 $y=x^4-2x^3+1$ 在区间 $(-\infty,0)$ 和 $(1,+\infty)$ 内是凹的，而在区间 $(0,1)$ 内是凸的，点 $(0,1)$ 和 $(1,0)$ 是其拐点.

例 8　判定曲线 $y=(x-1)\sqrt[3]{x}$ 的凹凸性及拐点.

解　$y'=x^{\frac{1}{3}}+\frac{1}{3}(x-1)x^{-\frac{2}{3}}=\frac{4}{3}x^{\frac{1}{3}}-\frac{1}{3}x^{-\frac{2}{3}}, y''=\frac{4}{9}x^{-\frac{2}{3}}+\frac{2}{9}x^{-\frac{5}{3}}=\frac{2(2x+1)}{9x^{\frac{5}{3}}}.$

可见,当 $x=0$ 时,y'' 不存在. 令 $y''=0$,得 $x=-\dfrac{1}{2}$. 以 $x_1=-\dfrac{1}{2}$,$x_2=0$ 把函数 $y=(x-1)\sqrt[3]{x}$ 的定义域 $(-\infty,+\infty)$ 分为三个小区间:$\left(-\infty,-\dfrac{1}{2}\right)$,$\left(-\dfrac{1}{2},0\right)$,$(0,+\infty)$. 列表 3.3 进行讨论.

表 3.3

x	$\left(-\infty,-\dfrac{1}{2}\right)$	$-\dfrac{1}{2}$	$\left(-\dfrac{1}{2},0\right)$	0	$(0,+\infty)$
y''	$+$	0	$-$	不存在	$+$
y	$\cup$	$\dfrac{3}{4}\sqrt[3]{4}$	$\cap$	0	$\cup$

由表 3.3 可见,曲线 $y=(x-1)\sqrt[3]{x}$ 在区间 $\left(-\infty,-\dfrac{1}{2}\right)$ 和 $(0,+\infty)$ 内为凹的,而在区间 $\left(-\dfrac{1}{2},0\right)$ 内为凸的,点 $\left(-\dfrac{1}{2},\dfrac{3}{4}\sqrt[3]{4}\right)$ 和 $(0,0)$ 为其拐点.

注 使 $f''(x)=0$ 的点及 $f''(x)$ 不存在的点可能是曲线 $y=f(x)$ 的拐点的横坐标,也可能不是. 例如,对于曲线 $y=x^4$,虽有使 $y''=0$ 的点 $x=0$,但当 $x\neq 0$ 时,$y''=12x^2>0$,故该曲线在区间 $(-\infty,+\infty)$ 内是凹的,无拐点存在;又如曲线 $y=f(x)=\sqrt[3]{(x-1)^2}$,由 $f'(x)=\dfrac{2}{3}(x-1)^{-\frac{1}{3}}$,$f''(x)=-\dfrac{2}{9}(x-1)^{-\frac{4}{3}}$ 易知,$x=1$ 是 $f'(x)$,$f''(x)$ 不存在的点,但当 $x\neq 1$ 时,$f''(x)<0$,故点 $(1,0)$ 不是该曲线的拐点.

例 9 利用函数图形的凹凸性证明不等式:
$$\frac{1}{2}(x^n+y^n)>\left(\frac{x+y}{2}\right)^n \quad (x,y>0,x\neq y,n>1).$$

证 令 $f(t)=t^n(t>0,n>1)$,则
$$f'(t)=nt^{n-1}, \quad f''(t)=n(n-1)t^{n-2} \quad (t>0).$$
显而易见,$f''(t)>0$ $(t>0)$,所以 $f(t)=t^n$ 在区间 $(0,+\infty)$ 上的图形是凹的. 于是,对于任意的 $x,y>0,x\neq y$,都有
$$\frac{1}{2}\left[f(x)+f(y)\right]>f\left(\frac{x+y}{2}\right), \quad 即 \quad \frac{1}{2}(x^n+y^n)>\left(\frac{x+y}{2}\right)^n.$$

习 题 3.4

1. 判定下列函数的单调性:

(1) $f(x)=\arctan x-x$;　　　　　　(2) $f(x)=\ln(x+\sqrt{1+x^2})$.

2. 证明：当 $x \neq 0$ 时，$e^x > 1+x$.

3. 确定下列函数的单调区间：

(1) $y = x^3 - 3x + 1$；

(2) $y = x + \dfrac{4}{x}$ $(x > 0)$；

(3) $y = x^2 e^{-x^2}$；

(4) $y = (x-1)(x+1)^3$.

4. 证明下列不等式：

(1) $1 + x \ln(x + \sqrt{1+x^2}) > \sqrt{1+x^2}$ $(x > 0)$；

(2) $\ln(1+x) \geqslant \dfrac{\arctan x}{1+x}$ $(x \geqslant 0)$；

(3) $b^a > a^b$ $(a > b > e)$；

(4) $\dfrac{|a+b|}{1+|a+b|} \leqslant \dfrac{|a|}{1+|a|} + \dfrac{|b|}{1+|b|}$ $(a, b \in \mathbf{R})$.

5. 设 $a > 0$，问：方程 $\ln x = ax$ 有几个实根？

6. 判定下列曲线的凹凸性与拐点：

(1) $y = x^3 - 6x^2 + 5x + 4$；

(2) $y = \ln(1 + x^2)$.

7. 利用函数图形的凹凸性证明下列不等式：

(1) $e^{\frac{x+y}{2}} \leqslant \dfrac{1}{2}(e^x + e^y)$；

(2) $(x+y)\ln\dfrac{x+y}{2} \leqslant x\ln x + y\ln y$ $(x, y > 0)$.

8. 确定常数 a, b，使点 $(1,3)$ 为曲线 $y = ax^3 + bx^2$ 的拐点.

9. 设曲线 $y = ax^3 + bx^2 + cx + d$ 在点 $x = -2$ 处有水平切线，点 $(1, -10)$ 为其拐点，且它过点 $(-2, 44)$，求常数 a, b, c, d.

§3.5 函数的极值与最值

一、函数的极值

如果连续函数 $f(x)$ 在点 x_0 左、右两侧附近的单调性不一样，那么它所表示的曲线在点 $(x_0, f(x_0))$ 处就会出现"峰"或"谷"，此时在点 x_0 处的函数值 $f(x_0)$ 比附近点的函数值都大或小. 通常把前者对应的函数值 $f(x_0)$ 称为 $f(x)$ 的极大值，而把后者对应的函数值 $f(x_0)$ 称为 $f(x)$ 的极小值. 下面给出极大值和极小值在数学上的定义.

定义 设函数 $f(x)$ 在点 x_0 的某个邻域内有定义. 如果对于该邻域内任一点 $x(x \neq x_0)$，都有

$$f(x) < f(x_0) \quad [\text{或} \ f(x) > f(x_0)],$$

则称 $f(x_0)$ 为 $f(x)$ 的**极大值**（或**极小值**），并称 x_0 为 $f(x)$ 的**极大值点**（或**极小值点**）. 函数的极大值与极小值统称为**极值**，而函数的极大值点与极小值点统称为**极值点**.

应当注意，函数的极值只是函数在极值点的某个邻域内的最大值或最小值，但不一定是函数在所讨论范围内的最大值或最小值. 一个定义在区间 $[a, b]$ 上的函数 $f(x)$ 在该区间上

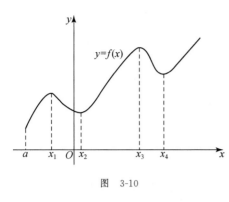

图　3-10

可以有许多极大值和极小值,然而其中的极大值(或极小值)不一定大于(或小于)每个极小值(或极大值).例如,在图 3-10 中的极小值 $f(x_4)$ 却大于极大值 $f(x_1)$.因此,函数极值的概念是局部的、相对的.

还应注意,函数定义区间的端点一定不是极值点,因为作为一个极值必须同它左、右两侧附近的函数值进行比较.这就是说,函数如果有极值,则一定在其定义区间内部达到.

下面我们讨论怎样的点 x_0 才可能是函数 $f(x)$ 的极值点.

如果函数 $f(x)$ 在点 x_0 处可导且取得极值,则由费马引理易知,必定有 $f'(x_0)=0$.事实上,因为 x_0 是极值点,所以存在 x_0 的某个去心邻域,使得在其中总有 $f(x)<f(x_0)$[或 $f(x)>f(x_0)$].于是,由费马引理得 $f'(x_0)=0$.

如果连续函数 $f(x)$ 在点 x_0 处不可导,x_0 也可能为极值点.例如,函数 $y=|x|$ 在点 $x=0$ 处不可导,但从图 2-2 即可看出,$x=0$ 是 $y=|x|$ 的极小值点.

因此,应该从 $f'(x)$ 的零点[$f(x)$ 的驻点]和 $f'(x)$ 不存在的点中寻找函数 $f(x)$ 的极值点.但 $f(x)$ 的驻点和不可导点只是函数可能的极值点,并不一定都为极值点.例如,函数 $y=x^3$ 在点 $x=0$ 处的导数为零,而 $x=0$ 却不是它的极值点[见图 3-11(a)];函数 $y=x^{\frac{1}{3}}$ 在点 $x=0$ 处不可导,而 $x=0$ 也不是它的极值点[见图 3-11(b)].

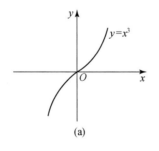
(a)

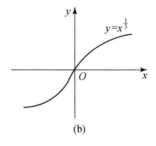
(b)

图　3-11

综上所述,可得如下函数极值存在的必要条件:

定理 1(极值存在的必要条件)　设 x_0 是函数 $f(x)$ 的极值点,则 x_0 只能是 $f(x)$ 的驻点或不可导点.

我们又应如何判定函数的驻点与不可导点是否为极值点呢?根据函数单调性的判定定理和极值的定义,容易建立下面判定极值点和极值的一个充分条件.

定理 2(极值存在的一阶判别法) 设函数 $f(x)$ 在点 x_0 的某个邻域 $(x_0-\delta, x_0+\delta)$ 内连续,在 $(x_0-\delta, x_0) \bigcup (x_0, x_0+\delta)$ 内可导.

(1) 若在 $(x_0-\delta, x_0)$ 内有 $f'(x)>0$,而在 $(x_0, x_0+\delta)$ 内有 $f'(x)<0$,则 $f(x)$ 在点 x_0 处取得极大值,x_0 为 $f(x)$ 的极大值点;

(2) 若在 $(x_0-\delta, x_0)$ 内有 $f'(x)<0$,而在 $(x_0, x_0+\delta)$ 内有 $f'(x)>0$,则 $f(x)$ 在点 x_0 处取得极小值,x_0 为 $f(x)$ 的极小值点;

(3) 若 $f'(x)$ 在 $(x_0-\delta, x_0)$ 和 $(x_0, x_0+\delta)$ 内不变号,则 $f(x)$ 在点 x_0 处无极值,x_0 不是 $f(x)$ 的极值点.

从上述判别法可知,求函数 $f(x)$ 的极值可按照以下步骤进行:

(1) 求出 $f(x)$ 的导数 $f'(x)$;

(2) 在 $f(x)$ 的定义域内求出 $f(x)$ 的所有可能极值点[$f(x)$ 的驻点与不可导点];

(3) 用(2)中所得可能极值点把 $f(x)$ 的定义域分成若干小区间,讨论在各个小区间内 $f'(x)$ 的符号,再根据极值存在的一阶判别法,判别可能极值点是否为极值点;

(4) 求出各极值点处的函数值,即得 $f(x)$ 在其定义域内的所有极值.

例 1 求函数 $f(x)=2x^3-6x^2-18x+7$ 的极值.

解 $f(x)$ 的定义域为区间 $(-\infty, +\infty)$. 求 $f(x)$ 的导数得

$$f'(x)=6x^2-12x-18=6(x^2-2x-3)=6(x-3)(x+1).$$

令 $f'(x)=0$,得驻点 $x_1=-1, x_2=3$. 用这两点把 $(-\infty, +\infty)$ 分成三个小区间,列表 3.4 进行讨论.

表 3.4

x	$(-\infty, -1)$	-1	$(-1, 3)$	3	$(3, +\infty)$
$f'(x)$	$+$	0	$-$	0	$+$
$f(x)$	↗	极大值 17	↘	极小值 -47	↗

由表 3.4 知,$f(x)$ 在点 $x=-1$ 处取得极大值 17,在点 $x=3$ 处取得极小值 -47.

例 2 求函数 $f(x)=(x-5)^2\sqrt[3]{(x+1)^2}$ 的极值.

解 $f(x)$ 的定义域为区间 $(-\infty, +\infty)$. 当 $x\neq -1$ 时,有

$$f'(x)=\frac{4(2x-1)(x-5)}{3\sqrt[3]{x+1}};$$

当 $x=-1$ 时,$f'(x)$ 不存在. 所以,$f(x)$ 的可能极值点为 $x_1=\dfrac{1}{2}, x_2=5, x_3=-1$. 用这三点把 $(-\infty, +\infty)$ 分成四个小区间,列表 3.5 进行讨论.

表 3.5

x	$(-\infty,-1)$	-1	$\left(-1,\dfrac{1}{2}\right)$	$\dfrac{1}{2}$	$\left(\dfrac{1}{2},5\right)$	5	$(5,+\infty)$
$f'(x)$	$-$	不存在	$+$	0	$-$	0	$+$
$f(x)$	$\searrow$	极小值 0	$\nearrow$	极大值 $\dfrac{81}{8}\sqrt[3]{18}$	$\searrow$	极小值 0	$\nearrow$

由表 3.5 知,$f(x)$ 在点 $x=-1$ 处取得极小值 0,在点 $x=\dfrac{1}{2}$ 处取得极大值 $\dfrac{81}{8}\sqrt[3]{18}$,在点 $x=5$ 处取得极小值 0.

对于函数 $f(x)$,如果知道 $f'(x_0)=0$ 而 $f''(x_0)\neq0$,则我们可借助 $f''(x_0)$ 的符号来判定 $f(x_0)$ 是否为该函数的极值.这就有下面函数极值存在的二阶判别法.

定理 3(极值存在的二阶判别法) 设函数 $f(x)$ 在点 x_0 处具有二阶导数,且 $f'(x_0)=0$,$f''(x_0)\neq0$.

(1) 若 $f''(x_0)<0$,则 $f(x)$ 在点 x_0 处取得极大值;

(2) 若 $f''(x_0)>0$,则 $f(x)$ 在点 x_0 处取得极小值.

证 (1) 已知 $f'(x_0)=0$,$f''(x_0)<0$,由二阶导数的定义有

$$f''(x_0)=\lim_{x\to x_0}\frac{f'(x)-f'(x_0)}{x-x_0}=\lim_{x\to x_0}\frac{f'(x)}{x-x_0}<0.$$

根据函数极限的局部保号性,存在 $\delta>0$,使得在点 x_0 的去心 δ 邻域 $(x_0-\delta,x_0)\bigcup(x_0,x_0+\delta)$ 内,$\dfrac{f'(x)}{x-x_0}<0$.于是,当 $x\in(x_0-\delta,x_0)$ 时,$f'(x)>0$;当 $x\in(x_0,x_0+\delta)$ 时,$f'(x)<0$.所以,由极值存在的一阶判别法知,$f(x)$ 在点 x_0 处取得极大值.

(2) 与(1)同理可证 $f''(x_0)>0$ 的情形.

注 对于满足 $f'(x_0)=0$,$f''(x_0)=0$ 的点 x_0,极值存在的二阶判别法失效,此时可改用一阶判别法来判定 x_0 是否为极值点.例如,对于函数 $f(x)=x^3$,$g(x)=x^4$,有 $f'(0)=f''(0)=0$ 和 $g'(0)=g''(0)=0$,应用极值存在的一阶判别法即知 $x=0$ 不是 $f(x)$ 的极值点,而是 $g(x)$ 的极小值点.

例 3 求函数 $f(x)=(x-2)^2(x-3)^3$ 的极值.

解 $f(x)$ 的定义域为区间 $(-\infty,+\infty)$.计算一阶和二阶导数:

$f'(x)=2(x-2)(x-3)^3+3(x-2)^2(x-3)^2=(x-2)(x-3)^2(5x-12)$,

$f''(x)=(x-3)[(5x-12)(3x-7)+5(x-2)(x-3)]$.

令 $f'(x)=0$,得 $x_1=2$,$x_2=3$,$x_3=\dfrac{12}{5}$.

因为 $f''(2)=-2<0$，所以 $f(x)$ 在点 $x_1=2$ 处取得极大值 $f(2)=0$.

因为 $f''\left(\dfrac{12}{5}\right)=\dfrac{18}{25}>0$，所以 $f(x)$ 在点 $x_3=\dfrac{12}{5}$ 处取得极小值 $f\left(\dfrac{12}{5}\right)=-\dfrac{108}{3125}$.

因为 $f''(3)=0$，所以极值存在的二阶判别法无效，需采用一阶判别法. 列表 3.6 进行讨论.

表　3.6

x	$\left(\dfrac{12}{5},3\right)$	3	$(3,+\infty)$
$f'(x)$	+	0	+
$f(x)$	↗	无极值	↗

由表 3.6 知，$x_2=3$ 不是 $f(x)$ 的极值点.

二、函数的最值

在国民经济、科学技术、人文和社会科学等领域中，经常会碰到要求用料最省、容积最大、投入最小、产量最多、成本最低或利润最大的问题. 这些问题在数学上归结为求函数的最大值与最小值问题. 我们通常将最大值与最小值统称为最值.

由闭区间上连续函数的性质可知，连续函数 $f(x)$ 在闭区间 $[a,b]$ 上一定能取得最大值 M 与最小值 m. 显然，最大值 M 与最小值 m 可能在 (a,b) 内的点达到，也可能在两个端点 a,b 处达到. 如果 M 与 m 在 (a,b) 内某一点达到，那么它们一定同时也是极值. 最值是函数的整体性质，因此求连续函数 $f(x)$ 在 $[a,b]$ 上的最大值 M 与最小值 m 可按照以下步骤进行：

(1) 求出 $f(x)$ 的导数 $f'(x)$；

(2) 求出 $f(x)$ 在 (a,b) 内的所有可能极值点：驻点和不可导点；

(3) 求出 (a,b) 内所有可能极值点处的函数值和两个端点 a,b 处的函数值；

(4) 将(3)中所求得的函数值进行比较，其中最大者为最大值，最小者为最小值.

在求函数的最值时，下面三种特殊情形可使最值的讨论变得简便：

(1) 如果连续函数 $f(x)$ 在区间 $[a,b]$ 上是单调增加的，那么 $f(a)$ 是 $f(x)$ 在 $[a,b]$ 上的最小值，而 $f(b)$ 是最大值；如果连续函数 $f(x)$ 在区间 $[a,b]$ 上是单调减少的，那么 $f(a)$ 是 $f(x)$ 在 $[a,b]$ 上的最大值，而 $f(b)$ 是最小值.

(2) 如果连续函数 $f(x)$ 在一个区间(有限或无限区间，开或闭区间)内可导且只有一个驻点 x_0，则当 x_0 为 $f(x)$ 的极大值点(或极小值点)时，x_0 也必是 $f(x)$ 在该区间上的最大值点(或最小值点).

(3) 求最值的实际问题已化为数学问题：求某个可导函数 $f(x)$ 的最大值(或最小值).

又根据实际问题的具体意义,可以断定 $f(x)$ 确实存在最大值(或最小值),且一定在定义区间的内部点取到.如果 $f(x)$ 在定义区间内只有一个驻点 x_0,那么不用再讨论 $f(x_0)$ 是否为极值,就可认定 $f(x_0)$ 是所求的最大值(或最小值).

例 4　求函数 $f(x)=\sqrt[3]{(x^2-2x)^2}$ 在区间 $[0,3]$ 上的最值.

解　求 $f(x)$ 的导数,得 $f'(x)=\dfrac{4(x-1)}{3\sqrt[3]{x^2-2x}}$.易知,当 $x=1$ 时,$f'(x)=0$;当 $x=2$ 时,$f'(x)$ 不存在.所以,$f(x)$ 在区间 $(0,3)$ 内有两个可能极值点:$x_1=1,x_2=2$.

计算得 $f(0)=0,f(1)=1,f(2)=0,f(3)=\sqrt[3]{9}$.比较这些值,得 $f(x)$ 在区间 $[0,3]$ 上的最大值为 $\sqrt[3]{9}$,最小值为 0.

例 5　计算函数 $f(x)=|x^2-3x+2|$ 在区间 $[-3,4]$ 上的最值.

解　显然,$f(x)$ 在 $[-3,4]$ 上连续,且

$$f(x)=\begin{cases} x^2-3x+2, & x\in[-3,1]\cup[2,4], \\ -x^2+3x-2, & x\in(1,2), \end{cases} \qquad f'(x)=\begin{cases} 2x-3, & x\in(-3,1)\cup(2,4), \\ -2x+3, & x\in(1,2). \end{cases}$$

在区间 $(-3,4)$ 内,$f(x)$ 的驻点是 $x=\dfrac{3}{2}$,不可导点是 $x=1,2$.

因为 $f(-3)=20,f(1)=0,f\left(\dfrac{3}{2}\right)=\dfrac{1}{4},f(2)=0,f(4)=6$,所以 $f(x)$ 在区间 $[-3,4]$ 上的最大值为 20,最小值为 0.

三、极值应用的举例

在解决有关最值的实际问题时,首先要把实际问题化为"求某个函数 $f(x)$(通常称为**目标函数**)在其定义区间内的最值"的数学问题,然后借助微分法,求出目标函数在定义区间内的最值,从而解决实际问题.下面介绍一些例子.

例 6　某个工厂要生产一批容积为 336 cm^3 的圆柱形罐头筒,这种罐头筒的顶部和底部用每平方厘米 0.04 元的材料制成,而侧面用每平方厘米 0.02 元的材料制成.问:这种罐头筒的底半径与高的尺寸应为多少,才能使所用材料的费用最小?

解　设这种罐头筒的半径为 r(单位:cm),高为 h(单位:cm)(见图 3-12),则制造一个这种罐头筒所用材料的费用为

$$y=2\pi r^2\times 0.04+2\pi rh\times 0.02=0.08\pi r^2+0.04\pi rh \text{ (单位:元)}. \qquad (1)$$

按照题意,这种罐头筒的容积为 336 cm^3,所以有 $h=\dfrac{336\text{ cm}^3}{\pi r^2}$.代入(1)式,得

$$y=0.08\pi r^2+0.04\pi r\frac{336}{\pi r^2}=0.08\pi r^2+\frac{13.44}{r}, \quad r\in(0,+\infty).$$

这样,问题就化为求函数 $y=0.08\pi r^2+\dfrac{13.44}{r}$ 在区间 $(0,+\infty)$ 上的最小值问题.

由 $y'(r)=0.16\pi r-\dfrac{13.44}{r^2}$,令 $y'(r)=0$,可得

$$r^3=\frac{1344}{16\pi}\ \mathrm{cm}^3=\frac{84}{\pi}\ \mathrm{cm}^3,\quad \text{所以}\quad r=\sqrt[3]{\frac{84}{\pi}}\ \mathrm{cm}.$$

因为 $y''(r)=0.16\pi+\dfrac{2\times 13.44}{r^3}$,所以 $y''\left(\sqrt[3]{\dfrac{84}{\pi}}\right)>0$. 故当 $r=\sqrt[3]{\dfrac{84}{\pi}}$ cm 时,所用材料的

费用最小,这时罐头筒的高为 $h=\dfrac{336}{\sqrt[3]{7056\pi}}$ cm.

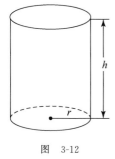

图 3-12

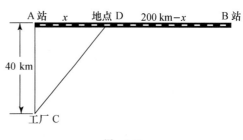

图 3-13

例 7 如图 3-13 所示,工厂 C 到铁路的距离正好是 A 站与工厂 C 的距离 $|AC|$,且 $|AC|=40$ km,工厂 C 需要从距离 A 站 200 km 的 B 站运来原料. 现要在铁路上某个地点 D 处修一条公路与工厂 C 连接,已知铁路每千米运费与公路每千米运费之比为 3∶5. 为了使原料从 B 站运到工厂 C 的总运费最省,问:地点 D 应选在何处?

解 设地点 D 选在距 A 站 x(单位:km)处,如图 3-13 所示,则 A 站与地点 D 的距离为 $|AD|=x$,B 站与地点 D 的距离为 $|BD|=200$ km$-x$,工厂 C 与地点 D 的距离为 $|CD|=\sqrt{40^2\ \mathrm{km}^2+x^2}$. 因为已知铁路每千米运费与公路每千米运费之比为 3∶5,所以可设铁路每千米运费为 $3k$ 元(k 是常数,且 $k>0$),则公路每千米运费为 $5k$ 元. 因此,从 B 站经地点 D 转到工厂 C 的总运费为

$$y=3k(200-x)+5k\sqrt{40^2+x^2}\quad(\text{单位:元}),\quad x\in[0,200].$$

按照题意,问题归结为求函数 $y=3k(200-x)+5k\sqrt{40^2+x^2}$ 在区间 $[0,200]$ 上的最小值.

由

$$y'=-3k+\frac{5kx}{\sqrt{40^2+x^2}},$$

令 $y'=0$,得 $\dfrac{x}{\sqrt{40^2+x^2}}=\dfrac{3}{5}$,即 $x=30$ km 为函数 y 在区间 $(0,200)$ 内的唯一驻点. 因为在实

际中总运费的最小值一定存在,所以当 $x=30$ km 时,函数 y 取得最小值. 也就是说,当地点 D 选在距 A 站 30 km 处时,原料从 B 站运到工厂 C 的总运费最省.

例 8 一个工厂生产某种商品,每月固定成本是 20 000 元,每生产一件产品,成本增加 100 元. 已知总收益 R(单位:元)是年产量 Q(单位:件)的函数:

$$R(Q)=\begin{cases} 400Q-\dfrac{1}{2}Q^2, & 0\leqslant Q\leqslant 400, \\ 80\,000, & Q>400. \end{cases}$$

问:每月生产多少产品,总利润最大?此时总利润是多少?

解 按照题意,总成本函数为 $C(Q)=20\,000+100Q$(单位:元),所以总利润函数为

$$L(Q)=R(Q)-C(Q)=\begin{cases} 300Q-\dfrac{1}{2}Q^2-20000, & 0\leqslant Q\leqslant 400, \\ 60000-100Q, & Q>400 \end{cases}\text{(单位:元).}$$

于是 $$L'(Q)=\begin{cases} 300-Q, & 0\leqslant Q\leqslant 400, \\ -100, & Q>400. \end{cases}$$

令 $L'(Q)=0$,得 $Q=300$ 件. 又因 $L''(300)=-1<0$,所以当 $Q=300$ 件时,$L(Q)$ 取得最大值,此时总利润为 $L(300)=25\,000$ 元.

例 9 在某个半径为 R 的圆形广场中心挂一盏灯,问:要挂多么高,才能使广场周围的路被照得最亮?(灯光的亮度与光线投射角的余弦成正比,与光源距离的平方成反比,而投射角是经过灯且垂直于地面的直线与光线所夹的角.)

解 如图 3-14 所示,设灯位于点 P,离地面的高度为 H,则广场周围的路上灯光的亮度应为

$$\Gamma=\frac{k\cos\theta}{d^2}\quad\text{(常数 }k>0\text{),}$$

其中 $d=\sqrt{R^2+H^2}$,$\cos\theta=\dfrac{H}{\sqrt{R^2+H^2}}$. 所以

$$\Gamma=\frac{kH}{(R^2+H^2)^{\frac{3}{2}}}\ (0<H<+\infty),\quad \Gamma'(H)=\frac{k(R^2-2H^2)}{(R^2+H^2)^{\frac{5}{2}}}.$$

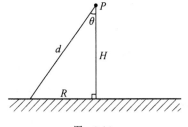

图 3-14

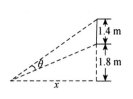

图 3-15

令 $\Gamma'(H)=0$, 得 $H=\dfrac{\sqrt{2}}{2}R$. 易知, 当 $0<H<\dfrac{\sqrt{2}}{2}R$ 时, $\Gamma'(H)>0$; 当 $H>\dfrac{\sqrt{2}}{2}R$ 时,

$\Gamma'(H)<0$. 所以, Γ 在 $H=\dfrac{\sqrt{2}}{2}R$ 时取最大值, 即当灯的高度为 $\dfrac{\sqrt{2}}{2}R$ 时, 广场周围的路被照得最亮.

例 10　一张高 1.4 m 的矩形图片挂在墙上, 它的底边比观察者的眼睛高 1.8 m. 问: 观察者在距墙多远处看图片才最清楚, 即视角 θ 最大?

解　如图 3-15 所示, 设观察者与墙的距离为 x (单位: m), 则

$$\theta = \arctan \frac{1.4+1.8}{x} - \arctan \frac{1.8}{x} = \arctan \frac{3.2}{x} - \arctan \frac{1.8}{x}, \quad x \in (0, +\infty).$$

$$\theta' = \frac{-3.2}{x^2+3.2^2} + \frac{1.8}{x^2+1.8^2} = \frac{-1.4(x^2-5.76)}{(x^2+3.2^2)(x^2+1.8^2)}.$$

令 $\theta'=0$, 得驻点 $x=2.4$ m. 因为实际中视角的最大值一定存在, 且驻点唯一, 所以观察者站在距离墙 2.4 m 处看图最清楚.

习　题　3.5

1. 求下列函数的极值:

(1) $f(x)=x^3-3x^2-9x+15$; 　　　　(2) $f(x)=x-\ln(1+x)$;

(3) $f(x)=x+\sqrt{1-x}$; 　　　　(4) $f(x)=\dfrac{\ln^2 x}{x}$.

2. 讨论常数 a 为何值时, 函数 $y=a\sin x+\dfrac{1}{3}\sin 3x$ 在点 $x=\dfrac{\pi}{3}$ 处取得极值, 并求此极值.

3. 求数列 $1, \sqrt{2}, \sqrt[3]{3}, \cdots, \sqrt[n]{n}, \cdots$ 的最大项.

4. 求下列函数的最值:

(1) $y=2x^3-3x^2 \ (-2 \leqslant x \leqslant 2)$; 　　(2) $y=x\ln x \ (0 \leqslant x \leqslant e)$; 　　(3) $y=\dfrac{x}{1+x^2}$.

5. 已知一个圆柱形容器的容积是 V, 问: 它的高 h 与底半径 r 各为多少时, 表面积最小?

6. 从一块半径为 R 的圆形铁片上剪去一个圆心角为 α 的扇形, 余下部分做成一个漏斗, 问: α 为多大时, 漏斗的容积最大?

7. 如图 3-16 所示, 甲村和乙村合用一个变压器. 若这两个村子用同型号的线架和电线, 问: 变压器设在输电干线何处时, 所需电线最短?

8. 一颗质量为 m_0 的雨滴, 受重力作用自高空下落, 在下落途中均匀蒸发. 设蒸发速率为 v_0, 不计空气阻力, 问: 何时雨滴的动能最大?

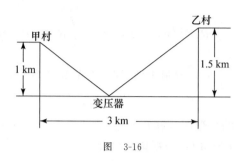

图　3-16

§3.6　函数图形的描绘

一、曲线的渐近线

有些函数的定义域和值域都是有限区间,此时函数的图形只落在坐标平面上的有限范围内,例如函数 $y=\sqrt{1-x^2}$, $y=\dfrac{2}{3}\sqrt{9-x^2}$ 的图形(前者为圆弧,后者为椭圆弧);而有些函数的定义域或值域是无穷区间,此时函数的图形则是远离原点向无穷远处延伸出去的,例如函数 $y=x^2$, $y=\dfrac{1}{x}$ 的图形. 为了把握函数在无穷远处的变化趋势,我们需要引进曲线渐近线的概念.

定义　如果曲线 C 上的动点 P 沿着该曲线趋于无穷远时,点 P 与某条直线 L 的距离趋于零,则称直线 L 为曲线 C 的一条**渐近线**.

曲线的渐近线分为垂直渐近线、水平渐近线、斜渐近线三种,下面分别讨论它们.

1. 垂直渐近线

如果函数 $f(x)$ 在点 $x=x_0$ 处间断或 x_0 是 $f(x)$ 的定义区间的端点,且有

$$\lim_{x\to x_0}f(x)=\infty \quad [\text{或}\lim_{x\to x_0^+}f(x)=\infty,\lim_{x\to x_0^-}f(x)=\infty],$$

则称直线 $x=x_0$ 为曲线 $y=f(x)$ 的一条**垂直渐近线**,它为垂直于 x 轴的渐近线.

例 1　对于曲线 $y=f(x)=\dfrac{1}{(x-1)(x+3)}$,由于 $x=1,-3$ 是函数 $f(x)$ 的间断点,且

$$\lim_{x\to 1}f(x)=\infty, \quad \lim_{x\to -3}f(x)=\infty,$$

所以此曲线有两条垂直渐近线,分别为 $x=1$ 和 $x=-3$.

例 2　对于曲线 $y=\ln x$,由于 $\lim_{x\to 0^+}\ln x=-\infty$,所以直线 $x=0$ 为曲线 $y=\ln x$ 的垂直渐近线.

2. 水平渐近线

如果函数 $f(x)$ 的定义域为无限区间,且有
$$\lim_{x\to\infty}f(x)=b \quad [或 \lim_{x\to+\infty}f(x)=b,\ \lim_{x\to-\infty}f(x)=b],$$
则称直线 $y=b$ 为曲线 $y=f(x)$ 的一条**水平渐近线**,它为平行于 x 轴的渐近线.

例 3 对于曲线 $y=\dfrac{1}{x}$,由于 $\lim\limits_{x\to\infty}\dfrac{1}{x}=0$,所以直线 $y=0$ 为该曲线的水平渐近线.

例 4 对于曲线 $y=\mathrm{e}^{-x^2}$,由于 $\lim\limits_{x\to\infty}\mathrm{e}^{-x^2}=0$,所以这条曲线有水平渐近线 $y=0$.

3. 斜渐近线

如果函数 $f(x)$ 的定义域是无限区间,且有
$$\lim_{x\to\infty}[f(x)-(ax+b)]=0 \quad [或 \lim_{x\to+\infty}[f(x)-(ax+b)]=0,\ \lim_{x\to-\infty}[f(x)-(ax+b)]=0],$$
其中 a,b 是常数,则称直线 $y=ax+b$ 为曲线 $y=f(x)$ 的一条**斜渐近线**.

由上述定义不难证明:直线 $y=ax+b$ 为曲线 $y=f(x)$ 的斜渐近线的充要条件是
$$a=\lim_{\substack{x\to\infty\\(或x\to\pm\infty)}}\frac{f(x)}{x},\quad b=\lim_{\substack{x\to\infty\\(或x\to\pm\infty)}}[f(x)-ax].$$

例 5 求曲线 $y=\dfrac{x^2}{1+x}$ 的渐近线.

解 因为 $f(x)=\dfrac{x^2}{1+x}$ 在点 $x=-1$ 处间断,且 $\lim\limits_{x\to-1}\dfrac{x^2}{1+x}=\infty$,所以 $x=-1$ 是该曲线的垂直渐近线.

由
$$\lim_{x\to\infty}\frac{f(x)}{x}=\lim_{x\to\infty}\frac{\dfrac{x^2}{1+x}}{x}=1\triangleq a,\quad \lim_{x\to\infty}[f(x)-ax]=\lim_{x\to\infty}\left(\frac{x^2}{1+x}-x\right)=\lim_{x\to\infty}\frac{-x}{1+x}=-1\triangleq b$$
可知,$y=x-1$ 是该曲线的斜渐近线.

注 若曲线 $y=f(x)$ 满足以下条件之一,则该曲线无斜渐近线:

(1) $\lim\limits_{\substack{x\to\infty\\(或x\to\pm\infty)}}\dfrac{f(x)}{x}$ 不存在;

(2) $\lim\limits_{\substack{x\to\infty\\(或x\to\pm\infty)}}\dfrac{f(x)}{x}=a$ 存在,但 $\lim\limits_{\substack{x\to\infty\\(或x\to\pm\infty)}}[f(x)-ax]$ 不存在.

二、函数图形的描绘

在中学数学里,我们曾借助描点法作出一些简单初等函数的图形.但这样得到的图形相当粗糙,且也不能很好地表示其性态.现在已掌握了利用导数讨论函数的单调性、极值,曲线

的凹凸性、拐点以及利用极限讨论曲线的渐近线等方法,从而可以比较全面地了解函数图形的变化趋势和轮廓,这样就可以比较精确地描绘出函数的图形.

利用导数和极限描绘函数 $f(x)$ 的图形的具体步骤如下:

(1) 求出 $f(x)$ 的定义域,考查 $f(x)$ 的奇偶性及周期性;

(2) 求出 $f(x)$ 的一阶导数 $f'(x)$ 和二阶导数 $f''(x)$;

(3) 求出 $f'(x)=0$ 和 $f''(x)=0$ 在定义域内的根,以及 $f'(x)$ 和 $f''(x)$ 在定义域内不存在的点;

(4) 用(3)中所求得的点将定义域分成若干小区间,然后列表讨论 $f(x)$ 的单调性和极值,以及曲线 $y=f(x)$ 的凹凸性和拐点;

(5) 求出曲线 $y=f(x)$ 的渐近线,确定该曲线的变化趋势;

(6) 根据(4),(5)画出曲线 $y=f(x)$,即 $f(x)$ 的图形.

注　(1) 如果函数具有奇偶性或周期性,那么可以先画出函数的一部分图形,其余部分可按照对称性或周期性画出;

(2) 为了把函数的图形描绘得比较精确,有时还要找一些辅助点,例如函数的图形与坐标轴的交点或者其上某些特殊点.

例 6　作函数 $f(x)=\dfrac{x^3}{3}-2x^2+3x+1$ 的图形.

解　(1) $f(x)$ 的定义域为区间 $(-\infty,+\infty)$.

(2) $f'(x)=x^2-4x+3=(x-1)(x-3)$,$f''(x)=2x-4=2(x-2)$.

(3) 令 $f'(x)=0$,得 $x=1,3$;令 $f''(x)=0$,得 $x=2$.

(4) 用三点 $x=1,2,3$ 把定义域 $(-\infty,+\infty)$ 分为四个小区间:$(-\infty,1)$,$(1,2)$,$(2,3)$,$(3,+\infty)$.列表 3.7 进行讨论.

表　3.7

x	$(-\infty,1)$	1	$(1,2)$	2	$(2,3)$	3	$(3,+\infty)$
$f'(x)$	+	0	−	−	−	0	+
$f''(x)$	−	−	−	0	+	+	+
$f(x)$	↗ ∩	极大值	↘ ∩	拐点	↘ ∪	极小值	↗ ∪

求出在点 $x=1,2,3$ 处的函数值:$f(1)=\dfrac{7}{3}$,$f(2)=\dfrac{5}{3}$,$f(3)=1$,从而得到曲线 $y=f(x)$ 上的三个特殊点:$\left(1,\dfrac{7}{3}\right)$,$\left(2,\dfrac{5}{3}\right)$,$(3,1)$,其中 $\left(2,\dfrac{5}{3}\right)$ 为拐点.再补充两个辅助点:

$(0,1),\left(4,\dfrac{7}{3}\right).$

(5) 曲线 $y=f(x)$ 无渐近线.

(6) 作图:先把上述特殊点和补充的辅助点在坐标平面上标出,然后按照表 3.7 中所示 $f(x)$ 的性态描绘它的图形(见图 3-17).

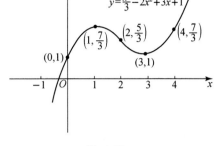

图 3-17

例 7 描绘函数 $f(x)=\mathrm{e}^{-x^2}$ 的图形.

解 (1) $f(x)$ 的定义域为区间 $(-\infty,+\infty)$. 易知 $f(x)$ 为偶函数,它的图形关于 y 轴对称.

(2) $f'(x)=-2x\mathrm{e}^{-x^2}$,$f''(x)=2\mathrm{e}^{-x^2}(2x^2-1)$.

(3) 令 $f'(x)=0$,得 $x=0$;令 $f''(x)=0$,得 $x=-\dfrac{1}{\sqrt{2}},\dfrac{1}{\sqrt{2}}$.

(4) 用三点 $x=-\dfrac{1}{\sqrt{2}},0,\dfrac{1}{\sqrt{2}}$ 把定义域 $(-\infty,+\infty)$ 分为四个小区间:$\left(-\infty,-\dfrac{1}{\sqrt{2}}\right)$, $\left(-\dfrac{1}{\sqrt{2}},0\right)$,$\left(0,\dfrac{1}{\sqrt{2}}\right)$,$\left(\dfrac{1}{\sqrt{2}},+\infty\right)$. 列表 3.8 进行讨论.

表 3.8

x	$\left(-\infty,-\dfrac{1}{\sqrt{2}}\right)$	$-\dfrac{1}{\sqrt{2}}$	$\left(-\dfrac{1}{\sqrt{2}},0\right)$	0	$\left(0,\dfrac{1}{\sqrt{2}}\right)$	$\dfrac{1}{\sqrt{2}}$	$\left(\dfrac{1}{\sqrt{2}},+\infty\right)$
$f'(x)$	$+$	$+$	$+$	0	$-$	$-$	$-$
$f''(x)$	$+$	0	$-$		$-$	0	$+$
$f(x)$	↗ ∪	拐点	↗ ∩	极大值	↘ ∩	拐点	↘ ∪

求出在 $x=-\dfrac{1}{\sqrt{2}},0,\dfrac{1}{\sqrt{2}}$ 处的函数值:$f\left(-\dfrac{1}{\sqrt{2}}\right)=\dfrac{1}{\sqrt{\mathrm{e}}}$,$f\left(\dfrac{1}{\sqrt{2}}\right)=\dfrac{1}{\sqrt{\mathrm{e}}}$,$f(0)=1$,可知极大值点为 $(0,1)$,拐点为 $\left(-\dfrac{1}{\sqrt{2}},\dfrac{1}{\sqrt{\mathrm{e}}}\right)$,$\left(\dfrac{1}{\sqrt{2}},\dfrac{1}{\sqrt{\mathrm{e}}}\right)$.

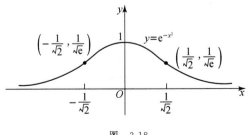

图 3-18

(5) 由于 $\lim\limits_{x\to\infty}\mathrm{e}^{-x^2}=0$,所以 $y=0$ 为曲线 $y=\mathrm{e}^{-x^2}$ 的一条水平渐近线. 该曲线无垂直渐近线.

(6) 作图:先作渐近线,再标出特殊点,并结合(4)所得到的结果,就可画出 $f(x)=\mathrm{e}^{-x^2}$ 的图形(见图 3-18).

例 8 描绘函数 $f(x) = \dfrac{x^2}{2x+1}$ 的图形.

解 (1) $f(x)$ 的定义域为 $\left(-\infty, -\dfrac{1}{2}\right) \cup \left(-\dfrac{1}{2}, +\infty\right)$. 当 $x = -\dfrac{1}{2}$ 时,$f(x)$ 无定义. 显然,它是一个非奇非偶函数.

(2) $f'(x) = \dfrac{2x(x+1)}{(2x+1)^2}$,$f''(x) = \dfrac{2}{(2x+1)^3}$.

(3) 令 $f'(x) = 0$,得 $x = 0, -1$;方程 $f''(x) = 0$ 无解.

(4) 用两点 $x = -1, 0$ 把定义域 $\left(-\infty, -\dfrac{1}{2}\right) \cup \left(-\dfrac{1}{2}, +\infty\right)$ 分为四个小区间:$(-\infty, -1)$,$\left(-1, -\dfrac{1}{2}\right)$,$\left(-\dfrac{1}{2}, 0\right)$,$(0, +\infty)$. 列表 3.9 进行讨论.

表 3.9

x	$(-\infty, -1)$	-1	$\left(-1, -\dfrac{1}{2}\right)$	$-\dfrac{1}{2}$	$\left(-\dfrac{1}{2}, 0\right)$	0	$(0, +\infty)$
$f'(x)$	$+$	0	$-$	——	$-$	0	$+$
$f''(x)$	$-$	$-$	$-$	——	$+$	$+$	$+$
$f(x)$	↗∩	极大值	↘∩	——	↘∪	极小值	↗∪

(5) 因为 $\lim\limits_{x \to -\frac{1}{2}} f(x) = \infty$,所以 $x = -\dfrac{1}{2}$ 为曲线 $y = f(x)$ 的垂直渐近线. 又

$$\lim_{x \to \infty} \frac{f(x)}{x} = \lim_{x \to \infty} \frac{\frac{x^2}{1+2x}}{x} = \frac{1}{2},$$

$$\lim_{x \to \infty} \left[f(x) - \frac{1}{2}x \right] = \lim_{x \to \infty} \frac{-x}{2(2x+1)} = -\frac{1}{4},$$

所以 $y = \dfrac{1}{2}x - \dfrac{1}{4}$ 为曲线 $y = f(x)$ 的斜渐近线.

(6) 作图:先在坐标平面上用虚线作出渐近线:$x = -\dfrac{1}{2}$ 和 $y = \dfrac{1}{2}x - \dfrac{1}{4}$,并标出点 $(-1, -1)$,$(0, 0)$,然后根据(4)的讨论结果画出 $f(x) = \dfrac{x^2}{2x+1}$ 的图形(见图 3-19).

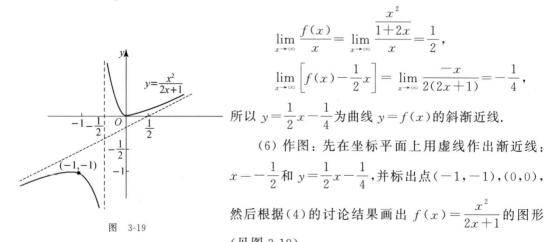

图 3-19

习　题　3.6

1. 求下列曲线的渐近线：

(1) $y = \dfrac{1 + e^{-x^2}}{1 - e^{-x^2}}$;　　　(2) $y = \dfrac{x^3}{x^2 - 1}$;　　　(3) $y = \dfrac{x^3}{(1-x)^2}$;

(4) $y = \dfrac{e^x}{1+x}$;　　　(5) $y = \dfrac{x^2}{\sqrt{x^2 - 1}}$;　　　(6) $y = (2x - 1)e^{\frac{1}{x}}$.

2. 描绘下列函数的图形：

(1) $y = \dfrac{1}{5}(x^3 - 3x^2 - 9x + 10)$;　　　　(2) $y = \dfrac{1}{4}(x^2 - 1)^2$;

(3) $y = \dfrac{x}{1 + x^2}$;　　　　　　　　　　(4) $y = \dfrac{(x-2)^2}{2x} + 2$.

§3.7　曲　　率

在工程技术和生产实际中,有许多问题需要讨论曲线的弯曲程度.例如,厂房和桥梁结构中的钢梁在荷载作用下都会发生弯曲变形,弯曲到一定程度就会断裂,以致造成坍塌事故. 又如,在公路或铁路的转弯处,需要用适当的弧段来衔接,才能使车辆平稳地转入弯道,否则容易造成交通事故.为此,本节将给出刻画曲线弯曲程度的曲率及其计算公式.在介绍曲率之前,先引入弧长的微分(简称弧微分)的概念.

一、弧微分

设函数 $f(x)$ 在区间 (a, b) 内具有连续导数. 在曲线 $y = f(x)$ 上取定一点 $M_0(x_0, y_0)$ 作为度量弧长的起点,$M(x, y)$ 为该曲线上任一点,用 s 表示有向曲线弧 $\overset{\frown}{M_0M}$ 的弧长,并规定:

(1) 曲线 $y = f(x)$ 的正向与 x 增大的方向一致.

(2) 当 $\overset{\frown}{M_0M}$ 的方向与曲线 $y = f(x)$ 的正向一致时,$s > 0$;相反时,$s < 0$.

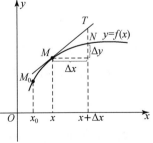

图　3-20

下面也用记号 $\overset{\frown}{M_0M}$ 表示该有向曲线弧的弧长. 显然,弧长 $s = \overset{\frown}{M_0M}$ 是 x 的函数,且为 x 的单调增加函数,记为 $s = s(x)$. 现在来求 $s(x)$ 的导数与微分.

设 x 有增量 Δx,则对应地 $y = f(x)$ 有增量 Δy,弧长 s 有增量 Δs.如图 3-20 所示,记 N 为过点 $(x + \Delta x, 0)$ 且平行于 y 轴的直线与曲线 $y = f(x)$ 的

交点,则有

$$\Delta s = \overset{\frown}{M_0 N} - \overset{\frown}{M_0 M} = \overset{\frown}{MN}.$$

于是

$$\left(\frac{\Delta s}{\Delta x}\right)^2 = \left(\frac{\overset{\frown}{MN}}{\Delta x}\right)^2 = \left(\frac{\overset{\frown}{MN}}{|MN|}\right)^2 \left(\frac{|MN|}{\Delta x}\right)^2 = \left(\frac{\overset{\frown}{MN}}{|MN|}\right)^2 \frac{(\Delta x)^2 + (\Delta y)^2}{(\Delta x)^2}$$

$$= \left(\frac{\overset{\frown}{MN}}{|MN|}\right)^2 \left[1 + \left(\frac{\Delta y}{\Delta x}\right)^2\right].$$

因为当 $\Delta x \to 0$ 时,$N \to M$,这时曲线弧的弧长与相应弦的长度之比的极限等于 1,从而
$\lim\limits_{N \to M} \left(\dfrac{\overset{\frown}{MN}}{|MN|}\right)^2 = 1$,所以

$$\left(\frac{\mathrm{d}s}{\mathrm{d}x}\right)^2 = \lim_{\Delta x \to 0} \left(\frac{\Delta s}{\Delta x}\right)^2 = 1 + \left(\frac{\mathrm{d}y}{\mathrm{d}x}\right)^2, \quad 即 \quad \frac{\mathrm{d}s}{\mathrm{d}x} = \pm \sqrt{1 + \left(\frac{\mathrm{d}y}{\mathrm{d}x}\right)^2}.$$

由于 s 是 x 的单调增加函数,上式右端根号前应取符号"$+$",故得 $s'(x) = \sqrt{1 + (y')^2}$,从而
$s(x)$ 关于 x 的微分为

$$\mathrm{d}s = \sqrt{1 + (y')^2}\, \mathrm{d}x \quad 或 \quad (\mathrm{d}s)^2 = (\mathrm{d}x)^2 + (\mathrm{d}y)^2.$$

这就是**弧微分公式**.

设曲线由参数方程 $\begin{cases} x = \varphi(t), \\ y = \psi(t) \end{cases}$ 表示,则有

$$(\mathrm{d}s)^2 = \{[\varphi'(t)]^2 + [\psi'(t)]^2\}(\mathrm{d}t)^2,$$

从而
$$\mathrm{d}s = \sqrt{[\varphi'(t)]^2 + [\psi'(t)]^2}\, \mathrm{d}t,$$

其中假定弧长 s 随参数 t 增大而增大,从而根号前取符号"$+$".

设曲线的极坐标方程为 $\rho = \rho(\theta)$,则可将其看作参数方程 $\begin{cases} x = \rho(\theta)\cos\theta, \\ y = \rho(\theta)\sin\theta, \end{cases}$ 从而有

$$\mathrm{d}s = \sqrt{[(\rho(\theta)\cos\theta)']^2 + [(\rho(\theta)\sin\theta)']^2}\, \mathrm{d}\theta = \sqrt{[\rho(\theta)]^2 + [\rho'(\theta)]^2}\, \mathrm{d}\theta,$$

其中根号前取符号"$+$"是假定弧长 s 随参数 θ 增大而增大的缘故.

例 1　求下列曲线的弧微分:

(1) $y = x^3 - x$;　　　　　　(2) $\begin{cases} x = at^2, \\ y = bt^3 \end{cases}$ $(a, b$ 为常数$)$.

解　(1) 由于 $y' = 3x^2 - 1$,所以由弧微分公式得

$$\mathrm{d}s = \sqrt{1 + (3x^2 - 1)^2}\, \mathrm{d}x = \sqrt{9x^4 - 6x^2 + 2}\, \mathrm{d}x.$$

(2) 由于 $\mathrm{d}x = 2at\,\mathrm{d}t, \mathrm{d}y = 3bt^2\,\mathrm{d}t$,所以由弧微分公式得

$$\mathrm{d}s = \sqrt{(2at)^2 + (3bt^2)^2}\, \mathrm{d}t = \sqrt{4a^2 + 9b^2 t^2}\, |t|\, \mathrm{d}t.$$

二、曲率及其计算公式

曲率是描述曲线局部弯曲程度的一个数量指标. 下面我们先从几何图形上分析曲线的弯曲程度与哪些因素有关.

设点 M_1 沿一条曲线移动到点 M_2, 该曲线的切线 M_1T 随着点 M_1 的移动而连续转动, 切线 M_1T 转动到 TM_2 时所转过的角度 φ 称为曲线弧 $\overset{\frown}{M_1M_2}$ 的**切线转角**(见图 3-21).

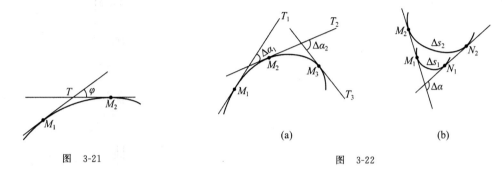

图 3-21

图 3-22

从图 3-22(a),(b)可以看到:

(1) 如果两条曲线弧 $\overset{\frown}{M_1M_2}$ 与 $\overset{\frown}{M_2M_3}$ 的弧长相等,则切线转角较大的曲线弧弯曲程度较大;切线转角较小的曲线弧弯曲程度较小[见图 3-22(a)].

(2) 如果两条曲线弧 $\overset{\frown}{M_1N_1}$ 与 $\overset{\frown}{M_2N_2}$ 的切线转角相等,则较长的曲线弧弯曲程度较小;较短的曲线弧弯曲程度较大[见图 3-22(b)].

可见,曲线弧的弯曲程度与曲线弧的切线转角及弧长有关. 如果曲线弧的切线转角较大,弧长较短,那么曲线弧的弯曲程度较大. 因此,应该以单位弧长曲线的切线转角来表示曲线的弯曲程度.

设 $M_0(x_0,y_0)$ 为曲线 $y=f(x)$ 上的一个定点, $M(x,y)$ 为该曲线上任一点,当 x 有增量 Δx 时,点 M 沿该曲线变到点 N,有向曲线弧 $\overset{\frown}{M_0M}$ 的弧长 s 的增量为 Δs,则有向曲线弧 $\overset{\frown}{MN}$ 的弧长等于 Δs(见图 3-23).又设曲线弧 $\overset{\frown}{MN}$ 的切线转角为 $|\Delta\alpha|$,我们将比值

$$\overline{K}=\left|\frac{\Delta\alpha}{\Delta s}\right|$$

称为曲线弧 $\overset{\frown}{MN}$ 的**平均曲率**.

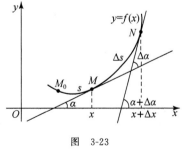

图 3-23

类似于根据平均速度引进瞬时速度的方法,当 $\Delta s \to 0$ ($N \to M$)时,若上述平均曲率的极限存在,则称其极限值为曲线 $y=f(x)$ 在点 $M(x,y)$ 处的曲率,记为 K,即

$$K=\lim_{\Delta s \to 0}\left|\frac{\Delta\alpha}{\Delta s}\right|.$$

在 $\lim\limits_{\Delta s \to 0} \dfrac{\Delta \alpha}{\Delta s} = \dfrac{\mathrm{d}\alpha}{\mathrm{d}s}$ 存在的条件下,有

$$K = \left| \frac{\mathrm{d}\alpha}{\mathrm{d}s} \right|. \tag{1}$$

它表明,曲线的曲率等于曲线切线倾角对于弧长的导数的绝对值. 这里取绝对值是由于曲率都是正的,即不论曲线是凹弧还是凸弧,均认为曲率为正的.

例 2　求直线的曲率.

解　由于直线上任何一点处的切线都与直线重合,所以当点沿着直线移动时,切线的倾角 α 不变. 因此,直线上任何两点之间线段的切线转角为 $\Delta\alpha = 0$,于是平均曲率为

$$\overline{K} = \left| \frac{\Delta \alpha}{\Delta s} \right| = 0,$$

从而直线上任何点处的曲率为

$$K = \lim\limits_{\Delta s \to 0} \left| \frac{\Delta \alpha}{\Delta s} \right| = 0.$$

这说明,直线上任一点处的曲率为零. 也就是说,"直线不弯曲".

例 3　求半径为 R 的圆的曲率.

解　如图 3-24 所示,在圆心为 C,半径为 R 的圆上任取两点 M 与 N,设圆弧 $\overset{\frown}{MN}$ 的切线转角为 $|\Delta\alpha|$. 由几何学易知圆弧 $\overset{\frown}{MN}$ 的弧长是

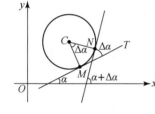

图　3-24

$$|\Delta s| = R\angle MCN = R|\Delta\alpha|,$$

于是圆弧 $\overset{\frown}{MN}$ 的平均曲率为

$$\overline{K} = \left| \frac{\Delta \alpha}{\Delta s} \right| = \frac{|\Delta\alpha|}{R|\Delta\alpha|} = \frac{1}{R}.$$

因此,圆上任一点处的曲率为

$$K = \lim\limits_{\Delta s \to 0} \overline{K} = \lim\limits_{\Delta s \to 0} \left| \frac{\Delta \alpha}{\Delta s} \right| = \lim\limits_{\Delta s \to 0} \frac{1}{R} = \frac{1}{R}.$$

也就是说,圆上各点处的曲率都相等,其值为圆半径 R 的倒数. 这说明,圆上各点处的弯曲程度都相同,而且半径越小,曲率越大,即圆弯曲得越厉害.

下面根据曲率的定义来推导便于计算曲率的公式.

设一条曲线的直角坐标方程为 $y = f(x)$,且函数 $f(x)$ 二阶可导. 由导数的几何意义知,该曲线在点 $M(x, y)$ 处的切线斜率为 y',于是 $y' = \tan\alpha$(α 为切线的倾角),所以 $\alpha = \arctan y'$,从而有

$$\frac{\mathrm{d}\alpha}{\mathrm{d}x} = \frac{y''}{1 + (y')^2}, \quad \text{即} \quad \mathrm{d}\alpha = \frac{y''}{1 + (y')^2}\mathrm{d}x.$$

另外,由弧微分公式可知 $\mathrm{d}s = \sqrt{1 + (y')^2}\,\mathrm{d}x$. 因此,根据曲率的定义,该曲线的曲率为

$$K = \left| \frac{\mathrm{d}\alpha}{\mathrm{d}s} \right| = \frac{\left| \dfrac{y'' \mathrm{d}x}{1+(y')^2} \right|}{\left| \sqrt{1+(y')^2} \, \mathrm{d}x \right|} = \frac{|y''|}{[1+(y')^2]^{\frac{3}{2}}}. \tag{2}$$

设一条曲线由参数方程 $\begin{cases} x = \varphi(t), \\ y = \psi(t) \end{cases}$ 所确定,其中 $\varphi(t), \psi(t)$ 二阶可导. 因为

$$\frac{\mathrm{d}y}{\mathrm{d}x} = \frac{\psi'(t)}{\varphi'(t)}, \qquad \frac{\mathrm{d}^2 y}{\mathrm{d}x^2} = \frac{\psi''(t)\varphi'(t) - \psi'(t)\varphi''(t)}{[\varphi'(t)]^3},$$

所以该曲线的曲率为

$$K = \frac{|\psi''(t)\varphi'(t) - \psi'(t)\varphi''(t)|}{\{[\varphi'(t)]^2 + [\psi'(t)]^2\}^{\frac{3}{2}}}. \tag{3}$$

例 4　设铁轨的缓冲轨道具有三次抛物线 $y = \dfrac{1}{4}x^3$ 的形状,问:列车在通过缓冲轨道上的点 $(0,0)$,$\left(1, \dfrac{1}{4}\right)$,$(2,2)$ 时,它的方向改变率各是多少?(长度单位:km)

解　列车通过某点时的方向改变率就是缓冲轨道在该点处的曲率. 因为 $y = \dfrac{1}{4}x^3$,所以 $y' = \dfrac{3}{4}x^2, y'' = \dfrac{3}{2}x$. 代入曲率的计算公式(2),得缓冲轨道的曲率

$$K = \frac{\left| \dfrac{3}{2}x \right|}{\left(1 + \dfrac{9}{16}x^4\right)^{\frac{3}{2}}}.$$

列车通过点 $(0,0)$ 时的方向改变率为 $K\big|_{x=0} = 0$ 弧度/km;

列车通过点 $\left(1, \dfrac{1}{4}\right)$ 时的方向改变率为 $K\big|_{x=1} = \dfrac{\dfrac{3}{2}}{\left(1 + \dfrac{9}{16}\right)^{\frac{3}{2}}}$ 弧度/km $= \dfrac{96}{125}$ 弧度/km;

列车通过点 $(2,2)$ 时的方向改变率为 $K\big|_{x=2} = \dfrac{\dfrac{3}{2} \times 2}{\left(1 + \dfrac{9}{16} \times 2^4\right)^{\frac{3}{2}}}$ 弧度/km $= \dfrac{3\sqrt{10}}{100}$ 弧度/km.

例 5　求曲线 $\begin{cases} x = a(t - \sin t), \\ y = a(1 - \cos t) \end{cases}$ $(a > 0)$ 在 $t = \pi$ 处的曲率.

解　因为 $\dfrac{\mathrm{d}x}{\mathrm{d}t} = a(1 - \cos t), \dfrac{\mathrm{d}y}{\mathrm{d}t} = a\sin t, \dfrac{\mathrm{d}^2 x}{\mathrm{d}t^2} = a\sin t, \dfrac{\mathrm{d}^2 y}{\mathrm{d}t^2} = a\cos t$,所以由计算曲率的公

式(3)得

$$K = \frac{\left| \dfrac{\mathrm{d}^2 y}{\mathrm{d}t^2} \cdot \dfrac{\mathrm{d}x}{\mathrm{d}t} - \dfrac{\mathrm{d}y}{\mathrm{d}t} \cdot \dfrac{\mathrm{d}^2 x}{\mathrm{d}t^2} \right|}{\left[\left(\dfrac{\mathrm{d}y}{\mathrm{d}t} \right)^2 + \left(\dfrac{\mathrm{d}x}{\mathrm{d}t} \right)^2 \right]^{\frac{3}{2}}} = \frac{\left| a\cos t \cdot a(1-\cos t) - a\sin t \cdot a\sin t \right|}{\left\{ (a\sin t)^2 + [a(1-\cos t)]^2 \right\}^{\frac{3}{2}}} = \frac{1}{4a} \cdot \frac{1}{\left| \sin \dfrac{t}{2} \right|}.$$

因此,在 $t = \pi$ 处,该曲线的曲率为 $K\big|_{t=\pi} = \dfrac{1}{4a}$.

例 6 在抛物线 $y = ax^2 + bx + c$ 上哪一点处的曲率最大?

解 因为 $y' = 2ax + b$,$y'' = 2a$,所以该抛物线的曲率为

$$K = \frac{|2a|}{\left[1 + (2ax + b)^2 \right]^{\frac{3}{2}}}.$$

易知,当 $x = -\dfrac{b}{2a}$ 时,曲率 K 有最大值 $|2a|$. 而当 $x = -\dfrac{b}{2a}$ 时,$y = -\dfrac{b^2 - 4ac}{4a}$,从而说明该抛物线在点 $\left(-\dfrac{b}{2a}, -\dfrac{b^2 - 4ac}{4a} \right)$ 处的曲率最大. 由平面解析几何知,此点就是该抛物线的顶点. 所以,抛物线在其顶点处的曲率最大.

三、曲率半径与曲率圆

如果曲线 $y = f(x)$ 在点 $M(x, y)$ 处的曲率 $K \neq 0$,则把曲率的倒数 $\dfrac{1}{K}$ 称为该曲线在点 $M(x, y)$ 处的**曲率半径**,记为 ρ,即

$$\rho = \frac{1}{K} = \frac{\left[1 + (y')^2 \right]^{\frac{3}{2}}}{|y''|}.$$

易知,曲线在某点处的曲率半径较大时,曲线在该点处的曲率就较小,即曲线在该点附近也较平坦;反之,曲线在某点处的曲率半径较小时,曲线在该点处的曲率就较大,即曲线在该点附近较弯曲.

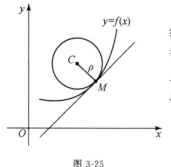

图 3-25

设有曲线 $y = f(x)$,$M(x, y)$ 为其上一点. 过点 M 作该曲线的法线,并在曲线凹向一侧的法线上取一点 C,使 MC 的长度等于点 M 处的曲率半径 ρ,即 $|MC| = \rho$. 我们称点 C 为曲线 $y = f(x)$ 在点 M 处的**曲率中心**. 以 C 为中心,ρ 为半径作一个圆,称此圆为曲线 $y = f(x)$ 在点 M 处的**曲率圆**或**密切圆**(见图 3-25).

曲线 $y = f(x)$ 在点 M 处的曲率圆与该曲线有如下密切关系:

(1) 曲率圆与该曲线在点 M 处相切,即有公切线;

(2) 曲率圆与该曲线在点 M 处凹向相同;

(3) 曲率圆与该曲线在点 M 处的曲率相同.

据此可知,曲率圆与曲线 $y=f(x)$ 在点 M 处有相同的函数值、一阶导数值和二阶导数值. 由于曲率圆与相应曲线有着这种密切关系,所以在实际问题中研究某条曲线在一点处的性态时,经常用该点处的曲率圆来近似代替曲线,从而使问题得以简化.

例 7 设一种金属工件的内表面截线为抛物线 $y=0.4x^2$,现在要用砂轮打磨使其表面更加光滑,问:用直径多大的砂轮打磨比较合适?

解 为了在打磨时不让工件与砂轮接触处附近的那部分磨去过多,所选用砂轮的半径 r 应不超过抛物线 $y=0.4x^2$ 在各点处曲率半径的最小值.

由于 $y'=0.8x$,$y''=0.8$,所以抛物线 $y=0.4x^2$ 在点 x 处的曲率半径为

$$\rho = \frac{1}{K} = \frac{\left[1+(0.8x)^2\right]^{\frac{3}{2}}}{0.8}.$$

显然,当 $x=0$ 时,ρ 取得最小值 $\rho=\dfrac{1}{0.8}=1.25$. 因此,所选用砂轮的直径不超过 2.5 单位长度才较为合适.

习 题 3.7

1. 求曲线 $y=4x-x^2$ 的曲率以及在点 $(2,4)$ 处的曲率半径.

2. 计算双曲线 $xy=1$ 在点 $(1,1)$ 处的曲率.

3. 求椭圆 $\dfrac{x^2}{4}+\dfrac{y^2}{2}=1$ 的曲率以及在点 $(2,0)$ 处的曲率半径.

4. 对数曲线 $y=\ln x$ 上哪一点处的曲率半径最小?求出该点处的曲率半径.

§ 3.8 综 合 例 题

一、罗尔中值定理的推广

例 1 设函数 $f(x)$ 在区间 $(0,+\infty)$ 内可导,且 $0\leqslant f(x)\leqslant\dfrac{x}{1+x^2}$,证明:在 $(0,+\infty)$ 内至少存在一点 ξ,使得

$$f'(\xi) = \frac{1-\xi^2}{(1+\xi^2)^2}.$$

证 因 $\left(\dfrac{x}{1+x^2}\right)' = \dfrac{1-x^2}{(1+x^2)^2}$,故在 $(0,+\infty)$ 上构造辅助函数

$$F(x) = \frac{x}{1+x^2} - f(x).$$

根据题设知 $0 \leqslant f(x) \leqslant \dfrac{x}{1+x^2}$，又 $\lim\limits_{x \to 0^+} \dfrac{x}{1+x^2} = 0$，$\lim\limits_{x \to +\infty} \dfrac{x}{1+x^2} = 0$，所以由夹逼准则得

$$\lim_{x \to 0^+} f(x) = 0, \ \lim_{x \to +\infty} f(x) = 0, \quad \text{从而} \quad \lim_{x \to 0^+} F(x) = \lim_{x \to +\infty} F(x) = 0.$$

因 $F(x)$ 在 $(0, +\infty)$ 内可导，且 $F'(x) = \dfrac{1-x^2}{(1+x^2)^2} - f'(x)$，故由无穷区间上的罗尔中值定理，至少存在一点 $\xi \in (0, +\infty)$，使得

$$F'(\xi) = \frac{1-\xi^2}{(1+\xi^2)^2} - f'(\xi) = 0, \quad \text{即} \quad f'(\xi) = \frac{1-\xi^2}{(1+\xi^2)^2}.$$

注　无穷区间 $(a, +\infty)$ 上的罗尔中值定理：设函数 $f(x)$ 在 $(a, +\infty)$ 内可导，且 $\lim\limits_{x \to a^+} f(x) = \lim\limits_{x \to +\infty} f(x)$，则在 $(a, +\infty)$ 内至少存在一点 ξ，使得 $f'(\xi) = 0$. 对于区间 $(-\infty, b)$，$(-\infty, +\infty)$，(a, b)，也有类似的结论. 它们都是罗尔中值定理的推广.

二、中值命题的证明

所谓"**中值命题**"，是指函数或导函数具有的某些性质不是在区间 (a, b) 内任何一点成立，而是仅在该区间内的一点或至少一点成立的命题，其结论有等式关系和不等式关系两种形式. 今后把结论是等式关系和不等式关系的中值命题分别称为中值等式命题和中值不等式命题. 它们的证明需用到微分中值定理、泰勒公式等.

例 2　设函数 $f(x)$ 在区间 $[a, b]$ 上可导，且取正值，试证：存在 $\xi \in (a, b)$，使得

$$\ln \frac{f(b)}{f(a)} = \frac{f'(\xi)}{f(\xi)}(b-a).$$

证　构造辅助函数 $F(x) = \ln f(x)$. 按照题设，函数 $F(x)$ 在 $[a, b]$ 上满足拉格朗日中值定理的条件，又 $F'(x) = \dfrac{f'(x)}{f(x)}$，故存在 $\xi \in (a, b)$，使得

$$\frac{\ln f(b) - \ln f(a)}{b-a} = F'(\xi) = \frac{f'(\xi)}{f(\xi)}, \quad \text{即} \quad \ln \frac{f(b)}{f(a)} = \frac{f'(\xi)}{f(\xi)}(b-a).$$

例 3　设函数 $f(x)$ 在闭区间 $[a, b]$ 上连续，在开区间 (a, b) 内可导，且 $0 < a < b$，试证：存在 $\xi \in (a, b)$，使得

$$\frac{f(b) - f(a)}{b-a} = (a^2 + ab + b^2) \frac{f'(\xi)}{3\xi^2}.$$

证　令 $g(x) = x^3$，显然 $f(x), g(x)$ 在 $[a, b]$ 上连续，在 (a, b) 内可导，则由柯西中值定理知，存在 $\xi \in (a, b)$，使得

$$\frac{f(b) - f(a)}{b^3 - a^3} = \frac{f'(\xi)}{3\xi^2}.$$

因此

$$\frac{f(b) - f(a)}{b-a} = (a^2 + ab + b^2) \frac{f'(\xi)}{3\xi^2}.$$

例 4　设函数 $f(x)$ 在闭区间 $[0,1]$ 上连续,在开区间 $(0,1)$ 内可导,且 $f(0)=0$,$f\left(\dfrac{1}{2}\right)=1$,$f(1)=\dfrac{1}{2}$,试证:存在 $\xi \in (0,1)$,使得 $f'(\xi)=1$.

证　因结论可改写为 $[f(x)-x]'\big|_{x=\xi}=0$,故构造辅助函数 $F(x)=f(x)-x$. 显然

$$F\left(\frac{1}{2}\right)=f\left(\frac{1}{2}\right)-\frac{1}{2}=1-\frac{1}{2}=\frac{1}{2}>0, \quad F(1)=f(1)-1=-\frac{1}{2}<0,$$

于是由零点定理知,存在 $\eta \in \left(\dfrac{1}{2},1\right)$,使得 $F(\eta)=0$.

又在区间 $[0,\eta]$ 上,$F(0)=0$,$F(\eta)=0$,因此由罗尔中值定理知,存在 $\xi \in (0,\eta) \subset (0,1)$,使得 $F'(\xi)=0$,即 $f'(\xi)=1$.

例 5　设函数 $f(x)$ 在闭区间 $[a,b]$ 上连续,在开区间 (a,b) 内可导 $(0<a<b)$,且 $f(a)=f(b)=0$,试证:存在 $\xi \in (a,b)$,使得 $nf(\xi)+\xi f'(\xi)=0$.

证　要证 $nf(\xi)+\xi f'(\xi)=0$ 或 $n\xi^{n-1}f(\xi)+\xi^n f'(\xi)=0$,即要证

$$[x^n f(x)]'\big|_{x=\xi}=0.$$

构造辅助函数 $F(x)=x^n f(x)$. 易知 $F(x)$ 在 $[a,b]$ 上连续,在 (a,b) 内可导,且 $F(b)=b^n f(b)=0$,$F(a)=a^n f(a)=0$. 应用罗尔中值定理,存在 $\xi \in (a,b)$,使得

$$F'(\xi)=0, \quad 即 \quad \xi^n f'(\xi)+n\xi^{n-1}f(\xi)=0.$$

又因为 $\xi \in (a,b)$,而 $0<a<b$,所以 $\xi^{n-1} \neq 0$,故得 $\xi f'(\xi)+nf(\xi)=0$.

例 6　设函数 $f(x)$ 在闭区间 $[-1,1]$ 上具有三阶连续导数,且 $f(-1)=0$,$f(1)=1$,$f'(0)=0$,证明:在开区间 $(-1,1)$ 内至少存在一点 ξ,使得 $f^{(3)}(\xi)=3$.

证　因题设 $f'(0)=0$,故选择 $x=0$ 为展开点,可得到 $f(x)$ 在点 $x=0$ 处的二阶泰勒展开式:

$$f(x)=f(0)+f'(0)x+\frac{1}{2!}f''(0)x^2+\frac{1}{3!}f^{(3)}(\eta)x^3 \quad (\eta \text{ 在 } 0 \text{ 与 } x \text{ 之间}).$$

把 $x=-1,1$ 分别代入上式,得

$$0=f(-1)=f(0)+\frac{1}{2!}f''(0)-\frac{1}{3!}f^{(3)}(\eta_1) \quad (-1<\eta_1<0),$$

$$1=f(1)=f(0)+\frac{1}{2!}f''(0)+\frac{1}{3!}f^{(3)}(\eta_2) \quad (0<\eta_2<1).$$

上两式相减,可得

$$f^{(3)}(\eta_1)+f^{(3)}(\eta_2)=6.$$

由于 $f^{(3)}(x)$ 在 $[-1,1]$ 上连续,所以 $f^{(3)}(x)$ 在区间 $[\eta_1,\eta_2]$ 上有最大值 M 和最小值 m. 于是

$$m \leqslant f^{(3)}(\eta_1) \leqslant M, \quad m \leqslant f^{(3)}(\eta_2) \leqslant M.$$

上两式相加,可得

$$m \leqslant \frac{f^{(3)}(\eta_1)+f^{(3)}(\eta_2)}{2} \leqslant M.$$

再由连续函数的介值定理知,存在 $\xi \in [\eta_1, \eta_2] \subset (-1,1)$,使得

$$f^{(3)}(\xi) = \frac{f^{(3)}(\eta_1) + f^{(3)}(\eta_2)}{2} = 3.$$

例 7 设函数 $f(x)$ 在闭区间 $[a,b]$ 上连续,在开区间 (a,b) 内可导,$f(x)$ 不为常数,且 $f(a) = f(b)$,试证:存在 $\xi \in (a,b)$,使得 $f'(\xi) > 0$.

证 由于在 $[a,b]$ 上 $f(x)$ 不为常数,所以在 $[a,b]$ 上必存在点 c,满足 $f(c) \neq f(a) = f(b)$.下面分两种情况讨论:

当 $f(c) > f(a) = f(b)$ 时,在区间 $[a,c]$ 上应用拉格朗日中值定理知,存在 $\xi \in (a,c) \subset (a,b)$,使得

$$f'(\xi) = \frac{f(c) - f(a)}{c - a} > 0;$$

当 $f(c) < f(a) = f(b)$ 时,在区间 $[c,b]$ 上应用拉格朗日中值定理知,存在 $\xi \in (c,b) \subset (a,b)$,使得

$$f'(\xi) = \frac{f(b) - f(c)}{b - c} > 0.$$

综上所述,无论何种情况都存在 $\xi \in (a,b)$,使得 $f'(\xi) > 0$.

三、函数不等式与数值不等式的证明

例 8 设函数 $f(x)$ 满足 $f''(x) < 0$,$f(0) = 0$,证明:对于任何 $x_1 > 0, x_2 > 0$,有
$$f(x_1 + x_2) < f(x_1) + f(x_2).$$

证 由于 $f(0) = 0$,所以可考虑用拉格朗日中值定理证明.不妨设 $0 < x_1 \leqslant x_2$.在区间 $[0, x_1]$ 和 $[x_2, x_1 + x_2]$ 上应用拉格朗日中值定理,则有
$$f(x_1) = f(x_1) - f(0) = f'(\xi_1) x_1 \quad (0 < \xi_1 < x_1),$$
$$f(x_1 + x_2) - f(x_2) = f'(\xi_2) x_1 \quad (x_2 < \xi_2 < x_1 + x_2).$$
因为 $0 < x_1 \leqslant x_2$,所以 $\xi_1 < \xi_2$.又由已知条件 $f''(x) < 0$ 知,$f'(x)$ 单调减少,从而 $f'(\xi_1) > f'(\xi_2)$.而 $x_1 > 0$,于是 $x_1 f'(\xi_1) > x_1 f'(\xi_2)$.故得
$$f(x_1 + x_2) < f(x_1) + f(x_2).$$

例 9 试证:当 $x > 0$ 时,$(x^2 - 1)\ln x \geqslant (x-1)^2$.

证 设 $f(x) = (x^2 - 1)\ln x - (x-1)^2$,则 $f(1) = 0$,且

$$f'(x) = 2x\ln x - x - \frac{1}{x} + 2, \quad f'(1) = 0,$$

$$f''(x) = 2\ln x + 1 + \frac{1}{x^2}, \quad f''(1) = 2 > 0,$$

$$f'''(x) = \frac{2(x^2 - 1)}{x^3}.$$

当 $x \geqslant 1$ 时,$f''(x) > 0$,因此 $f'(x)$ 单调增加,即 $f'(x) \geqslant f'(1) = 0$. 于是,当 $x \geqslant 1$ 时,$f(x)$ 单调增加,即 $f(x) \geqslant f(1) = 0$.

当 $0 < x < 1$ 时,$f'''(x) < 0$,所以 $f''(x)$ 单调减少,从而 $f''(x) > f''(1) = 2 > 0$. 于是,当 $0 < x < 1$ 时,$f'(x)$ 单调增加,即 $f'(x) < f'(1) = 0$. 故当 $0 < x < 1$ 时,$f(x)$ 单调减少,从而 $f(x) > f(1) = 0$.

综上所述,当 $x > 0$ 时,$f(x) \geqslant 0$,即 $(x^2 - 1)\ln x \geqslant (x - 1)^2$.

例 10　设 $a, b > 0, 0 < p < 1$,试证:$(a + b)^p < a^p + b^p$.

证　把欲证的不等式化为
$$(a + b)^p - a^p - b^p < 0.$$
再把常数 a 变为变量 x,令 $f(x) = (x + b)^p - x^p - b^p$,求导数得
$$f'(x) = p(x + b)^{p-1} - px^{p-1}.$$
因为 $0 < p < 1, b > 0, x > 0$,所以 $f'(x) < 0$,从而在区间 $[0, +\infty)$ 内,$f(x)$ 单调减少. 于是,当 $x \geqslant 0$ 时,$f(x) < f(0) = 0$,即 $(x + b)^p < x^p + b^p$. 令 $x = a$,得
$$(a + b)^p < a^p + b^p.$$

例 11　设极限 $\lim\limits_{x \to 0} \dfrac{f(x)}{x} = 1$,函数 $f(x)$ 二阶可导,且 $f''(x) > 0$,证明:$f(x) \geqslant x$.

证　由题设知 $f(0) = \lim\limits_{x \to 0} f(x) = \lim\limits_{x \to 0} \dfrac{f(x)}{x} \cdot x = 0$,且
$$f'(0) = \lim_{x \to 0} \frac{f(x) - f(0)}{x - 0} = \lim_{x \to 0} \frac{f(x)}{x} = 1,$$
于是 $f(x)$ 在点 $x = 0$ 处的一阶泰勒展开式为
$$f(x) = f(0) + f'(0)x + \frac{f''(\xi)}{2!}x^2 = x + \frac{f''(\xi)}{2!}x^2 \quad (\xi \text{ 在 } 0 \text{ 与 } x \text{ 之间}).$$
因为 $f''(x) > 0$,所以 $f''(\xi) > 0$,从而 $f(x) \geqslant x$.

四、利用洛必达法则、微分中值定理与泰勒公式求极限

例 12　求极限 $\lim\limits_{x \to 0} \dfrac{\tan x \arctan x - x^2}{\arcsin x^6}$.

解　这是 $\dfrac{0}{0}$ 型未定式,但若用洛必达法则来求会比较烦琐,而用泰勒公式来求则较为简单:
$$\text{原式} = \lim_{x \to 0} \frac{\left[x + \dfrac{x^3}{3} + \dfrac{2}{15}x^5 + o(x^6)\right]\left[x - \dfrac{x^3}{3} + \dfrac{x^5}{5} + o(x^6)\right] - x^2}{x^6}$$
$$= \lim_{x \to 0} \frac{\dfrac{2}{9}x^6 + o(x^6)}{x^6} = \frac{2}{9}.$$

例 13　求极限 $\lim\limits_{n\to\infty}\dfrac{\mathrm{e}^{\frac{\alpha}{n}}-\mathrm{e}^{\frac{\beta}{n}}}{\sin\dfrac{\alpha}{n}-\sin\dfrac{\beta}{n}}$（$\alpha,\beta$ 为常数且 $\alpha\neq\beta$）.

解　令 $x=\dfrac{1}{n}$，把数列的极限转化为相应函数的极限：

$$\text{原式}=\lim_{x\to0}\frac{\mathrm{e}^{\alpha x}-\mathrm{e}^{\beta x}}{\sin\alpha x-\sin\beta x}=\lim_{x\to0}\frac{\mathrm{e}^{\beta x}\left[\mathrm{e}^{(\alpha-\beta)x}-1\right]}{2\cos\dfrac{\alpha+\beta}{2}x\cdot\sin\dfrac{\alpha-\beta}{2}x}$$

$$=\lim_{x\to0}\frac{\mathrm{e}^{\beta x}(\alpha-\beta)x}{(\alpha-\beta)x\cos\dfrac{\alpha+\beta}{2}x}=1.$$

例 14　已知函数 $f(x)$ 在区间 $(-\infty,+\infty)$ 内可导，且

$$\lim_{x\to\infty}f'(x)=\mathrm{e},\quad\lim_{x\to\infty}\left(\frac{x+c}{x-c}\right)^{x}=\lim_{x\to\infty}\left[f(x)-f(x-1)\right],$$

求常数 c 的值.

解　若 $c\neq0$，则

$$\lim_{x\to\infty}\left(\frac{x+c}{x-c}\right)^{x}=\mathrm{e}^{\lim\limits_{x\to\infty}x\left(\frac{x+c}{x-c}-1\right)}=\mathrm{e}^{\lim\limits_{x\to\infty}\frac{2cx}{x-c}}=\mathrm{e}^{2c};$$

若 $c=0$，则

$$\lim_{x\to\infty}\left(\frac{x+c}{x-c}\right)^{x}=\lim_{x\to\infty}1^{x}=\mathrm{e}^{2c}.$$

由此可见，不论 c 是否为零，都有

$$\lim_{x\to\infty}\left(\frac{x+c}{x-c}\right)^{x}=\mathrm{e}^{2c}.$$

由拉格朗日中值定理有 $f(x)-f(x-1)=f'(\xi)\cdot1$（$\xi$ 在 $x-1$ 与 x 之间），所以

$$\lim_{x\to\infty}\left[f(x)-f(x-1)\right]=\lim_{\xi\to\infty}f'(\xi)=\mathrm{e}.$$

于是 $\mathrm{e}^{2c}=\mathrm{e}$，故 $c=\dfrac{1}{2}$.

例 15　设函数 $f(x)$ 在闭区间 $[x_0-\delta,x_0]$ 上连续，在开区间 $(x_0-\delta,x_0)$ 内可导，且 $\lim\limits_{x\to x_0^-}f'(x)$ 存在，试证：$\lim\limits_{x\to x_0^-}f'(x)=f'_-(x_0)$.

证　任取 $x\in(x_0-\delta,x_0)$. 根据已知条件，$f(x)$ 在区间 $[x,x_0]$ 上满足拉格朗日中值定理的条件，所以存在 $\xi\in(x,x_0)$，使得

$$\frac{f(x)-f(x_0)}{x-x_0}=f'(\xi)\quad(x<\xi<x_0).$$

当 $x\to x_0^-$ 时，$\xi\to x_0^-$，上式取极限，得

$$\lim_{x \to x_0^-} \frac{f(x) - f(x_0)}{x - x_0} = \lim_{\xi \to x_0^-} f'(\xi).$$

上式右边为 $\lim\limits_{\xi \to x_0^-} f'(\xi) = \lim\limits_{x \to x_0^-} f'(x)$，从已知条件得知此极限存在. 又由导数的定义可知，上式左边就是 $f'_-(x_0)$，故得

$$f'_-(x_0) = \lim_{x \to x_0^-} f'(x).$$

若函数 $f(x)$ 在闭区间 $[x_0, x_0 + \delta]$ 上连续，在开区间 $(x_0, x + \delta)$ 内可导，同理可证

$$f'_+(x_0) = \lim_{x \to x_0^+} f'(x).$$

注 例 15 给出了用导数的左、右极限确定左、右导数的命题.

五、利用导数讨论函数的性态

例 16 设函数 $f(x)$ 在区间 $(-\infty, +\infty)$ 内可导，且对于任意的 x_1, x_2，当 $x_1 > x_2$ 时，都有 $f(x_1) > f(x_2)$，则( ).

(A) 对于任意的 x，都有 $f'(x) > 0$　　　(B) 对于任意的 x，都有 $f'(-x) \leqslant 0$

(C) 函数 $f(-x)$ 单调增加　　　(D) 函数 $-f(-x)$ 单调增加

解 由题设知，对于任意的 x，都有 $f'(x) \geqslant 0$，而不是 $f'(x) > 0$；都有 $f'(-x) \geqslant 0$，而不是 $f'(-x) \leqslant 0$.

又因为对于任意的 x_1, x_2，当 $x_1 > x_2$ 时，有 $-x_1 < -x_2$，所以 $f(-x_1) < f(-x_2)$，从而 $-f(-x_1) > -f(-x_2)$. 故 $f(-x)$ 是单调减少的，而 $-f(-x)$ 是单调增加的. 因此，选项(D)正确.

例 17 设函数 $f(x)$ 在区间 $(-\infty, +\infty)$ 内连续，其导函数 $f'(x)$ 的图形如图 3-26 所示，则 $f(x)$ 有( ).

(A) 一个极小值点和两个极大值点

(B) 两个极小值点和一个极大值点

(C) 两个极小值点和两个极大值点

(D) 三个极小值点和一个极大值点

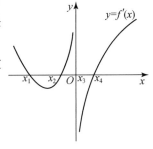

图 3-26

解 从图 3-26 可以看到，$x = x_1, x_2, x_4$ 为 $f(x)$ 的驻点，$x = x_3 (x_3 = 0)$ 为 $f'(x)$ 不存在的点. 列表 3.10 进行讨论.

表 3.10

x	$(-\infty, x_1)$	x_1	(x_1, x_2)	x_2	(x_2, x_3)	x_3	(x_3, x_4)	x_4	$(x_4, +\infty)$
$f'(x)$	$+$	0	$-$	0	$+$	不存在	$-$	0	$+$
$f(x)$	↗	极大值	↘	极小值	↗	极大值	↘	极小值	↗

由表 3.10 知,选项(C)正确.

例 18 设函数 $y=y(x)$ 由方程 $2y^3-2y^2+2xy-x^2=1$ 确定,试求 $y=y(x)$ 的驻点,并判别驻点是否为极值点.

解 对原方程两边求导数,得
$$3y^2y'-2yy'+y+xy'-x=0. \tag{1}$$
令 $y'=0$,得 $y=x$. 将此代入原方程,有 $2x^3-x^2-1=0$,从而解得唯一的驻点 $x=1$.

把 $x=1$ 代入原方程得 $y=1$.

对(1)式两边求导数,得
$$(3y^2-2y+x)y''+2(3y-1)(y')^2+2y'-1=0. \tag{2}$$
把 $x=y=1,y'=0$ 代入(2)式,得 $y''|_{(1,1)}=\dfrac{1}{2}>0$,故 $x=1$ 是 $y=y(x)$ 的极小值点.

例 19 设函数 $y(x)$ 由参数方程 $\begin{cases}x=t^3+3t+1,\\y=t^3-3t+1\end{cases}$ 确定,则使曲线 $y=y(x)$ 为凸弧的 x 的取值范围为_____.

解 $\dfrac{dy}{dx}=\dfrac{\frac{dy}{dt}}{\frac{dx}{dt}}=\dfrac{3t^2-3}{3t^2+3}=1-\dfrac{2}{t^2+1},\quad \dfrac{d^2y}{dx^2}=\dfrac{d}{dt}\left(1-\dfrac{2}{t^2+1}\right)\cdot\dfrac{1}{\frac{dx}{dt}}=\dfrac{4t}{3(t^2+1)^3}.$

令 $\dfrac{d^2y}{dx^2}=0$,得 $t=0$,其对应 $x=1$. 当 $x<1$ 时,$t<0,\dfrac{d^2y}{dx^2}<0$,因此使曲线 $y=y(x)$ 为凸弧的 x 的取值范围为 $(-\infty,1)$ 或 $(-\infty,1]$.

例 20 设函数 $f(x)$ 满足关系式 $f''(x)+[f'(x)]^2=x$,且 $f'(0)=0$,则( ).

(A) $f(0)$ 是 $f(x)$ 的极大值
(B) $f(0)$ 是 $f(x)$ 的极小值
(C) $(0,f(0))$ 是曲线 $y=f(x)$ 的拐点
(D) $f(0)$ 不是 $f(x)$ 的极值,$(0,f(0))$ 也不是曲线 $y=f(x)$ 的拐点

解 在已知关系式中令 $x=0$,得 $f''(0)=0$. 又 $f''(x)=x-[f'(x)]^2$,从而 $f''(x)$ 可导,于是 $f^{(3)}(x)=1-2f'(x)f''(x)$. 因此,有 $f^{(3)}(0)=1$. 而
$$f^{(3)}(0)=\lim_{x\to0}\frac{f''(x)-f''(0)}{x}=\lim_{x\to0}\frac{f''(x)}{x}>0,$$
由极限的局部保号性知,$f''(x)$ 在点 $x=0$ 处两侧附近异号,故 $(0,f(0))$ 是曲线 $y=f(x)$ 的拐点. 因此,选项(C)正确.

例 21 曲线 $y=\dfrac{1}{x}+\ln(1+e^x)$ 的渐近线条数为( ).

(A) 0 (B) 1 (C) 2 (D) 3

解 因为 $x=0$ 为函数 $y=\dfrac{1}{x}+\ln(1+e^x)$ 的间断点,且 $\lim_{x\to0}\left[\dfrac{1}{x}+\ln(1+e^x)\right]=\infty$,所以

$x=0$ 为该曲线的垂直渐近线.

因 $\lim\limits_{x\to-\infty}\left[\dfrac{1}{x}+\ln(1+\mathrm{e}^x)\right]=0$,故 $y=0$ 为该曲线的水平渐近线.

因为

$$\lim_{x\to+\infty}\frac{y}{x}=\lim_{x\to+\infty}\left[\frac{1}{x^2}+\frac{\ln(1+\mathrm{e}^x)}{x}\right]=\lim_{x\to+\infty}\frac{\ln(1+\mathrm{e}^x)}{x}=\lim_{x\to+\infty}\frac{\mathrm{e}^x}{1+\mathrm{e}^x}=1,$$

$$\lim_{x\to+\infty}(y-x)=\lim_{x\to+\infty}\left[\frac{1}{x}+\ln(1+\mathrm{e}^x)-\ln\mathrm{e}^x\right]=\lim_{x\to+\infty}\ln\left(\frac{1+\mathrm{e}^x}{\mathrm{e}^x}\right)=0,$$

所以该曲线有斜渐近线 $y=x$.

综上可知,选项(D)正确.

例 22 设曲线 $y=f(x)$ 经过原点,且在原点处与 x 轴相切,其中函数 $f(x)$ 具有二阶连续导数,且 $f''(0)\neq0$.

(1) 计算曲线 $y=f(x)$ 在原点处的曲率半径 ρ;

(2) 证明:$\lim\limits_{x\to0}\left|\dfrac{x^2}{2f(x)}\right|=\rho$.

解 (1) 由题设知 $f(0)=0,f'(0)=0$,所以

$$\rho=\frac{\{1+[f'(0)]^2\}^{\frac{3}{2}}}{|f''(0)|}=\frac{1}{|f''(0)|}.$$

(2) 函数 $f(x)$ 在点 $x=0$ 处的一阶泰勒展开式为

$$f(x)=f(0)+f'(0)x+\frac{1}{2!}f''(\theta x)x^2=\frac{1}{2!}f''(\theta x)x^2\quad(0<\theta<1),$$

从而推得 $\dfrac{x^2}{2f(x)}=\dfrac{1}{f''(\theta x)}$,所以 $\lim\limits_{x\to0}\dfrac{x^2}{2f(x)}=\dfrac{1}{f''(0)}$. 故

$$\lim_{x\to0}\left|\frac{x^2}{2f(x)}\right|=\rho.$$

六、利用导数讨论方程的根

例 23 设函数 $f(x)$ 在闭区间 $[a,+\infty)$ 上连续,在开区间 $(a,+\infty)$ 内可导,且 $f'(x)>k>0$ (k 为常数),$f(a)<0$,试证:方程 $f(x)=0$ 在开区间 $\left(a,a-\dfrac{f(a)}{k}\right)$ 内有且仅有一个根.

证 令 $a-\dfrac{f(a)}{k}=b$. 根据拉格朗日中值定理,在开区间 (a,b) 内存在 ξ,使得

$$f(b)-f(a)=f'(\xi)(b-a)=-\frac{f(a)}{k}f'(\xi)>-\frac{f(a)}{k}k=-f(a),$$

于是 $f(b)=f\left[a-\dfrac{f(a)}{k}\right]>f(a)-f(a)=0$. 又 $f(a)<0$,所以由零点定理知,存在 $\eta\in$

(a,b),使得 $f(\eta)=0$. 由于 $f'(x)>0$,$f(x)$ 单调增加,故方程 $f(x)=0$ 在 $\left(a,a-\dfrac{f(a)}{k}\right)$ 内有且仅有一个根.

例 24　确定函数 $f(x)=2\mathrm{e}^{2-x^2}(x^6-3x^4+5x^2-1)-2\mathrm{e}-5$ 的零点个数.

分析　$f(x)$ 在区间 $(-\infty,+\infty)$ 内有定义,且是偶函数,故只要讨论 $f(x)$ 在区间 $[0,+\infty)$ 内零点的个数即可. 为此,可设 $x^2=t(t\geqslant0)$.

解　用函数的单调性讨论. 记 $x^2=t(t\geqslant0)$,则
$$f(x)=2\mathrm{e}^{2-t}(t^3-3t^2+5t-1)-2\mathrm{e}-5\triangleq\varphi(t),$$
$$\varphi'(t)=-2\mathrm{e}^{2-t}(t^3-6t^2+11t-6)=-2\mathrm{e}^{2-t}(t-1)(t-2)(t-3).$$
于是,当 $0<t<1$ 时,$\varphi'(t)>0$,$\varphi(t)$ 单调增加;当 $1<t<2$ 时,$\varphi'(t)<0$,$\varphi(t)$ 单调减少;当 $2<t<3$ 时,$\varphi'(t)>0$,$\varphi(t)$ 单调增加;当 $t>3$ 时,$\varphi'(t)<0$,$\varphi(t)$ 单调减少. 又有 $\varphi(0)<0$,$\varphi(1)>0$,$\varphi(2)<0$,$\varphi(3)<0$,从而 $\varphi(t)$ 在区间 $(0,1)$ 和 $(1,2)$ 内各有一个零点. 因 $x=0$ 不是 $f(x)$ 的零点,故 $f(x)$ 共有四个零点.

例 25　讨论方程 $|x|^{\frac{1}{4}}+|x|^{\frac{1}{2}}-\cos x=0$ 的实根个数.

解　令 $f(x)=|x|^{\frac{1}{4}}+|x|^{\frac{1}{2}}-\cos x$. 显然,$f(x)$ 为偶函数,且 $f(0)\neq0$.

当 $x>1$ 时,$f(x)>0$.这表明,当 $x>1$ 时,方程 $f(x)=0$ 无根. 因此,只需考虑在区间 $[0,1]$ 上 $f(x)$ 的零点情况.

当 $0<x<1$ 时,$f(x)=x^{\frac{1}{4}}+x^{\frac{1}{2}}-\cos x$,$f'(x)=\dfrac{1}{4\sqrt[4]{x^3}}+\dfrac{1}{2\sqrt{x}}+\sin x>0$,所以 $f(x)$ 在 $[0,1]$ 上单调增加. 又 $f(0)=-1<0$,$f(1)=2-\cos1>0$,因此 $f(x)=0$ 在 $[0,1]$ 上有且仅有一个根.

由 $f(x)$ 为偶函数知,方程 $|x|^{\frac{1}{4}}+|x|^{\frac{1}{2}}-\cos x=0$ 有且仅有两个实根.

例 26　设函数 $f(x)=x^3-3x+2b$ $(b^2<1)$,试证:方程 $f(x)=0$ 有且仅有三个实根.

证　先证明方程至少有三个实根.令 $f'(x)=3(x^2-1)=0$,得驻点 $x=\pm1$. 列表 3.11 进行讨论.

表　3.11

x	$(-\infty,-1)$	-1	$(-1,1)$	1	$(1,+\infty)$
$f'(x)$	$+$	0	$-$	0	$+$
$f(x)$	↗	极大值	↘	极小值	↗

从表 3.11 知,极大值 $f(-1)=2(b+1)>0$,极小值 $f(1)=2(b-1)<0$. 又因为
$$\lim_{x\to-\infty}f(x)=-\infty,\quad\lim_{x\to+\infty}f(x)=+\infty,$$

所以可找到 $x_1,x_2(x_1<-1<1<x_2)$,使得 $f(x_1)<0,f(x_2)>0$.分别在区间 $[x_1,-1]$,$[-1,1]$,$[1,x_2]$ 上应用零点定理知,存在 $\xi_1,\xi_2,\xi_3(x_1<\xi_1<-1,-1<\xi_2<1,1<\xi_3<x_2)$,使得 $f(\xi_1)=0,f(\xi_2)=0,f(\xi_3)=0$.故 $f(x)=0$ 至少有三个实根.

再由 $f(x)$ 在区间 $(-\infty,-1),(-1,1),(1,+\infty)$ 内的单调性知,方程 $f(x)=0$ 在这三个区间内分别至多有一个根,所以 $f(x)=0$ 在区间 $(-\infty,+\infty)$ 内至多有三个根.

综上所述,方程 $f(x)=x^3-3x+2b=0\ (b^2<1)$ 有且仅有三个实根.

七、证明函数与其导数的关系

例 27 设函数 $f(x)$ 在区间 $(0,+\infty)$ 内有界且可导,则(   ).

(A) 当 $\lim\limits_{x\to+\infty}f(x)=0$ 时,必有 $\lim\limits_{x\to+\infty}f'(x)=0$

(B) 当 $\lim\limits_{x\to+\infty}f'(x)$ 存在时,必有 $\lim\limits_{x\to+\infty}f'(x)=0$

(C) 当 $\lim\limits_{x\to0^+}f(x)=0$ 时,必有 $\lim\limits_{x\to0^+}f'(x)=0$

(D) 当 $\lim\limits_{x\to0^+}f'(x)$ 存在时,必有 $\lim\limits_{x\to0^+}f'(x)=0$

解 选项(B)正确.用反证法证明.若 $\lim\limits_{x\to+\infty}f'(x)=a(a\neq0)$,则应用拉格朗日中值定理知,存在 $\xi\in(x,2x)$,使得 $f(2x)-f(x)=f'(\xi)x$.当 $x\to+\infty$ 时,$\xi\to+\infty$,所以

$$f(2x)-f(x)=f'(\xi)x\to\infty.$$

然而,按照题设,$f(x)$ 有界:$|f(x)|\leqslant M(M>0)$,于是

$$|f(2x)-f(x)|\leqslant|f(2x)|+|f(x)|\leqslant2M,$$

矛盾.故选项(B)正确.

选项(A)的反例:$f(x)=\dfrac{1}{x}\sin x^2,f'(x)=-\dfrac{1}{x^2}\sin x^2+2\cos x^2$.易知 $\lim\limits_{x\to+\infty}f(x)=0$,但 $\lim\limits_{x\to+\infty}f'(x)$ 不存在,所以选项(A)不正确.

选项(C),(D)的反例:$f(x)=\sin x,f'(x)=\cos x$.显然 $\lim\limits_{x\to0^+}f(x)=0$,但 $\lim\limits_{x\to0^+}f'(x)=1$,所以选项(C),(D)不正确.

第四章

不定积分

> 在微分学中,我们讨论了如何求函数的导数与微分,并介绍了导数及微分的应用.在科学技术领域的许多问题中,需要解决与求导数或微分相反的问题:已知某个函数的导数或微分,求这个函数.这类问题就是积分学的基本问题之一——求原函数,或者说求不定积分.

§4.1 不定积分的概念与性质

数学中很多运算都存在逆运算,加法与减法、乘法与除法、乘方与开方等都是互逆运算.求导数也存在逆运算,这个逆运算就是求不定积分.

一、原函数与不定积分

定义 1 如果在区间 I 上函数 $F(x)$ 的导函数为 $f(x)$,即对于任意的 $x \in I$,都有 $F'(x) = f(x)$ 或 $\mathrm{d}F(x) = f(x)\mathrm{d}x$,则称 $F(x)$ 为 $f(x)$ 在 I 上的一个**原函数**.

例如,对于任意的 $x \in (-\infty, +\infty)$,都有 $\left(\dfrac{1}{3}x^3\right)' = x^2$,所以 $\dfrac{1}{3}x^3$ 是 x^2 在区间 $(-\infty, +\infty)$ 上的原函数;

对于任意的 $x \in (-\infty, +\infty)$,都有 $(\sin x)' = \cos x$,所以 $\sin x$ 是 $\cos x$ 在区间 $(-\infty, +\infty)$ 上的原函数;

对于任意的 $x \in (-\infty, +\infty)$,都有 $(\arctan x)' = \dfrac{1}{1+x^2}$,所以 $\arctan x$ 是 $\dfrac{1}{1+x^2}$ 在区间 $(-\infty, +\infty)$ 上的原函数.

关于原函数,需要解决下面两个重要问题:

(1) 在什么条件下,一个函数的原函数存在?如果原函数存在,是否是唯一的?能否找出它的所有原函数?

(2) 如果已知某个函数的原函数存在,如何求出其原函数?

关于第二个问题,将在以下几节给出求原函数的基本方法.关于第一个问题,我们首先有如下原函数存在定理:

定理 如果函数 $f(x)$ 在区间 I 上连续,则 $f(x)$ 在 I 上必存在原函数 $F(x)$,即对于任意的 $x\in I$,有 $F'(x)=f(x)$.

我们将在下一章对这个定理加以证明.

由于初等函数在其定义区间上都是连续的,因此每个初等函数在其定义区间上都有原函数.

如果函数 $f(x)$ 在区间 I 上存在原函数 $F(x)$,即 $F'(x)=f(x)$,则对于任意常数 C,都有 $[F(x)+C]'=f(x)$.也就是说,如果 $f(x)$ 有原函数 $F(x)$,则 $f(x)$ 有无限多个原函数,$F(x)+C$ 都是它的原函数.

设函数 $\Phi(x)$ 是 $f(x)$ 在区间 I 上的任一原函数,而 $F(x)$ 是 $f(x)$ 在 I 上的某个原函数.因为 $[\Phi(x)-F(x)]'=f(x)-f(x)\equiv 0$,所以 $\Phi(x)-F(x)=C$,即 $\Phi(x)=F(x)+C$ (C 为常数).这说明,$f(x)$ 的两个原函数之差是一个常数,且 $f(x)$ 的任一原函数可以表示为 $F(x)+C$ 的形式,即 $F(x)+C$ 是 $f(x)$ 的原函数的一般形式.

综上所述,如果 $f(x)$ 有原函数,则它的原函数是一个函数族,而不是一个函数.由此引入以下定义:

定义 2 设 $F(x)$ 是函数 $f(x)$ 在区间 I 上的一个原函数,则 $f(x)$ 在 I 上的原函数的一般表达式 $F(x)+C$ (C 为任意常数)称为 $f(x)$ 的**不定积分**,记为 $\int f(x)\mathrm{d}x$,即

$$\int f(x)\mathrm{d}x=F(x)+C,$$

其中 $\int$ 称为**积分号**,$f(x)$ 称为**被积函数**,$f(x)\mathrm{d}x$ 称为**被积表达式**,x 称为**积分变量**,C 称为**积分常数**.

根据定义求函数 $f(x)$ 的不定积分,只要求出它的一个原函数 $F(x)$,再加上积分常数 C 即可.

例 1 求不定积分 $\int \dfrac{1}{x}\mathrm{d}x$.

解 当 $x>0$ 时,$(\ln x)'=\dfrac{1}{x}$,所以 $\int \dfrac{1}{x}\mathrm{d}x=\ln x+C$ ($x>0$);

当 $x<0$ 时,$[\ln(-x)]'=\dfrac{1}{-x}\cdot(-1)=\dfrac{1}{x}$,所以 $\int \dfrac{1}{x}\mathrm{d}x=\ln(-x)+C$ ($x<0$).

合并上面得到的结果,即有

$$\int \dfrac{1}{x}\mathrm{d}x=\ln|x|+C.$$

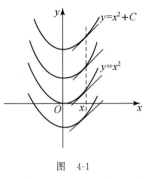

图　4-1

不定积分的几何意义　函数 $f(x)$ 的任一原函数 $F(x)$ 的图形称为 $f(x)$ 的**积分曲线**,其上任一点 $(x, F(x))$ 处的切线斜率等于 $f(x)$. 曲线 $y=F(x)$ 沿 y 轴方向平行移动,得到一族曲线 $y=F(x)+C$. 可见,不定积分 $\int f(x)\mathrm{d}x$ 的几何意义是一族曲线,称为 $f(x)$ 的**积分曲线族**. 这族曲线在横坐标相同点处的切线都有相同的斜率,即积分曲线族在横坐标相同点处的切线彼此平行. 例如 $\int 2x\,\mathrm{d}x=x^2+C$,它表示一族抛物线,这族抛物线是函数 $f(x)=2x$ 的积分曲线族,$C=0$ 时对应的积分曲线为 $y=x^2$(见图 4-1).

在求原函数的具体问题中,往往要确定满足某个条件的原函数. 比如,求函数 $f(x)$ 的通过点 (x_0, y_0) 的积分曲线. 这时将 (x_0, y_0) 代入积分曲线族 $y=F(x)+C$,即得 $C=y_0-F(x_0)$,从而得到所求的积分曲线 $y=F(x)-F(x_0)+y_0$.

例 2　已知一个物体自由下落,$t=0$ 时的位移为 s_0,初速度为 v_0,试求该物体下落的运动规律.

解　该物体只受到地心引力的作用,加速度为常数 g(重力加速度),所以其速度 $v(t)$ 满足 $\dfrac{\mathrm{d}v}{\mathrm{d}t}=g$. 此式两边积分,得

$$v(t)=\int g\,\mathrm{d}t=gt+C.$$

将初始条件 $v(t)\big|_{t=0}=v_0$ 代入上式,得 $C=v_0$,于是得到该物体下落时的速度

$$v(t)=gt+v_0, \quad 即 \quad \frac{\mathrm{d}s}{\mathrm{d}t}=gt+v_0,$$

其中 $s=s(t)$ 为该物体的位移函数,也就是该物体下落的运动规律. 所以

$$s(t)=\int (gt+v_0)\mathrm{d}t=\frac{1}{2}gt^2+v_0 t+C.$$

将 $s(0)=s_0$ 代入,得 $C=s_0$,故该物体下落的运动规律为

$$s(t)=\frac{1}{2}gt^2+v_0 t+s_0.$$

二、不定积分的运算法则与基本积分公式

通常将求原函数或不定积分的运算称为**积分**,而将求导数或微分的运算称为**微分**. 显然,积分与微分互为逆运算. 事实上,有

$$\left[\int f(x)\mathrm{d}x\right]'=[F(x)+C]'=f(x) \quad 或 \quad \mathrm{d}\left[\int f(x)\mathrm{d}x\right]=f(x)\mathrm{d}x, \tag{1}$$

$$\int F'(x)\mathrm{d}x=\int f(x)\mathrm{d}x=F(x)+C \quad 或 \quad \int \mathrm{d}F(x)=F(x)+C, \tag{2}$$

即若先积分,后微分,则符号 d 与符号 $\int$ 互相抵消;而若先微分,后积分,则符号 $\int$ 与符号 d 抵消后多一个常数.

由于积分是微分的逆运算,因此由一个微分公式(或导数公式),便可得到一个相应的积分公式. 我们将微分公式与相应的积分公式罗列如下:

(1) $\mathrm{d}\left(\dfrac{1}{\mu+1}x^{\mu+1}\right)=x^{\mu}\mathrm{d}x$, $\int x^{\mu}\mathrm{d}x=\dfrac{1}{\mu+1}x^{\mu+1}+C$ ($\mu\neq-1$);

(2) $\mathrm{d}(\ln|x|)=\dfrac{1}{x}\mathrm{d}x$, $\int\dfrac{1}{x}\mathrm{d}x=\ln|x|+C$;

(3) $\mathrm{d}a^{x}=a^{x}\ln a\,\mathrm{d}x$, $\int a^{x}\mathrm{d}x=\dfrac{1}{\ln a}a^{x}+C$ ($a>0$ 且 $a\neq1$);

(4) $\mathrm{d}\mathrm{e}^{x}=\mathrm{e}^{x}\mathrm{d}x$, $\int \mathrm{e}^{x}\mathrm{d}x=\mathrm{e}^{x}+C$;

(5) $\mathrm{d}(\sin x)=\cos x\,\mathrm{d}x$, $\int\cos x\,\mathrm{d}x=\sin x+C$;

(6) $\mathrm{d}(\cos x)=-\sin x\,\mathrm{d}x$, $\int\sin x\,\mathrm{d}x=-\cos x+C$;

(7) $\mathrm{d}(\tan x)=\sec^{2}x\,\mathrm{d}x$, $\int\sec^{2}x\,\mathrm{d}x=\tan x+C$;

(8) $\mathrm{d}(\cot x)=-\csc^{2}x\,\mathrm{d}x$, $\int\csc^{2}x\,\mathrm{d}x=-\cot x+C$;

(9) $\mathrm{d}(\sec x)=\sec x\tan x\,\mathrm{d}x$, $\int\sec x\tan x\,\mathrm{d}x=\sec x+C$;

(10) $\mathrm{d}(\csc x)=-\csc x\cot x\,\mathrm{d}x$, $\int\csc x\cot x\,\mathrm{d}x=-\csc x+C$;

(11) $\mathrm{d}(\arcsin x)=\dfrac{1}{\sqrt{1-x^{2}}}\mathrm{d}x$, $\int\dfrac{1}{\sqrt{1-x^{2}}}\mathrm{d}x=\arcsin x+C$;

(12) $\mathrm{d}(\arctan x)=\dfrac{1}{1+x^{2}}\mathrm{d}x$, $\int\dfrac{1}{1+x^{2}}\mathrm{d}x=\arctan x+C$;

(13) $\mathrm{d}(\mathrm{sh}x)=\mathrm{ch}x\,\mathrm{d}x$, $\int\mathrm{ch}x\,\mathrm{d}x=\mathrm{sh}x+C$;

(14) $\mathrm{d}(\mathrm{ch}x)=\mathrm{sh}x\,\mathrm{d}x$, $\int\mathrm{sh}x\,\mathrm{d}x=\mathrm{ch}x+C$.

上述右边这些积分公式通常也称为**基本积分公式**.

根据不定积分的定义,可以推得如下不定积分的运算法则:

运算法则 I　设函数 $f(x)$ 与 $g(x)$ 都有原函数,则

$$\int[f(x)\pm g(x)]\mathrm{d}x=\int f(x)\mathrm{d}x\pm\int g(x)\mathrm{d}x,\tag{3}$$

即两个函数代数和的不定积分等于这两个函数不定积分的代数和.

证　将(3)式两边求导数,得

$$\left\{\int\left[f(x)\pm g(x)\right]dx\right\}'=f(x)\pm g(x),$$

$$\left[\int f(x)dx\pm\int g(x)dx\right]'=\left[\int f(x)dx\right]'\pm\left[\int g(x)dx\right]'=f(x)\pm g(x),$$

所以
$$\int\left[f(x)\pm g(x)\right]dx=\int f(x)dx\pm\int g(x)dx.$$

注　运算法则 I 可以推广到 $n(n\geqslant3)$ 个函数的情形,即 n 个函数代数和的不定积分等于这 n 个函数不定积分的代数和(假定 n 个函数的原函数存在).

类似地可以证明下面的运算法则.

运算法则 II　设函数 $f(x)$ 有原函数,常数 $k\neq0$,则

$$\int kf(x)dx=k\int f(x)dx,$$

即求不定积分时,非零常数因子可以提到积分号外面.

利用不定积分的运算法则和基本积分公式,可以计算一些简单的不定积分.这种求不定积分的方法称为**直接积分法**.

例3　求不定积分 $\int\left(1-\dfrac{1}{x}\right)\sqrt{x\sqrt{x}}\,dx$　与　$\int\dfrac{(x-1)^2}{\sqrt{x}}dx$.

解　$\int\left(1-\dfrac{1}{x}\right)\sqrt{x\sqrt{x}}\,dx=\int\left(1-\dfrac{1}{x}\right)x^{\frac{3}{4}}dx=\int(x^{\frac{3}{4}}-x^{-\frac{1}{4}})dx=\dfrac{4}{7}x^{\frac{7}{4}}-\dfrac{4}{3}x^{\frac{3}{4}}+C,$

$\int\dfrac{(x-1)^2}{\sqrt{x}}dx=\int\dfrac{x^2-2x+1}{\sqrt{x}}dx=\int x^{\frac{3}{2}}dx-2\int x^{\frac{1}{2}}dx+\int x^{-\frac{1}{2}}dx$

$=\dfrac{2}{5}x^{\frac{5}{2}}-\dfrac{4}{3}x^{\frac{3}{2}}+2x^{\frac{1}{2}}+C.$

注　例3的被积函数实际上都是幂函数或幂函数的和式,不管它们是以根式还是分式的形式出现,都要转化为 x^μ 的形式,然后依照幂函数的积分公式计算.

例4　求不定积分 $\int(e^x+\sin x)dx$　与　$\int\left(\dfrac{2}{\sqrt{1-x^2}}-\dfrac{3}{\cos^2x}\right)dx$.

解　$\int(e^x+\sin x)dx=\int e^xdx+\int\sin xdx=e^x-\cos x+C.$

$\int\left(\dfrac{2}{\sqrt{1-x^2}}-\dfrac{3}{\cos^2x}\right)dx=2\int\dfrac{1}{\sqrt{1-x^2}}dx-3\int\sec^2xdx=2\arcsin x-3\tan x+C.$

例5　求不定积分 $\int\dfrac{x^4}{1+x^2}dx$　与　$\int\dfrac{2^{x+1}-5^{x-1}}{10^x}dx$.

解 $\displaystyle\int \frac{x^4}{1+x^2}\mathrm{d}x = \int \frac{x^4-1+1}{1+x^2}\mathrm{d}x = \int \left(x^2-1+\frac{1}{1+x^2}\right)\mathrm{d}x$

$$= \int x^2\,\mathrm{d}x - \int \mathrm{d}x + \int \frac{1}{1+x^2}\mathrm{d}x = \frac{1}{3}x^3 - x + \arctan x + C.$$

$$\int \frac{2^{x+1}-5^{x-1}}{10^x}\mathrm{d}x = \int \left[2\left(\frac{1}{5}\right)^x - \frac{1}{5}\left(\frac{1}{2}\right)^x\right]\mathrm{d}x = 2\int \left(\frac{1}{5}\right)^x\mathrm{d}x - \frac{1}{5}\int \left(\frac{1}{2}\right)^x\mathrm{d}x$$

$$= -\frac{2}{\ln 5}\left(\frac{1}{5}\right)^x + \frac{1}{5\ln 2}\left(\frac{1}{2}\right)^x + C.$$

例 6 求不定积分 $\displaystyle\int \sin^2\frac{x}{2}\mathrm{d}x$ 与 $\displaystyle\int \tan^2 x\,\mathrm{d}x$.

解 $\displaystyle\int \sin^2\frac{x}{2}\mathrm{d}x = \int \frac{1}{2}(1-\cos x)\mathrm{d}x = \frac{1}{2}\int \mathrm{d}x - \frac{1}{2}\int \cos x\,\mathrm{d}x = \frac{1}{2}x - \frac{1}{2}\sin x + C,$

$$\int \tan^2 x\,\mathrm{d}x = \int (\sec^2 x - 1)\mathrm{d}x = \int \sec^2 x\,\mathrm{d}x - \int \mathrm{d}x = \tan x - x + C.$$

例 7 求不定积分 $\displaystyle\int \frac{\cos 2x}{\cos x - \sin x}\mathrm{d}x$ 与 $\displaystyle\int \frac{1}{\sin^2 x\cos^2 x}\mathrm{d}x$.

解 $\displaystyle\int \frac{\cos 2x}{\cos x - \sin x}\mathrm{d}x = \int \frac{\cos^2 x - \sin^2 x}{\cos x - \sin x}\mathrm{d}x = \int \cos x\,\mathrm{d}x + \int \sin x\,\mathrm{d}x = \sin x - \cos x + C,$

$$\int \frac{1}{\cos^2 x\sin^2 x}\mathrm{d}x = \int \frac{\cos^2 x + \sin^2 x}{\cos^2 x\sin^2 x}\mathrm{d}x = \int \frac{1}{\sin^2 x}\mathrm{d}x + \int \frac{1}{\cos^2 x}\mathrm{d}x$$

$$= -\cot x + \tan x + C.$$

由上面几个例子的解题过程可以看出,求不定积分的基本思路是:通过对被积函数做适当的恒等变形、分项等,把原积分化为基本积分公式的形式,从而求出其原函数.

习 题 4.1

1. 证明:若 $\displaystyle\int f(x)\mathrm{d}x = F(x) + C$,则

$$\int f(ax+b)\mathrm{d}x = \frac{1}{a}F(ax+b) + C \quad (a,b \text{ 为常数且 } a\neq 0).$$

2. 证明:在区间 $(-\infty,+\infty)$ 内 $f(x) = \dfrac{x^2}{2}\operatorname{sgn} x$ 是 $|x|$ 的原函数.

3. 设 a 为常数且 $a\neq 0$,验证下列等式:

(1) $\displaystyle\int \frac{1}{a^2-x^2}\mathrm{d}x = \frac{1}{2a}\ln\left|\frac{a+x}{a-x}\right| + C$;

(2) $\displaystyle\int \frac{1}{a^2+x^2}\mathrm{d}x = \frac{1}{a}\arctan\frac{x}{a} + C$;

(3) $\displaystyle\int \frac{1}{\sqrt{x^2\pm a^2}}\mathrm{d}x = \ln\left|x+\sqrt{x^2\pm a^2}\right| + C$;

(4) $\displaystyle\int x\cos x\,\mathrm{d}x = x\sin x + \cos x + C$.

4. 求下列不定积分:

(1) $\displaystyle\int \left(\sqrt[3]{x^2} + \frac{1}{x\sqrt{x}} \right) \mathrm{d}x$;　　(2) $\displaystyle\int \left(\frac{2}{x} + \frac{x}{3} \right)^2 \mathrm{d}x$;　　　　(3) $\displaystyle\int (\sqrt{x}+1)(\sqrt{x^3}-1)\mathrm{d}x$;

(4) $\displaystyle\int \frac{\mathrm{d}x}{x^2(1+x^2)}$;　　　　(5) $\displaystyle\int \frac{x^3+1}{x+1}\mathrm{d}x$;　　　　(6) $\displaystyle\int \frac{3-3x^2-x^2\sqrt{1-x^2}}{x^2(1-x^2)}\mathrm{d}x$;

(7) $\displaystyle\int \mathrm{e}^x\left(1 - \frac{\mathrm{e}^{-x}}{\sqrt{1-x^2}} \right)\mathrm{d}x$;　　(8) $\displaystyle\int \frac{2^{x-1}-3^{x+1}}{6^x}\mathrm{d}x$;　　(9) $\displaystyle\int \frac{1}{1+\cos 2x}\mathrm{d}x$;

(10) $\displaystyle\int \frac{1}{1-\cos 2x}\mathrm{d}x$;　　　(11) $\displaystyle\int (\tan x - \cot x)^2\mathrm{d}x$;　(12) $\displaystyle\int \sec x(\sec x - \tan x)\mathrm{d}x$.

5. 求一条曲线,使其任一点处的切线斜率为该点横坐标的 2 倍,且通过点 $(2,5)$.

6. 求满足下列条件的函数 $F(x)$:

(1) $F'(x)=(3x-5)(1-x)$, $F(1)=3$;　(2) $F'(x)=\left(\sin\dfrac{x}{2} - \cos\dfrac{x}{2} \right)^2$, $F\left(\dfrac{\pi}{2} \right)=0$.

§4.2 换元积分法

一般来说,求不定积分要比求导数困难得多. 这是因为,只要函数可导,根据导数的定义、导数公式和求导法则,总能求出函数的导数. 但是,求不定积分就不同了,利用基本积分公式和不定积分的运算法则所能求出的不定积分是很有限的,甚至连基本初等函数的不定积分 $\displaystyle\int \tan x\,\mathrm{d}x$, $\displaystyle\int \sec x\,\mathrm{d}x$, $\displaystyle\int \ln x\,\mathrm{d}x$ 等都无法计算. 因此,需要进一步研究不定积分的计算方法. 下面先介绍换元积分法.

一、第一换元积分法(凑微分法)

我们考查不定积分 $\displaystyle\int \frac{\arctan x}{1+x^2}\mathrm{d}x$. 显然,函数 $\dfrac{\arctan x}{1+x^2}$ 的原函数不能直接由基本积分公式求出,但我们容易看出 $\dfrac{1}{2}\arctan^2 x$ 是它的一个原函数. 如果把积分表达式改写成

$$\frac{\arctan x}{1+x^2}\mathrm{d}x = \arctan x\,(\arctan x)'\mathrm{d}x = \arctan x\,\mathrm{d}(\arctan x) \xldef{令\,u=\arctan x} u\,\mathrm{d}u,$$

则所考查的不定积分就化为可由基本积分公式直接计算的不定积分,即

$$\int \frac{\arctan x}{1+x^2}\mathrm{d}x = \int \arctan x\,(\arctan x)'\mathrm{d}x = \int \arctan x\,\mathrm{d}(\arctan x)$$

$$\xldef{令\,u=\arctan x} \int u\,\mathrm{d}u = \frac{1}{2}u^2 + C = \frac{1}{2}\arctan^2 x + C.$$

上述的分析过程实际上是一个"凑微分"的过程：将被积函数中的某一部分凑到微分里，然后通过设置中间变量，把不定积分转化为可直接使用基本积分公式的形式，由此求出不定积分并代回原来的变量. 这种积分方法，我们称之为**第一换元积分法**，俗称**凑微分法**. 因此，有下述定理：

定理 1 设函数 $f(x)$ 有原函数 $F(x)$，且函数 $u = \varphi(x)$ 可导，则 $F[\varphi(x)]$ 是函数 $f[\varphi(x)]\varphi'(x)$ 的原函数，即

$$\int f[\varphi(x)]\varphi'(x)\mathrm{d}x = \int f(u)\mathrm{d}u = F(u) + C = F[\varphi(x)] + C. \tag{1}$$

事实上，由复合函数的求导法则有

$$\{F[\varphi(x)]\}' \xlongequal{\text{令}\, u = \varphi(x)} F'(u)\frac{\mathrm{d}u}{\mathrm{d}x} = f(u)\varphi'(x) = f[\varphi(x)]\varphi'(x),$$

即公式(1)成立.

应用第一换元积分法求不定积分，要凑微分 $\varphi'(x)\mathrm{d}x = \mathrm{d}u$，必须熟记常见函数的微分公式，例如

$$\mathrm{d}x = \frac{1}{a}\mathrm{d}(ax + b)\ (a, b\ \text{为常数且}\ a \neq 0), \quad x^{\mu-1}\mathrm{d}x = \frac{1}{\mu}\mathrm{d}x^{\mu}\ (\mu \neq 0), \quad \mathrm{e}^x\mathrm{d}x = \mathrm{d}\mathrm{e}^x,$$

$$\cos x\,\mathrm{d}x = \mathrm{d}(\sin x), \quad \sin x\,\mathrm{d}x = -\mathrm{d}(\cos x), \quad \sin 2x\,\mathrm{d}x = \mathrm{d}(\sin^2 x) = -\mathrm{d}(\cos^2 x),$$

$$\cos 2x\,\mathrm{d}x = \mathrm{d}(\cos x \sin x), \quad \sec^2 x\,\mathrm{d}x = \mathrm{d}(\tan x), \quad \csc^2 x\,\mathrm{d}x = -\mathrm{d}(\cot x),$$

$$\frac{\mathrm{d}x}{\sqrt{1 - x^2}} = \mathrm{d}(\arcsin x), \quad \frac{\mathrm{d}x}{1 + x^2} = \mathrm{d}(\arctan x).$$

注 在应用第一换元积分法求出不定积分结果 $F(u) + C$ 之后，必须还原为 x 的函数 $F[\varphi(x)] + C$.

例 1 求不定积分 $\displaystyle\int \frac{\mathrm{d}x}{\sqrt{3 + 2x}}$ 与 $\displaystyle\int x\mathrm{e}^{x^2}\mathrm{d}x$.

解 令 $u = 3 + 2x$，则 $\mathrm{d}u = 2\mathrm{d}x$. 故

$$\int \frac{\mathrm{d}x}{\sqrt{3 + 2x}} = \frac{1}{2}\int \frac{\mathrm{d}u}{\sqrt{u}} = \sqrt{u} + C = \sqrt{3 + 2x} + C.$$

令 $u = x^2$，则 $\mathrm{d}u = 2x\mathrm{d}x$. 故

$$\int x\mathrm{e}^{x^2}\mathrm{d}x = \frac{1}{2}\int \mathrm{e}^u\mathrm{d}u = \frac{1}{2}\mathrm{e}^u + C = \frac{1}{2}\mathrm{e}^{x^2} + C.$$

在比较熟练后，可以省去变量代换 $u = \varphi(x)$ 的步骤，直接按照凑微分过程逐步计算.

例 2 求不定积分 $\displaystyle\int \frac{\mathrm{d}x}{\sqrt{a^2 - x^2}}\ (a > 0)$.

解 $\displaystyle\int \frac{\mathrm{d}x}{\sqrt{a^2 - x^2}} = \int \frac{\mathrm{d}x}{a\sqrt{1 - \left(\frac{x}{a}\right)^2}} = \int \frac{1}{\sqrt{1 - \left(\frac{x}{a}\right)^2}}\mathrm{d}\left(\frac{x}{a}\right) = \arcsin\frac{x}{a} + C.$

例 3 求不定积分 $\displaystyle\int \frac{\mathrm{d}x}{a^2+x^2}$ $(a\neq 0)$.

解 $\displaystyle\int \frac{\mathrm{d}x}{a^2+x^2} = \int \frac{1}{a\left[1+\left(\frac{x}{a}\right)^2\right]}\mathrm{d}\left(\frac{x}{a}\right) = \frac{1}{a}\arctan\frac{x}{a}+C.$

例 4 求不定积分 $\displaystyle\int \frac{\mathrm{d}x}{a^2-x^2}$ $(a\neq 0)$.

解 $\displaystyle\int \frac{\mathrm{d}x}{a^2-x^2} = \int \frac{1}{2a}\left(\frac{1}{a+x}+\frac{1}{a-x}\right)\mathrm{d}x = \frac{1}{2a}\left[\int \frac{1}{a+x}\mathrm{d}(a+x)-\int \frac{1}{a-x}\mathrm{d}(a-x)\right]$

$\displaystyle\qquad = \frac{1}{2a}(\ln|a+x|-\ln|a-x|)+C = \frac{1}{2a}\ln\left|\frac{a+x}{a-x}\right|+C.$

例 5 求不定积分 $\displaystyle\int \tan x\,\mathrm{d}x$.

解 $\displaystyle\int \tan x\,\mathrm{d}x = \int \frac{\sin x}{\cos x}\mathrm{d}x = -\int \frac{1}{\cos x}\mathrm{d}(\cos x) = -\ln|\cos x|+C.$

类似可得

$$\int \cot x\,\mathrm{d}x = \ln|\sin x|+C.$$

例 6 求不定积分 $\displaystyle\int \sec x\,\mathrm{d}x$.

解 $\displaystyle\int \sec x\,\mathrm{d}x = \int \frac{1}{\cos x}\mathrm{d}x = \int \frac{\cos x}{1-\sin^2 x}\mathrm{d}x = \int \frac{1}{1-\sin^2 x}\mathrm{d}(\sin x) = \frac{1}{2}\ln\left|\frac{1+\sin x}{1-\sin x}\right|+C$

$\displaystyle\qquad = \frac{1}{2}\ln\frac{(1+\sin x)^2}{1-\sin^2 x}+C = \frac{1}{2}\ln\left(\frac{1+\sin x}{\cos x}\right)^2+C = \ln|\sec x+\tan x|+C.$

类似可得

$$\int \csc x\,\mathrm{d}x = \ln|\csc x-\cot x|+C = -\ln|\csc x+\cot x|+C.$$

例 7 求不定积分 $\displaystyle\int \cos^3 x\,\mathrm{d}x$ 与 $\displaystyle\int \cos^2 x\sin^3 x\,\mathrm{d}x$.

解 $\displaystyle\int \cos^3 x\,\mathrm{d}x = \int (1-\sin^2 x)\cos x\,\mathrm{d}x = \int (1-\sin^2 x)\mathrm{d}(\sin x) = \sin x - \frac{1}{3}\sin^3 x+C,$

$\displaystyle\int \cos^2 x\sin^3 x\,\mathrm{d}x = \int \cos^2 x(1-\cos^2 x)\sin x\,\mathrm{d}x = -\int (\cos^2 x-\cos^4 x)\mathrm{d}(\cos x)$

$\displaystyle\qquad = -\frac{1}{3}\cos^3 x + \frac{1}{5}\cos^5 x+C.$

例 8 求不定积分 $\displaystyle\int \sin^2 x\,\mathrm{d}x$.

解 $\displaystyle\int \sin^2 x\,\mathrm{d}x = \int \frac{1}{2}(1-\cos 2x)\mathrm{d}x = \frac{1}{2}\int \mathrm{d}x - \frac{1}{4}\int \cos 2x\,\mathrm{d}(2x)$

$$= \frac{1}{2}x - \frac{1}{4}\sin 2x + C.$$

类似可得

$$\int \cos^2 x \, dx = \frac{1}{2}x + \frac{1}{4}\sin 2x + C.$$

例 9　求不定积分 $\displaystyle\int \sec^4 x \, dx$ 与 $\displaystyle\int \tan x \sec^3 x \, dx$.

解　$\displaystyle\int \sec^4 x \, dx = \int (\tan^2 x + 1) \, d(\tan x) = \frac{1}{3}\tan^3 x + \tan x + C,$

$\displaystyle\int \tan x \sec^3 x \, dx = \int \sec^2 x \, d(\sec x) = \frac{1}{3}\sec^3 x + C.$

例 10　求不定积分 $\displaystyle\int \cos 3x \sin 2x \, dx$.

解　$\displaystyle\int \cos 3x \sin 2x \, dx = \frac{1}{2}\int (\sin 5x - \sin x) \, dx = -\frac{1}{10}\cos 5x + \frac{1}{2}\cos x + C.$

上面例 5 至例 10 的被积函数都含有三角函数,在求这种类型不定积分的过程中,通常要用到三角函数的平方关系式 $\sin^2 x + \cos^2 x = 1$, $\tan^2 x + 1 = \sec^2 x$ 以及半角公式、二倍角公式、积化和差公式等. 一般地,设 n,m 为正整数,凡被积函数含有 $\sin^{2n+1} x$ 时,可令 $u = \cos x$;含有 $\cos^{2n+1} x$ 时,可令 $u = \sin x$;含有 $\sin^{2n} x$ 或 $\cos^{2n} x$ 时,可用半角公式

$$\sin^2 x = \frac{1}{2}(1 - \cos 2x), \quad \cos^2 x = \frac{1}{2}(1 + \cos 2x);$$

而含有 $\cos mx \cos nx$,$\sin mx \sin nx$ 或 $\sin mx \cos nx$ 时,可用积化和差公式:

$$2\cos mx \cos nx = \cos(m+n)x + \cos(m-n)x,$$
$$-2\sin mx \sin nx = \cos(m+n)x - \cos(m-n)x,$$
$$2\sin mx \cos nx = \sin(m+n)x + \sin(m-n)x.$$

用第一换元积分法求不定积分,有时可用不同的变量代换,从而得到的结果在形式上也可能不同. 例如:

$$\int \sin x \cos x \, dx = \int \sin x \, d(\sin x) = \frac{1}{2}\sin^2 x + C,$$

$$\int \sin x \cos x \, dx = -\int \cos x \, d(\cos x) = -\frac{1}{2}\cos^2 x + C,$$

$$\int \sin x \cos x \, dx = \frac{1}{2}\int \sin 2x \, dx = -\frac{1}{4}\cos 2x + C.$$

这三个答案形式上不相同,但它们都是正确的.事实上,三个结果仅相差一个常数:

$$\frac{1}{2}\sin^2 x = \frac{1}{2} - \frac{1}{2}\cos^2 x, \quad -\frac{1}{2}\cos^2 x = -\frac{1}{4}(1 + \cos 2x) = -\frac{1}{4} - \frac{1}{4}\cos 2x.$$

求不定积分时,解答在形式上的多样性是常见的,若要验证所得结果的正确性,只要将

所得结果求导数,看它是否等于被积函数即可.

二、第二换元积分法(代换法)

上面介绍的第一换元积分法是用新变量 $u=\varphi(x)$ 把不易积分的 $\int f[\varphi(x)]\varphi'(x)\mathrm{d}x$ 化为容易积分的 $\int f(u)\mathrm{d}u$. 但是,有时会遇到相反的情形:形式比较简单的 $\int f(x)\mathrm{d}x$ 用直接积分法和第一换元积分法(凑微分法)都不易积分. 例如不定积分 $\int \sqrt{1-x^2}\,\mathrm{d}x$,其难点在于被积函数中含有根式. 若令 $x=\sin t$,$t\in\left(-\dfrac{\pi}{2},\dfrac{\pi}{2}\right)$,则

$$\mathrm{d}x=\cos t\,\mathrm{d}t,\quad \sqrt{1-x^2}\,\mathrm{d}x=\sqrt{1-\sin^2 t}\,\cos t\,\mathrm{d}t,\quad \int \sqrt{1-x^2}\,\mathrm{d}x=\int \cos^2 t\,\mathrm{d}t.$$

这样不仅化去了根式,而且把原不定积分化为已经熟悉的不定积分形式. 这就启发我们:引入另一种换元积分法——**第二换积分元法**(也称**代换法**),即作变量代换 $x=\varphi(t)$,将不易积分的 $\int f(x)\mathrm{d}x$ 化为容易积分的 $\int f[\varphi(t)]\varphi'(t)\mathrm{d}t$. 对此,有下面的定理:

定理 2　设 $x=\varphi(t)$ 是单调、可导函数,且 $\varphi'(t)\neq 0$. 如果 $f[\varphi(t)]\varphi'(t)$ 有原函数 $\Phi(t)$,则

$$\int f(x)\mathrm{d}x=\int f[\varphi(t)]\varphi'(t)\mathrm{d}t=\Phi(t)+C=\Phi[\varphi^{-1}(x)]+C, \tag{2}$$

其中 $t=\varphi^{-1}(x)$ 是 $x=\varphi(t)$ 的反函数.

证　由原函数的定义知 $\Phi'(t)=f[\varphi(t)]\varphi'(t)$,因此由复合函数与反函数的求导法则有

$$\frac{\mathrm{d}}{\mathrm{d}x}\Phi[\varphi^{-1}(x)]=\frac{\mathrm{d}\Phi(t)}{\mathrm{d}t}\cdot\frac{\mathrm{d}t}{\mathrm{d}x}=f[\varphi(t)]\varphi'(t)\cdot\frac{1}{\varphi'(t)}=f[\varphi(t)]=f(x),$$

即 $\Phi[\varphi^{-1}(x)]$ 是 $f(x)$ 的原函数,所以(2)式成立.

例 11　求不定积分 $\int \sqrt{a^2-x^2}\,\mathrm{d}x$ $(a>0)$.

解　被积函数是一个根式,积分比较困难,我们利用三角函数的平方关系式 $\cos^2 x+\sin^2 x=1$ 化去根式. 令 $x=a\sin t$ $\left(-\dfrac{\pi}{2}\leqslant t\leqslant\dfrac{\pi}{2}\right)$,则 $\sqrt{a^2-x^2}=a\cos t$,$\mathrm{d}x=a\cos t\,\mathrm{d}t$,从而

$$\int \sqrt{a^2-x^2}\,\mathrm{d}x=\int a^2\cos^2 t\,\mathrm{d}t=\frac{a^2}{2}\int(1+\cos 2t)\,\mathrm{d}t=\frac{a^2}{2}\left(t+\frac{1}{2}\sin 2t\right)+C.$$

如图 4-2 所示,画出一个直角三角形并注明各边长,易得 $\dfrac{1}{2}\sin 2t=\sin t\cos t=\dfrac{x\sqrt{a^2-x^2}}{a^2}$,所以

$$\int \sqrt{a^2-x^2}\,\mathrm{d}x=\frac{a^2}{2}\arcsin\frac{x}{a}+\frac{x}{2}\sqrt{a^2-x^2}+C.$$

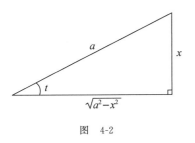

图　4-2

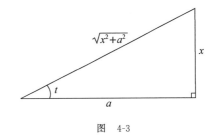

图　4-3

例 12　求不定积分 $\displaystyle\int \frac{\mathrm{d}x}{\sqrt{a^2+x^2}}$ $(a>0)$.

解　被积函数中含有根式,利用三角函数的平方关系式 $\tan^2 t+1=\sec^2 t$ 可化去根式.

令 $x=a\tan t$ $\left(-\dfrac{\pi}{2}<t<\dfrac{\pi}{2}\right)$,则 $\sqrt{a^2+x^2}=a\sec t$,$\mathrm{d}x=a\sec^2 t\,\mathrm{d}t$. 所以

$$\int \frac{\mathrm{d}x}{\sqrt{a^2+x^2}}=\int \frac{a\sec^2 t\,\mathrm{d}t}{a\sec t}=\int \sec t\,\mathrm{d}t=\ln|\sec t+\tan t|+C_1$$

$$=\ln \frac{x+\sqrt{x^2+a^2}}{a}+C_1=\ln\left(x+\sqrt{x^2+a^2}\right)+C,$$

其中 $C=C_1-\ln a$. 这里的积分结果利用了 $\tan t=\dfrac{x}{a}$,$\sec t=\dfrac{\sqrt{x^2+a^2}}{a}$(见图 4-3).

例 13　求不定积分 $\displaystyle\int \frac{\mathrm{d}x}{\sqrt{x^2-a^2}}$ $(a>0)$.

解　被积函数的定义域是 $|x|>a$. 当 $x>a$ 时,令 $x=a\sec t$ $\left(0<t<\dfrac{\pi}{2}\right)$,则 $\sqrt{x^2-a^2}=a\tan t$,$\mathrm{d}x=a\sec t\tan t\,\mathrm{d}t$. 所以

$$\int \frac{\mathrm{d}x}{\sqrt{x^2-a^2}}=\int \frac{a\sec t\tan t\,\mathrm{d}t}{a\tan t}=\int \sec t\,\mathrm{d}t$$

$$=\ln|\sec t+\tan t|+C_1$$

$$=\ln\left|\frac{x+\sqrt{x^2-a^2}}{a}\right|+C_1$$

$$=\ln\left|x+\sqrt{x^2-a^2}\right|+C,$$

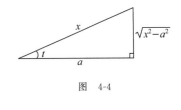

图　4-4

其中 $C=C_1-\ln a$. 这里将新变量 t 换成原变量 x 利用了由图 4-4 得到的 $\tan t$,$\sec t$ 的表达式.

当 $x<-a$ 时,令 $u=-x>a$,$\mathrm{d}u=-\mathrm{d}x$,则由上面所得结果有

$$\int \frac{\mathrm{d}x}{\sqrt{x^2-a^2}} = -\int \frac{\mathrm{d}u}{\sqrt{u^2-a^2}} = -\ln\left|u+\sqrt{u^2-a^2}\right|+C_2 = -\ln\left|-x+\sqrt{x^2-a^2}\right|+C_2$$

$$= \ln\left|\frac{-x-\sqrt{x^2-a^2}}{a^2}\right|+C_2 = \ln\left|x+\sqrt{x^2-a^2}\right|+C,$$

其中 $C=C_2-2\ln a$.

把 $x>a$ 与 $x<-a$ 的结果合并,即得

$$\int \frac{\mathrm{d}x}{\sqrt{x^2-a^2}} = \ln\left|x+\sqrt{x^2-a^2}\right|+C.$$

例 12 与例 13 的结果相似,可以合并写成

$$\int \frac{\mathrm{d}x}{\sqrt{x^2\pm a^2}} = \ln\left|x+\sqrt{x^2\pm a^2}\right|+C.$$

注 利用三角函数作变量代换 $x=a\sin t$,$x=a\tan t$ 或 $x=a\sec t$ 进行换元积分时,在求出原函数后,需将新变量 t 换成原变量 x.为此,通常作一个辅助的直角三角形,把 t 设为它的一个锐角,适当选取其中的一条边为 a.这样回代变量的计算既方便又直观,还不易出错(如例 11、例 12 和例 13).

例 14 求不定积分 $\displaystyle\int \sqrt{3-2x-x^2}\,\mathrm{d}x$ 与 $\displaystyle\int \frac{\mathrm{d}x}{\sqrt{x^2-2x-3}}$.

解 由例 11 有

$$\int \sqrt{3-2x-x^2}\,\mathrm{d}x = \int \sqrt{2^2-(x+1)^2}\,\mathrm{d}(x+1) = 2\arcsin\frac{x+1}{2}+\frac{x+1}{2}\sqrt{3-2x-x^2}+C.$$

由例 13 有

$$\int \frac{\mathrm{d}x}{\sqrt{x^2-2x-3}} = \int \frac{\mathrm{d}(x-1)}{\sqrt{(x-1)^2-2^2}} = \ln\left|x-1+\sqrt{x^2-2x-3}\right|+C.$$

例 15 求不定积分 $\displaystyle\int \frac{x\,\mathrm{d}x}{1+\sqrt{x}}$.

解 令 $1+\sqrt{x}=t$,即 $x=(t-1)^2$,则 $\mathrm{d}x=2(t-1)\,\mathrm{d}t$.所以

$$\int \frac{x\,\mathrm{d}x}{1+\sqrt{x}} = \int \frac{(t-1)^2}{t}\cdot 2(t-1)\,\mathrm{d}t = 2\int\left(t^2-3t+3-\frac{1}{t}\right)\mathrm{d}t = \frac{2}{3}t^3-3t^2+6t-2\ln t+C$$

$$= \frac{2}{3}(1+\sqrt{x})^3-3(1+\sqrt{x})^2+6(1+\sqrt{x})-2\ln(1+\sqrt{x})+C.$$

例 16 求不定积分 $\displaystyle\int \frac{\mathrm{d}x}{\sqrt{x}\,(1+\sqrt[3]{x})}$.

解 为了同时消去被积函数中的 $\sqrt{x}$ 与 $\sqrt[3]{x}$,令 $t=\sqrt[6]{x}$,即 $x=t^6$,则 $\mathrm{d}x=6t^5\,\mathrm{d}t$.所以

$$\int \frac{\mathrm{d}x}{\sqrt{x}\,(1+\sqrt[3]{x})} = \int \frac{6t^5\,\mathrm{d}t}{t^3\,(1+t^2)} = 6\int \left(1-\frac{1}{1+t^2}\right)\mathrm{d}t = 6t-6\mathrm{arctan}\,t + C$$

$$= 6\sqrt[6]{x}-6\mathrm{arctan}\,\sqrt[6]{x} + C.$$

若被积函数 $f(x)$ 为分式,且分母中变量 x 的幂次较高,可以采用**倒代换**,即令 $x = \varphi(t) = \frac{1}{t}$.利用它常常可消去被积函数分母中与根式相乘的变量因子 x.

例 17　求不定积分 $\displaystyle\int \frac{\mathrm{d}x}{x^2\sqrt{x^2-a^2}}$ $(a\neq 0)$.

解　令 $x=\dfrac{1}{t}$,则 $\mathrm{d}x=-\dfrac{1}{t^2}\mathrm{d}t$.于是

$$\int \frac{\mathrm{d}x}{x^2\sqrt{x^2-a^2}} = -\int \frac{\mathrm{d}t}{\sqrt{\dfrac{1}{t^2}-a^2}} = -\int \frac{|t|\,\mathrm{d}t}{\sqrt{1-a^2t^2}} = \mathrm{sgn}\,t \cdot \frac{1}{a^2}\sqrt{1-a^2t^2} + C$$

$$= \mathrm{sgn}\,x \cdot \frac{1}{a^2}\sqrt{1-\frac{a^2}{x^2}} + C = \frac{\sqrt{x^2-a^2}}{a^2 x} + C.$$

对于求不定积分,除了三角代换(是指利用三角函数作变量代换)和倒代换之外,还有其他有效的变量代换方法.例如,当被积函数含有根式 $\sqrt[n]{ax+b}$ 或 $\sqrt[n]{\dfrac{ax+b}{cx+d}}$ $(ad-bc\neq 0)$ 时,通常可采用变量代换 $\sqrt[n]{ax+b}=t$ 或 $\sqrt[n]{\dfrac{ax+b}{cx+d}}=t$ 先化去根式,再进行计算.

当被积函数含有根式 $\sqrt{x^2+a^2}$ 时,也可采用双曲代换,并利用公式 $\mathrm{ch}^2t - \mathrm{sh}^2t = 1$. 例如,令 $x=a\,\mathrm{sh}\,t$,则

$$\int \frac{\mathrm{d}x}{\sqrt{x^2+a^2}} = \int \frac{a\,\mathrm{ch}\,t\,\mathrm{d}t}{a\,\mathrm{ch}\,t} = t+C_1 = \mathrm{arsh}\,\frac{x}{a}+C_1 = \ln\left[\frac{x}{a}+\sqrt{\left(\frac{x}{a}\right)^2+1}\right]^{①}+C_1$$

$$= \ln(x+\sqrt{x^2+a^2}) + C \quad (a>0),$$

其中 $C=C_1-\ln a$.

本节例题中有几个不定积分的结果是经常遇到的,可以作为公式.为了应用方便,将它们汇列如下(接上一节基本积分公式的序号):

$$(15)\ \int \mathrm{tan}\,x\,\mathrm{d}x = -\ln|\mathrm{cos}\,x| + C;$$

---

① $\mathrm{arsh}\,\dfrac{x}{a}$ 的表达式的求法如下:由 $\dfrac{x}{a}=\dfrac{\mathrm{e}^t-\mathrm{e}^{-t}}{2}$ 化简得 $(\mathrm{e}^t)^2-2\,\dfrac{x}{a}\mathrm{e}^t-1=0$,解出 $\mathrm{e}^t=\dfrac{x}{a}+\sqrt{\left(\dfrac{x}{a}\right)^2+1}$. 取两边对数,得 $t=\ln\left[\dfrac{x}{a}+\sqrt{\left(\dfrac{x}{a}\right)^2+1}\right]$,即 $\mathrm{arsh}\,\dfrac{x}{a}=\ln\left[\dfrac{x}{a}+\sqrt{\left(\dfrac{x}{a}\right)^2+1}\right]$.

(16) $\displaystyle\int \cot x\,\mathrm{d}x = \ln|\sin x| + C$;

(17) $\displaystyle\int \sec x\,\mathrm{d}x = \ln|\sec x + \tan x| + C$;

(18) $\displaystyle\int \csc x\,\mathrm{d}x = \ln|\csc x - \cot x| + C = -\ln|\csc x + \cot x| + C$;

(19) $\displaystyle\int \frac{\mathrm{d}x}{a^2 + x^2} = \frac{1}{a}\arctan\frac{x}{a} + C \ (a \neq 0)$;

(20) $\displaystyle\int \frac{\mathrm{d}x}{a^2 - x^2} = \frac{1}{2a}\ln\left|\frac{a+x}{a-x}\right| + C \ (a \neq 0)$;

(21) $\displaystyle\int \frac{\mathrm{d}x}{\sqrt{a^2 - x^2}} = \arcsin\frac{x}{a} + C \ (a > 0)$;

(22) $\displaystyle\int \frac{\mathrm{d}x}{\sqrt{x^2 \pm a^2}} = \ln\left|x + \sqrt{x^2 \pm a^2}\right| + C \ (a > 0)$;

(23) $\displaystyle\int \sqrt{a^2 - x^2}\,\mathrm{d}x = \frac{a^2}{2}\arcsin\frac{x}{a} + \frac{x}{2}\sqrt{a^2 - x^2} + C \ (a > 0)$.

习　题　4.2

求下列不定积分:

1. $\displaystyle\int \frac{x\,\mathrm{d}x}{\sqrt{2 - 3x^2}}$.

2. $\displaystyle\int x\,\mathrm{e}^{-3x^2}\,\mathrm{d}x$.

3. $\displaystyle\int \frac{1}{x^2}\mathrm{e}^{\frac{1}{x}}\,\mathrm{d}x$.

4. $\displaystyle\int \frac{\mathrm{d}x}{\sqrt{3 + 2x - x^2}}$.

5. $\displaystyle\int \frac{\mathrm{d}x}{\mathrm{e}^x + \mathrm{e}^{-x}}$.

6. $\displaystyle\int \frac{\mathrm{d}x}{1 + \mathrm{e}^x}$.

7. $\displaystyle\int \frac{\mathrm{d}x}{x^2 - 4x + 3}$.

8. $\displaystyle\int \frac{\mathrm{d}x}{x(1 + x^4)}$.

9. $\displaystyle\int \frac{x^5\,\mathrm{d}x}{x^3 + 1}$.

10. $\displaystyle\int \frac{(x+2)\,\mathrm{d}x}{x^2 + 2x + 3}$.

11. $\displaystyle\int \frac{\mathrm{d}x}{x\ln x}$.

12. $\displaystyle\int \frac{1 + \ln x}{(x\ln x)^3}\,\mathrm{d}x$.

13. $\displaystyle\int \sin^3 x\,\mathrm{d}x$.

14. $\displaystyle\int \frac{\sin x + \cos x}{\sqrt{\sin x - \cos x}}\,\mathrm{d}x$.

15. $\displaystyle\int \frac{\sin 2x\,\mathrm{d}x}{1 + \sin^4 x}$.

16. $\displaystyle\int \sin 5x\cos 3x\,\mathrm{d}x$.

17. $\displaystyle\int \frac{1 + \tan^2 x}{(1 + \tan x)^3}\,\mathrm{d}x$.

18. $\displaystyle\int \frac{\mathrm{d}x}{1 + \cos x}$.

19. $\displaystyle\int \frac{\mathrm{e}^{\arcsin x}}{\sqrt{1 - x^2}}\,\mathrm{d}x$.

20. $\displaystyle\int \frac{\arctan\sqrt{x}}{\sqrt{x}\,(1 + x)}\,\mathrm{d}x$.

21. $\displaystyle\int \frac{\sqrt{x}\,\mathrm{d}x}{1 + \sqrt[3]{x}}$.

22. $\displaystyle\int \frac{\mathrm{d}x}{\sqrt{(x^2 + 1)^3}}$.

23. $\displaystyle\int \frac{\mathrm{d}x}{x + \sqrt{1 - x^2}}$.

24. $\displaystyle\int \frac{\sqrt{x+1} - 1}{\sqrt{x+1} + 1}\,\mathrm{d}x$.

§4.3 分部积分法

在§4.2中,我们利用复合函数的求导法则讨论了复合函数的积分方法,即换元积分法,并解决了大量的不定积分计算问题. 但形如 $\int \ln x \, \mathrm{d}x$,$\int \arcsin x \, \mathrm{d}x$,$\int x^n \mathrm{e}^x \, \mathrm{d}x \, (n \neq 0)$,$\int \mathrm{e}^{ax} \sin bx \, \mathrm{d}x$ (a ,b 为常数且 $a \neq 0$)的不定积分,用换元积分法仍是无法求出来的. 这一节我们将在函数乘积求导公式的基础上研究函数乘积的积分方法,即分部积分法.

设函数 $u = u(x)$ 和 $v = v(x)$ 连续、可微,则 $\mathrm{d}(uv) = u\mathrm{d}v + v\mathrm{d}u$,移项得
$$uv' \mathrm{d}x = u\mathrm{d}v = \mathrm{d}(uv) - v\mathrm{d}u = \mathrm{d}(uv) - u'v\mathrm{d}x.$$
将上式两边求不定积分,即得
$$\int uv' \mathrm{d}x = uv - \int u'v \, \mathrm{d}x \quad \text{或} \quad \int u \mathrm{d}v = uv - \int v \mathrm{d}u. \tag{1}$$
通常称(1)式为**分部积分公式**,而称用(1)式求不定积分的方法为**分部积分法**.

如果不定积分 $\int uv' \mathrm{d}x$ 难以求出,而不定积分 $\int u'v \mathrm{d}x$ 容易求得,利用分部积分法就能化难为易,化繁为简了.

例 1 求不定积分 $\int x \sin x \, \mathrm{d}x$.

解 取 $u = x$,$\mathrm{d}v = \sin x \, \mathrm{d}x = -\mathrm{d}(\cos x)$,则
$$\int x \sin x \, \mathrm{d}x = -\int x \mathrm{d}(\cos x) = -\left(x \cos x - \int \cos x \, \mathrm{d}x \right) = -x \cos x + \sin x + C.$$

在例1中,如果取 $u = \sin x$,则 $\mathrm{d}v = x \mathrm{d}x = \dfrac{1}{2} \mathrm{d}x^2$. 于是
$$\int x \sin x \, \mathrm{d}x = \frac{1}{2} \int \sin x \, \mathrm{d}x^2 = \frac{1}{2} \left[x^2 \sin x - \int x^2 \mathrm{d}(\sin x) \right] = \frac{1}{2} x^2 \sin x - \frac{1}{2} \int x^2 \cos x \, \mathrm{d}x.$$
上式右端的不定积分比原不定积分更难求出. 由此可见,适当选取 u 和 $\mathrm{d}v = v' \mathrm{d}x$ 是分部积分法的关键. 那么,如何适当地选取 u 和 $\mathrm{d}v$,使不定积分便于计算呢?

顺口溜"反、对、幂、指、三"常用作选取 u 和 $\mathrm{d}v$ 的"经验准则",其中"反"表示反三角函数,"对"表示对数函数,"幂"表示幂函数,"指"表示指数函数,"三"表示三角函数. 其应用规则是:排在前面位置的函数通常设为 u ,排在后面位置的函数与 $\mathrm{d}x$ 的乘积设为 $\mathrm{d}v$.

例如,计算不定积分 $\int x^2 \arctan x \, \mathrm{d}x$ 时,依上述顺口溜应设 $u = \arctan x$,$\mathrm{d}v = x^2 \mathrm{d}x$.

例 2 求不定积分 $\int x^2 \mathrm{e}^x \, \mathrm{d}x$.

解 设 $u = x^2$,$\mathrm{d}v = \mathrm{e}^x \mathrm{d}x$,则
$$\int x^2 \mathrm{e}^x \, \mathrm{d}x = \int x^2 \mathrm{d}\mathrm{e}^x = x^2 \mathrm{e}^x - \int \mathrm{e}^x \mathrm{d}x^2 = x^2 \mathrm{e}^x - 2 \int x \mathrm{d}\mathrm{e}^x = x^2 \mathrm{e}^x - 2\left(x \mathrm{e}^x - \int \mathrm{e}^x \mathrm{d}x \right)$$
$$= x^2 \mathrm{e}^x - 2(x \mathrm{e}^x - \mathrm{e}^x) + C = (x^2 - 2x + 2) \mathrm{e}^x + C.$$

上式用了两次分部积分,而且都取幂函数为 u,而取 $\mathrm{d}v=\mathrm{e}^x\,\mathrm{d}x$. 如果取 $u=\mathrm{e}^x$,会使积分更烦琐而无法求出结果.

例 3 求不定积分 $\displaystyle\int x\ln x\,\mathrm{d}x$.

解 设 $u=\ln x,\mathrm{d}v=x\,\mathrm{d}x=\dfrac{1}{2}\mathrm{d}x^2$,则

$$\int x\ln x\,\mathrm{d}x=\frac{1}{2}\int\ln x\,\mathrm{d}x^2=\frac{1}{2}\left(x^2\ln x-\int x^2\cdot\frac{1}{x}\mathrm{d}x\right)=\frac{1}{2}x^2\ln x-\frac{1}{2}\int x\,\mathrm{d}x$$

$$=\frac{1}{2}x^2\ln x-\frac{1}{4}x^2+C.$$

例 4 求不定积分 $\displaystyle\int\arctan x\,\mathrm{d}x$.

解 被积表达式已是 $u\,\mathrm{d}v$ 形式,可直接用分部积分公式:

$$\int\arctan x\,\mathrm{d}x=x\arctan x-\int x\cdot\frac{1}{1+x^2}\mathrm{d}x=x\arctan x-\frac{1}{2}\ln(1+x^2)+C.$$

例 5 求不定积分 $I=\displaystyle\int\mathrm{e}^{ax}\cos bx\,\mathrm{d}x$ 与 $J=\displaystyle\int\mathrm{e}^{ax}\sin bx\,\mathrm{d}x$ (a,b 为常数且 $a\neq0$).

解 $I=\displaystyle\int\mathrm{e}^{ax}\cos bx\,\mathrm{d}x=\frac{1}{a}\left(\mathrm{e}^{ax}\cos bx+b\int\mathrm{e}^{ax}\sin bx\,\mathrm{d}x\right)=\frac{1}{a}\mathrm{e}^{ax}\cos bx+\frac{b}{a^2}\int\sin bx\,\mathrm{d}\mathrm{e}^{ax}$

$$=\frac{1}{a}\mathrm{e}^{ax}\cos bx+\frac{b}{a^2}\left(\mathrm{e}^{ax}\sin bx-b\int\mathrm{e}^{ax}\cos bx\,\mathrm{d}x\right)$$

$$=\frac{1}{a^2}\mathrm{e}^{ax}(a\cos bx+b\sin bx)-\frac{b^2}{a^2}I.$$

上式用了两次分部积分法,而且两次都取 $\mathrm{d}v=\mathrm{e}^{ax}\,\mathrm{d}x$,结果出现了一个与原式相同的不定积分,移项即得

$$I=\frac{\mathrm{e}^{ax}}{a^2+b^2}(a\cos bx+b\sin bx)+C.$$

做类似的计算,可得

$$J=\frac{\mathrm{e}^{ax}}{a^2+b^2}(a\sin bx-b\cos bx)+C.$$

例 5 也可以采用下面的解法:取 $\mathrm{d}v=\mathrm{e}^{ax}\,\mathrm{d}x$,由分部积分公式得

$$I=\frac{1}{a}\mathrm{e}^{ax}\cos bx+\frac{b}{a}\int\mathrm{e}^{ax}\sin bx\,\mathrm{d}x=\frac{1}{a}\mathrm{e}^{ax}\cos bx+\frac{b}{a}J,$$

$$J=\frac{1}{a}\mathrm{e}^{ax}\sin bx-\frac{b}{a}\int\mathrm{e}^{ax}\cos bx\,\mathrm{d}x=\frac{1}{a}\mathrm{e}^{ax}\sin bx-\frac{b}{a}I.$$

由上两式联立,即可解得 I 与 J,结果同上.

注 由例 5 看出,在连续两次应用分部积分法的过程中,必须选择同类型的函数作为 u;如果用分部积分法后出现了所求的不定积分,这时可通过解方程得出结果.

例 6 求不定积分 $\displaystyle\int \sec^3 x \, \mathrm{d}x$.

解 被积函数为 $\sec^3 x$,不是上面介绍的类型,如果将积分表达式 $\sec^3 x \, \mathrm{d}x$ 直接看成 $u \, \mathrm{d}v$,是不能求出结果的. 为此,我们先将 $\sec^3 x$ 分解、变形,然后积分:

$$\int \sec^3 x \, \mathrm{d}x = \int \sec x \sec^2 x \, \mathrm{d}x = \int \sec x \, \mathrm{d}(\tan x) = \sec x \tan x - \int \tan x \cdot \sec x \tan x \, \mathrm{d}x$$

$$= \sec x \tan x - \int (\sec^2 x - 1) \sec x \, \mathrm{d}x$$

$$= \sec x \tan x - \int \sec^3 x \, \mathrm{d}x + \int \sec x \, \mathrm{d}x.$$

上式最后一个等号的右端出现一个原来的不定积分,移项即得

$$\int \sec^3 x \, \mathrm{d}x = \frac{1}{2}\left(\sec x \tan x + \int \sec x \, \mathrm{d}x\right) = \frac{1}{2}(\sec x \tan x + \ln|\sec x + \tan x|) + C.$$

例 7 求不定积分 $\displaystyle\int \sqrt{x^2 + a^2} \, \mathrm{d}x$.

解 用分部积分法得

$$\int \sqrt{x^2 + a^2} \, \mathrm{d}x = x\sqrt{x^2 + a^2} - \int x \cdot \frac{x}{\sqrt{x^2 + a^2}} \, \mathrm{d}x = x\sqrt{x^2 + a^2} - \int \frac{x^2 + a^2 - a^2}{\sqrt{x^2 + a^2}} \, \mathrm{d}x$$

$$= x\sqrt{x^2 + a^2} - \int \sqrt{x^2 + a^2} \, \mathrm{d}x + a^2 \int \frac{\mathrm{d}x}{\sqrt{x^2 + a^2}}$$

$$= x\sqrt{x^2 + a^2} - \int \sqrt{x^2 + a^2} \, \mathrm{d}x + a^2 \ln(x + \sqrt{x^2 + a^2}),$$

移项即得

$$\int \sqrt{x^2 + a^2} \, \mathrm{d}x = \frac{x}{2}\sqrt{x^2 + a^2} + \frac{a^2}{2}\ln(x + \sqrt{x^2 + a^2}) + C.$$

如果采用换元积分法,令 $x = a \tan t$,则 $\sqrt{x^2 + a^2} = a \sec t$,$\mathrm{d}x = a \sec^2 t \, \mathrm{d}t$. 由例 6 即得

$$\int \sqrt{x^2 + a^2} \, \mathrm{d}x = \int a^2 \sec^3 t \, \mathrm{d}t$$

$$= \frac{a^2}{2}(\sec t \tan t + \ln|\sec t + \tan t|) + C_1$$

$$= \frac{x}{2}\sqrt{x^2 + a^2} + \frac{a^2}{2}\ln\left(\frac{\sqrt{x^2 + a^2}}{a} + \frac{x}{a}\right) + C_1$$

$$= \frac{x}{2}\sqrt{x^2 + a^2} + \frac{a^2}{2}\ln(x + \sqrt{x^2 + a^2}) + C,$$

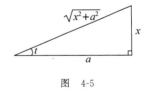

图 4-5

这里求 $\tan t$,$\sec t$ 的表达式时可借助图 4-5.

例 8 求不定积分 $\displaystyle\int \frac{x \mathrm{e}^x}{(1+x)^2} \, \mathrm{d}x$.

解 根据被积函数的形式,先部分"凑微分",再用分部积分法. 由于 $\dfrac{1}{(1+x)^2}dx=$
$-d\left(\dfrac{1}{1+x}\right)$,因此取 $u=xe^x,v=\dfrac{-1}{1+x},dv=\dfrac{1}{(1+x)^2}dx=-d\left(\dfrac{1}{1+x}\right)$. 故

$$\int\frac{xe^x}{(1+x)^2}dx=-\frac{xe^x}{1+x}+\int\frac{1}{1+x}d(xe^x)=-\frac{xe^x}{1+x}+\int\frac{1}{(1+x)}\cdot(1+x)e^xdx$$
$$=-\frac{xe^x}{1+x}+e^x+C=\frac{e^x}{1+x}+C.$$

注 由例 8 看到,用分部积分法计算不定积分的一种常用思路是:先对被积函数进行部分"凑微分",把凑进微分里的函数设为 v,凑不进微分里而留在微分外的函数设为 u,然后利用分部积分公式计算.

例 9 求不定积分 $\int e^{\sqrt{x}}dx$.

解 本题可先用换元积分法,再用分部积分法. 令 $\sqrt{x}=t$,即 $x=t^2$,则 $dx=2tdt$. 于是
$$\int e^{\sqrt{x}}dx=\int 2te^tdt=2\int tde^t=2\left(te^t-\int e^tdt\right)=2(t-1)e^t+C=2(\sqrt{x}-1)e^{\sqrt{x}}+C.$$
也可部分"凑微分"后再用分部积分法:
$$\int e^{\sqrt{x}}dx=\int 2\sqrt{x}\cdot\frac{e^{\sqrt{x}}}{2\sqrt{x}}dx=2\int\sqrt{x}\,de^{\sqrt{x}}=2\left(\sqrt{x}e^{\sqrt{x}}-\int e^{\sqrt{x}}d\sqrt{x}\right)=2(\sqrt{x}-1)e^{\sqrt{x}}+C.$$

例 10 求不定积分 $I_n=\int\sin^n x\,dx\ (n\geqslant 1)$ 的递推公式.

解 $I_1=\int\sin x\,dx=-\cos x+C,\quad I_2=\int\sin^2 x\,dx=\frac{1}{2}x-\frac{1}{4}\sin 2x+C.$
当 $n>2$ 时,我们有
$$I_n=\int\sin^{n-1}x\cdot\sin x\,dx=-\int\sin^{n-1}x\,d(\cos x)$$
$$=-\sin^{n-1}x\cdot\cos x+(n-1)\int\sin^{n-2}x\cdot\cos^2 x\,dx$$
$$=-\sin^{n-1}x\cdot\cos x+(n-1)\int\sin^{n-2}x(1-\sin^2 x)dx$$
$$=-\sin^{n-1}x\cdot\cos x+(n-1)I_{n-2}-(n-1)I_n,$$
移项即得
$$I_n=-\frac{1}{n}\sin^{n-1}x\cdot\cos x+\frac{n-1}{n}I_{n-2}.$$

这两节我们介绍了求不定积分的最基本、最常用的方法与技巧. 我们已经看到,求不定积分比求导数复杂、困难,也灵活得多. 另外,因被积函数的类型和形式多种多样,解题时没有一般常规方法可循,只能根据被积函数的具体形式选取较简便的方法和技巧,有时甚至多种方法和技巧结合运用才能奏效.

习 题 4.3

1. 求下列不定积分:

(1) $\displaystyle\int x\mathrm{e}^{-x}\,\mathrm{d}x$;　　　　(2) $\displaystyle\int \arccos x\,\mathrm{d}x$;　　　　(3) $\displaystyle\int x^2\ln x\,\mathrm{d}x$;

(4) $\displaystyle\int \ln^2 x\,\mathrm{d}x$;　　　　(5) $\displaystyle\int x\tan^2 x\,\mathrm{d}x$;　　　　(6) $\displaystyle\int x^2\cos x\,\mathrm{d}x$;

(7) $\displaystyle\int \frac{\ln^3 x}{x^2}\,\mathrm{d}x$;　　　　(8) $\displaystyle\int \mathrm{e}^{\sqrt[3]{x}}\,\mathrm{d}x$;　　　　(9) $\displaystyle\int \mathrm{e}^{-2x}\sin 3x\,\mathrm{d}x$;

(10) $\displaystyle\int \mathrm{e}^x\cos^2 x\,\mathrm{d}x$;　　　　(11) $\displaystyle\int \frac{x}{\cos^2 x}\,\mathrm{d}x$;　　　　(12) $\displaystyle\int \sin\ln x\,\mathrm{d}x$.

2. 求下列不定积分的递推公式:

(1) $I_n = \displaystyle\int x^n \mathrm{e}^{ax}\,\mathrm{d}x$ $(n\geqslant 1, a$ 为常数$)$;　　　　(2) $I_n = \displaystyle\int \cos^n x\,\mathrm{d}x$ $(n\geqslant 1)$.

§4.4　有理函数的不定积分

一、有理函数的不定积分

两个多项式的商

$$\frac{P(x)}{Q(x)} = \frac{a_0 x^n + a_1 x^{n-1} + \cdots + a_{n-1}x + a_n}{b_0 x^m + b_1 x^{m-1} + \cdots + b_{m-1}x + b_m} \tag{1}$$

称为**有理函数**,也称为**有理分式**,其中 n, m 是非负整数,$a_0, a_1, \cdots, a_n$ 及 $b_0, b_1, \cdots, b_m$ 都是常数,且 $a_0 \neq 0, b_0 \neq 0$. 我们总假定 $P(x)$ 与 $Q(x)$ 没有公因式. 当 $n < m$ 时,称 $\dfrac{P(x)}{Q(x)}$ 为**真分式**;当 $n \geqslant m$ 时,称 $\dfrac{P(x)}{Q(x)}$ 为**假分式**. 利用多项式除法,总可以将假分式化为一个多项式与一个真分式的和. 例如:

$$\frac{x^2}{x+1} = x - 1 + \frac{1}{x+1}, \quad \frac{x^3+x+2}{x^2+1} = x + \frac{2}{x^2+1}, \quad \frac{x^3-x^2-x+3}{x^2-1} = x - 1 + \frac{2}{x^2-1}.$$

多项式的不定积分容易求得,因此对于有理函数的不定积分,只需讨论真分式的不定积分.

由代数学知识可知,在实数范围内,任一多项式 $Q(x)$ 总能唯一地分解成一次因式与二次因式的乘积,即

$$Q(x) = b_0(x-a)^\alpha \cdots (x-b)^\beta (x^2+px+q)^\lambda \cdots (x^2+rx+s)^\mu, \tag{2}$$

其中 $a, \cdots, b, p, q, \cdots, r, s$ 为常数,且 $p^2 - 4q < 0, r^2 - 4s < 0$,而 $\alpha, \cdots, \beta, \lambda, \cdots, \mu$ 为正整数;

任一真分式 $\dfrac{P(x)}{Q(x)}$ 都能分解成如下形式的最简分式(称为**部分分式**)之和:

$$\frac{A}{x-a},\quad \frac{A}{(x-a)^n},\quad \frac{Bx+D}{x^2+px+q},\quad \frac{Bx+D}{(x^2+px+q)^n}. \tag{3}$$

其中 A,B,D,a,p,q 为常数,且 $p^2-4q<0$,n 为大于 1 的整数.下面举例子说明.

例 1　将 $\dfrac{2x+1}{x^2-5x+6}$ 分解成部分分式之和.

解　由于 $x^2-5x+6=(x-2)(x-3)$,因此有分解式 $\dfrac{2x+1}{x^2-5x+6}=\dfrac{A}{x-3}+\dfrac{B}{x-2}$,其中 A,B 为待定系数.此式去分母,得

$$2x+1=A(x-2)+B(x-3)=(A+B)x-(2A+3B).$$

比较上式两端 x 的同次幂系数,得

$$\begin{cases} A+B=2, \\ -(2A+3B)=1, \end{cases} \quad \text{解得} \quad \begin{cases} A=7, \\ B=-5, \end{cases}$$

即

$$\frac{2x+1}{x^2-5x+6}=\frac{7}{x-3}-\frac{5}{x-2}.$$

另一种确定待定系数的方法为**赋值法**:由 $2x+1=A(x-2)+B(x-3)$,令 $x=3$,得 $A=7$;令 $x=2$,得 $B=-5$.

一般地,对于待定系数的确定,赋值法比解关于待定系数的方程组的方法简便.注意,用赋值法求待定系数时,含待定系数的等式右端应保留因式形式,这样计算起来比较方便.

例 2　求不定积分 $\displaystyle\int \dfrac{1}{x(x-1)^2}\mathrm{d}x$.

解　将 $\dfrac{1}{x(x-1)^2}$ 分解成部分分式之和.令 $\dfrac{1}{x(x-1)^2}=\dfrac{A}{x}+\dfrac{B}{x-1}+\dfrac{D}{(x-1)^2}$,其中 A,B,D 为待定系数.此式去分母,得

$$A(x-1)^2+Bx(x-1)+Dx=(A+B)x^2+(-2A-B+D)x+A=1. \tag{4}$$

比较上式两端 x 的同次幂系数,得

$$\begin{cases} A+B=0, \\ -2A-B+D=0, \\ A=1, \end{cases} \quad \text{解得} \quad \begin{cases} A=1, \\ B=-1, \\ D=1. \end{cases}$$

也可采用赋值法求 A,B,D:由(4)式,先令 $x=0$,得 $A=1$;令 $x=1$,得 $D=1$.为了求 B,可取 $x=2$ 或 $x=-1$.由此得 $B=-1$.所以

$$\int \frac{1}{x(x-1)^2}\mathrm{d}x=\int \left[\frac{1}{x}-\frac{1}{x-1}+\frac{1}{(x-1)^2}\right]\mathrm{d}x=\ln\left|\frac{x}{x-1}\right|-\frac{1}{x-1}+C.$$

例 3　求不定积分 $\displaystyle\int \frac{5}{1+2x+x^2+2x^3}\mathrm{d}x$.

解　分解得 $\displaystyle\frac{5}{1+2x+x^2+2x^3}=\frac{5}{(1+2x)(1+x^2)}=\frac{A}{1+2x}+\frac{Bx+D}{1+x^2}$，其中 A,B,D 为待定系数. 此式去分母，得

$$A(1+x^2)+(Bx+D)(1+2x)=5.$$

取 $x=-\dfrac{1}{2}$，得 $A=4$；取 $x=0$，得 $A+D=5$，从而得 $D=1$；取 $x=1$，得 $2A+3(B+D)=5$，从而得 $B=-2$. 所以

$$\int \frac{1}{1+2x+x^2+2x^3}\mathrm{d}x = \int \left(\frac{4}{1+2x}+\frac{-2x+1}{1+x^2}\right)\mathrm{d}x$$

$$=2\ln|1+2x|-\ln(1+x^2)+\arctan x+C.$$

由上面的讨论知，任何真分式的不定积分都归结为如下四种部分分式的不定积分：

$$\int \frac{A}{x-a}\mathrm{d}x, \quad \int \frac{A}{(x-a)^n}\mathrm{d}x, \quad \int \frac{Bx+D}{x^2+px+q}\mathrm{d}x, \quad \int \frac{Bx+D}{(x^2+px+q)^n}\mathrm{d}x,$$

其中 A,B,D,a,p,q 为常数，且 $p^2-4q<0$，n 为大于 1 的整数. 由于

$$\int \frac{A}{x-a}\mathrm{d}x=A\ln|x-a|+C, \quad \int \frac{A}{(x-a)^n}\mathrm{d}x=\frac{A}{(1-n)(x-a)^{n-1}}+C,$$

$$\int \frac{Bx+D}{x^2+px+q}\mathrm{d}x = \frac{1}{2}\int \frac{B(2x+p)+2D-Bp}{x^2+px+q}\mathrm{d}x$$

$$=\frac{B}{2}\int \frac{2x+p}{x^2+px+q}\mathrm{d}x + \frac{2D-Bp}{2}\int \frac{\mathrm{d}x}{\left(x+\frac{p}{2}\right)^2+q-\frac{p^2}{4}}$$

$$=\frac{B}{2}\ln(x^2+px+q)+\frac{2D-Bp}{\sqrt{4q-p^2}}\arctan \frac{2x+p}{\sqrt{4q-p^2}}+C,$$

因此只要讨论不定积分 $\displaystyle\int \frac{Bx+D}{(x^2+px+q)^n}\mathrm{d}x$ 即可. 同上拆项，有

$$\int \frac{Bx+D}{(x^2+px+q)^n}\mathrm{d}x = \frac{B}{2}\int \frac{\mathrm{d}(x^2+px+q)}{(x^2+px+q)^n}+\frac{2D-Bp}{2}\int \frac{\mathrm{d}x}{\left[\left(x+\frac{p}{2}\right)^2+q-\frac{p^2}{4}\right]^n}$$

$$=\frac{B}{2(1-n)(x^2+px+q)^{n-1}}+\frac{2D-Bp}{2}I_n,$$

其中　　　　　$$I_n=\int \frac{\mathrm{d}x}{\left[\left(x+\frac{p}{2}\right)^2+q-\frac{p^2}{4}\right]^n} = \int \frac{\mathrm{d}x}{(x^2+px+q)^n}.$$

记 $u=x+\dfrac{p}{2}, a^2=\dfrac{1}{4}(4q-p^2)$, 则

$$I_n=\int\frac{\mathrm{d}x}{(x^2+px+q)^n}=\int\frac{\mathrm{d}u}{(u^2+a^2)^n}=\frac{1}{a^2}\int\frac{u^2+a^2-u^2}{(u^2+a^2)^n}\mathrm{d}u$$

$$=\frac{1}{a^2}\left[I_{n-1}-\int\frac{u^2\mathrm{d}u}{(u^2+a^2)^n}\right]. \tag{5}$$

用分部积分法求 $\displaystyle\int\frac{u^2\mathrm{d}u}{(u^2+a^2)^n}$:

$$\int\frac{u^2\mathrm{d}u}{(u^2+a^2)^n}=\int u\,\frac{u\,\mathrm{d}u}{(u^2+a^2)^n}=\frac{1}{2}\int u\,\mathrm{d}\left[\frac{1}{(1-n)(u^2+a^2)^{n-1}}\right]$$

$$=\frac{1}{2}\left[\frac{u}{(1-n)(u^2+a^2)^{n-1}}-\frac{1}{1-n}\int\frac{\mathrm{d}u}{(u^2+a^2)^{n-1}}\right]$$

$$=\frac{1}{2}\cdot\frac{u}{(1-n)(u^2+a^2)^{n-1}}-\frac{1}{2(1-n)}I_{n-1}.$$

代入(5)式, 整理即得 I_n 的递推公式

$$I_n=\frac{u}{2a^2(n-1)(u^2+a^2)^{n-1}}+\frac{2n-3}{2a^2(n-1)}I_{n-1},\quad n=2,3,\cdots,$$

且当 $n=1$ 时, 已有

$$I_1=\int\frac{\mathrm{d}u}{u^2+a^2}=\frac{1}{a}\arctan\frac{u}{a}+C=\frac{2}{\sqrt{4q-p^2}}\arctan\frac{2x+p}{\sqrt{4q-p^2}}+C.$$

　　可见, 上述四种部分分式的不定积分都能用初等函数表示. 因此, 我们得出结论: 有理函数的原函数(不定积分)都是初等函数.

二、简单无理函数与三角函数的不定积分

　　通常求无理函数的不定积分比求有理函数的不定积分困难得多. 有些无理函数的原函数不能用初等函数表示, 因此其不定积分在初等函数范围内无法求出来, 即"积不出来". 下面仅介绍经过适当的变量代换, 能将无理函数不定积分化为有理函数不定积分的几个简单例子.

　　例 4　求不定积分 $\displaystyle\int\frac{x+1}{x\sqrt{x-2}}\mathrm{d}x$.

　　解　设 $\sqrt{x-2}=t$, 则 $x=t^2+2, \mathrm{d}x=2t\,\mathrm{d}t$. 于是

$$\int\frac{x+1}{x\sqrt{x-2}}\mathrm{d}x=\int\frac{t^2+2+1}{t(t^2+2)}\cdot 2t\,\mathrm{d}t=2\int\frac{t^2+2+1}{t^2+2}\mathrm{d}t=2\left(t+\frac{1}{\sqrt{2}}\arctan\frac{t}{\sqrt{2}}\right)+C$$

$$=2\sqrt{x-2}+\sqrt{2}\arctan\sqrt{\frac{x-2}{2}}+C.$$

例 5 求不定积分 $\displaystyle\int \frac{1}{x}\sqrt{\frac{1+x}{1-x}}\,\mathrm{d}x$.

解 令 $\sqrt{\dfrac{1+x}{1-x}}=t$,则 $x=\dfrac{t^2-1}{t^2+1}$,$\mathrm{d}x=\dfrac{4t}{(t^2+1)^2}\mathrm{d}t$. 所以

$$\int \frac{1}{x}\sqrt{\frac{1+x}{1-x}}\,\mathrm{d}x = \int \frac{t^2+1}{t^2-1}\cdot t\cdot\frac{4t}{(t^2+1)^2}\mathrm{d}t = 4\int \frac{t^2}{(t^2-1)(t^2+1)}\mathrm{d}t$$

$$= 2\int\left(\frac{1}{t^2-1}+\frac{1}{t^2+1}\right)\mathrm{d}t = \ln\left|\frac{t-1}{t+1}\right| + 2\arctan t + C$$

$$= \ln\left|\frac{\sqrt{1+x}-\sqrt{1-x}}{\sqrt{1+x}+\sqrt{1-x}}\right| + 2\arctan\sqrt{\frac{1+x}{1-x}} + C.$$

例 6 求不定积分 $\displaystyle\int \sqrt[3]{\frac{2+x}{2-x}}\,\frac{\mathrm{d}x}{(2+x)^2}$.

解 令 $\sqrt[3]{\dfrac{2+x}{2-x}}=t$,则 $x=\dfrac{2(t^3-1)}{t^3+1}$,$\mathrm{d}x=\dfrac{12t^2\mathrm{d}t}{(t^3+1)^2}$. 所以

$$\int\sqrt[3]{\frac{2+x}{2-x}}\,\frac{\mathrm{d}x}{(2+x)^2} = \int t\cdot\frac{(t^3+1)^2}{16t^6}\cdot\frac{12t^2\mathrm{d}t}{(t^3+1)^2} = \int\frac{3\mathrm{d}t}{4t^3} = -\frac{3}{8}\sqrt[3]{\left(\frac{2-x}{2+x}\right)^2} + C.$$

关于三角函数的不定积分,在换元积分法中已介绍过几种类型,不再复述. 下面讨论三角函数有理式的不定积分. 由于三角函数有理式是指由 $\sin x$,$\cos x$,$\tan x$,$\cot x$ 经有限次四则运算所得到的函数,这些有理式都可化为 $\sin x$,$\cos x$ 的有理式,所以下面仅讨论 $\sin x$,$\cos x$ 的一般有理式 $R(\sin x,\cos x)$ 的不定积分.

设 $\tan\dfrac{x}{2}=t$ $(-\pi<x<\pi)$,则 $x=2\arctan t$,$\mathrm{d}x=\dfrac{2\mathrm{d}t}{1+t^2}$,且

$$\sin x = 2\sin\frac{x}{2}\cos\frac{x}{2} = \frac{2\tan\dfrac{x}{2}}{\sec^2\dfrac{x}{2}} = \frac{2t}{1+t^2}, \quad \cos x = \cos^2\frac{x}{2}-\sin^2\frac{x}{2} = \frac{1-\tan^2\dfrac{x}{2}}{\sec^2\dfrac{x}{2}} = \frac{1-t^2}{1+t^2}.$$

于是

$$\int R(\sin x,\cos x)\,\mathrm{d}x = \int R\left(\frac{2t}{1+t^2},\frac{1-t^2}{1+t^2}\right)\frac{2\mathrm{d}t}{1+t^2}.$$

上式右端的被积函数是关于 t 的有理函数,从而存在原函数,且其原函数是初等函数. 由此我们有结论:三角函数有理式存在原函数,且其原函数是初等函数,即三角函数有理式的不定积分可用初等函数表示. 通常称变量代换 $\tan\dfrac{x}{2}=t$ 为**万能代换**,因为它能将三角函数有理式 $R(\sin x,\cos x)$ 的不定积分化为有理函数的不定积分. 因此,它是求三角函数有理式不定积分的一般方法. 但做这样的变量代换,常常会导致较大的运算量,所以在解题中不应拘泥

于万能代换,而应根据被积函数的特点,灵活地结合其他的积分方法.

例 7 求不定积分 $I = \int \dfrac{\mathrm{d}x}{\cos x + \sin x}$.

解 令 $\tan \dfrac{x}{2} = t$,则 $x = 2\arctan t$,$\mathrm{d}x = \dfrac{2\mathrm{d}t}{1+t^2}$,$\sin x = \dfrac{2t}{1+t^2}$,$\cos x = \dfrac{1-t^2}{1+t^2}$. 于是

$$I = \int \frac{2\mathrm{d}t}{1-t^2+2t} = 2\int \frac{\mathrm{d}(t-1)}{2-(t-1)^2} = \frac{1}{\sqrt{2}}\ln\left|\frac{\sqrt{2}+(t-1)}{\sqrt{2}-(t-1)}\right| + C = \frac{1}{\sqrt{2}}\ln\left|\frac{\sqrt{2}+\tan\dfrac{x}{2}-1}{\sqrt{2}-\tan\dfrac{x}{2}+1}\right| + C.$$

如果利用三角公式变换被积表达式,则有

$$I = \frac{1}{\sqrt{2}}\int \frac{\mathrm{d}x}{\sin\left(x+\dfrac{\pi}{4}\right)} \xlongequal{\text{令 } u = x+\frac{\pi}{4}} \frac{1}{\sqrt{2}}\int \frac{\mathrm{d}\left(\dfrac{u}{2}\right)}{\sin\dfrac{u}{2}\cos\dfrac{u}{2}} = \frac{1}{\sqrt{2}}\ln\left|\tan\frac{1}{2}\left(x+\frac{\pi}{4}\right)\right| + C.$$

例 8 求不定积分 $I = \int \dfrac{\cos x \sin x}{\cos x + \sin x}\mathrm{d}x$.

解 如果采用万能代换,计算较烦琐. 我们先用三角公式变换被积表达式,再用换元积分法:

$$I = \frac{1}{2}\int \frac{(\cos x + \sin x)^2 - 1}{\cos x + \sin x}\mathrm{d}x = \frac{1}{2}\int\left[\cos x + \sin x - \frac{1}{\sqrt{2}\sin\left(x+\dfrac{\pi}{4}\right)}\right]\mathrm{d}x$$

$$= \frac{1}{2}(\sin x - \cos x) - \frac{1}{2\sqrt{2}}\ln\left|\tan\frac{1}{2}\left(x+\frac{\pi}{4}\right)\right| + C.$$

例 9 求不定积分 $I = \int \dfrac{\mathrm{d}x}{(a\cos x + b\sin x)^2}$ (a, b 为非零常数).

解 $I = \int \dfrac{\mathrm{d}x}{(a+b\tan x)^2\cos^2 x} = \int \dfrac{\mathrm{d}(\tan x)}{(a+b\tan x)^2} = -\dfrac{1}{b(a+b\tan x)} + C$,

或者

$$I = \frac{1}{a^2+b^2}\int \frac{\mathrm{d}x}{\cos^2(x-\varphi)} = \frac{1}{a^2+b^2}\tan(x-\varphi) + C = \frac{1}{a^2+b^2}\tan\left(x - \arctan\frac{b}{a}\right) + C,$$

其中 $\varphi = \arctan \dfrac{b}{a}$.

我们再次指出,凡是被积函数经过适当的变量代换能化为关于新变量的有理函数的不定积分,都可以用初等函数表示. 由于初等函数在其定义区间上都是连续的,从而其原函数存在,但是其原函数不一定都是初等函数. 例如,不定积分 $\int \mathrm{e}^{-x^2}\mathrm{d}x$,$\int \dfrac{\mathrm{d}x}{\ln x}$,$\int \dfrac{\sin x}{x}\mathrm{d}x$,$\int \sin x^2 \mathrm{d}x$,$\int \dfrac{\mathrm{d}x}{\sqrt{1+x^4}}$ 等,它们都不能表示为初等函数,或者说,在初等函数范围内"积不出

来". 这些不定积分表示某些新函数, 从而扩大了函数的范围, 为研究数学与其他科学提供了新工具.

习 题 4.4

求下列不定积分:

1. $\displaystyle\int \frac{x^2}{x+2}\mathrm{d}x.$
2. $\displaystyle\int \frac{\mathrm{d}x}{x^4-1}.$
3. $\displaystyle\int \frac{x^2\,\mathrm{d}x}{1-x^4}.$

4. $\displaystyle\int \frac{\mathrm{d}x}{x(x^2+1)}.$
5. $\displaystyle\int \frac{3}{x^3+1}\mathrm{d}x.$
6. $\displaystyle\int \frac{\mathrm{d}x}{(x-1)(x+1)^2}.$

7. $\displaystyle\int \frac{\mathrm{d}x}{(x^2+1)(x^2+x+1)}.$
8. $\displaystyle\int \frac{\mathrm{d}x}{2+\sin x}.$
9. $\displaystyle\int \frac{\mathrm{d}x}{1+\sin x+\cos x}.$

10. $\displaystyle\int \tan^3 x\,\mathrm{d}x.$
11. $\displaystyle\int \frac{x\,\mathrm{d}x}{\sqrt{2+4x}}.$
12. $\displaystyle\int \sqrt{\frac{x+1}{x-1}}\,\mathrm{d}x.$

13. $\displaystyle\int \frac{\mathrm{d}x}{\sqrt{x}(1+x)}.$
14. $\displaystyle\int \frac{\mathrm{d}x}{\sqrt{x}+\sqrt[4]{x}}.$

§4.5 综 合 例 题

一、与原函数概念有关的问题

例1 设函数 $f(x)=\begin{cases}2x\sin\dfrac{1}{x}-\cos\dfrac{1}{x}, & x\neq 0,\\ 0, & x=0,\end{cases}$ 试判定:

(1) $f(x)$ 在点 $x=0$ 处是否连续?

(2) $F(x)=\begin{cases}x^2\sin\dfrac{1}{x}, & x\neq 0,\\ 0, & x=0\end{cases}$ 是否为 $f(x)$ 在区间 $(-\infty,+\infty)$ 内的一个原函数?

解 (1) 由于 $\displaystyle\lim_{x\to 0}f(x)=\lim_{x\to 0}\left(2x\sin\frac{1}{x}-\cos\frac{1}{x}\right)$ 不存在, 故 $f(x)$ 在点 $x=0$ 处不连续.

(2) 当 $x\neq 0$ 时, $F'(x)=\left(x^2\sin\dfrac{1}{x}\right)'=2x\sin\dfrac{1}{x}-\cos\dfrac{1}{x}$;

当 $x=0$ 时, $F'(0)=\displaystyle\lim_{x\to 0}\frac{F(x)-F(0)}{x-0}=\lim_{x\to 0}\frac{x^2\sin\dfrac{1}{x}}{x}=0.$

综上可知, $F(x)$ 是 $f(x)$ 在 $(-\infty,+\infty)$ 内的一个原函数.

例 2　已知不定积分 $\int f'(\sqrt{x})\mathrm{d}x = x(\mathrm{e}^{\sqrt{x}}+1)+C$，求函数 $f(x)$.

解　对已知不定积分等式两边求导数，得

$$f'(\sqrt{x}) = [x(\mathrm{e}^{\sqrt{x}}+1)+C]' = \mathrm{e}^{\sqrt{x}}+1+x\,\frac{1}{2\sqrt{x}}\mathrm{e}^{\sqrt{x}} = \left(1+\frac{\sqrt{x}}{2}\right)\mathrm{e}^{\sqrt{x}}+1,$$

所以 $f'(x) = \left(1+\dfrac{x}{2}\right)\mathrm{e}^{x}+1$. 于是

$$f(x) = \int f'(x)\mathrm{d}x = \int \left[\left(1+\frac{x}{2}\right)\mathrm{e}^{x}+1\right]\mathrm{d}x = \frac{x+1}{2}\mathrm{e}^{x}+x+C.$$

例 3　设 $F(x)$ 为函数 $f(x)$ 的原函数，且 $f(x) = \dfrac{xF(x)}{1+x^2}$，求 $f(x)$.

解　由于 $F'(x) = f(x)$，所以 $F'(x) = \dfrac{xF(x)}{1+x^2}$. 于是

$$\int \frac{F'(x)}{F(x)}\mathrm{d}x = \int \frac{x}{1+x^2}\mathrm{d}x,$$

从而

$$\ln|F(x)| = \ln\sqrt{1+x^2}+C_1, \quad F(x) = \pm C_1\sqrt{1+x^2} = C\sqrt{1+x^2} \ (C=\pm\mathrm{e}^{C_1}).$$

故

$$f(x) = F'(x) = \frac{Cx}{\sqrt{1+x^2}}.$$

例 4　设函数 $f(x^2-1) = \ln\dfrac{x^2}{x^2-2}$，且 $f[\varphi(x)] = \ln x$，求不定积分 $\int \varphi(x)\mathrm{d}x$.

解　由 $f(x^2-1) = \ln\dfrac{x^2-1+1}{x^2-1-1}$ 知 $f(x) = \ln\dfrac{x+1}{x-1}$，于是

$$f[\varphi(x)] = \ln\frac{\varphi(x)+1}{\varphi(x)-1} = \ln x,$$

得 $\dfrac{\varphi(x)+1}{\varphi(x)-1} = x$，即 $\varphi(x) = \dfrac{x+1}{x-1}$. 故

$$\int \varphi(x)\mathrm{d}x = \int \frac{x+1}{x-1}\mathrm{d}x = \int \left(1+\frac{2}{x-1}\right)\mathrm{d}x = x+2\ln|x-1|+C.$$

例 5　已知 $f'(\ln x) = \begin{cases}1, & 0<x\leqslant 1, \\ x, & 1<x<+\infty,\end{cases}$ 求函数 $f(x), f(\ln x)$.

解　令 $\ln x = t$，即 $x = \mathrm{e}^t$，则当 $0<x\leqslant 1$ 时，$-\infty<t\leqslant 0$；当 $1<x<+\infty$ 时，$0<t<+\infty$. 所以

$$f'(t) = \begin{cases}1, & -\infty<t\leqslant 0, \\ \mathrm{e}^t, & 0<t<+\infty.\end{cases}$$

于是，易知 $f'(t)$ 连续，即 $f(x)$ 具有连续导数，从而

$$f(x) = \int f'(x)\,dx = \begin{cases} x + C_1, & -\infty < x \leqslant 0 \\ e^x + C_2, & 0 < x < +\infty. \end{cases}$$

由 $f(x)$ 的连续性可推得 $C_2 = C_1 - 1$,故

$$f(x) = \begin{cases} x + C, & -\infty < x \leqslant 0, \\ e^x - 1 + C, & 0 < x < +\infty, \end{cases} \qquad f(\ln x) = \begin{cases} \ln x + C, & 0 < x \leqslant 1, \\ x - 1 + C, & 1 < x < +\infty. \end{cases}$$

例 6 求不定积分 $I = \displaystyle\int x\,|x|\,dx$.

解 当 $x \geqslant 0$ 时,$I = \displaystyle\int x^2\,dx = \dfrac{1}{3}x^3 + C$;

当 $x < 0$ 时,$I = -\displaystyle\int x^2\,dx = -\dfrac{1}{3}x^3 + C$.

故 $$I = \frac{x^2\,|x|}{3} + C.$$

例 7 求不定积分 $I = \displaystyle\int \max\{1, x^2\}\,dx$.

解 当 $|x| \leqslant 1$ 时,$I = \displaystyle\int dx = x + C$;

当 $x > 1$ 时,$I = \displaystyle\int x^2\,dx = \dfrac{1}{3}x^3 + C_1$;

当 $x < -1$ 时,$I = \displaystyle\int x^2\,dx = \dfrac{1}{3}x^3 + C_2$.

由于 $\max\{1, x^2\}$ 连续,从而 $I = I(x)$ 连续,因此由 $\displaystyle\lim_{x \to 1^-}(x + C) = \lim_{x \to 1^+}\left(\dfrac{1}{3}x^3 + C_1\right)$ 得

$C_1 = \dfrac{2}{3} + C$;由 $\displaystyle\lim_{x \to -1^+}(x + C) = \lim_{x \to -1^-}\left(\dfrac{1}{3}x^3 + C_2\right)$ 得 $C_2 = -\dfrac{2}{3} + C$. 故

$$I = \begin{cases} x + C, & |x| \leqslant 1, \\ \dfrac{1}{3}x^3 + \dfrac{2}{3} + C, & x > 1, \\ \dfrac{1}{3}x^3 - \dfrac{2}{3} + C, & x < -1, \end{cases} \qquad 即 \qquad I = \begin{cases} x + C, & |x| \leqslant 1, \\ \dfrac{1}{3}x^3 + \dfrac{2}{3}\operatorname{sgn} x + C, & |x| > 1. \end{cases}$$

二、用多种方法、技巧求不定积分

例 8 求不定积分 $I = \displaystyle\int \dfrac{\sin x}{1 + \sin x}\,dx$.

解 方法 1 $\quad I = \displaystyle\int \dfrac{\sin x\,(1 - \sin x)}{1 - \sin^2 x}\,dx = \int \dfrac{\sin x}{\cos^2 x}\,dx - \int \dfrac{\sin^2 x}{\cos^2 x}\,dx$

$$= \int \sec x \tan x \, dx - \int \frac{1 - \cos^2 x}{\cos^2 x} dx = \frac{1}{\cos x} - \tan x + x + C.$$

方法 2　$I = \int \left(1 - \frac{1}{1 + \sin x} \right) dx = x - \int \frac{dx}{\left(\cos \dfrac{x}{2} + \sin \dfrac{x}{2} \right)^2}$

$$= x - 2 \int \frac{d \left(\tan \dfrac{x}{2} \right)}{\left(1 + \tan \dfrac{x}{2} \right)^2} = x + \frac{2}{1 + \tan \dfrac{x}{2}} + C.$$

方法 3　用万能代换，令 $\tan \dfrac{x}{2} = t$，则

$$I = \int \frac{2t}{1 + t^2 + 2t} \cdot \frac{2 \, dt}{1 + t^2} = 2 \int \left[\frac{1}{1 + t^2} - \frac{1}{(1 + t)^2} \right] dt$$

$$= 2 \arctan t + \frac{2}{1 + t} + C = x + \frac{2}{1 + \tan \dfrac{x}{2}} + C.$$

例 9　求不定积分 $I = \displaystyle\int \frac{dx}{\sqrt{(x - a)(b - x)}}$　$(a < b)$.

解　**方法 1**　$I = \displaystyle\int \frac{2 \, d\sqrt{x - a}}{\sqrt{(b - a) - (x - a)}} = 2 \arcsin \sqrt{\dfrac{x - a}{b - a}} + C.$

方法 2　$I = \displaystyle\int \frac{dx}{\sqrt{\left(\dfrac{b - a}{2} \right)^2 - \left(x - \dfrac{a + b}{2} \right)^2}} = \arcsin \frac{2x - (a + b)}{b - a} + C.$

方法 3　令 $\sqrt{\dfrac{x - a}{b - x}} = t$，则 $x = \dfrac{a + bt^2}{1 + t^2}$，$x - a = \dfrac{(b - a)t^2}{1 + t^2}$，$b - x = \dfrac{b - a}{1 + t^2}$，$dx = \dfrac{2(b - a)t \, dt}{(1 + t^2)^2}$.

于是　　　　　　　　$I = \displaystyle\int \frac{2 \, dt}{1 + t^2} = 2 \arctan t + C = 2 \arctan \sqrt{\dfrac{x - a}{b - x}} + C.$

方法 4　令 $x = a \cos^2 t + b \sin^2 t$，则

$$(x - a)(b - x) = (b - a)^2 \sin^2 t \cos^2 t, \quad dx = 2(b - a) \sin t \cos t \, dt.$$

于是　　　　　　　　$I = \displaystyle\int 2 \, dt = 2t + C = 2 \arctan \sqrt{\dfrac{x - a}{b - x}} + C.$

例 10　求不定积分 $I = \displaystyle\int \frac{dx}{x \sqrt{a^2 - x^2}}$　$(a > 0)$.

解　**方法 1**　令 $x = a \sin t \left(-\dfrac{\pi}{2} < t < \dfrac{\pi}{2} \right)$，则 $dx = a \cos t \, dt$. 于是

$$I = \int \frac{a\cos t \, dt}{a\sin t \cdot a\cos t} = \frac{1}{a} \int \frac{dt}{\sin t}$$

$$= \frac{1}{a} \ln |\csc t - \cot t| + C$$

$$= \frac{1}{a} \ln \left| \frac{a - \sqrt{a^2 - x^2}}{x} \right| + C$$

$$= -\frac{1}{a} \ln \left| \frac{a + \sqrt{a^2 - x^2}}{x} \right| + C,$$

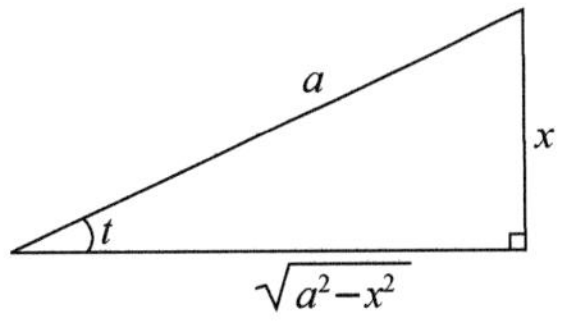

图 4-6

这里可利用图 4-6 给出 $\csc t, \cot t$ 的表达式.

方法 2 令 $\sqrt{a^2 - x^2} = t$,则 $x^2 = a^2 - t^2$,$dx = -\dfrac{t \, dt}{\sqrt{a^2 - t^2}}$. 于是

$$I = \int \frac{1}{t\sqrt{a^2 - t^2}} \cdot \frac{-t \, dt}{\sqrt{a^2 - t^2}} = \int \frac{dt}{t^2 - a^2} = \frac{1}{2a} \ln \left| \frac{t - a}{t + a} \right| + C = \frac{1}{2a} \ln \left| \frac{\sqrt{a^2 - x^2} - a}{\sqrt{a^2 - x^2} + a} \right| + C.$$

方法 3 令 $x = \dfrac{1}{t}$,则 $dx = -\dfrac{1}{t^2} dt$. 于是

$$I = -\int \frac{t}{\sqrt{a^2 - \frac{1}{t^2}}} \frac{dt}{t^2} = -\int \frac{dt}{\sqrt{(at)^2 - 1} \, \text{sgn} t} = -\frac{\text{sgn} t}{a} \ln \left| at + \sqrt{(at)^2 - 1} \right| + C$$

$$= -\frac{1}{a} \ln \left| \frac{a + \sqrt{a^2 - x^2}}{x} \right| + C.$$

方法 4 令 $\sqrt{a^2 - x^2} = tx$,则 $x = \dfrac{a}{\sqrt{1 + t^2}}$,$dx = -\dfrac{at \, dt}{(1 + t^2)^{\frac{3}{2}}}$. 于是

$$I = -\int \frac{1 + t^2}{a^2 t} \cdot \frac{at \, dt}{(1 + t^2)^{\frac{3}{2}}} = -\frac{1}{a} \int \frac{dt}{\sqrt{1 + t^2}} = -\frac{1}{a} \ln \left| t + \sqrt{1 + t^2} \right| + C$$

$$= -\frac{1}{a} \ln \left| \frac{a + \sqrt{a^2 - x^2}}{x} \right| + C.$$

第五章

定 积 分

定积分是微积分学的重要概念,它是从人类生产实践活动中产生和发展起来的,有很强的几何和物理背景.在许多实际问题中,需要计算的量,例如平面图形的面积、旋转体的体积、变速直线运动的位移、变力所做的功、非均匀分布物体的质量等,虽然它们的具体意义不同,但求解的思想方法却是类似的.科学家们通过抽象出这些问题在数量关系上的本质和特点,建立了积分学.本章介绍定积分的概念,揭示微分与积分之间关系的微积分基本定理,导出计算定积分的一般方法,讲述反常积分及其敛散性的判别法.

§5.1 定积分的概念与性质

一、定积分的概念

下面我们从几何和物理实例引出定积分的概念.

1. 曲边梯形的面积

如图 5-1 所示,在直角坐标系中,由连续曲线 $y=f(x)[f(x)\geqslant 0]$,直线 $x=a$,$x=b$ 及 x 轴所围成的平面图形 $AabB$,叫作**曲边梯形**,其中曲线弧 $\overset{\frown}{AB}$ 称为**曲边**.当直线段 Aa 或 bB 之一缩为一点时,即成为**曲边三角形**,它是曲边梯形的特殊情形.

由任意闭曲线所围成的平面图形,可用互相垂直的两组平行直线将它们分成若干部分,其形状为矩形、曲边三角形和曲边梯形三种.矩形的面积是已知的.曲边三角形是曲边梯形的特殊情况.所以,要计算任意闭曲线所围成平面图形的面积,只要讨论曲边梯形面积的计算方法即可.

下面我们来考虑图 5-1 所示曲边梯形的面积.用分点 $a=x_0<x_1<\cdots$

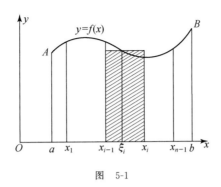

图　5-1

$<x_{n-1}<x_n=b$ 将区间 $[a,b]$ 分成 n 个小区间 $[x_{i-1},x_i]$ $(i=1,2,\cdots,n)$. 第 i 个小区间的长度为 $\Delta x_i=x_i-x_{i-1}$ $(i=1,2,\cdots,n)$. 过分点 $x_1,x_2,\cdots,x_{n-1}$ 作 x 轴的垂线, 将曲边梯形 $AabB$ 分成 n 个小曲边梯形. 用 ΔS_i $(i=1,2,\cdots,n)$ 表示第 i 个小曲边梯形的面积, 则曲边梯形 $AabB$ 的面积为

$$S=\sum_{i=1}^{n}\Delta S_i.$$

我们在小区间 $[x_{i-1},x_i]$ $(i=1,2,\cdots,n)$ 上任取一点 ξ_i, 则以 $[x_{i-1},x_i]$ 为底边, $f(\xi_i)$ 为高的小矩形面积为 $f(\xi_i)\Delta x_i$, 将它作为 ΔS_i 的近似值, 从而

$$\sigma_n=\sum_{i=1}^{n}f(\xi_i)\Delta x_i$$

是 S 的一个近似值. 令 $\lambda=\max_{1\leqslant i\leqslant n}\{\Delta x_i\}$, 则当分点无限增加, 使得 $\lambda\to0$ 时, σ_n 的极限就定义为曲边梯形 $AabB$ 的面积, 即

$$S=\lim_{\lambda\to0}\sum_{i=1}^{n}f(\xi_i)\Delta x_i.$$

例1　求由曲线 $y=x^2$、直线 $x=1$ 与 x 轴所围成的曲边三角形面积 S.

解　取 $x_i=\dfrac{i}{n}$ $(i=0,1,2,\cdots,n)$, 将区间 $[0,1]$ 分成 n 个等长的小区间, 则 $\Delta x_i=x_i-x_{i-1}=\dfrac{1}{n}$ $(i=1,2,\cdots,n)$.

在小区间 $[x_{i-1},x_i]$ $(i=1,2,\cdots,n)$ 上任取 ξ_i, 则以 $[x_{i-1},x_i]$

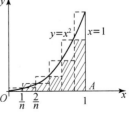

图　5-2

为底边, $y(\xi_i)=\xi_i^2$ 为高的 n 个小矩形面积之和 $\sigma_n=\sum_{i=1}^{n}\dfrac{1}{n}\xi_i^2$ 就是所求曲边三角形面积 S 的近似值(见图 5-2). 显然, 它介于 S_n 与 $\widetilde{S}_n$ 之间, 其中

$$S_n = \sum_{i=1}^{n} x_{i-1}^2 \frac{1}{n} = \sum_{i=1}^{n} \frac{1}{n}\left(\frac{i-1}{n}\right)^2 = \frac{1}{n^3}\left[0^2 + 1^2 + \cdots + (n-1)^2\right]$$

$$= \frac{(n-1)n(2n-1)}{6n^3} = \frac{1}{6}\left(1 - \frac{1}{n}\right)\left(2 - \frac{1}{n}\right),$$

$$\widetilde{S}_n = \sum_{i=1}^{n} x_i^2 \frac{1}{n} = \sum_{i=1}^{n} \frac{1}{n}\left(\frac{i}{n}\right)^2 = \frac{1}{n^3}\left[1^2 + 2^2 + \cdots + n^2\right]$$

$$= \frac{n(n+1)(2n+1)}{6n^3} = \frac{1}{6}\left(1 + \frac{1}{n}\right)\left(2 + \frac{1}{n}\right).$$

无论 ξ_i 如何选取,都有 $|\sigma_n - S| \leqslant \widetilde{S}_n - S_n = \frac{1}{n} \to 0$(当 $n \to \infty$ 时). 由于 $\lim\limits_{n \to \infty} S_n = \lim\limits_{n \to \infty} \widetilde{S}_n = \frac{1}{3}$,故 $\lim\limits_{n \to \infty} \sigma_n = \frac{1}{3}$. 易见,当 $n \to \infty$ 时,$\lambda = \max\limits_{1 \leqslant i \leqslant n}\{\Delta x_i\} = \frac{1}{n} \to 0$,从而极限值 $\frac{1}{3}$ 就是所求的曲边三角形面积 S.

2. 非均匀分布的杆状物体的质量

设一个长为 l 的杆状物体的线密度(单位长度的质量)为 $\rho(x)$ $(0 \leqslant x \leqslant l)$,求该物体的质量 m.

如图 5-3 所示,任取分点 $0 = x_0 < x_1 < \cdots < x_{n-1} < x_n = l$,将该物体分成 n 小段,各小段的长度为 $\Delta x_i = x_i - x_{i-1}$ $(i = 1, 2, \cdots, n)$. 在第 i $(i = 1, 2, \cdots, n)$ 小段上任取一点 ξ_i,以

图　5-3

$\rho(\xi_i)$ 作为这一小段的线密度,则 $\sigma_n = \sum\limits_{i=1}^{n} \rho(\xi_i)\Delta x_i$ 就是该物体质量 m 的近似值. 显然,分得愈细,近似程度就愈高. 当分点无限增加,使得 $\lambda = \max\limits_{1 \leqslant i \leqslant n}\{\Delta x_i\} \to 0$ 时,和式 σ_n 的极限就是所求的质量 m,即

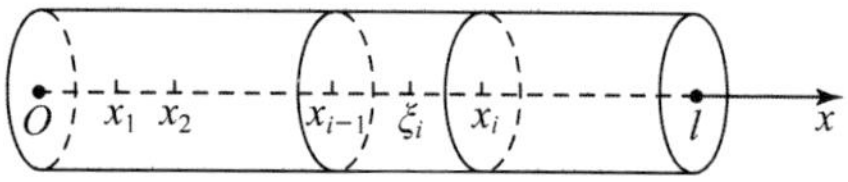

$$m = \lim_{n \to \infty} \sigma_n = \lim_{\lambda \to 0} \sum_{i=1}^{n} \rho(\xi_i)\Delta x_i.$$

虽然以上两个实例所求量的实际意义不同,前者是几何量,后者是物理量,但求解时分析问题和解决问题的思路和方法却完全相同,最后都归结为求一个和式的极限. 抛开问题的实际含义,抓住它们在数量关系上的本质和特点,由此引入定积分的概念.

定义　设函数 $f(x)$ 定义在区间 $[a, b]$ 上. 任取分点 $a = x_0 < x_1 < \cdots < x_{n-1} < x_n = b$,将 $[a, b]$ 分成 n 个小区间 $[a, x_1]$,$[x_1, x_2]$,$\cdots$,$[x_{n-1}, b]$. 小区间 $[x_{i-1}, x_i]$ $(i = 1, 2, \cdots, n)$ 的长度为 $\Delta x_i = x_i - x_{i-1}$. 在小区间 $[x_{i-1}, x_i]$ $(i = 1, 2, \cdots, n)$ 上任取一点 ξ_i,作和式 $\sigma_n = \sum\limits_{i=1}^{n} f(\xi_i)\Delta x_i$. 如果当 $\lambda = \max\limits_{1 \leqslant i \leqslant n}\{\Delta x_i\} \to 0$ 时,和式 σ_n 有极限 I,且这个极限值与分法及点 ξ_i 的取法无关,则称极限值 I 为 $f(x)$ 在 $[a, b]$ 上的**定积分**,记为 $\int_a^b f(x)\mathrm{d}x$,即

$$I = \lim_{\lambda \to 0} \sum_{i=1}^{n} f(\xi_i) \Delta x_i = \int_a^b f(x)\mathrm{d}x, \tag{1}$$

其中 $f(x)$ 称为**被积函数**，$f(x)\mathrm{d}x$ 称为**被积表达式**，x 称为**积分变量**（或积分变元），$[a,b]$ 称为**积分区间**，a 与 b 分别称为**积分下限**与**积分上限**，$\sigma_n = \sum_{i=1}^{n} f(\xi_i)\Delta x_i$ 称为**积分和**（历史上是黎曼[①]首次以一般形式给出这一定义的，因此 σ_n 也称为**黎曼和**，在上述意义下的定积分也称为**黎曼积分**）. 若 $f(x)$ 在 $[a,b]$ 上的定积分存在，则称 $f(x)$ 在 $[a,b]$ 上（黎曼）**可积**. 若积分和 σ_n 的极限不存在，则称 $f(x)$ 在 $[a,b]$ **上不可积**.

定积分的定义也可用 ε-δ 语言来表述. 设函数 $f(x)$ 定义在区间 $[a,b]$ 上，I 为常数. 如果对于任意的 $\varepsilon > 0$，存在 $\delta > 0$，使得对于 $[a,b]$ 的任一分法与 $\xi_i (i=1,2,\cdots,n)$ 在 $[x_{i-1},x_i]$ 上的任一取法，只要 $\lambda = \max_{1 \leqslant i \leqslant n}\{\Delta x_i\} < \delta$，都有 $\left|\sum_{i=1}^{n} f(\xi_i)\Delta x_i - I\right| < \varepsilon$，则称 I 为 $f(x)$ 在 $[a,b]$ 上的定积分.

函数 $f(x)$ 在区间 $[a,b]$ 上的定积分是一个实数，它与 $f(x)$ 和 $[a,b]$ 有关，而与积分变量用什么字母表示无关，即

$$\int_a^b f(x)\mathrm{d}x = \int_a^b f(t)\mathrm{d}t = \int_a^b f(u)\mathrm{d}u.$$

根据定积分的定义，上面两个实例中曲边梯形的面积为

$$S = \int_a^b f(x)\mathrm{d}x,$$

杆状物体的质量为

$$m = \int_0^l \rho(x)\mathrm{d}x.$$

由定积分的定义不难证明，若函数 $f(x)$ 在区间 $[a,b]$ 上可积，则 $f(x)$ 在 $[a,b]$ 上有界. 反之，有界函数不一定可积. 例如，狄利克雷函数 $D(x)$ 不可积. 事实上，对于区间 $[0,1]$ 的任一分法，当 ξ_i 都取有理数时，$\sigma_n = \sum_{i=1}^{n} D(\xi_i)\Delta x_i = 1$；而当 ξ_i 都取无理数时，$\sigma_n = \sum_{i=1}^{n} D(\xi_i)\Delta x_i = 0$. 这说明，对于 ξ_i 的不同取法，积分和 σ_n 不会有相同的极限. 所以，$D(x)$ 在 $[0,1]$ 上不可积. 又在黎曼意义下，无界函数必不可积. 这是因为，若函数 $f(x)$ 在区间 $[a,b]$ 上无界，则对于 $[a,b]$ 的任一分法，$f(x)$ 必在某个小区间 $[x_{i-1},x_i]$ 上无界，从而适当选取 ξ_i，能使 $|f(\xi_i)|$ 任意大，于是 $|\sigma_n| = \sum_{i=1}^{n} |f(\xi_i)|\Delta x_i$ 任意大. 故积分和 σ_n 的极限不存在，从而 $f(x)$ 在 $[a,b]$ 上不可积.

给出定积分的定义后，我们自然会考虑这样的问题：函数 $f(x)$ 在区间 $[a,b]$ 上满足什

[①] 黎曼(Riemann,1826—1866)，德国数学家.

么条件时,其定积分存在? 这是函数的可积性问题. 这个问题已超出教学大纲的要求,因此我们不加证明地给出以下结论:

定理 (1) 若函数 $f(x)$ 在区间 $[a,b]$ 上连续,则 $f(x)$ 在 $[a,b]$ 上可积;

(2) 若函数 $f(x)$ 在区间 $[a,b]$ 上单调有界,则 $f(x)$ 在 $[a,b]$ 上可积;

(3) 若函数 $f(x)$ 在区间 $[a,b]$ 上只有有限个第一类间断点,则 $f(x)$ 在 $[a,b]$ 上可积.

定积分的几何意义 设连续函数 $f(x)$ 定义在区间 $[a,b]$ 上. 若 $f(x) \geqslant 0$,则 $\int_a^b f(x)\mathrm{d}x$

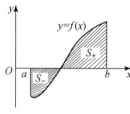

图 5-4

表示由曲线 $y=f(x)$,直线 $x=a$,$x=b$ 及 x 轴所围成的曲边梯形面积 S. 若 $f(x) \leqslant 0$,则 $\int_a^b f(x)\mathrm{d}x$ 等于该曲边梯形面积的相反数,即 $\int_a^b f(x)\mathrm{d}x = -S$. 若 $f(x)$ 在 $[a,b]$ 上既取正值也取负值,我们如下定义有向面积 $S_+ > 0$ 与 $S_- < 0$:在 x 轴上方的曲边梯形面积为 S_+,在 x 轴下方的曲边梯形面积为 S_-. 于是,$\int_a^b f(x)\mathrm{d}x$ 的几何意

义就是在 $[a,b]$ 上各曲边梯形面积的代数和. 例如,对于图 5-4,有 $\int_a^b f(x)\mathrm{d}x = S_+ + S_-$.

例 2 用定义计算定积分 $\int_0^{\pi/3} \cos x \,\mathrm{d}x$.

解 函数 $y=\cos x$ 在区间 $\left[0,\dfrac{\pi}{3}\right]$ 上连续,从而可积. 将 $\left[0,\dfrac{\pi}{3}\right]$ 分成 n 等分,即取分点 $x_i = \dfrac{\pi i}{3n}$ $(i=0,1,2,\cdots,n)$,则 $\Delta x_i = x_i - x_{i-1} = \dfrac{\pi}{3n}$ $(i=1,2,\cdots,n)$. 取 $\xi_i = x_i$ $(i=1,2,\cdots,n)$,作和式

$$\sigma_n = \sum_{i=1}^n \cos\xi_i \cdot \Delta x_i = \sum_{i=1}^n \cos\frac{\pi i}{3n} \cdot \frac{\pi}{3n} = \frac{\pi}{6n\sin\frac{\pi}{6n}} \sum_{i=1}^n 2\sin\frac{\pi}{6n}\cos\frac{\pi i}{3n}$$

$$= \frac{\pi}{6n\sin\frac{\pi}{6n}} \sum_{i=1}^n \left(\sin\frac{2i+1}{6n}\pi - \sin\frac{2i-1}{6n}\pi\right)$$

$$= \frac{\pi}{6n\sin\frac{\pi}{6n}} \left(\sin\frac{2n+1}{6n}\pi - \sin\frac{\pi}{6n}\right).$$

因为 $\lim\limits_{n\to\infty} \dfrac{\pi}{6n\sin\frac{\pi}{6n}} = \lim\limits_{u\to 0} \dfrac{u}{\sin u} = 1$,$\lim\limits_{n\to\infty}\sin\dfrac{2n+1}{6n}\pi = \sin\dfrac{\pi}{3}$,$\lim\limits_{n\to\infty}\sin\dfrac{\pi}{6n}=0$,且当 $n\to\infty$ 时,

$\lambda = \max\limits_{1\leqslant i\leqslant n}\{\Delta x_i\} = \dfrac{\pi}{3n} \to 0$,所以

$$\int_0^{\pi/3}\cos x\,\mathrm{d}x = \lim_{n\to\infty}\sigma_n = \sin\frac{\pi}{3} = \frac{\sqrt{3}}{2}.$$

二、定积分的性质

为了计算和应用方便,我们规定

$$\int_a^a f(x)\mathrm{d}x = 0, \quad \int_a^b f(x)\mathrm{d}x = -\int_b^a f(x)\mathrm{d}x. \tag{2}$$

这一小节讨论定积分的基本性质,总假定所涉及的函数在相应的区间上可积.

性质 1(线性性质) $\int_a^b [\alpha f(x) + \beta g(x)]\mathrm{d}x = \alpha\int_a^b f(x)\mathrm{d}x + \beta\int_a^b g(x)\mathrm{d}x,$ (3)

其中 α,β 为常数.特别地,当 $\beta = 0$ 时,有

$$\int_a^b \alpha f(x)\mathrm{d}x = \alpha\int_a^b f(x)\mathrm{d}x;$$

当 $\beta = 0, f(x) \equiv 1$ 时,有

$$\int_a^b \alpha\,\mathrm{d}x = \alpha(b - a). \tag{4}$$

证 由定积分的定义有

$$\begin{aligned}
\int_a^b [\alpha f(x) + \beta g(x)]\mathrm{d}x &= \lim_{\lambda\to 0}\sum_{i=1}^n [\alpha f(\xi_i) + \beta g(\xi_i)]\Delta x_i \\
&= \lim_{\lambda\to 0}\left[\alpha\sum_{i=1}^n f(\xi_i)\Delta x_i + \beta\sum_{i=1}^n g(\xi_i)\Delta x_i\right] \\
&= \alpha\lim_{\lambda\to 0}\sum_{i=1}^n f(\xi_i)\Delta x_i + \beta\lim_{\lambda\to 0}\sum_{i=1}^n g(\xi_i)\Delta x_i \\
&= \alpha\int_a^b f(x)\mathrm{d}x + \beta\int_a^b g(x)\mathrm{d}x.
\end{aligned}$$

特别地,有

$$\int_a^b \alpha f(x)\mathrm{d}x = \alpha\int_a^b f(x)\mathrm{d}x, \quad \int_a^b \alpha\,\mathrm{d}x = \lim_{\lambda\to 0}\sum_{i=1}^n \alpha\Delta x_i = \alpha\lim_{\lambda\to 0}\sum_{i=1}^n \Delta x_i = \alpha(b - a).$$

这个性质对于有限个函数的情形也成立,即

$$\int_a^b \sum_{i=1}^n \alpha_i f_i(x)\mathrm{d}x = \sum_{i=1}^n \alpha_i\int_a^b f_i(x)\mathrm{d}x \quad (\alpha_1,\alpha_2,\cdots,\alpha_n \text{ 为常数}).$$

性质 2(区间可加性) $\int_a^b f(x)\mathrm{d}x = \int_a^c f(x)\mathrm{d}x + \int_c^b f(x)\mathrm{d}x.$ (5)

证 设 $a < c < b$,则对 $[a,b]$ 上的任一分法(若 c 不是分点,可将 c 补为分点),$f(x)$ 在 $[a,b],[a,c],[c,b]$ 上的积分和满足等式

$$\sum_{[a,b]} f(\xi_i)\Delta x_i = \sum_{[a,c]} f(\xi_i)\Delta x_i + \sum_{[c,b]} f(\xi_i)\Delta x_i.$$

令 $\lambda = \max_{1\leqslant i\leqslant n}\{\Delta x_i\}$,取极限 $\lambda\to 0$,即得(5)式.

若 $a < b < c$,则

$$\int_a^c f(x)\,\mathrm{d}x = \int_a^b f(x)\,\mathrm{d}x + \int_b^c f(x)\,\mathrm{d}x = \int_a^b f(x)\,\mathrm{d}x - \int_c^b f(x)\,\mathrm{d}x,$$

移项即得

$$\int_a^b f(x)\,\mathrm{d}x = \int_a^c f(x)\,\mathrm{d}x + \int_c^b f(x)\,\mathrm{d}x.$$

同理可证 $c < a < b$ 的情形.

性质 3(保序性)　若在区间 $[a,b]$ 上恒有 $f(x) \leqslant g(x)$,则

$$\int_a^b f(x)\,\mathrm{d}x \leqslant \int_a^b g(x)\,\mathrm{d}x. \tag{6}$$

证　由 $f(x) \leqslant g(x)$ 知 $g(x) - f(x) \geqslant 0$,从而

$$\int_a^b g(x)\,\mathrm{d}x - \int_a^b f(x)\,\mathrm{d}x = \int_a^b [g(x) - f(x)]\,\mathrm{d}x = \lim_{\lambda \to 0} \sum_{i=1}^n [g(\xi_i) - f(\xi_i)]\Delta x_i \geqslant 0,$$

故

$$\int_a^b g(x)\,\mathrm{d}x \geqslant \int_a^b f(x)\,\mathrm{d}x.$$

特别地,若 $g(x) \geqslant 0$,则

$$\int_a^b g(x)\,\mathrm{d}x \geqslant 0.$$

性质 4(估值不等式)　若在区间 $[a,b]$ 上恒有 $m \leqslant f(x) \leqslant M$,其中 m,M 为常数,则

$$m(b-a) \leqslant \int_a^b f(x)\,\mathrm{d}x \leqslant M(b-a). \tag{7}$$

证　由 $m \leqslant f(x) \leqslant M$ 及性质 3 即得

$$\int_a^b m\,\mathrm{d}x \leqslant \int_a^b f(x)\,\mathrm{d}x \leqslant \int_a^b M\,\mathrm{d}x,$$

又

$$\int_a^b m\,\mathrm{d}x = m(b-a), \quad \int_a^b M\,\mathrm{d}x = M(b-a),$$

所以

$$m(b-a) \leqslant \int_a^b f(x)\,\mathrm{d}x \leqslant M(b-a).$$

特别地,由 $-|f(x)| \leqslant f(x) \leqslant |f(x)|$ 即得

$$\left| \int_a^b f(x)\,\mathrm{d}x \right| \leqslant \int_a^b |f(x)|\,\mathrm{d}x. \tag{8}$$

性质 5(积分中值定理)　若函数 $f(x)$ 在区间 $[a,b]$ 上连续,则至少存在一点 $\xi \in [a,b]$,使得

$$\int_a^b f(x)\,\mathrm{d}x = f(\xi)(b-a). \tag{9}$$

证　已知 $f(x)$ 在 $[a,b]$ 上连续,从而存在常数 m,M,使得 $m \leqslant f(x) \leqslant M$, $x \in [a,b]$. 于是,由估值不等式有

$$m(b-a) \leqslant \int_a^b f(x)\mathrm{d}x \leqslant M(b-a), \quad \text{即} \quad m \leqslant \frac{1}{b-a}\int_a^b f(x)\mathrm{d}x \leqslant M.$$

根据连续函数的介值定理,至少存在一点 $\xi \in [a,b]$,使得

$$f(\xi) = \frac{1}{b-a}\int_a^b f(x)\mathrm{d}x, \quad \text{即} \quad \int_a^b f(x)\mathrm{d}x = f(\xi)(b-a).$$

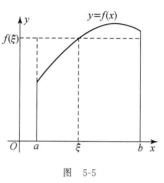

图 5-5

称(9)式为**积分中值公式**,它的几何意义是:当 $f(x) \geqslant 0$ 时,至少存在一点 $\xi \in [a,b]$,使得由曲线 $y = f(x)$,直线 $x=a$,$x=b$ 及 x 轴所围成的曲边梯形面积等于以 $[a,b]$ 为底边,$f(\xi)$ 为高的矩形面积(见图5-5).

显然,积分中值公式(9)对于 $a<b$ 或 $a>b$ 都成立.通常我们称 $\dfrac{1}{b-a}\displaystyle\int_a^b f(x)\mathrm{d}x$ 为函数 $f(x)$ 在区间 $[a,b]$ 上的(积分)平均值.积分中值定理仅仅告诉我们 ξ 的存在性,并没有给出 ξ 的准确位置.

习 题 5.1

1. 利用定义计算下列定积分:

(1) $\displaystyle\int_{-1}^1 (ax+1)\mathrm{d}x$; (2) $\displaystyle\int_0^{\pi/4} \sin x\,\mathrm{d}x$; (3) $\displaystyle\int_0^1 \mathrm{e}^x\,\mathrm{d}x$.

2. 利用定积分的几何意义计算下列定积分:

(1) $\displaystyle\int_0^2 (x+1)\mathrm{d}x$; (2) $\displaystyle\int_0^2 |1-x|\,\mathrm{d}x$; (3) $\displaystyle\int_0^2 \sqrt{4-x^2}\,\mathrm{d}x$.

3. 比较下列各组定积分的大小:

(1) $\displaystyle\int_1^2 \ln x\,\mathrm{d}x$ 与 $\displaystyle\int_1^2 \ln^2 x\,\mathrm{d}x$; (2) $\displaystyle\int_1^2 x\,\mathrm{d}x$ 与 $\displaystyle\int_1^2 \ln x\,\mathrm{d}x$;

(3) $\displaystyle\int_0^{\pi/4} \sin^2 x\,\mathrm{d}x$ 与 $\displaystyle\int_0^{\pi/4} \tan x\,\mathrm{d}x$; (4) $\displaystyle\int_0^1 \mathrm{e}^{-x}\,\mathrm{d}x$ 与 $\displaystyle\int_0^1 \mathrm{e}^{-x^2}\,\mathrm{d}x$.

4. 估计下列定积分的值:

(1) $\displaystyle\int_1^3 (x^2+1)\mathrm{d}x$; (2) $\displaystyle\int_{\pi/6}^{3\pi/4} (1+2\sin x)\mathrm{d}x$;

(3) $\displaystyle\int_{1/\sqrt{3}}^{\sqrt{3}} x\arctan x\,\mathrm{d}x$; (4) $\displaystyle\int_0^2 \mathrm{e}^{x^2-x}\,\mathrm{d}x$.

5. 设函数 $f(x)$ 在区间 $[0,1]$ 上连续,证明:

$$\int_0^1 f^2(x)\mathrm{d}x \geqslant \left[\int_0^1 f(x)\mathrm{d}x\right]^2.$$

6. 设函数 $f(x)$ 在区间 $[a,b]$ 上连续,证明:

(1) 若 $f(x) \geqslant 0$，且 $f(x) \not\equiv 0$，则 $\displaystyle\int_a^b f(x)\mathrm{d}x > 0$；

(2) 若 $f(x) \geqslant 0$，且 $\displaystyle\int_a^b f(x)\mathrm{d}x = 0$，则 $f(x) \equiv 0$.

7. 求下列极限：

(1) $\displaystyle\lim_{n\to\infty}\int_0^1 \frac{x^n}{1+x}\mathrm{d}x$；　　　　　　(2) $\displaystyle\lim_{n\to\infty}\int_n^{n+p} \frac{\sin x}{x}\mathrm{d}x$　$(p > 0)$.

§5.2　微积分基本定理

在 §5.1 中，我们介绍了定积分的概念和性质，并利用了定义计算定积分. 我们已看到，若用定义来计算定积分，即使被积函数相当简单，计算过程也是十分烦琐的，甚至难以求出结果. 因此，必须另辟蹊径，寻找计算定积分的简便方法.

一、积分上限函数

在 §5.1 引出定积分概念的几何实例(求曲边梯形面积的例子)中，曲边梯形的面积为

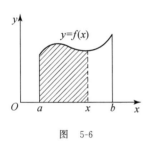

图　5-6

$S = \displaystyle\int_a^b f(x)\mathrm{d}x$，它由区间 $[a,b]$ 及函数 $f(x)$ 所确定. 如果 $f(x)$ 和 a 保持不变，则 S 随 b 的变动而变动. 将 b 改为 x，显然面积 S 是 x 的函数：$S = \displaystyle\int_a^x f(x)\mathrm{d}x = \int_a^x f(t)\mathrm{d}t$（见图 5-6）. 由此，我们引入积分上限函数.

设函数 $f(x)$ 在区间 $[a,b]$ 上连续，则对于任意的 $x \in (a,b)$，$f(x)$ 在区间 $[a,x]$ 与 $[x,b]$ 上都连续，从而定积分 $\displaystyle\int_a^x f(t)\mathrm{d}t$ 与 $\displaystyle\int_x^b f(t)\mathrm{d}t$ 都存在. 当 x 在 $[a,b]$ 上变动时，

$$G(x) = \int_a^x f(t)\mathrm{d}t \quad 与 \quad H(x) = \int_x^b f(t)\mathrm{d}t$$

是 $[a,b]$ 上的两个函数，分别称为**积分上限函数**与**积分下限函数**，或称为**变上限积分**与**变下限积分**. 由于 $\displaystyle\int_x^b f(t)\mathrm{d}t = -\int_b^x f(t)\mathrm{d}t$，因此只需考查积分上限函数 $G(x)$.

定理 1　设函数 $f(x)$ 在区间 $[a,b]$ 上连续，则积分上限函数 $G(x)$ 在 $[a,b]$ 上可导，且

$$G'(x) = \frac{\mathrm{d}}{\mathrm{d}x}\left[\int_a^x f(t)\mathrm{d}t\right] = f(x). \tag{1}$$

证　对于任意的 $x \in (a,b)$，$x + \Delta x \in (a,b)$，有

$$\Delta G = G(x+\Delta x) - G(x) = \int_a^{x+\Delta x} f(t)\mathrm{d}t - \int_a^x f(t)\mathrm{d}t = \int_x^{x+\Delta x} f(t)\mathrm{d}t.$$

应用积分中值定理知,在 x 与 $x+\Delta x$ 之间至少存在一点 ξ,使得

$$\Delta G = f(\xi)\Delta x, \quad 即 \quad \frac{\Delta G}{\Delta x} = f(\xi).$$

当 $\Delta x \to 0$ 时,$\xi \to x$. 由函数 $f(x)$ 的连续性知 $\lim\limits_{\Delta x \to 0} f(\xi) = \lim\limits_{\xi \to x} f(\xi) = f(x)$,所以

$$G'(x) = \lim\limits_{\Delta x \to 0} \frac{\Delta G}{\Delta x} = \lim\limits_{\Delta x \to 0} f(\xi) = f(x).$$

若 $x=a$,取 $\Delta x > 0$,同理可证 $G'_+(a) = f(a)$;若 $x=b$,取 $\Delta x < 0$,也可证 $G'_-(b) = f(b)$. 故 $G(x)$ 在 $[a,b]$ 上可导,且 $G'(x) = f(x)$,$x \in [a,b]$. 定理证毕.

类似地,有

$$\frac{\mathrm{d}}{\mathrm{d}x}\left[\int_x^b f(t)\mathrm{d}t\right] = \frac{\mathrm{d}}{\mathrm{d}x}\left[-\int_b^x f(t)\mathrm{d}t\right] = -f(x).$$

设函数 $f(x)$ 连续,$\alpha(x)$ 与 $\beta(x)$ 单调、可导,函数 $\Phi(x) = \int_{\alpha(x)}^{\beta(x)} f(t)\mathrm{d}t$,则由复合函数的求导法则可得

$$\Phi'(x) = f[\beta(x)]\beta'(x) - f[\alpha(x)]\alpha'(x). \tag{2}$$

事实上,令 $u = \beta(x)$,$G(u) = \int_a^u f(t)\mathrm{d}t$,则 $\dfrac{\mathrm{d}G}{\mathrm{d}u} = f(u)$. 于是

$$\frac{\mathrm{d}G}{\mathrm{d}x} = \frac{\mathrm{d}G}{\mathrm{d}u} \cdot \frac{\mathrm{d}u}{\mathrm{d}x} = f(u)\beta'(x).$$

将 $u = \beta(x)$ 代入上式,即得

$$\frac{\mathrm{d}}{\mathrm{d}x}\left[\int_a^{\beta(x)} f(t)\mathrm{d}t\right] = f[\beta(x)]\beta'(x).$$

同理可得

$$\frac{\mathrm{d}}{\mathrm{d}x}\left[\int_{\alpha(x)}^a f(t)\mathrm{d}t\right] = \frac{\mathrm{d}}{\mathrm{d}x}\left[-\int_a^{\alpha(x)} f(t)\mathrm{d}t\right] = -f[\alpha(x)]\alpha'(x).$$

故

$$\Phi'(x) = \frac{\mathrm{d}}{\mathrm{d}x}\left[\int_{\alpha(x)}^{\beta(x)} f(t)\mathrm{d}t\right] = \frac{\mathrm{d}}{\mathrm{d}x}\left[\int_a^{\beta(x)} f(t)\mathrm{d}t + \int_{\alpha(x)}^a f(t)\mathrm{d}t\right]$$
$$= f[\beta(x)]\beta'(x) - f[\alpha(x)]\alpha'(x).$$

例 1　求下列函数的导数:

(1) $\int_0^x \cos t^2 \mathrm{d}t$;　　　(2) $\int_{x^2}^1 \sqrt{1+t^3}\,\mathrm{d}t$;　　　(3) $\int_{\sin x}^{2x} \ln(1+t^2)\,\mathrm{d}t$.

解　(1) $\dfrac{\mathrm{d}}{\mathrm{d}x}\left(\int_0^x \cos t^2 \mathrm{d}t\right) = \cos x^2.$

第五章　定积分

(2) $\dfrac{\mathrm{d}}{\mathrm{d}x}\left(\displaystyle\int_{x^2}^{1}\sqrt{1+t^3}\,\mathrm{d}t\right)=-\sqrt{1+(x^2)^3}\,(x^2)'=-2x\sqrt{1+x^6}.$

(3) $\dfrac{\mathrm{d}}{\mathrm{d}x}\left[\displaystyle\int_{\sin x}^{2x}\ln(1+t^2)\,\mathrm{d}t\right]=\ln\left[1+(2x)^2\right](2x)'-\ln(1+\sin^2 x)(\sin x)'$

$$=2\ln(1+4x^2)-\cos x\ln(1+\sin^2 x).$$

例 2　求极限 $\displaystyle\lim_{x\to 0^+}\dfrac{1}{(\sin x)^{\frac{3}{2}}}\int_0^{\sin x}\sqrt{\tan t}\,\mathrm{d}t.$

解　这是 $\dfrac{0}{0}$ 型未定式. 应用洛必达法则,得

$$\text{原式}=\lim_{x\to 0^+}\frac{\sqrt{\tan(\sin x)}\cos x}{\frac{3}{2}(\sin x)^{\frac{1}{2}}\cos x}=\frac{2}{3}\lim_{x\to 0^+}\sqrt{\frac{\tan(\sin x)}{\sin x}}=\frac{2}{3}\lim_{u\to 0^+}\sqrt{\frac{\tan u}{u}}=\frac{2}{3}.$$

二、微积分基本定理

由定理 1 及原函数的概念,立即可得下面的定理.

定理 2(原函数存在定理)　如果函数 $f(x)$ 在区间 $[a,b]$ 上连续,则 $G(x)=\displaystyle\int_a^x f(t)\,\mathrm{d}t$ 是 $f(x)$ 在 $[a,b]$ 上的一个原函数.

值得注意的是,当函数 $f(x)$ 可积时,可以证明函数 $\displaystyle\int_a^x f(t)\,\mathrm{d}t$ 是连续的,但 $\displaystyle\int_a^x f(t)\,\mathrm{d}t$ 不一定可导,从而 $f(x)$ 不一定存在原函数,即 $\left[\displaystyle\int_a^x f(t)\,\mathrm{d}t\right]'=f(x)$ 不一定成立. 例如,符号函数 $\operatorname{sgn}x$ 在任意区间 $[-a,b](a,b>0)$ 上可积,但它在这个区间上没有原函数.

定理 2 不仅证明了连续函数必存在原函数,又揭示了定积分与原函数之间的内在联系. 由定理 2 可推导出沟通微分与积分的桥梁——微分基本定理,此定理给我们提供了计算定积分的新途径.

定理 3(微积分基本定理)　设函数 $f(x)$ 在区间 $[a,b]$ 上连续,$F(x)$ 是 $f(x)$ 在 $[a,b]$ 上的一个原函数,则

$$\int_a^b f(x)\,\mathrm{d}x=F(b)-F(a).\tag{3}$$

证　已知 $f(x)$ 在 $[a,b]$ 上连续,由定理 2 知 $G(x)=\displaystyle\int_a^x f(t)\,\mathrm{d}t$ 是 $f(x)$ 在 $[a,b]$ 上的一个原函数. 又已知 $F(x)$ 是 $f(x)$ 在 $[a,b]$ 上的一个原函数,从而有

$$G(x)=\int_a^x f(t)\,\mathrm{d}t=F(x)+C,$$

其中 C 为某个常数.

当 $x=a$ 时,有

$$G(a) = \int_a^a f(t)\mathrm{d}t = 0, \quad 即 \quad F(a)+C=0.$$

由此得 $C=-F(a)$.令 $x=b$,即得

$$G(b) = \int_a^b f(t)\mathrm{d}t = F(b)+C = F(b)-F(a),$$

即

$$\int_a^b f(x)\mathrm{d}x = F(b)-F(a).$$

为了简便,记 $F(b)-F(a) = F(x)\Big|_a^b$ 或 $[F(x)]_a^b$,则得

$$\int_a^b f(x)\mathrm{d}x = F(x)\Big|_a^b = [F(x)]_a^b = F(b)-F(a).$$

通常称(3)式为**牛顿-莱布尼茨公式**.这个公式给出了定积分与被积函数的原函数或不定积分之间的联系,为定积分的计算提供了一个有效而简便的方法,即连续函数 $f(x)$ 在区间 $[a,b]$ 上的定积分等于它的任一原函数在 $[a,b]$ 上的增量.我们也称(3)式为**微积分基本公式**.

例 3　计算定积分 $\int_{-2}^{-1} \dfrac{\mathrm{d}x}{x}$ 与 $\int_{-1}^{\sqrt{3}} \dfrac{\mathrm{d}x}{1+x^2}$.

解　由 $(\ln|x|)' = \dfrac{1}{x}$,即 $\ln|x|$ 是 $\dfrac{1}{x}$ 的一个原函数,得

$$\int_{-2}^{-1} \frac{\mathrm{d}x}{x} = \ln|x|\Big|_{-2}^{-1} = \ln|-1| - \ln|-2| = -\ln 2.$$

由 $(\arctan x)' = \dfrac{1}{1+x^2}$ 得

$$\int_{-1}^{\sqrt{3}} \frac{\mathrm{d}x}{1+x^2} = \arctan x\Big|_{-1}^{\sqrt{3}} = \arctan\sqrt{3} - \arctan(-1) = \frac{\pi}{3} - \left(-\frac{\pi}{4}\right) = \frac{7}{12}\pi.$$

例 4　计算定积分 $\int_0^\pi |\cos x|\mathrm{d}x$.

解　被积函数含有绝对值符号,应先去掉.在区间 $\left[0,\dfrac{\pi}{2}\right]$ 上,$\cos x$ 取正值,$|\cos x| = \cos x$;在区间 $\left[\dfrac{\pi}{2},\pi\right]$ 上,$\cos x$ 取负值,$|\cos x| = -\cos x$.因此

$$\int_0^\pi |\cos x|\mathrm{d}x = \int_0^{\pi/2} \cos x\,\mathrm{d}x + \int_{\pi/2}^\pi (-\cos x)\,\mathrm{d}x = \sin x\Big|_0^{\pi/2} - \sin x\Big|_{\pi/2}^\pi = 2.$$

例 5　一辆汽车以速度 54 km/h 行驶,到某处需减速停车.设该汽车以等加速度 $a = -5\ \mathrm{m/s^2}$ 刹车,问:从开始刹车到停车,该汽车行驶了多少路程?

解　先求出从刹车到停车经过多少时间.设开始刹车时 $t=0$,此时该汽车的速度为

$$v_0 = 54\ \mathrm{km/h} = \frac{54\times 1000}{3600}\ \mathrm{m/s} = 15\ \mathrm{m/s}.$$

刹车后减速行驶,其在 t 时刻的速度为

$$v(t)=v_0+at=15-5t \text{（单位：m/s）}.$$

当该汽车停止时,速度为 $v(t)=0$,即 $15-5t=0$,得 $t=3$ s. 所以,该汽车从刹车到停车所行驶的路程为

$$\int_0^3 v(t)\mathrm{d}t=\int_0^3(15-5t)\,\mathrm{d}t=\left(15t-\frac{5}{2}t^2\right)\Big|_0^3=22.5 \text{（单位：m）},$$

即刹车后该汽车还行驶 22.5 m 才停住.

习　题　5.2

1. 求下列函数的导数：

(1) $y=\displaystyle\int_0^{\sqrt{x}} \mathrm{e}^s \mathrm{d}s$；

(2) $y=\displaystyle\int_0^{x^3} \sin^3 t\,\mathrm{d}t$；

(3) $y=\displaystyle\int_{x^2}^{3x} \frac{\mathrm{d}s}{\sqrt{1+s^2}}$；

(4) $y=\displaystyle\int_{\sin x}^{\cos x} \cos\pi t^2\,\mathrm{d}t$.

2. 求由参数方程 $x=\displaystyle\int_0^t \sin u^2\,\mathrm{d}u, y=\displaystyle\int_0^t \cos u^2\,\mathrm{d}u$ 所确定的函数 $y=y(x)$ 的导数 $\dfrac{\mathrm{d}y}{\mathrm{d}x}$.

3. 求由方程 $\displaystyle\int_0^y \mathrm{e}^{-t^2}\,\mathrm{d}t+\int_0^x \sqrt{\ln(1+t^2)}\,\mathrm{d}t=5$ 所确定的隐函数 $y=y(x)$ 的导数 $\dfrac{\mathrm{d}y}{\mathrm{d}x}$.

4. 求函数 $f(x)=\displaystyle\int_x^{x+1} t(t-2)(t-3)\,\mathrm{d}t$ 的极值点.

5. 设 $x\geqslant 0$ 时函数 $f(x)$ 连续,且 $\displaystyle\int_0^{x^2} f(t)\mathrm{d}t=x^2(1+2x)$,求 $f(2)$.

6. 求下列极限：

(1) $\displaystyle\lim_{x\to 0}\frac{1}{x^2}\int_0^x \arctan t\,\mathrm{d}t$；

(2) $\displaystyle\lim_{x\to 0}\frac{1}{\sin^3 x}\int_0^x t^2\,\mathrm{d}t$；

(3) $\displaystyle\lim_{x\to 0}\frac{1}{x^4}\int_0^{x^2} \tan t\,\mathrm{d}t$；

(4) $\displaystyle\lim_{x\to 0}\frac{\left(\int_0^x \mathrm{e}^{t^2}\,\mathrm{d}t\right)^2}{\int_0^x t\mathrm{e}^{t^2}\,\mathrm{d}t}$.

7. 计算下列定积分：

(1) $\displaystyle\int_1^2\left(x^2+\frac{1}{x^2}\right)\mathrm{d}x$；

(2) $\displaystyle\int_1^4 \sqrt{x}\,(1+\sqrt{x})\,\mathrm{d}x$；

(3) $\displaystyle\int_{1/\sqrt{3}}^{\sqrt{3}} \frac{\mathrm{d}x}{1+x^2}$；

(4) $\displaystyle\int_{-1/2}^{1/2} \frac{\mathrm{d}x}{\sqrt{1-x^2}}$；

(5) $\displaystyle\int_{1/\mathrm{e}}^{\mathrm{e}^2} \frac{\mathrm{d}x}{x}$；

(6) $\displaystyle\int_0^{\pi/4} \tan^2 x\,\mathrm{d}x$；

(7) $\displaystyle\int_0^{\pi/2} \sqrt{1-\sin 2x}\,\mathrm{d}x$；

(8) $\displaystyle\int_{-1}^3 |2-x|\,\mathrm{d}x$.

8. 设 m,n 是正整数,且 $m\neq n$,证明:

(1) $\displaystyle\int_{-\pi}^{\pi}\cos mx\,\mathrm{d}x=0$,$\displaystyle\int_{-\pi}^{\pi}\sin mx\,\mathrm{d}x=0$;

(2) $\displaystyle\int_{-\pi}^{\pi}\cos^{2}mx\,\mathrm{d}x=\pi$,$\displaystyle\int_{-\pi}^{\pi}\sin^{2}mx\,\mathrm{d}x=\pi$;

(3) $\displaystyle\int_{-\pi}^{\pi}\cos mx\sin nx\,\mathrm{d}x=0$,$\displaystyle\int_{-\pi}^{\pi}\cos mx\cos nx\,\mathrm{d}x=0$,$\displaystyle\int_{-\pi}^{\pi}\sin mx\sin nx\,\mathrm{d}x=0$.

9. 设函数 $f(x)$ 在区间 $[a,b]$ 上连续,$F(x)$ 是 $f(x)$ 的一个原函数,试用拉格朗日中值定理证明:$\displaystyle\int_{a}^{b}f(x)\,\mathrm{d}x=F(b)-F(a)$.

§5.3 定积分的换元积分法和分部积分法

由 §5.2 我们知道,牛顿-莱布尼茨公式是计算定积分的有效而简便的方法. 而应用牛顿-莱布尼茨公式的关键是找到被积函数的一个原函数. 不定积分的换元积分法和分部积分法是求原函数的最基本、最重要的方法. 所以,与不定积分类似,定积分也有相应的换元积分法和分部积分法,还有更多的技巧.

一、换元积分法

定理(换元积分法) 设函数 $f(x)$ 在区间 $[a,b]$ 上连续,函数 $x=\varphi(t)$ 满足条件 $\varphi(\alpha)=a$,$\varphi(\beta)=b$,当 t 在区间 $[\alpha,\beta][$或$[\beta,\alpha]]$ 上变动时,$a\leqslant\varphi(t)\leqslant b$,且 $x=\varphi(t)$ 有连续导数,则

$$\int_{a}^{b}f(x)\,\mathrm{d}x=\int_{\alpha}^{\beta}f[\varphi(t)]\varphi'(t)\,\mathrm{d}t. \tag{1}$$

证 设 $F(x)$ 是 $f(x)$ 在 $[a,b]$ 上的一个原函数. 一方面,根据牛顿-莱布尼茨公式,有

$$\int_{a}^{b}f(x)\,\mathrm{d}x=F(b)-F(a).$$

另一方面,由复合函数的求导法则有

$$\frac{\mathrm{d}}{\mathrm{d}t}F[\varphi(t)]=\frac{\mathrm{d}F}{\mathrm{d}x}\cdot\frac{\mathrm{d}x}{\mathrm{d}t}=f(x)\varphi'(t)=f[\varphi(t)]\varphi'(t).$$

可见,$F[\varphi(t)]$ 是 $f[\varphi(t)]\varphi'(t)$ 在 $[\alpha,\beta]$ 上的一个原函数,所以

$$\int_{\alpha}^{\beta}f[\varphi(t)]\varphi'(t)\,\mathrm{d}t=F[\varphi(t)]\Big|_{\alpha}^{\beta}=F[\varphi(\beta)]-F[\varphi(\alpha)]=F(b)-F(a).$$

故(1)式成立.

称(1)式为定积分的**换元积分公式**. 从左到右应用公式(1)相当于不定积分的第二换元积分法;从右到左应用公式(1)相当于不定积分的第一换元积分法(将 a,b 与 α,β 互换),即

$$\int_{\alpha}^{\beta}f[\varphi(t)]\varphi'(t)\,\mathrm{d}t=\int_{\alpha}^{\beta}f[\varphi(t)]\,\mathrm{d}\varphi(t)=\int_{a}^{b}f(u)\,\mathrm{d}u=F(u)\Big|_{a}^{b}=F(b)-F(a). \tag{2}$$

　　若用换元积分法计算定积分,在做变量代换时,积分上、下限也要相应变换.求出原函数后,只要将变换后的积分上、下限代入计算,不必返回原变量.这是定积分的换元积分法与不定积分的换元积分法的不同之处.但如果采用凑微分法,没有直接写出中间变量而保留原来的变量,则不用改变积分上、下限.

　　在计算中,若所做的变量代换 $x=\varphi(t)$ 满足条件:$\varphi(t)$ 是单调的,且 $\varphi(t)$ 具有连续导数,就能保证区间 $[a,b]$ 与 $[\alpha,\beta]$ [或 $[\beta,\alpha]$] 的点一一对应,从而满足换元积分法的条件.

　　例 1　计算定积分 $\displaystyle\int_{-1/2}^{1/2}\sqrt{1-x^2}\,\mathrm{d}x$.

　　解　令 $x=\sin t$,则 $\mathrm{d}x=\cos t\,\mathrm{d}t$,且当 x 从 $-\dfrac{1}{2}$ 变到 $\dfrac{1}{2}$ 时,t 从 $-\dfrac{\pi}{6}$ 变到 $\dfrac{\pi}{6}$,$\sqrt{1-x^2}=\cos t$. 所以

$$\int_{-1/2}^{1/2}\sqrt{1-x^2}\,\mathrm{d}x=\int_{-\pi/6}^{\pi/6}\cos^2 t\,\mathrm{d}t=\frac{1}{2}\int_{-\pi/6}^{\pi/6}(1+\cos 2t)\,\mathrm{d}t$$

$$=\left(\frac{1}{2}t+\frac{1}{4}\sin 2t\right)\Bigg|_{-\pi/6}^{\pi/6}=\frac{\pi}{6}+\frac{\sqrt{3}}{4}.$$

　　例 2　计算定积分 $\displaystyle\int_{-1}^{1}\frac{x^3}{(x+2)^2}\,\mathrm{d}x$.

　　解　令 $x+2=t$,即 $x=t-2$,则 $\mathrm{d}x=\mathrm{d}t$,且当 x 从 -1 变到 1 时,t 从 1 变到 3.所以

$$\int_{-1}^{1}\frac{x^3}{(x+2)^2}\,\mathrm{d}x=\int_{1}^{3}\frac{(t-2)^3}{t^2}\,\mathrm{d}t=\int_{1}^{3}\left(t-6+\frac{12}{t}-\frac{8}{t^2}\right)\mathrm{d}t$$

$$=\left(\frac{1}{2}t^2-6t+12\ln t+\frac{8}{t}\right)\Bigg|_{1}^{3}=12\ln 3-\frac{40}{3}.$$

　　例 3　计算定积分 $\displaystyle\int_{-\pi/2}^{\pi/2}\sqrt{\cos x-\cos^3 x}\,\mathrm{d}x$.

　　解　由于 $\sqrt{\cos x-\cos^3 x}=\sqrt{\cos x}\,|\sin x|$,又在 $\left[-\dfrac{\pi}{2},0\right]$ 上有 $|\sin x|=-\sin x$,在 $\left[0,\dfrac{\pi}{2}\right]$ 上有 $|\sin x|=\sin x$,所以

$$\int_{-\pi/2}^{\pi/2}\sqrt{\cos x-\cos^3 x}\,\mathrm{d}x=\int_{-\pi/2}^{0}\sqrt{\cos x}(-\sin x)\,\mathrm{d}x+\int_{0}^{\pi/2}\sqrt{\cos x}\sin x\,\mathrm{d}x$$

$$=\int_{-\pi/2}^{0}\sqrt{\cos x}\,\mathrm{d}(\cos x)-\int_{0}^{\pi/2}\sqrt{\cos x}\,\mathrm{d}(\cos x)$$

$$=\frac{2}{3}(\cos x)^{\frac{3}{2}}\Bigg|_{-\pi/2}^{0}-\frac{2}{3}(\cos x)^{\frac{3}{2}}\Bigg|_{0}^{\pi/2}=\frac{4}{3}.$$

　　本题用凑微分法求解,没有换元,所以积分限没有改变.但被积函数带有偶次根式,去根号时应保持正值,因此应分区间计算.

例 4 设函数 $f(x)$ 在区间 $[-a,a]$ 上连续,证明:

(1) 若 $f(x)$ 是偶函数,则 $\displaystyle\int_{-a}^{a} f(x)\mathrm{d}x = 2\int_{0}^{a} f(x)\mathrm{d}x$;

(2) 若 $f(x)$ 是奇函数,则 $\displaystyle\int_{-a}^{a} f(x)\mathrm{d}x = 0$.

证 $\displaystyle\int_{-a}^{a} f(x)\mathrm{d}x = \int_{-a}^{0} f(x)\mathrm{d}x + \int_{0}^{a} f(x)\mathrm{d}x = \int_{a}^{0} f(-t)(-\mathrm{d}t) + \int_{0}^{a} f(x)\mathrm{d}x$

$\qquad\qquad = \displaystyle\int_{0}^{a} f(-t)\mathrm{d}t + \int_{0}^{a} f(x)\mathrm{d}x = \int_{0}^{a} \left[f(x) + f(-x)\right]\mathrm{d}x.$

(1) 若 $f(x)$ 是偶函数,即 $f(-x) = f(x)$,则 $\displaystyle\int_{-a}^{a} f(x)\mathrm{d}x = 2\int_{0}^{a} f(x)\mathrm{d}x$.

(2) 若 $f(x)$ 是奇函数,即 $f(-x) = -f(x)$,则 $\displaystyle\int_{-a}^{a} f(x)\mathrm{d}x = 0$.

例 5 计算定积分 $I = \displaystyle\int_{0}^{2a} x\sqrt{2ax - x^2}\,\mathrm{d}x$ (a 为常数).

解 因 $2ax - x^2 = a^2 - (x-a)^2$,故

$$I = \int_{0}^{2a} x\sqrt{a^2 - (x-a)^2}\,\mathrm{d}x \xlongequal{\text{令}\,t = x - a} \int_{-a}^{a} (t+a)\sqrt{a^2 - t^2}\,\mathrm{d}t.$$

由被积函数的奇偶性和定积分的几何意义得

$$I = \int_{-a}^{a} (t+a)\sqrt{a^2 - t^2}\,\mathrm{d}t = \int_{-a}^{a} a\sqrt{a^2 - t^2}\,\mathrm{d}t = a \cdot \frac{\pi}{2}a^2 = \frac{1}{2}\pi a^3.$$

例 6 设函数 $f(x)$ 在区间 $[a,b]$ 上连续,证明:

$$\int_{a}^{b} f(x)\mathrm{d}x = \int_{a}^{b} f(a+b-x)\,\mathrm{d}x;$$

若 $f(x)$ 的图形关于直线 $x = \dfrac{a+b}{2}$ 对称,则

$$\int_{a}^{b} x f(x)\mathrm{d}x = \frac{a+b}{2}\int_{a}^{b} f(x)\mathrm{d}x.$$

证 令 $x = a+b-t$,则 $\mathrm{d}x = -\mathrm{d}t$. 于是

$$\int_{a}^{b} f(x)\mathrm{d}x = \int_{b}^{a} f(a+b-t)(-\mathrm{d}t) = \int_{a}^{b} f(a+b-t)\,\mathrm{d}t = \int_{a}^{b} f(a+b-x)\,\mathrm{d}x.$$

由 $f(x)$ 的图形关于直线 $x = \dfrac{a+b}{2}$ 的对称性有 $f\left(x + \dfrac{a+b}{2}\right) = f\left(\dfrac{a+b}{2} - x\right)$,因此

$$f(x) = f\left[\frac{a+b}{2} - \left(\frac{a+b}{2} - x\right)\right] = f\left[\frac{a+b}{2} + \left(\frac{a+b}{2} - x\right)\right] = f(a+b-x).$$

令 $x = a+b-t$,并利用上式,得

$$\int_{a}^{b} x f(x)\mathrm{d}x = -\int_{b}^{a} (a+b-t)f(a+b-t)\,\mathrm{d}t = \int_{a}^{b} (a+b-t)f(a+b-t)\mathrm{d}t$$

$$= \int_{a}^{b} (a+b-x)f(a+b-x)\,\mathrm{d}x = \int_{a}^{b} (a+b-x)f(x)\mathrm{d}x$$

$$= (a+b) \int_a^b f(x) \mathrm{d}x - \int_a^b x f(x) \mathrm{d}x,$$

移项即得

$$\int_a^b x f(x) \mathrm{d}x = \frac{a+b}{2} \int_a^b f(x) \mathrm{d}x.$$

二、分部积分法

设函数 $u = u(x)$ 与 $v = v(x)$ 在区间 $[a,b]$ 上有连续导数,则由函数乘积的导数公式 $(uv)' = uv' + u'v$,两边在 $[a,b]$ 上积分即有

$$uv \Big|_a^b = \int_a^b uv' \mathrm{d}x + \int_a^b u'v \mathrm{d}x,$$

移项即得定积分的**分部积分公式**

$$\int_a^b uv' \mathrm{d}x = uv \Big|_a^b - \int_a^b u'v \mathrm{d}x \quad \text{或} \quad \int_a^b u \mathrm{d}v = uv \Big|_a^b - \int_a^b v \mathrm{d}u. \tag{3}$$

与不定积分的分部积分公式相比,定积分的分部积分公式的不同之处仅是公式的每一项都带积分限. 利用公式(3)来计算定积分的方法称为**分部积分法**.

例 7 计算定积分 $\int_0^{\sqrt{3}/2} \arccos x \, \mathrm{d}x$.

解 $\int_0^{\sqrt{3}/2} \arccos x \, \mathrm{d}x = x \arccos x \Big|_0^{\sqrt{3}/2} - \int_0^{\sqrt{3}/2} x \, \mathrm{d}(\arccos x) = \frac{\sqrt{3}}{2} \cdot \frac{\pi}{6} + \int_0^{\sqrt{3}/2} \frac{x}{\sqrt{1-x^2}} \mathrm{d}x$

$$= \frac{\sqrt{3}}{12}\pi - \sqrt{1-x^2} \Big|_0^{\sqrt{3}/2} = \frac{\sqrt{3}}{12}\pi + \frac{1}{2}.$$

例 8 计算定积分 $\int_1^{\ln^3 2} \frac{1}{\sqrt[3]{x}} \mathrm{e}^{\sqrt[3]{x}} \mathrm{d}x$.

解 本题应先用换元积分法,再用分部积分法. 令 $t = \sqrt[3]{x}$,即 $x = t^3$,则 $\mathrm{d}x = 3t^2 \mathrm{d}t$. 于是

$$\int_1^{\ln^3 2} \frac{1}{\sqrt[3]{x}} \mathrm{e}^{\sqrt[3]{x}} \mathrm{d}x = \int_1^{\ln 2} 3t \mathrm{e}^t \mathrm{d}t = 3 \int_1^{\ln 2} t \, \mathrm{d}\mathrm{e}^t = 3(t \mathrm{e}^t - \mathrm{e}^t) \Big|_1^{\ln 2} = 6(\ln 2 - 1).$$

例 9 设 $I_n = \int_0^{\pi/2} \sin^n x \, \mathrm{d}x$ (n 为非负整数),证明:当 $n \geqslant 2$ 时,有

$$I_n = \begin{cases} \dfrac{(2m-1)(2m-3) \cdot \cdots \cdot 3 \cdot 1}{2m(2m-2) \cdot \cdots \cdot 4 \cdot 2} \cdot \dfrac{\pi}{2}, & n = 2m, \\[3mm] \dfrac{2m(2m-2) \cdot \cdots \cdot 4 \cdot 2}{(2m+1)(2m-1) \cdot \cdots \cdot 5 \cdot 3}, & n = 2m+1 \end{cases} \quad (m \text{ 是正整数}).$$

证 当 $n = 0$ 时,有 $I_0 = \int_0^{\pi/2} \mathrm{d}x = \frac{\pi}{2}$.

当 $n = 1$ 时,有 $I_1 = \int_0^{\pi/2} \sin x \, \mathrm{d}x = -\cos x \Big|_0^{\pi/2} = 1.$

当 $n \geqslant 2$ 时,有

$$I_n = \int_0^{\pi/2} \sin^{n-1}x \sin x \, \mathrm{d}x = -\cos x \sin^{n-1}x \Big|_0^{\pi/2} + \int_0^{\pi/2} \cos x \, \mathrm{d}(\sin^{n-1}x)$$

$$= (n-1)\int_0^{\pi/2} \sin^{n-2}x \cos^2 x \, \mathrm{d}x = (n-1)\int_0^{\pi/2} \sin^{n-2}x (1-\sin^2 x) \, \mathrm{d}x$$

$$= (n-1)I_{n-2} - (n-1)I_n,$$

移项即得

$$I_n = \frac{n-1}{n} I_{n-2}.$$

上式就是 I_n 的递推公式,继续逐次递推,即得

$$I_{2m} = \frac{2m-1}{2m} \cdot \frac{2m-3}{2m-2} \cdot \cdots \cdot \frac{3}{4} \cdot \frac{1}{2} I_0 = \frac{(2m-1)(2m-3)\cdots \cdot 3 \cdot 1}{2m(2m-2)\cdots \cdot 4 \cdot 2} \cdot \frac{\pi}{2},$$

$$I_{2m+1} = \frac{2m}{2m+1} \cdot \frac{2m-2}{2m-1} \cdot \cdots \cdot \frac{4}{5} \cdot \frac{2}{3} I_1 = \frac{2m(2m-2)\cdots \cdot 4 \cdot 2}{(2m+1)(2m-1)\cdots \cdot 5 \cdot 3},$$

其中 m 为正整数.

由于 $\int_0^{\pi/2} \cos^n x \, \mathrm{d}x = \int_0^{\pi/2} \sin^n x \, \mathrm{d}x$,所以 $\int_0^{\pi/2} \cos^n x \, \mathrm{d}x$ 的递推公式同上.

习 题 5.3

1. 计算下列定积分:

(1) $\int_0^{\pi} (1-\sin^3 x) \, \mathrm{d}x$; (2) $\int_{-\sqrt{2}}^{\sqrt{2}} \sqrt{8-2x^2} \, \mathrm{d}x$; (3) $\int_1^{\sqrt{3}} \frac{\mathrm{d}s}{s^2 \sqrt{1+s^2}}$;

(4) $\int_0^a x^2 \sqrt{a^2-x^2} \, \mathrm{d}x$; (5) $\int_1^{e^2} \frac{\mathrm{d}x}{x\sqrt{1+\ln x}}$; (6) $\int_0^2 \frac{x \, \mathrm{d}x}{(x^2-2x+2)^2}$;

(7) $\int_{-\pi/2}^{\pi/2} \cos x \cos 2x \, \mathrm{d}x$; (8) $\int_0^{\pi} \sqrt{\sin^2 x - \sin^4 x} \, \mathrm{d}x$; (9) $\int_0^{2\pi} |\sin(x+1)| \, \mathrm{d}x$.

2. 证明:若 $f(x)$ 是连续的奇函数,则 $\int_0^x f(t) \, \mathrm{d}t$ 是偶函数;若 $f(x)$ 是连续的偶函数,则 $\int_0^x f(t) \, \mathrm{d}t$ 是奇函数.

3. 设函数 $f(x)$ 在区间 $[0,1]$ 上连续,证明:

(1) $\int_0^{\pi/2} f(\sin x) \, \mathrm{d}x = \int_0^{\pi/2} f(\cos x) \, \mathrm{d}x$;

(2) $\int_0^{\pi} x f(\sin x) \, \mathrm{d}x = \frac{\pi}{2} \int_0^{\pi} f(\sin x) \, \mathrm{d}x$,并求 $\int_0^{\pi} \frac{x \sin x}{1+\cos^2 x} \, \mathrm{d}x$.

4. 设 $f(x)$ 是连续的周期函数,其周期为 T,证明:

(1) $\displaystyle\int_a^{a+T} f(x)\,\mathrm{d}x = \int_0^T f(x)\,\mathrm{d}x$；　　　(2) $\displaystyle\int_a^{a+nT} f(x)\,\mathrm{d}x = n\int_0^T f(x)\,\mathrm{d}x$ (n 为正整数).

5. 计算下列极限：

(1) $\displaystyle\lim_{n\to\infty}\sum_{k=1}^n \frac{k}{n^3}\sqrt{n^2-k^2}$；　　　(2) $\displaystyle\lim_{n\to\infty}\frac{1}{n}\sqrt[n]{n(n+1)\cdots(2n-1)}$.

6. 计算下列定积分：

(1) $\displaystyle\int_0^{\ln 3} x\,\mathrm{e}^{-x}\,\mathrm{d}x$；　　(2) $\displaystyle\int_0^1 x\arctan x\,\mathrm{d}x$；　　(3) $\displaystyle\int_1^{\mathrm{e}} x^2\ln x\,\mathrm{d}x$；

(4) $\displaystyle\int_0^{\pi/2} x\cos x\,\mathrm{d}x$；　　(5) $\displaystyle\int_0^{\pi/2} \mathrm{e}^x\cos x\,\mathrm{d}x$；　　(6) $\displaystyle\int_1^{\mathrm{e}} \sin\ln x\,\mathrm{d}x$.

§5.4　反常积分与 Γ 函数

前几节讨论的定积分,其积分区间是有限的,被积函数是有界的. 但在理论研究和实际应用中,经常会遇到无限区间上的积分或无界函数的积分. 这两种积分是定积分的推广,称为**反常积分**(或**广义积分**). 相应地,把前面讨论的定积分称为**常义积分**.

一、无穷限的反常积分

先考查一个例子. 计算在曲线 $y=\dfrac{1}{x^2}$ 下方、x 轴上方、直线 $x=1$ 右方的区域面积. 这个区域是一个无穷区域. 我们先计算其中介于直线 $x=1$ 与 $x=b\,(b>1)$ 之间的曲边梯形面积 $S(b)$(见图 5-7)：

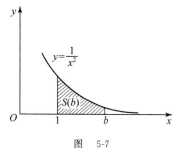

图　5-7

$$S(b)=\int_1^b \frac{1}{x^2}\,\mathrm{d}x = -\frac{1}{x}\Big|_1^b = 1-\frac{1}{b}.$$

令 $b\to+\infty$,即得所求的无穷区域面积

$$S=\lim_{b\to+\infty} S(b)=1.$$

如果将曲线 $y=\dfrac{1}{x^2}$ 换为曲线 $y=\dfrac{1}{x}$,则

$$S(b)=\int_1^b \frac{1}{x}\,\mathrm{d}x = \ln x\Big|_1^b = \ln b \to +\infty \quad (b\to+\infty).$$

可见,这时无穷区域的面积无界.

定义 1　设函数 $f(x)$ 在区间 $[a,+\infty)$ 上连续. 如果极限 $\displaystyle\lim_{b\to+\infty}\int_a^b f(x)\,\mathrm{d}x$ $(b>a)$ 存在,则称此极限值为 $f(x)$ **在** $[a,+\infty)$ **上的反常积分**,记作 $\displaystyle\int_a^{+\infty} f(x)\,\mathrm{d}x$,即

$$\int_a^{+\infty} f(x)\,\mathrm{d}x = \lim_{b\to+\infty}\int_a^b f(x)\,\mathrm{d}x. \tag{1}$$

这时也称**反常积分** $\int_a^{+\infty} f(x)\mathrm{d}x$ **收敛**. 如果上述极限不存在,则称**反常积分** $\int_a^{+\infty} f(x)\mathrm{d}x$ **发散**. 这时仍用此记号,但它不再表示数值了.

类似地,可定义反常积分

$$\int_{-\infty}^b f(x)\mathrm{d}x = \lim_{a \to -\infty} \int_a^b f(x)\mathrm{d}x. \tag{2}$$

若函数 $f(x)$ 在区间 $(-\infty, +\infty)$ 内连续,对于任意常数 c,反常积分 $\int_{-\infty}^c f(x)\mathrm{d}x$ 与 $\int_c^{+\infty} f(x)\mathrm{d}x$ 都收敛,则称**反常积分** $\int_{-\infty}^{+\infty} f(x)\mathrm{d}x$ **收敛**,并且有

$$\int_{-\infty}^{+\infty} f(x)\mathrm{d}x = \int_{-\infty}^c f(x)\mathrm{d}x + \int_c^{+\infty} f(x)\mathrm{d}x = \lim_{a \to -\infty}\int_a^c f(x)\mathrm{d}x + \lim_{b \to +\infty}\int_c^b f(x)\mathrm{d}x$$

$$= \lim_{\substack{a \to -\infty \\ b \to +\infty}} \int_a^b f(x)\mathrm{d}x. \tag{3}$$

反常积分 $\int_{-\infty}^{+\infty} f(x)\mathrm{d}x$ 的值与 c 无关,且 $a \to -\infty$ 与 $b \to +\infty$ 是各自独立的. 如果反常积分 $\int_{-\infty}^c f(x)\mathrm{d}x$ 与 $\int_c^{+\infty} f(x)\mathrm{d}x$ 中至少有一个发散,则称**反常积分** $\int_{-\infty}^{+\infty} f(x)\mathrm{d}x$ **发散**.

如果函数 $f(x)$ 在区间 $[a, +\infty), (-\infty, b]$ 或 $(-\infty, +\infty)$ 上连续,且存在原函数 $F(x)$,为了书写简便,常常省去极限符号,记 $\lim_{x \to +\infty} F(x) = F(+\infty)$, $\lim_{x \to -\infty} F(x) = F(-\infty)$, 于是无穷限的反常积分也有类似于牛顿-莱布尼茨公式的公式:

$$\int_a^{+\infty} f(x)\mathrm{d}x = F(x)\Big|_a^{+\infty} = F(+\infty) - F(a);$$

$$\int_{-\infty}^b f(x)\mathrm{d}x = F(x)\Big|_{-\infty}^b = F(b) - F(-\infty);$$

$$\int_{-\infty}^{+\infty} f(x)\mathrm{d}x = F(x)\Big|_{-\infty}^{+\infty} = F(+\infty) - F(-\infty).$$

例如,我们有

$$\int_{-\infty}^{+\infty} \frac{\mathrm{d}x}{1+x^2} = \arctan x \Big|_{-\infty}^{+\infty} = \frac{\pi}{2} - \left(-\frac{\pi}{2}\right) = \pi.$$

例 1   计算反常积分 $\int_{-\infty}^{+\infty} \frac{\mathrm{d}x}{1+x^2}$.

解   因为

$$\int_{-\infty}^0 \frac{\mathrm{d}x}{1+x^2} = \lim_{a \to -\infty}\int_a^0 \frac{\mathrm{d}x}{1+x^2} = \lim_{a \to -\infty}\left(\arctan x \Big|_a^0\right) = -\lim_{a \to -\infty}\arctan a = -\left(-\frac{\pi}{2}\right) = \frac{\pi}{2},$$

$$\int_0^{+\infty} \frac{\mathrm{d}x}{1+x^2} = \lim_{b \to +\infty}\int_0^b \frac{\mathrm{d}x}{1+x^2} = \lim_{b \to +\infty}\left(\arctan x \Big|_0^b\right) = \lim_{b \to +\infty}\arctan b = \frac{\pi}{2},$$

所以
$$\int_{-\infty}^{+\infty} \frac{\mathrm{d}x}{1+x^2} = \int_{-\infty}^{0} \frac{\mathrm{d}x}{1+x^2} + \int_{0}^{+\infty} \frac{\mathrm{d}x}{1+x^2} = \frac{\pi}{2} + \frac{\pi}{2} = \pi.$$

与定积分类似,当反常积分收敛时,反常积分也具有线性性、保序性、区间可加性等,也有换元积分法和分部积分法.

例 2 证明:反常积分 $\int_{a}^{+\infty} \cos x \, \mathrm{d}x$($a$ 为常数)是发散的.

证 因 $\int_{a}^{b} \cos x \, \mathrm{d}x = \sin b - \sin a$,而当 $b \to +\infty$ 时,$\sin b$ 的极限不存在,故 $\int_{a}^{+\infty} \cos x \, \mathrm{d}x$ 发散.

例 3 讨论反常积分 $\int_{a}^{+\infty} \frac{\mathrm{d}x}{x^p}$ 的敛散性,其中 a,p 是常数且 $a > 0$.

解 当 $p = 1$ 时,有
$$\int_{a}^{+\infty} \frac{\mathrm{d}x}{x} = \ln x \Big|_{a}^{+\infty} = +\infty;$$

当 $p \neq 1$ 时,有
$$\int_{a}^{+\infty} \frac{\mathrm{d}x}{x^p} = \frac{1}{1-p} x^{1-p} \Big|_{a}^{+\infty} = \begin{cases} +\infty, & p < 1, \\ \dfrac{1}{p-1} a^{1-p}, & p > 1. \end{cases}$$

故 $\int_{a}^{+\infty} \frac{\mathrm{d}x}{x^p}$ 当 $p > 1$ 时收敛,其值为 $\frac{1}{p-1} a^{1-p}$,而当 $p \leqslant 1$ 时发散.

如果函数 $f(x)$ 在区间 $[a, +\infty)$ 上连续,并且 $f(x) \geqslant 0$,那么函数 $F(x) = \int_{a}^{x} f(t) \mathrm{d}t$ 在 $[a, +\infty)$ 上单调增加.因此,若 $F(x)$ 在 $[a, +\infty)$ 上有界,则根据单调有界函数必有极限,即得反常积分
$$\int_{a}^{+\infty} f(x) \mathrm{d}x = \lim_{x \to +\infty} \int_{a}^{x} f(t) \mathrm{d}t \tag{4}$$

收敛.据此便有以下定理:

定理 1(比较审敛法) 设函数 $f(x)$ 与 $g(x)$ 在区间 $[a, +\infty)$ 上连续,且满足 $0 \leqslant f(x) \leqslant g(x)$,则当反常积分 $\int_{a}^{+\infty} g(x) \mathrm{d}x$ 收敛时,反常积分 $\int_{a}^{+\infty} f(x) \mathrm{d}x$ 也收敛;当反常积分 $\int_{a}^{+\infty} f(x) \mathrm{d}x$ 发散时,反常积分 $\int_{a}^{+\infty} g(x) \mathrm{d}x$ 也发散.

证 对于任意的 $a \leqslant t < +\infty$,由条件 $0 \leqslant f(x) \leqslant g(x)$ 知 $\int_{a}^{t} f(x) \mathrm{d}x$ 与 $\int_{a}^{t} g(x) \mathrm{d}x$ 都是在 $[a, +\infty)$ 上的单调增加函数,且有
$$\int_{a}^{t} f(x) \mathrm{d}x \leqslant \int_{a}^{t} g(x) \mathrm{d}x.$$

于是,若 $\int_{a}^{+\infty} g(x) \mathrm{d}x = \lim_{t \to +\infty} \int_{a}^{t} g(x) \mathrm{d}x$ 收敛,则由函数极限局部保号性的推论 3 即得

$$\lim_{t\to+\infty}\int_a^t f(x)\mathrm{d}x \leqslant \lim_{t\to+\infty}\int_a^t g(x)\mathrm{d}x = \int_a^{+\infty} g(x)\mathrm{d}x,$$

从而 $\int_a^{+\infty} f(x)\mathrm{d}x = \lim\limits_{t\to+\infty}\int_a^t f(x)\mathrm{d}x$ 也收敛;若 $\int_a^{+\infty} f(x)\mathrm{d}x$ 发散,这时 $\lim\limits_{t\to+\infty}\int_a^t f(x)\mathrm{d}x = +\infty$,

则 $\int_a^{+\infty} g(x)\mathrm{d}x$ 也发散.

定理 2(比较审敛法的极限形式)　设函数 $f(x)\geqslant 0$. 如果 $\lim\limits_{x\to+\infty}\dfrac{f(x)}{g(x)} = l\ (0\leqslant l<+\infty)$,

且反常积分 $\int_a^{+\infty} g(x)\mathrm{d}x$ 收敛,则反常积分 $\int_a^{+\infty} f(x)\mathrm{d}x$ 也收敛;如果 $\lim\limits_{x\to+\infty}\dfrac{f(x)}{g(x)} = l\ (0<l\leqslant$

$+\infty)$,且反常积分 $\int_a^{+\infty} g(x)\mathrm{d}x$ 发散,则反常积分 $\int_a^{+\infty} f(x)\mathrm{d}x$ 也发散.

证　如果 $\lim\limits_{x\to+\infty}\dfrac{f(x)}{g(x)} = l>0$,则对于任意的 $\varepsilon>0(l-\varepsilon>0)$,存在 $x_0\in(a,+\infty)$,使

得当 $x\geqslant x_0$ 时,有

$$0<l-\varepsilon<\frac{f(x)}{g(x)}<l+\varepsilon, \quad \text{即} \quad (l-\varepsilon)g(x)<f(x)<(l+\varepsilon)g(x).$$

所以,$\int_a^{+\infty} g(x)\mathrm{d}x$ 与 $\int_a^{+\infty} f(x)\mathrm{d}x$ 具有相同的敛散性.

对于 $l=0$ 与 $l=+\infty$ 的情形,可以类似地证明定理的结论.

显然,对于负值函数 $[f(x)\leqslant 0]$,比较审敛法仍然成立.

取 $g(x)=\dfrac{K}{x^p}$ (K,p 为常数且 $K>0$). 由例 3 知,若 $0\leqslant f(x)\leqslant \dfrac{K}{x^p}(p>1)$ 或

$\lim\limits_{x\to+\infty} x^p f(x) = l\ (0\leqslant l<+\infty,p>1)$,则 $\int_a^{+\infty} f(x)\mathrm{d}x$ 收敛;若 $f(x)>\dfrac{K}{x^p}(p\leqslant 1)$ 或

$\lim\limits_{x\to+\infty} x^p f(x) = l\ (0<l\leqslant+\infty,p\leqslant 1)$,则 $\int_a^{+\infty} f(x)\mathrm{d}x$ 发散.

设函数 $f(x)$ 在区间 $[a,+\infty)$ 上连续. 如果反常积分 $\int_a^{+\infty}|f(x)|\mathrm{d}x$ 收敛,则称反常积

分 $\int_a^{+\infty} f(x)\mathrm{d}x$ **绝对收敛**;如果反常积分 $\int_a^{+\infty} f(x)\mathrm{d}x$ 收敛,但不绝对收敛,则称反常积分

$\int_a^{+\infty} f(x)\mathrm{d}x$ **条件收敛**.

若反常积分 $\int_a^{+\infty} f(x)\mathrm{d}x$ 绝对收敛,该反常积分必收敛,但反之不成立.

例 4　判定反常积分 $\int_1^{+\infty} \dfrac{\sin x}{x\sqrt{1+x^2}}\mathrm{d}x$ 的收敛性.

解 由于 $\left| \dfrac{\sin x}{x\sqrt{1+x^2}} \right| \leqslant \dfrac{1}{x^{\frac{3}{2}}}$,而 $\displaystyle\int_1^{+\infty} \dfrac{\mathrm{d}x}{x^{\frac{3}{2}}}$ 收敛,所以 $\displaystyle\int_1^{+\infty} \dfrac{\sin x}{x\sqrt{1+x^2}} \mathrm{d}x$ 绝对收敛.

例 5 讨论反常积分 $\displaystyle\int_2^{+\infty} \dfrac{\mathrm{d}x}{x^\lambda \ln x}$ 的敛散性,其中 λ 为常数.

解 当 $\lambda = 1$ 时,$\displaystyle\int_2^{+\infty} \dfrac{\mathrm{d}x}{x\ln x} = \ln(\ln x) \Big|_2^{+\infty} = +\infty$. 由于

$$\lim_{x \to +\infty} x^p \cdot \frac{1}{x^\lambda \ln x} = \lim_{x \to +\infty} x^{p-\lambda} \cdot \frac{1}{\ln x} = \begin{cases} 0, & \lambda \geqslant p, \\ +\infty, & \lambda < p, \end{cases}$$

所以由定理 2 及例 3 知,$\displaystyle\int_2^{+\infty} \dfrac{\mathrm{d}x}{x^\lambda \ln x}$ 当 $\lambda \leqslant 1$ 时发散,当 $\lambda > 1$ 时收敛.

二、无界函数的反常积分

如果函数 $f(x)$ 在点 $x = b$ 的邻近无界,则称点 $x = b$ 为函数 $f(x)$ 的**瑕点**.

定义 2 设函数 $f(x)$ 在区间 $[a,b)$ 上连续,点 $x = b$ 为 $f(x)$ 的瑕点. 如果极限

$$\lim_{\eta \to 0^+} \int_a^{b-\eta} f(x)\mathrm{d}x$$

存在,则称此极限值为 $f(x)$ 在 $[a,b]$ 上的**反常积分**,仍记为 $\displaystyle\int_a^b f(x)\mathrm{d}x$,即

$$\int_a^b f(x)\mathrm{d}x = \lim_{\eta \to 0^+} \int_a^{b-\eta} f(x)\mathrm{d}x. \tag{5}$$

这时也称**反常积分** $\displaystyle\int_a^b f(x)\mathrm{d}x$ **收敛**. 如果上述极限不存在,则称**反常积分** $\displaystyle\int_a^b f(x)\mathrm{d}x$ **发散**.

类似地,可以定义 $x = a$ 为瑕点时反常积分 $\displaystyle\int_a^b f(x)\mathrm{d}x$ 的敛散性.

设函数 $f(x)$ 在区间 $[a,b]$ 上除点 $c(a < c < b)$ 外连续,点 c 为 $f(x)$ 的瑕点. 当反常积分 $\displaystyle\int_a^c f(x)\mathrm{d}x$ 与 $\displaystyle\int_c^b f(x)\mathrm{d}x$ 都收敛时,称**反常积分** $\displaystyle\int_a^b f(x)\mathrm{d}x$ **收敛**,且定义

$$\int_a^b f(x)\mathrm{d}x = \int_a^c f(x)\mathrm{d}x + \int_c^b f(x)\mathrm{d}x = \lim_{\eta \to 0^+} \int_a^{c-\eta} f(x)\mathrm{d}x + \lim_{\delta \to 0^+} \int_{c+\delta}^b f(x)\mathrm{d}x, \tag{6}$$

其中 $\eta \to 0^+$ 与 $\delta \to 0^+$ 是各自独立的. 如果反常积分 $\displaystyle\int_a^c f(x)\mathrm{d}x$ 与 $\displaystyle\int_c^b f(x)\mathrm{d}x$ 中至少有一个发散,则称**反常积分** $\displaystyle\int_a^b f(x)\mathrm{d}x$ **发散**.

无界函数的反常积分也有相应的牛顿-莱布尼茨公式. 设 $x = a$ 为函数 $f(x)$ 的瑕点,$F(x)$ 为 $f(x)$ 在区间 $(a,b]$ 上的原函数,且 $\lim\limits_{x \to a^+} F(x) = F(a^+)$ 存在,则

$$\int_a^b f(x)\mathrm{d}x = F(x) \Big|_{a^+}^b = F(b) - F(a^+).$$

类似地,若 $x=b$ 为 $f(x)$ 的瑕点,则在相应的条件下有

$$\int_a^b f(x)\mathrm{d}x = F(x)\Big|_a^{b^-} = F(b^-)-F(a);$$

若 $x=c\ (a<c<b)$ 为 $f(x)$ 的瑕点时,则在相应的条件下有

$$\int_a^b f(x)\mathrm{d}x = \int_a^{c^-} f(x)\mathrm{d}x + \int_{c^+}^b f(x)\mathrm{d}x = F(x)\Big|_a^{c^-} + F(x)\Big|_{c^+}^b$$
$$= F(c^-)-F(a)+F(b)-F(c^+).$$

例 6 计算反常积分 $\displaystyle\int_0^a \frac{\mathrm{d}x}{\sqrt{a^2-x^2}}\ (a>0)$.

解 因为 $x=a$ 为被积函数的瑕点,所以

$$\int_0^a \frac{\mathrm{d}x}{\sqrt{a^2-x^2}} = \lim_{\eta\to 0^+}\arcsin\frac{x}{a}\Big|_0^{a-\eta} = \lim_{\eta\to 0^+}\arcsin\frac{a-\eta}{a} = \frac{\pi}{2}.$$

例 7 讨论反常积分 $\displaystyle\int_a^b \frac{\mathrm{d}x}{(x-a)^q}\ (q>0)$ 的收敛性.

解 当 $q=1$ 时,$\displaystyle\int_{a+\eta}^b \frac{\mathrm{d}x}{(x-a)^q} = \ln(x-a)\Big|_{a+\eta}^b = \ln(b-a)-\ln\eta \to +\infty(\eta\to 0^+)$;

当 $q\neq 1$ 时,$\displaystyle\int_a^b \frac{\mathrm{d}x}{(x-a)^q} = \frac{1}{1-q}(x-a)^{1-q}\Big|_{a^+}^b = \begin{cases} +\infty, & q>1, \\ \dfrac{1}{1-q}(b-a)^{1-q}, & q<1. \end{cases}$

所以,当 $q<1$ 时,$\displaystyle\int_a^b \frac{\mathrm{d}x}{(x-a)^q}$ 收敛,其值为 $\dfrac{1}{1-q}(b-a)^{1-q}$;当 $q\geqslant 1$ 时,$\displaystyle\int_a^b \frac{\mathrm{d}x}{(x-a)^q}$ 发散.

当函数 $f(x)$ 在区间 I 上有若干瑕点时[这里 I 可以是区间 $[a,b]$,$(a,+\infty)$,$(-\infty,b]$ 或 $(-\infty,+\infty)$],我们可以把区间 I 分成若干子区间,使 $f(x)$ 在每个子区间上最多只有一个瑕点,且无穷子区间的端点不是瑕点.只有当 $f(x)$ 在这些子区间上的广义积分都收敛时,$f(x)$ 在 I 上的广义积分才收敛.

由无界函数反常积分收敛的定义和例 7,对于无界函数的反常积分,我们也有相应的比较审敛法.

定理 3(比较审敛法) 设函数 $f(x)$ 在区间 $(a,b]$ 上连续,$f(x)\geqslant 0$,$x=a$ 为 $f(x)$ 的瑕点.如果 $q<1$ 时存在常数 $M>0$,使得 $f(x)\leqslant \dfrac{M}{(x-a)^q}(a<x\leqslant b)$,则反常积分 $\displaystyle\int_a^b f(x)\mathrm{d}x$ 收敛;如果 $q\geqslant 1$ 时存在常数 $M>0$,使得 $f(x)\geqslant \dfrac{M}{(x-a)^q}(a<x\leqslant b)$,则反常积分 $\displaystyle\int_a^b f(x)\mathrm{d}x$ 发散.

定理 4(比较审敛法的极限形式) 设函数 $f(x)$ 在区间 $(a,b]$ 上连续,$f(x)\geqslant 0$,$x=a$

为 $f(x)$ 的瑕点. 如果存在 $q < 1$, 使得 $\lim\limits_{x \to a^+}(x-a)^q f(x)$ 存在, 则反常积分 $\int_a^b f(x)\mathrm{d}x$ 收敛;

如果存在 $q \geqslant 1$, 使得 $\lim\limits_{x \to a^+}(x-a)^q f(x) = K\ (0 < K \leqslant +\infty)$, 则反常积分 $\int_a^b f(x)\mathrm{d}x$ 发散.

显然, 比较审敛法对负值函数 $[f(x) \leqslant 0]$ 仍然成立.

例 8　讨论反常积分 $\int_0^1 \dfrac{\ln x}{\sqrt{x}}\mathrm{d}x$ 的收敛性.

解　因为 $\lim\limits_{x \to 0^+} x^{\frac{3}{4}} \cdot \dfrac{\ln x}{\sqrt{x}} = \lim\limits_{x \to 0^+} x^{\frac{1}{4}}\ln x = 0$, 所以 $\int_0^1 \dfrac{\ln x}{\sqrt{x}}\mathrm{d}x$ 收敛.

三、Γ 函数

现在介绍在数学物理方法和概率论中有广泛应用的 Γ **函数**, 它的表示式是

$$\Gamma(s) = \int_0^{+\infty} x^{s-1}\mathrm{e}^{-x}\mathrm{d}x \quad (s > 0). \tag{7}$$

首先, 讨论 Γ 函数的定义域, 即它的收敛域. 为此, 将这个反常积分表示为

$$\int_0^{+\infty} x^{s-1}\mathrm{e}^{-x}\mathrm{d}x = \int_0^1 x^{s-1}\mathrm{e}^{-x}\mathrm{d}x + \int_1^{+\infty} x^{s-1}\mathrm{e}^{-x}\mathrm{d}x = I_1 + I_2.$$

当 $s-1 \geqslant 0$, 即 $s \geqslant 1$ 时, I_1 是定积分. 当 $0 < s < 1$ 时, I_1 是无界函数的反常积分, 瑕点为 $x = 0$. 由于 $\lim\limits_{x \to 0^+} x^{1-s} \cdot x^{s-1}\mathrm{e}^{-x} = 1$, 因此由比较审敛法的极限形式知, 当 $1-s < 1$, 即 $s > 0$ 时, I_1 收敛. 又对于任意的 $s > 0$, 有 $\lim\limits_{x \to +\infty} x^2 \cdot x^{s-1}\mathrm{e}^{-x} = 0$, 于是由比较审敛法的极限形式知 I_2 收敛. 所以, 当 $s > 0$ 时, I_1, I_2 都收敛. 故 Γ 函数的定义域为 $(0, +\infty)$, 即 $\Gamma(s) = \int_0^{+\infty} x^{s-1}\mathrm{e}^{-x}\mathrm{d}x$ 在 $(0, +\infty)$ 上收敛.

其次, 讨论 Γ 函数的几个重要性质.

1. 递推公式

Γ 函数的递推公式为

$$\Gamma(s+1) = s\,\Gamma(s) \quad (s > 0). \tag{8}$$

证　$\Gamma(s+1) = \int_0^{+\infty} x^s \mathrm{e}^{-x}\mathrm{d}x = -\int_0^{+\infty} x^s \mathrm{d}\mathrm{e}^{-x} = -x^s \mathrm{e}^{-x}\Big|_0^{+\infty} + s\int_0^{+\infty} x^{s-1}\mathrm{e}^{-x}\mathrm{d}x = s\,\Gamma(s)$.

当 $n < s \leqslant n+1$, 即 $0 < s - n < 1\ (n \in \mathbf{N})$ 时, 逐次应用递推公式即得

$$\Gamma(s+1) = s\,\Gamma(s) = s(s-1)\,\Gamma(s-1) = \cdots = s(s-1)\cdots(s-n)\,\Gamma(s-n).$$

当 $s = 1$ 时, 有

$$\Gamma(2) = \Gamma(1) = \int_0^{+\infty} \mathrm{e}^{-x}\mathrm{d}x = 1. \tag{9}$$

当 $s = n$ 时, 有

$$\Gamma(n+1) = n(n-1) \cdot \cdots \cdot 2 \cdot 1 \cdot \Gamma(1) = n!, \tag{10}$$

即
$$\Gamma(n+1)=n!=\int_0^{+\infty} x^n e^{-x}\,dx.$$

这是 $n!$ 的一个分析表达式,因此 $\Gamma(s+1)$ 可以看成 $n!$ 从正整数到正数的推广.

2. Γ 函数的分析性质

函数 $\Gamma(s)$ 具有各阶连续导数:
$$\Gamma'(s)=\int_0^{+\infty} x^{s-1}\ln x \cdot e^{-x}\,dx, \quad \Gamma^{(k)}(s)=\int_0^{+\infty} x^{s-1}\ln^k x \cdot e^{-x}\,dx \ (k\geqslant 2). \quad (11)$$
其证明已超出本书的范围,从略.

由(10)式有 $\Gamma(1)=\Gamma(2)=1$,因此根据罗尔中值定理知,在区间 $(1,2)$ 内有 $\Gamma'(s)=0$ 的根 s_0.又由(11)式知 $\Gamma''(s)>0$,所以 s_0 是 $\Gamma(s)$ 的极小值点.

根据递推公式 $\Gamma(s+1)=s\Gamma(s)$ 及 $\Gamma(1)=1$ 立得:当 $s\to 0^+$ 时,$\Gamma(s)=\dfrac{\Gamma(s+1)}{s}\to +\infty$.
又当 $s>n+1$ 时,由(10)式及 $\Gamma''(s)>0$ 知 $\Gamma(s)>n!$ [这是因为:存在 $s_0\in(1,2)$,使得 $\Gamma'(s_0)=0$.由于 $\Gamma''(s)>0$,所以 $\Gamma'(s)$ 单调增加.因此,当 $s<s_0$ 时,$\Gamma'(s)<0$,即 $\Gamma(s)$ 单调减少;当 $s>s_0$ 时,$\Gamma'(s)>0$,即 $\Gamma(s)$ 单调增加.所以,当 $s>n+1$ 时,$\Gamma(s)>\Gamma(n+1)=n!$].因此,当 $s\to +\infty$ 时,$\Gamma(s)\to +\infty$.

3. 余元公式

对于 Γ 函数,有 **余元公式**
$$\Gamma(s)\cdot\Gamma(1-s)=\frac{\pi}{\sin\pi s} \quad (0<s<1). \quad (12)$$

特别地,当 $s=\dfrac{1}{2}$ 时,由(12)式即得
$$\Gamma\left(\frac{1}{2}\right)=\sqrt{\pi}.$$

4. 欧拉-泊松公式

在等式 $\Gamma\left(\dfrac{1}{2}\right)=\displaystyle\int_0^{+\infty} x^{\frac{1}{2}-1} e^{-x}\,dx=\int_0^{+\infty}\dfrac{1}{\sqrt{x}}e^{-x}\,dx$ 中令 $x=t^2$,即得 $\Gamma\left(\dfrac{1}{2}\right)=2\displaystyle\int_0^{+\infty} e^{-t^2}\,dt$.由此可得
$$\int_0^{+\infty} e^{-t^2}\,dt=\frac{1}{2}\Gamma\left(\frac{1}{2}\right)=\frac{\sqrt{\pi}}{2}.$$

上式称为 **欧拉[1]-泊松[2]公式**,它是概率论中常用的积分公式.

最后,我们不加证明地给出 Γ 函数的另一重要特性——**勒让德[3]公式**:

---

[1] 欧拉(Euler,1707—1783),瑞士数学家.

[2] 泊松(Poisson,1781—1840),法国数学家.

[3] 勒让德(Legendre,1752—1833),法国数学家.

$$\Gamma(s) \cdot \Gamma\left(s+\frac{1}{2}\right) = \frac{\sqrt{\pi}}{2^{2s-1}}\Gamma(2s). \tag{13}$$

递推公式(8)、余元公式(12)和勒让德公式(13)完全确定了 Γ 函数,即满足这三个条件的可微函数必与 Γ 函数相等.

习 题 5.4

1. 讨论下列反常积分的敛散性:

(1) $\displaystyle\int_0^{+\infty} \frac{\mathrm{d}x}{\sqrt[3]{x^4+1}}$;   (2) $\displaystyle\int_1^{+\infty} \sin\frac{1}{x^2}\mathrm{d}x$;   (3) $\displaystyle\int_1^{+\infty} \frac{x\arctan x}{1+x^3}\mathrm{d}x$;

(4) $\displaystyle\int_0^{+\infty} \frac{\mathrm{d}x}{1+x\,|\sin x|}$;   (5) $\displaystyle\int_0^1 \frac{\mathrm{d}x}{\sqrt[3]{x^2(1-x)}}$;   (6) $\displaystyle\int_0^{\pi/2} \frac{\mathrm{d}x}{\sin^2 x\cos^2 x}$;

(7) $\displaystyle\int_0^{+\infty} \frac{\arctan x}{x^\lambda}\mathrm{d}x$ (λ 为常数).

2. 计算下列反常积分:

(1) $\displaystyle\int_0^{+\infty} x\,\mathrm{e}^{-2x^2}\mathrm{d}x$;   (2) $\displaystyle\int_0^{+\infty} \frac{\mathrm{d}x}{(\mathrm{e}^x+\mathrm{e}^{-x})^2}$;   (3) $\displaystyle\int_1^{\mathrm{e}} \frac{\mathrm{d}x}{x\sqrt{1-\ln^2 x}}$;

(4) $\displaystyle\int_0^{+\infty} \frac{\mathrm{d}x}{(1+x^2)(1+x^\alpha)}$ ($\alpha>0$).

3. 设反常积分 $\displaystyle\int_1^{+\infty} f^2(x)\mathrm{d}x$ 收敛,证明:反常积分 $\displaystyle\int_1^{+\infty} \frac{f(x)}{x}\mathrm{d}x$ 绝对收敛.

4. 用 Γ 函数表示下列反常积分:

(1) $\displaystyle\int_{-\infty}^{+\infty} \mathrm{e}^{-t^4}\mathrm{d}x$;   (2) $\displaystyle\int_0^{+\infty} x^m\mathrm{e}^{-x^n}\mathrm{d}x$ (m,n 为整数,且 $n>0$);

(3) $\displaystyle\int_0^1 \left(\ln\frac{1}{t}\right)^\lambda \mathrm{d}t$ (λ 为常数).

§5.5 综 合 例 题

一、有关定积分概念与性质的例题

例 1 用定积分求下列极限:

(1) $I_1 = \displaystyle\lim_{n\to\infty}\ln\sqrt[n]{\left(1+\frac{1}{n}\right)^2\left(1+\frac{2}{n}\right)^2\cdots\left(1+\frac{n}{n}\right)^2}$;

(2) $I_2 = \displaystyle\lim_{n\to\infty}\sqrt[n]{f\left(\frac{1}{n}\right)\cdot f\left(\frac{2}{n}\right)\cdot\cdots\cdot f\left(\frac{n}{n}\right)}$,其中函数 $f(x)$ 在区间 $[0,1]$ 上连续,且 $f(x)>0$.

解 数列的通项不是 n 项和的形式,但可化为 n 项和.

(1) 利用对数的性质,有

$$I_1 = \lim_{n\to\infty}\ln\left(1+\frac{1}{n}\right)^{\frac{2}{n}}\left(1+\frac{2}{n}\right)^{\frac{2}{n}}\cdots\left(1+\frac{n}{n}\right)^{\frac{2}{n}}$$

$$= \lim_{n\to\infty}\frac{2}{n}\left[\ln\left(1+\frac{1}{n}\right)+\ln\left(1+\frac{2}{n}\right)+\cdots+\ln\left(1+\frac{n}{n}\right)\right]$$

$$= \lim_{n\to\infty}\sum_{i=1}^{n}\ln\left(1+\frac{i}{n}\right)\cdot\frac{2}{n}.$$

注意到 $\ln\left(1+\frac{i}{n}\right)$ 中的 $\frac{i}{n}$,由定积分的定义有

$$I_1 = 2\lim_{n\to\infty}\sum_{i=1}^{n}\ln\left(1+\frac{i}{n}\right)\cdot\frac{1}{n}$$

$$= 2\int_0^1\ln(1+x)\mathrm{d}x = 2\left[(1+x)\ln(1+x)-(1+x)\right]\Big|_0^1 = 2(2\ln2-1).$$

(2) 令 $x_n = \sqrt[n]{f\left(\frac{1}{n}\right)\cdot f\left(\frac{2}{n}\right)\cdot\cdots\cdot f\left(\frac{n}{n}\right)}$,则

$$\ln x_n = \frac{1}{n}\sum_{i=1}^{n}\ln f\left(\frac{i}{n}\right) = \sum_{i=1}^{n}\ln f\left(\frac{i}{n}\right)\cdot\frac{1}{n} \to \int_0^1\ln f(x)\mathrm{d}x \quad (n\to\infty).$$

于是
$$I_2 = \mathrm{e}^{\int_0^1\ln f(x)\mathrm{d}x}.$$

例 2 设在区间 $[a,b]$ 上有 $f(x)>0$,$f'(x)<0$,$f''(x)>0$,又记 $S_1 = \int_a^b f(x)\mathrm{d}x$,

$S_2 = f(b)(b-a)$,$S_3 = \dfrac{1}{2}[f(a)+f(b)](b-a)$,则(   ).

(A) $S_1 < S_2 < S_3$ (B) $S_2 < S_1 < S_3$

(C) $S_3 < S_1 < S_2$ (D) $S_2 < S_3 < S_1$

解 由 $f(x)>0$ 知,曲线 $y=f(x)$ 在 x 轴上方;由 $f'(x)<0$ 知,$f(x)$ 单调减少;由 $f''(x)>0$ 知,曲线 $y=f(x)$ 为凹弧.画出示意图如图 5-8 所示.由定积分几何意义知 S_1 为曲边梯形 $AabB$ 的面积,而 S_2 为矩形 $DabB$ 的面积,S_3 为梯形 $AabB$ 的面积.可见,$S_2 < S_1 < S_3$,故选(B).

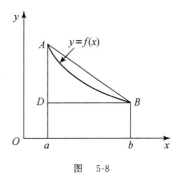

图 5-8

例 3 设 $I_1 = \int_0^{\pi/4}\dfrac{\tan x}{x}\mathrm{d}x$,$I_2 = \int_0^{\pi/4}\dfrac{x}{\tan x}\mathrm{d}x$,则(   ).

(A) $I_1 > I_2 > 1$ (B) $1 > I_1 > I_2$

(C) $I_2 > I_1 > 1$ (D) $1 > I_2 > I_1$

解 在区间 $\left(0, \dfrac{\pi}{4}\right]$ 内，$\tan x > x$，从而 $\dfrac{\tan x}{x} > 1 > \dfrac{x}{\tan x}$，所以 $I_1 > I_2$，且

$$I_2 < \int_0^{\pi/4} \mathrm{d}x = \frac{\pi}{4} < 1.$$

由 $\left(\dfrac{\tan x}{x}\right)' = \dfrac{x\sec^2 x - \tan x}{x^2} = \dfrac{2x - \sin 2x}{2x^2 \cos^2 x} > 0$ 知 $\dfrac{\tan x}{x} < \dfrac{\tan \dfrac{\pi}{4}}{\dfrac{\pi}{4}} = \dfrac{4}{\pi}$，于是

$$I_1 < \int_0^{\pi/4} \frac{4}{\pi} \mathrm{d}x = 1.$$

故 $1 > I_1 > I_2$，选(B).

例 4 证明：$\dfrac{\sqrt{2}}{\pi} \leqslant \displaystyle\int_{\pi/4}^{\pi/2} \dfrac{\sin x}{x} \mathrm{d}x \leqslant \ln 2$.

证 在区间 $\left[\dfrac{\pi}{4}, \dfrac{\pi}{2}\right]$ 上 $\sin x$ 与 x 都是单调增加函数，因而有 $\dfrac{\sin x}{\pi/2} \leqslant \dfrac{\sin x}{x} \leqslant \dfrac{1}{x}$，所以

$$\int_{\pi/4}^{\pi/2} \frac{2\sin x}{\pi} \mathrm{d}x \leqslant \int_{\pi/4}^{\pi/2} \frac{\sin x}{x} \mathrm{d}x \leqslant \int_{\pi/4}^{\pi/2} \frac{1}{x} \mathrm{d}x = \ln x \Big|_{\pi/4}^{\pi/2} = \ln 2.$$

而 $\displaystyle\int_{\pi/4}^{\pi/2} \dfrac{2\sin x}{\pi} \mathrm{d}x = \dfrac{\sqrt{2}}{\pi}$，故所要证的不等式成立.

例 5 设函数 $f(x) = \dfrac{1}{1+x^2} + \sqrt{1-x^2} \displaystyle\int_0^1 f(x)\mathrm{d}x$，求 $f(x)$.

解 记 $a = \displaystyle\int_0^1 f(x)\mathrm{d}x$，则

$$f(x) = \frac{1}{1+x^2} + a\sqrt{1-x^2}.$$

上式两端在区间 $[0,1]$ 上积分，得

$$a = \int_0^1 f(x)\mathrm{d}x = \int_0^1 \frac{1}{1+x^2}\mathrm{d}x + a\int_0^1 \sqrt{1-x^2}\,\mathrm{d}x = \frac{\pi}{4} + \frac{\pi}{4}a.$$

由此得 $a = \dfrac{\pi}{4-\pi}$，所以

$$f(x) = \frac{1}{1+x^2} + \frac{\pi}{4-\pi}\sqrt{1-x^2}.$$

二、有关积分上限函数的例题

例 6 设函数 $f(x) = \displaystyle\int_1^x \dfrac{\ln t}{1+t}\mathrm{d}t \ (x > 0)$，求 $f(x) + f\left(\dfrac{1}{x}\right)$.

解　因为

$$f\left(\frac{1}{x}\right)=\int_1^{\frac{1}{x}}\frac{\ln t}{1+t}dt\xrightarrow{\;\;令\,t=1/u\;\;}\int_1^x\frac{-\ln u}{1+\frac{1}{u}}\left(-\frac{1}{u^2}\right)du=\int_1^x\left(\frac{1}{u}-\frac{1}{1+u}\right)\ln u\,du$$

$$=\int_1^x\frac{1}{u}\ln u\,du-\int_1^x\frac{\ln u}{1+u}du=\frac{1}{2}\ln^2 x-f(x),$$

所以
$$f(x)+f\left(\frac{1}{x}\right)=\frac{1}{2}\ln^2 x.$$

例 7　设 $\varphi(x)$ 为可微函数 $f(x)(x>0)$ 的反函数，且 $\int_1^{f(x)}\varphi(t)dt=\frac{4}{3}\left(x^{\frac{3}{2}}-8\right)$，求 $f(x)$.

解　对题设等式两端关于 x 求导数，得 $\varphi[f(x)]f'(x)=2x^{\frac{1}{2}}$. 因为 $\varphi[f(x)]=x$，所以 $f'(x)=2x^{-\frac{1}{2}}$，积分得

$$f(x)=4\sqrt{x}+C.$$

当 $f(x_0)=1$ 时，题设等式为 $\frac{4}{3}\left(x_0^{\frac{3}{2}}-8\right)=0$，求得 $x_0=4$，即 $f(4)=1$. 代入 $f(x)=4\sqrt{x}+C$，得 $C=-7$，所以

$$f(x)=4\sqrt{x}-7.$$

例 8　设可微函数 $f(x)$ 满足 $f^2(x)=\int_0^x f(t)\frac{\sin t}{2+\cos t}dt$，求 $f(x)$.

解　对已知等式两端关于 x 求导数，得

$$2f(x)f'(x)=f(x)\frac{\sin x}{2+\cos x}.$$

当 $f(x)\neq 0$ 时，有 $f'(x)=\frac{\sin x}{2(2+\cos x)}$，积分得

$$f(x)=C-\frac{1}{2}\ln(2+\cos x).$$

由已知等式有 $f(0)=0$. 由此得 $C=\frac{1}{2}\ln 3$，所以

$$f(x)=\frac{1}{2}\ln\frac{3}{2+\cos x}.$$

注　例 7 和例 8 都是给定含有未知抽象函数的等式，要求该函数. 这类问题的求解，一般都要先对给定等式两端求导数，再积分，并利用原等式所隐含的"初始条件".

例 9　确定常数 a,b,c，使得 $\lim\limits_{x\to 0}\dfrac{ax-\sin x}{\displaystyle\int_b^x\frac{\ln(1+t^3)}{t}dt}=c\neq 0$.

解　由 $\lim\limits_{x\to 0}(ax-\sin x)=0$ 和 $c\neq 0$ 可得

$$\lim_{x\to 0}\int_b^x \frac{\ln(1+t^3)}{t}\mathrm{d}t=0,$$

故必有 $b=0$. 于是，由洛必达法则有

$$c=\lim_{x\to 0}\frac{a-\cos x}{\dfrac{\ln(1+x^3)}{x}}=\lim_{x\to 0}\frac{a-\cos x}{x^2}.$$

由此得 $a=1,c=\dfrac{1}{2}$.

例 10　设函数 $f(x)$ 具有连续导数，$f(0)=0,f'(0)\neq 0,F(x)=\int_0^x(x^2-t^2)f(t)\mathrm{d}t$，且当 $x\to 0$ 时，$F'(x)$ 与 x^k 为同阶无穷小，求常数 k.

解　由题设有

$$F(x)=x^2\int_0^x f(t)\mathrm{d}t-\int_0^x t^2 f(t)\mathrm{d}t,\quad F'(x)=2x\int_0^x f(t)\mathrm{d}t.$$

由此得

$$\lim_{x\to 0}\frac{F'(x)}{x^k}=\lim_{x\to 0}\frac{2\int_0^x f(t)\mathrm{d}t}{x^{k-1}}=\lim_{x\to 0}\frac{2f(x)}{(k-1)x^{k-2}}=\lim_{x\to 0}\frac{2f'(x)}{(k-1)(k-2)x^{k-3}}.$$

当且仅当 $k=3$ 时，$\lim\limits_{x\to 0}\dfrac{F'(x)}{x^3}=f'(0)\neq 0$，所以 $k=3$.

例 11　已知两条曲线 $y=f(x)$ 与 $y=\int_0^{\arctan x}\mathrm{e}^{-t^2}\mathrm{d}t$ 在点 $(0,0)$ 处有相同的切线，求此切线的方程，并求极限 $\lim\limits_{n\to\infty}nf\left(\dfrac{2}{n}\right)$.

解　由题设有

$$f(0)=0,\quad f'(0)=\frac{\mathrm{d}y}{\mathrm{d}x}\Big|_{x=0}=\frac{\mathrm{e}^{-(\arctan x)^2}}{1+x^2}\Big|_{x=0}=1,$$

故所求的切线方程为 $y=x$，且

$$\lim_{n\to\infty}nf\left(\frac{2}{n}\right)=\lim_{n\to\infty}2\cdot\frac{f\left(\dfrac{2}{n}\right)-f(0)}{\dfrac{2}{n}-0}=2f'(0)=2.$$

例 12　设函数 $f(x)=\int_0^x \mathrm{e}^{-t^2+2t}\mathrm{d}t$，求 $\int_0^1(x-1)^2 f(x)\mathrm{d}x$.

解　由题设有 $f(0)=0,f'(x)=\mathrm{e}^{-x^2+2x}$，所以

$$\int_0^1 (x-1)^2 f(x)\,dx = \int_0^1 \frac{1}{3} f(x)\,d(x-1)^3$$

$$= \frac{1}{3}(x-1)^3 f(x)\Big|_0^1 - \frac{1}{3}\int_0^1 (x-1)^3 f'(x)\,dx$$

$$= -\frac{1}{3}\int_0^1 (x-1)^3 e^{-x^2+2x}\,dx = \frac{e}{6}\int_0^1 (x-1)^2 de^{-(x-1)^2}$$

$$= \frac{e}{6}\Big[(x-1)^2 e^{-(x-1)^2} + e^{-(x-1)^2}\Big]\Big|_0^1 = \frac{1}{6}(e-2).$$

例 13　证明：$\displaystyle\int_0^{\sin^2 x} \arcsin\sqrt{t}\,dt + \int_0^{\cos^2 x} \arccos\sqrt{t}\,dt = \frac{\pi}{4}\ \left(0 < x < \frac{\pi}{2}\right).$

证　**方法 1**　记 $f(x) = \displaystyle\int_0^{\sin^2 x} \arcsin\sqrt{t}\,dt + \int_0^{\cos^2 x} \arccos\sqrt{t}\,dt\ \left(0 < x < \frac{\pi}{2}\right)$，则

$$f'(x) = 2\sin x \cos x\left[\arcsin(\sin x) - \arccos(\cos x)\right] = 0.$$

所以 $f(x) \equiv C$（C 为常数）.

取 $x = \dfrac{\pi}{4}$，则

$$f(x) \equiv f\left(\frac{\pi}{4}\right) = \int_0^{1/2} \arcsin\sqrt{t}\,dt + \int_0^{1/2} \arccos\sqrt{t}\,dt = \int_0^{1/2} \frac{\pi}{2}\,dt = \frac{\pi}{4},$$

即所要证的等式成立.

方法 2　令 $\arcsin\sqrt{t} = u$，则 $t = \sin^2 u$，$dt = 2\sin u \cos u\,du$，且当 t 从 0 变到 $\sin^2 x$ 时，u 从 0 变到 x；令 $\arccos\sqrt{t} = v$，则 $t = \cos^2 v$，$dt = -2\sin v \cos v\,dv$，且当 t 从 0 变到 $\cos^2 x$ 时，v 从 $\dfrac{\pi}{2}$ 变到 x. 所以

$$f(x) = \int_0^x 2u\sin u\cos u\,du - \int_{\pi/2}^x 2v\sin v\cos v\,dv = \int_0^x 2u\sin u\cos u\,du + \int_x^{\pi/2} 2v\sin v\cos v\,dv$$

$$= \int_0^{\pi/2} u\sin 2u\,du = \left(-\frac{1}{2}u\cos 2u + \frac{1}{4}\sin 2u\right)\Big|_0^{\pi/2} = \frac{\pi}{4},$$

即所要证的等式成立.

三、有关定积分计算、证明的方法与技巧的例题

例 14　设函数 $f(x)$ 与 $g(x)$ 在区间 $[-a, a]$ 上连续，$g(x)$ 为偶函数，并且 $f(x) + f(-x) = A$（A 为常数），证明：

$$\int_{-a}^a f(x)g(x)\,dx = A\int_0^a g(x)\,dx;$$

并计算定积分 $\displaystyle\int_{-\pi/2}^{\pi/2} |\sin x|\arctan e^{-x}\,dx.$

解　因为 $\displaystyle\int_{-a}^0 f(x)g(x)\,dx = \int_a^0 f(-t)g(-t)(-dt) = \int_0^a f(-x)g(x)\,dx$，所以

$$\int_{-a}^{a} f(x)g(x)\mathrm{d}x = \int_{-a}^{0} f(x)g(x)\mathrm{d}x + \int_{0}^{a} f(x)g(x)\mathrm{d}x$$

$$= \int_{0}^{a} [f(-x)+f(x)] g(x)\mathrm{d}x = A\int_{0}^{a} g(x)\mathrm{d}x.$$

取 $g(x) = |\sin x|$，$f(x) = \arctan \mathrm{e}^{-x}$，则 $g(x)$ 是偶函数,且

$$f(x)+f(-x) = \arctan \mathrm{e}^{-x} + \arctan \mathrm{e}^{x} = \arctan \mathrm{e}^{-x} + \operatorname{arccot}\mathrm{e}^{-x} = \frac{\pi}{2}.$$

所以

$$\int_{-\pi/2}^{\pi/2} |\sin x| \arctan \mathrm{e}^{-x} \mathrm{d}x = \frac{\pi}{2}\int_{0}^{\pi/2} \sin x \,\mathrm{d}x = \frac{\pi}{2}.$$

例 15　利用等式 $\int_{a}^{b} f(x)\mathrm{d}x = \int_{a}^{b} f(a+b-x)\mathrm{d}x = \frac{1}{2}\int_{a}^{b} [f(x)+f(a+b-x)]\mathrm{d}x$ 计算下列定积分：

(1) $\int_{-\pi/4}^{\pi/4} \dfrac{\mathrm{d}x}{1+\sin x}$；　　　　(2) $\int_{-\pi/2}^{\pi/2} \dfrac{\mathrm{e}^{x}}{1+\mathrm{e}^{x}}\sin^4 x\,\mathrm{d}x$；

(3) $\int_{-2}^{2} x\ln(1+\mathrm{e}^{x})\mathrm{d}x$；　　　　(4) $\int_{0}^{\pi} (1-\cos^{99} x)\mathrm{d}x$.

解　(1) $\int_{-\pi/4}^{\pi/4} \dfrac{\mathrm{d}x}{1+\sin x} = \int_{-\pi/4}^{\pi/4} \dfrac{\mathrm{d}x}{1-\sin x} = \dfrac{1}{2}\int_{-\pi/4}^{\pi/4} \left(\dfrac{1}{1+\sin x} + \dfrac{1}{1-\sin x}\right)\mathrm{d}x$

$$= \frac{1}{2}\int_{-\pi/4}^{\pi/4} \frac{2\mathrm{d}x}{\cos^2 x} = \tan x \Big|_{-\pi/4}^{\pi/4} = 2.$$

(2) $\int_{-\pi/2}^{\pi/2} \dfrac{\mathrm{e}^{x}}{1+\mathrm{e}^{x}}\sin^4 x\,\mathrm{d}x = \int_{-\pi/2}^{\pi/2} \dfrac{\mathrm{e}^{-x}}{1+\mathrm{e}^{-x}}\sin^4 (-x)\,\mathrm{d}x \xrightarrow{\text{与原式相加}} \dfrac{1}{2}\int_{-\pi/2}^{\pi/2} \sin^4 x\,\mathrm{d}x$

$$= \int_{0}^{\pi/2} \sin^4 x\,\mathrm{d}x = \frac{3}{16}\pi.$$

(3) $\int_{-2}^{2} x\ln(1+\mathrm{e}^{x})\mathrm{d}x = \int_{-2}^{2} (-x)\ln(1+\mathrm{e}^{-x})\mathrm{d}x = \int_{-2}^{2} (-x)\ln\dfrac{1+\mathrm{e}^{x}}{\mathrm{e}^{x}}\mathrm{d}x$

$$= \int_{-2}^{2} [x^2 - x\ln(1+\mathrm{e}^{x})]\mathrm{d}x \xrightarrow{\text{与原式相加}} \frac{1}{2}\int_{-2}^{2} x^2\,\mathrm{d}x = \frac{8}{3}.$$

(4) $\int_{0}^{\pi} (1-\cos^{99} x)\mathrm{d}x = \dfrac{1}{2}\int_{0}^{\pi} \{1-\cos^{99} x + [1-\cos^{99}(\pi-x)]\}\mathrm{d}x$

$$= \frac{1}{2}\int_{0}^{\pi} [(1-\cos^{99} x)+(1+\cos^{99} x)]\mathrm{d}x = 2\int_{0}^{\pi/2} \mathrm{d}x = \pi.$$

定积分的应用

定积分在几何学和物理学中有着广泛的应用. 第五章讲述了定积分的概念、性质和计算方法, 本章我们着重用微元法, 借助定积分求平面图形的面积、空间立体的体积、曲线的弧长、变力所做的功、液体对平板的压力以及细棒对质点的引力等.

在第五章中, 我们从几何和物理实例引出了定积分的概念, 这个过程在理论上虽是重要、完整的, 但在解决实际问题时却不够方便. 例如, 在求由连续曲线 $y = f(x) [f(x) \geqslant 0]$, 直线 $x = a, x = b$ 及 x 轴所围成的曲边梯形面积中, 先将区间 $[a, b]$ 分割 (将曲边梯形细分), 再做近似替代 $\Delta S \approx f(\xi_i) \Delta x_i$, 然后求和 $\sigma_n = \sum_{i=1}^{n} f(\xi_i) \Delta x_i$, 最后取极限 $\lim_{\lambda \to 0} \sigma_n$. 若应用定积分解决其他实际问题都按照这四个步骤进行, 未免太烦琐了. 事实上, 由曲边梯形面积的定积分表达式 $S = \int_a^b f(x) \, \mathrm{d}x$ 可以看出, 上述步骤可简化为两步: 先根据几何图形, 从欲计算的整体量 S 中任取一个细分部分量 ΔS 的代表元 (微元) $\mathrm{d}S = f(x)\mathrm{d}x$, 这相当于分割和近似替代的过程; 再从 a 到 b 积分 "$\int_a^b$", 即将微元从 a 到 b "累加" 起来, 这相当于求和和取极限的过程.

定积分是求某类整体量 A 的一种数学模型. 应用定积分解决实际问题, 最关键的一步就是正确地给出部分量 ΔA 的近似表达式 $f(x)\mathrm{d}x$, 使得 $f(x)\mathrm{d}x = \mathrm{d}A \approx \Delta A$. 凡满足叠加原理的非均匀分布整体量, 一般都具有区间可加性. 因此, 我们可将所求的整体量 A 置于某个区间 $[a, b]$ 上, 在 $[a, b]$ 上细分整体量 A, 并写出所求量的 **微元** $\mathrm{d}A = f(x)\mathrm{d}x$. 这一步可以说成 "化整为零". 然后, 将所有微元从 a 到 b "累加起来", 用 "$\int_a^b$" 表示. 这一步也即 "集零为整". 这两步合起来就将整体量 A 表示为定积分 $\int_a^b f(x)\mathrm{d}x$, 这种方法就是所谓的 **微元法** (或 **元素法**), 它体现了无限细分过程与无限求和过程的有机结合.

　　下面我们利用微元法讨论定积分在几何学和物理学中的一些应用.

§6.1　定积分在几何学中的应用

一、平面图形的面积

1. 直角坐标情形

　　设函数 $f(x)$ 在区间 $[a,b]$ 上连续,且 $f(x) \geqslant 0$. 计算由曲线 $y = f(x)$,直线 $x = a$, $x = b$ 及 x 轴所围成的平面图形(曲边梯形)面积(见图 6-1).任取面积微元 $\mathrm{d}A = f(x)\mathrm{d}x$(图 6-1 中阴影小条的面积),则所求的平面图形面积为

$$A = \int_a^b f(x)\mathrm{d}x. \tag{1}$$

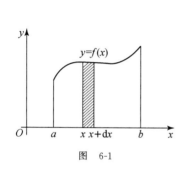

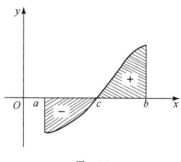

图　6-1

图　6-2

　　如果 $f(x)$ 不是非负的,设所围成的平面图形如图 6-2 所示,则其面积应为

$$A = \int_a^b |f(x)|\mathrm{d}x = \int_a^c [-f(x)]\mathrm{d}x + \int_c^b f(x)\mathrm{d}x. \tag{2}$$

　　一般地,如果平面图形由区间 $[a,b]$ 上的两条连续曲线 $y = f(x)$,$y = g(x)$ 与直线 $x = a$, $x = b$ 所围成(见图 6-3),则它的面积为

$$A = \int_a^b |f(x) - g(x)|\mathrm{d}x. \tag{3}$$

　　类似地,由曲线 $x = \varphi(y)$,$x = \psi(y)$ 与直线 $y = c$,$y = d$ 所围成的平面图形(见图 6-4)面积为

$$A = \int_c^d |\varphi(y) - \psi(y)|\mathrm{d}y. \tag{4}$$

　　有时平面图形的面积 A 需要分块计算,如图 6-5 所示,则有

$$A = \int_{x_1}^{x_2} [f(x) - h(x)]\mathrm{d}x + \int_{x_2}^{x_3} [g(x) - h(x)]\mathrm{d}x.$$

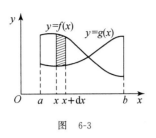

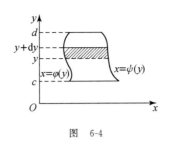

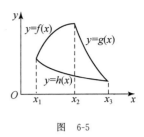

图 6-3   图 6-4   图 6-5

例 1 求由曲线 $y=\ln x$,直线 $x=\dfrac{1}{e}$,$x=e$ 及 x 轴所围成的平面图形面积 A.

解 如图 6-6 所示,在区间 $\left[\dfrac{1}{e},1\right]$ 上有 $\ln x\leqslant 0$,在区间 $[1,e]$ 上有 $\ln x\geqslant 0$,因此

$$A=\int_{1/e}^{e}|\ln x|\,\mathrm{d}x=\int_{1/e}^{1}(-\ln x)\,\mathrm{d}x+\int_{1}^{e}\ln x\,\mathrm{d}x$$

$$=-(x\ln x-x)\,\Big|_{1/e}^{1}+(x\ln x-x)\,\Big|_{1}^{e}=2-\dfrac{2}{e}.$$

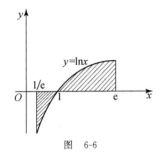

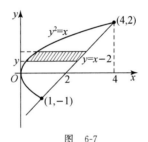

图 6-6   图 6-7

例 2 求由抛物线 $y^2=x$ 与直线 $y=x-2$ 所围成的平面图形面积 A.

解 如图 6-7 所示,抛物线 $y^2=x$ 与直线 $y=x-2$ 的交点为 $(1,-1)$ 与 $(4,2)$.

方法 1 取 y 为积分变量,则面积微元为 $\mathrm{d}A=[(y+2)-y^2]\mathrm{d}y$,$-1\leqslant y\leqslant 2$,所以

$$A=\int_{-1}^{2}(y+2-y^2)\,\mathrm{d}y=\left(\dfrac{1}{2}y^2+2y-\dfrac{1}{3}y^3\right)\,\Big|_{-1}^{2}=\dfrac{9}{2}.$$

方法 2 如果取 x 为积分变量,则需将该平面图形分为两部分,这两部分的面积微元分别为

$$\mathrm{d}A=[\sqrt{x}-(-\sqrt{x})]\mathrm{d}x,0\leqslant x\leqslant 1;\quad \mathrm{d}A=[\sqrt{x}-(x-2)]\mathrm{d}x,1\leqslant x\leqslant 4.$$

因此

$$A=\int_{0}^{1}[\sqrt{x}-(-\sqrt{x})]\,\mathrm{d}x+\int_{1}^{4}[\sqrt{x}-(x-2)]\,\mathrm{d}x$$

$$=\dfrac{4}{3}x^{\frac{3}{2}}\,\Big|_{0}^{1}+\left(\dfrac{2}{3}x^{\frac{3}{2}}-\dfrac{1}{2}x^2+2x\right)\,\Big|_{1}^{4}=\dfrac{4}{3}+\dfrac{19}{6}=\dfrac{9}{2}.$$

从以上两种解法可见,积分变量选得适当,可使计算简便.

2. 参数方程情形

如果曲线 L 用参数方程表示,即 $L: x=\varphi(t), y=\psi(t)\ (\alpha\leqslant t\leqslant\beta)$,其中 $\varphi(t), \psi(t)$ 及 $\varphi'(t)$ 在区间 $[\alpha,\beta]$ 上连续,且 $\varphi(\alpha)=a, \varphi(\beta)=b$,则由曲线 L,直线 $x=a, x=b$ 及 x 轴所围成的平面图形面积为

$$A=\int_\alpha^\beta |\psi(t)\varphi'(t)|\,\mathrm{d}t. \tag{5}$$

例 3　求椭圆盘 $\dfrac{x^2}{a^2}+\dfrac{y^2}{b^2}\leqslant 1\,(a,b>0)$ 的面积 A.

解　如图 6-8 所示,由椭圆盘的对称性,只需计算椭圆盘在第一象限部分的面积,再乘以 4 即可. 如果采用直角坐标来计算,则 $A=4\displaystyle\int_0^a y(x)\,\mathrm{d}x$,需用换元积分法. 现利用参数方程 $x=a\cos t, y=b\sin t\ \left(0\leqslant t\leqslant\dfrac{\pi}{2}\right)$ 来计算,则

$$A=4\int_0^{\pi/2}|b\sin t(-a\sin t)|\,\mathrm{d}t=4ab\int_0^{\pi/2}\sin^2 t\,\mathrm{d}t=\pi ab.$$

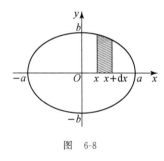

图 6-8

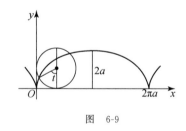

图 6-9

例 4　求摆线 $x=a(t-\sin t), y=a(1-\cos t)\,(a>0)$ 的一拱($0\leqslant t\leqslant 2\pi$)与 x 轴所围成的平面图形面积 A.

解　该摆线如图 6-9 所示,于是有

$$A=\int_0^{2\pi a}y(x)\,\mathrm{d}x=\int_0^{2\pi}a(1-\cos t)\cdot a(1-\cos t)\,\mathrm{d}t=a^2\int_0^{2\pi}(1-2\cos t+\cos^2 t)\,\mathrm{d}t$$

$$=a^2\int_0^{2\pi}\left(\frac{3}{2}-2\cos t+\frac{1}{2}\cos 2t\right)\mathrm{d}t=3a^2\pi.$$

3. 极坐标情形

设某条曲线是用极坐标方程 $r=r(\theta)\,(\alpha\leqslant\theta\leqslant\beta)$ 表示的,其中 $r(\theta)$ 在区间 $[\alpha,\beta]$ 上连续. 考查由曲线 $r=r(\theta)$ 与射线 $\theta=\alpha, \theta=\beta$ 所围成的曲边扇形面积(见图 6-10). 应用微元法,在 $[\alpha,\beta]$ 中任取一个小区间 $[\theta,\theta+\mathrm{d}\theta]$,以 θ 处的极径 $r(\theta)$ 为半径,$\mathrm{d}\theta$ 为圆心角作小扇形,则

这个小扇形的面积就是面积微元,它为

$$\mathrm{d}A = \frac{1}{2}r^2(\theta)\mathrm{d}\theta.$$

于是,整个曲边扇形的面积为

$$A = \frac{1}{2}\int_\alpha^\beta r^2(\theta)\mathrm{d}\theta. \qquad (6)$$

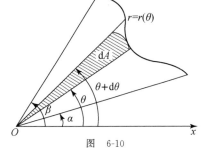

图 6-10

例 5 求由心形线 $r = a(1+\cos\theta)(a>0)$ 所围成的平面图形面积 A.

解 心形线 $r = a(1+\cos\theta)$ 如图 6-11 所示. 由对称性,只需计算极轴上方部分平面图形的面积,再乘以 2. 对于极轴上方部分平面图形, $0 \leqslant \theta \leqslant \pi$,面积微元为

$$\mathrm{d}A = \frac{1}{2}\left[a(1+\cos\theta)\right]^2\mathrm{d}\theta,$$

所以

$$A = 2\int_0^\pi \frac{1}{2}\left[a(1+\cos\theta)\right]^2\mathrm{d}\theta = a^2\int_0^\pi \left(\frac{3}{2} + 2\cos\theta + \frac{1}{2}\cos2\theta\right)\mathrm{d}\theta$$

$$= a^2\left(\frac{3}{2}\theta + 2\sin\theta + \frac{1}{4}\sin2\theta\right)\Big|_0^\pi = \frac{3}{2}\pi a^2.$$

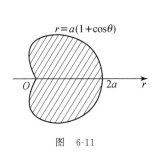

图 6-11

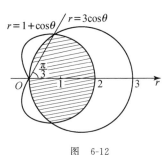

图 6-12

例 6 求由两条曲线 $r = 3\cos\theta$ 与 $r = 1+\cos\theta$ 所围成平面图形公共部分的面积 A.

解 如图 6-12 所示,由对称性,只需计算极轴上方公共部分的面积,再乘以 2. 由方程组 $\begin{cases} r = 3\cos\theta, \\ r = 1+\cos\theta \end{cases}$ 解得这两条曲线在极轴上方的交点为 $\left(\frac{3}{2}, \frac{\pi}{3}\right)$,故所求的面积为

$$A = 2\left[\int_0^{\pi/3} \frac{1}{2}(1+\cos\theta)^2\mathrm{d}\theta + \int_{\pi/3}^{\pi/2} \frac{1}{2}(3\cos\theta)^2\mathrm{d}\theta\right]$$

$$= \int_0^{\pi/3}\left(\frac{3}{2} + 2\cos\theta + \frac{1}{2}\cos2\theta\right)\mathrm{d}\theta + \int_{\pi/3}^{\pi/2}\frac{9}{2}(1+\cos2\theta)\mathrm{d}\theta$$

$$= \left(\frac{3}{2}\theta + 2\sin\theta + \frac{1}{4}\sin2\theta\right)\Big|_0^{\pi/3} + \frac{9}{2}\left(\theta + \frac{1}{2}\sin2\theta\right)\Big|_{\pi/3}^{\pi/2} = \frac{5}{4}\pi.$$

从上面几个例子可以看出,利用定积分求平面图形的面积时,首先要画出平面图形,求出曲线的交点坐标;然后,根据平面图形的形状选取合适的微元,确定积分变量和积分区间;最后,列出定积分表达式并计算.解题时应注意利用平面图形的对称性简化计算.

二、立体的体积

1. 已知平行截面面积的立体体积

设某个立体位于两个平行平面 $x=a$ 与 $x=b (a<b)$ 之间(见图 6-13),对于任意的 $x\in[a,b]$,过点 x 且垂直于 x 轴的平面截该立体所得的截面面积 $A(x)$ 是 x 的连续函数,则夹于两个平面 $x=x$ 与 $x=x+\mathrm{d}x$ 之间的立体(薄片)的体积 ΔV 可用柱体的体积来近似表示:$\Delta V\approx\mathrm{d}V=A(x)\mathrm{d}x$. 于是,将这种薄片的体积"累加"起来就得到该立体的体积

$$V=\int_a^b A(x)\mathrm{d}x. \tag{7}$$

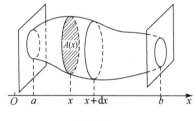

图 6-13

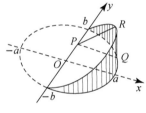

图 6-14

例 7 设底面为 $\dfrac{x^2}{a^2}+\dfrac{y^2}{b^2}\leqslant 1 (a,b>0)$ 的正椭圆柱体,被过 y 轴的平面 Π 所截,平面 Π 与底面的交角为 $\alpha\left(0<\alpha<\dfrac{\pi}{2}\right)$,且 $\tan\alpha=\dfrac{c}{a}$,求平面 Π 截该柱体所得的立体体积.

解 如图 6-14 所示,设 P 为 y 轴上介于 $-b$ 与 b 之间的任一点,用过点 P 且垂直于 y 轴的平面去截该立体,截面为直角三角形 PQR,点 Q 在椭圆 $\dfrac{x^2}{a^2}+\dfrac{y^2}{b^2}=1$ 上,所以

$$|PQ|=x=a\sqrt{1-\frac{y^2}{b^2}}.$$

又点 R 在平面 Π 上,所以

$$|QR|=x\tan\alpha=\frac{c}{a}x=c\sqrt{1-\frac{y^2}{b^2}}.$$

因此,直角三角形 PQR 的面积为

$$A(y) = \frac{ac}{2}\left(1 - \frac{y^2}{b^2}\right).$$

于是,所求的立体体积为

$$V = \int_{-b}^{b} A(y)\,dy = \int_{-b}^{b} \frac{ac}{2}\left(1 - \frac{y^2}{b^2}\right)dy = \frac{ac}{2}\left(y - \frac{y^3}{3b^2}\right)\Big|_{-b}^{b} = \frac{2}{3}abc.$$

2. 旋转体的体积

由一个平面图形绕其所在平面内的一条直线旋转而成的立体称为**旋转体**,其中这条直线称为**旋转轴**.旋转体是已知平行截面面积的立体的特殊情形,容易求得其体积公式.

设一个旋转体是由连续曲线 $y = f(x)\,[f(x) \geqslant 0]$,直线 $x = a$, $x = b\,(a < b)$ 及 x 轴所围成的曲边梯形绕 x 轴旋转而成的(见图 6-15).对于任意的 $x \in [a,b]$,过点 x 且垂直于 x 轴的平面截该旋转体所得的截面面积为 $A(x) = \pi f^2(x)$,所以该旋转体的体积为

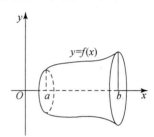

图 6-15

$$V = \pi \int_a^b f^2(x)\,dx. \tag{8}$$

类似地,由连续曲线 $x = \varphi(y)\,[\varphi(y) \geqslant 0]$,直线 $y = c$, $y = d\,(c < d)$ 及 y 轴所围成的曲边梯形绕 y 轴旋转而成的旋转体体积为

$$V = \pi \int_c^d \varphi^2(y)\,dy. \tag{9}$$

例 8 求椭圆盘 $\dfrac{x^2}{a^2} + \dfrac{y^2}{b^2} \leqslant 1\,(a,b > 0)$ 分别绕 x 轴和 y 轴旋转而成的旋转体体积.

解 由椭圆盘的对称性和(8)式,绕 x 轴旋转而成的旋转体体积为

$$V_x = 2\pi \int_0^a y^2(x)\,dx = 2\pi \int_0^a b^2\left(1 - \frac{x^2}{a^2}\right)dx = 2\pi b^2\left(x - \frac{x^3}{3a^2}\right)\Big|_0^a = \frac{4}{3}\pi ab^2;$$

绕 y 轴旋转而成的旋转体体积为

$$V_y = 2\pi \int_0^b x^2(y)\,dy = 2\pi \int_0^b a^2\left(1 - \frac{y^2}{b^2}\right)dy = 2\pi a^2\left(y - \frac{y^3}{3b^2}\right)\Big|_0^b = \frac{4}{3}\pi a^2 b.$$

当 $a = b$ 时,即得半径为 a 的球体体积 $V = \dfrac{4}{3}\pi a^3$.

例 9 求由摆线 $x = a(t - \sin t)$, $y = a(1 - \cos t)\,(a > 0)$ 的一拱 $(0 \leqslant t \leqslant 2\pi)$ 与 x 轴所围成的平面图形绕 x 轴旋转而成的旋转体体积 V.

解 $V = \pi \displaystyle\int_0^{2\pi a} y^2\,dx = \pi \int_0^{2\pi} a^2(1 - \cos t)^2 \cdot a(1 - \cos t)\,dt$

$= \pi a^3 \displaystyle\int_0^{2\pi} (1 - 3\cos t + 3\cos^2 t - \cos^3 t)\,dt = 5\pi^2 a^3.$

三、平面曲线的弧长

设平面曲线 L 由参数方程 $x=\varphi(t)$，$y=\psi(t)(\alpha\leqslant t\leqslant\beta)$ 表示，其中 $\varphi(t)$，$\psi(t)$ 具有

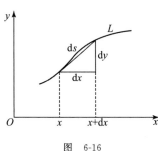

图 6-16

连续导数，且 $[\varphi'(t)]^2+[\psi'(t)]^2\neq 0$. 在区间 $[\alpha,\beta]$ 上任取一个小区间 $[t,t+\mathrm{d}t]$，则这个小区间上曲线弧的弧长可以用相应切线段的长度来近似代替，从而弧长微元（参见图 6-16）为

$$\mathrm{d}s=\sqrt{(\mathrm{d}x)^2+(\mathrm{d}y)^2}=\sqrt{[\varphi'(t)]^2+[\psi'(t)]^2}\,\mathrm{d}t.$$

所以，曲线 L 的弧长为

$$s=\int_\alpha^\beta\sqrt{[\varphi'(t)]^2+[\psi'(t)]^2}\,\mathrm{d}t. \tag{10}$$

如果曲线 L 的方程为 $y=f(x)(a\leqslant x\leqslant b)$，其中函数 $f(x)$ 在区间 $[a,b]$ 上有连续导数，则曲线 L 的弧长微元为

$$\mathrm{d}s=\sqrt{(\mathrm{d}x)^2+(\mathrm{d}y)^2}=\sqrt{1+[f'(x)]^2}\,\mathrm{d}x,$$

从而曲线 L 的弧长为

$$s=\int_a^b\sqrt{1+[f'(x)]^2}\,\mathrm{d}x. \tag{11}$$

当曲线 L 用极坐标方程 $r=r(\theta)(\alpha\leqslant\theta\leqslant\beta)$ 表示时，由直角坐标与极坐标之间的关系 $x=r(\theta)\cos\theta$，$y=r(\theta)\sin\theta$，并注意到

$$\mathrm{d}x=[r'(\theta)\cos\theta-r(\theta)\sin\theta]\mathrm{d}\theta,\quad \mathrm{d}y=[r'(\theta)\sin\theta+r(\theta)\cos\theta]\mathrm{d}\theta,$$

可得到弧长微元

$$\mathrm{d}s=\sqrt{(\mathrm{d}x)^2+(\mathrm{d}y)^2}=\sqrt{r^2(\theta)+[r'(\theta)]^2}\,\mathrm{d}\theta,$$

于是曲线 L 的弧长为

$$s=\int_\alpha^\beta\sqrt{r^2(\theta)+[r'(\theta)]^2}\,\mathrm{d}\theta. \tag{12}$$

例 10 计算悬链线 $f(x)=\dfrac{a}{2}(\mathrm{e}^{\frac{x}{a}}+\mathrm{e}^{-\frac{x}{a}})\ (a>0)$ 介于 $x=-a$ 与 $x=a$ 之间的弧长.

解 $f'(x)=\dfrac{1}{2}(\mathrm{e}^{\frac{x}{a}}-\mathrm{e}^{-\frac{x}{a}})$，$\sqrt{1+[f'(x)]^2}=\dfrac{1}{2}(\mathrm{e}^{\frac{x}{a}}+\mathrm{e}^{-\frac{x}{a}})$，故所求的弧长为

$$s=\int_{-a}^a\frac{1}{2}(\mathrm{e}^{\frac{x}{a}}+\mathrm{e}^{-\frac{x}{a}})\,\mathrm{d}x=\frac{a}{2}(\mathrm{e}^{\frac{x}{a}}-\mathrm{e}^{-\frac{x}{a}})\,\Big|_{-a}^a=a\left(\mathrm{e}-\frac{1}{\mathrm{e}}\right).$$

例 11 求星形线 $x=a\cos^3 t$，$y=a\sin^3 t(a>0)$ 的弧长.

解 如图 6-17 所示，由该星形线的对称性，只需求出第一象限部分的弧长，再乘以 4. 由于

$$x'(t) = -3a\cos^2 t\sin t, \quad y'(t) = 3a\sin^2 t\cos t, \quad \sqrt{[x'(t)]^2 + [y'(t)]^2} = 3a\sin t\cos t,$$

所以该星形线的弧长为

$$s = 4\int_0^{\pi/2} \sqrt{[x'(t)]^2 + [y'(t)]^2}\, dt = 4\int_0^{\pi/2} 3a\sin t\cos t\, dt = 6a\int_0^{\pi/2} \sin 2t\, dt = 6a.$$

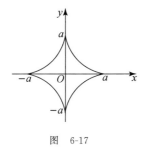

图 6-17

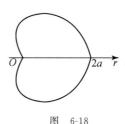

图 6-18

例 12 求心形线 $r = a(1+\cos\theta)$ 的弧长.

解 如图 6-18 所示,由该心形线的对称性,只需计算区间 $[0,\pi]$ 上心形线的弧长,再乘以 2.由于

$$r'(\theta) = -a\sin\theta, \quad \sqrt{r^2(\theta) + [r'(\theta)]^2} = \sqrt{2a^2(1+\cos\theta)} = 2a\cos\frac{\theta}{2}, \quad 0 \leqslant \theta \leqslant \pi,$$

所以该心形线的弧长为

$$s = 2\int_0^\pi \sqrt{r^2(\theta) + [r'(\theta)]^2}\, d\theta = 4\int_0^\pi a\cos\frac{\theta}{2}\, d\theta = 8a.$$

习 题 6.1

1. 求由下列各组曲线所围成的平面图形面积:

(1) $y = x^2 + 1, x + y = 3$; (2) $xy = 1, y = x, y = 2$;

(3) $y = \ln x, y = \ln a, y = \ln b(0 < a < b), y$ 轴;

(4) $y = x^2, 4y = x^2, y = 1$; (5) $r = a(1+\sin\theta)\ (a>0)$;

(6) $r^2 = a^2\cos 2\theta\ (a>0)$.

2. 计算由抛物线 $y = -x^2 + 4x - 3$ 与它在点 $A(0,-3)$ 及 $B(3,0)$ 处的切线所围成的平面图形面积.

3. 已知一个圆柱体底圆的半径为 R,计算经过该圆柱体的底圆中心且与底圆交成 $\alpha\left(0 < \alpha < \dfrac{\pi}{2}\right)$ 角的平面截该圆柱体所得的立体体积.

4. 求由下列曲线所围成的平面图形绕指定直线旋转而成的旋转体体积:

(1) $y = \dfrac{r}{h}x\ (r,h>0), x = h, y = 0$,绕 x 轴; (2) $y = x^{\frac{3}{2}}, y = x$,分别绕 x 轴和 y 轴;

(3) $(x-b)^2+y^2=a^2\,(0<a<b)$,绕 y 轴.

5. 证明:由平面图形 $0\leqslant a\leqslant x\leqslant b,0\leqslant y\leqslant f(x)$ 绕 y 轴旋转而成的旋转体体积为

$$V=2\pi\int_a^b xf(x)\mathrm{d}x.$$

6. 计算由正弦曲线 $y=\sin x\,(0\leqslant x\leqslant\pi)$ 与直线 $y=0$ 所围成的平面图形分别绕 x 轴和 y 轴旋转而成的旋转体体积.

7. 求下列曲线的弧长:

(1) $y=\dfrac{\sqrt{x}}{3}(3-x)\ (1\leqslant x\leqslant3)$;

(2) $x=\dfrac{1}{4}y^2-\dfrac{1}{2}\ln y\ (1\leqslant y\leqslant\mathrm{e})$;

(3) $x=a(t-\sin t),y=a(1-\cos t)\ (0\leqslant t\leqslant2\pi,a>0)$;

(4) $r=a(1+\sin\theta)\ (a>0)$.

§6.2 定积分在物理学中的应用

一、变力做的功

由物理学知识知道,当物体在常力 F 的作用下沿力方向的位移为 s 时,力 F 所做的功为 $W=F\cdot s$. 如果物体受到变力 $F(x)$ 的作用而移动,我们可用微元法计算该变力所做的功.

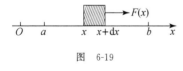

图 6-19

设一个物体受到变力 $F(x)$ 的作用,沿 x 轴正向从点 a 移到点 b(见图 6-19). 在区间 $[a,b]$ 中的任一小区间 $[x,x+\mathrm{d}x]$ 上,变力 $F(x)$ 可近似看作常力,则功微元为 $\mathrm{d}W=F(x)\mathrm{d}x$. 于是,变力 $F(x)$ 将该物体从点 a 移到点 b 所做的功为

$$W=\int_a^b F(x)\mathrm{d}x.$$

例 1 从地面垂直向上发射质量为 m 的火箭,计算火箭升到高 h 处时,克服地球引力所做的功. 要使火箭飞离地球引力范围,火箭的初速度 v_0 应为多大?

解 设地球半径为 R,质量为 M,则根据万有引力定律,火箭距地面 x 时地球对火箭的引力为 $F=\dfrac{GMm}{(R+x)^2}$,其中 G 为万有引力常数. 当 $x=0$,即火箭在地面时,$F=mg$,其中 g 为重力加速度. 由此得 $G=\dfrac{R^2g}{M}$,于是 $F=\dfrac{R^2gm}{(R+x)^2}$. 所以,火箭升到距地面 h 时,克服地球

引力所做的功为

$$W = \int_0^h \frac{R^2 gm}{(R+x)^2} \mathrm{d}x = R^2 mg\left(\frac{1}{R} - \frac{1}{R+h}\right).$$

当火箭飞离地球引力范围时,它克服地球引力所做的功为 $\lim\limits_{h\to\infty} R^2 mg\left(\frac{1}{R} - \frac{1}{R+h}\right) = Rmg.$

当火箭初速度为 v_0 时,它的动能是 $\frac{1}{2}mv_0^2$. 令 $\frac{1}{2}mv_0^2 \geqslant Rmg$,即得 $v_0 \geqslant \sqrt{2Rg}$. 取 $g = 9.8\ \mathrm{m/s^2}, R = 6371\ \mathrm{km} = 6.371\times10^6\ \mathrm{m}$,即得

$$v_0 \geqslant \sqrt{2\times6.371\times10^6\times9.8}\ \mathrm{m/s} \approx 11.2\times10^3\ \mathrm{m/s}.$$

通常称这个速度为**第二宇宙速度**.

例 2 设空气压缩机活塞面的面积是 A. 如图 6-20 所示,在等温的压缩过程中,活塞从点 b 处推进到点 a 处,求空气压缩机克服空气压力所做的功.

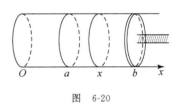

图 6-20

解 在等温压缩过程中,空气的体积 V 与压强 p 的乘积为常数,即 $Vp = k$(k 为常数),或压强 p 与体积 V 成反比: $p = \dfrac{k}{V}$. 当活塞位于区间 $[a,b]$ 内点 x 处时, $V = Ax$. 而活塞面所受到的空气压力为 $P = Ap = \dfrac{k}{x}$,于是活塞从点 x 处推进到点 $x + \mathrm{d}x$ 处时,克服空气压力所做的功近似为 $\dfrac{-k}{x}\mathrm{d}x$,即功微元为 $\mathrm{d}W = -\dfrac{k}{x}\mathrm{d}x$,其中负号表示活塞移动方向与 x 轴正向相反. 所以,活塞从点 b 处推进到点 a 处时克服空气压力所做的功为

$$W = \int_b^a \mathrm{d}W = -k\int_b^a \frac{\mathrm{d}x}{x} = k\ln\frac{b}{a}.$$

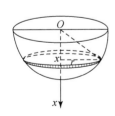

图 6-21

例 3 设半径为 $R = 5$ m 的半球形储水池盛满水. 今将水抽干,问:要做多少功?

解 如图 6-21 所示建立坐标系,在水深 x 处取位于 $[x, x+\mathrm{d}x]$ 的小圆片,其上圆面的半径为 $r = \sqrt{R^2 - x^2}$,得功微元为

$$\mathrm{d}W = x\rho g\pi r^2 \mathrm{d}x = \rho g\pi x(R^2 - x^2)\mathrm{d}x,$$

其中 ρ 为水的密度, g 为重力加速度. 取 $\rho = 1\times10^3\ \mathrm{kg/m^3}, g = 9.8\ \mathrm{m/s^2}$,则将水抽干所做的功为

$$W = \int_0^R \rho g\pi x(R^2 - x^2)\mathrm{d}x = \pi\rho g\left(\frac{R^2}{2}x^2 - \frac{1}{4}x^4\right)\Big|_0^R = \frac{\pi\rho}{4}gR^4 \approx 4.808\times10^6\,(\text{单位: J}).$$

二、液体压力

从物理学知识知道,在深 h 处液体的压强为 $p = \rho g h$,其中 ρ 为液体的密度,g 为重力加速度.于是,在液体深 h 处表面积为 A 的物体所受到的液体压力为 $P = pA$.据此,再利用微元法,我们可以计算垂直置于液体中的平板所受到的液体压力.

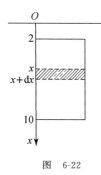

图 6-22

例 4 设一个矩形闸门垂直浸在水中,已知该闸门宽为 5 m,高为 8 m,其上沿与水面平行且距水面 2 m,求该闸门一侧所受到的水压力.

解 如图 6-22 所示建立坐标系.取 x 与 $x + \mathrm{d}x$ 之间的小横条,其面积为 $5\mathrm{d}x$(单位:m^2),于是水压力微元为 $\mathrm{d}P = \rho g x \times 5\mathrm{d}x$,其中 ρ 为水的密度,g 为重力加速度.取 $\rho = 1 \times 10^3\ \mathrm{kg/m^3}$,$g = 9.8\ \mathrm{m/s^2}$,可得所求的水压力为

$$P = \int_2^{10} 9.8 \times 10^3 x \times 5\mathrm{d}x = \int_2^{10} 49 \times 10^3 x\,\mathrm{d}x = 2.352 \times 10^6 \text{(单位:N)}.$$

三、引力

下面以具体例子来说明如何利用微元法来计算细棒对质点的引力.

例 5 设一根线密度为 μ 的直细棒的长度为 l,在与该细棒一端垂直距离为 a 的点处有一个质量为 m 的质点 M,求该细棒对质点 M 的引力.

解 以该细棒所在直线为 y 轴、与质点 M 距离为 a 的一端为原点建立直角坐标系,如图 6-23 所示,我们把位于 $[y, y+\mathrm{d}y]$ 的一段细棒近似看作质点,其质量为 $\mu\mathrm{d}y$.根据万有引力公式知,它对质点 M 的引力为 $\mathrm{d}F = \dfrac{Gm\mu\mathrm{d}y}{a^2 + y^2}$,其中 G 为万有引力常数.将 $\mathrm{d}F$ 投影到两条坐标轴上,得 x 方向和 y 方向的引力微元分别为

$$\mathrm{d}F_x = -\mathrm{d}F \cdot \cos\alpha = -\frac{a}{r}\mathrm{d}F = -\frac{Gm\mu a\,\mathrm{d}y}{(a^2 + y^2)^{\frac{3}{2}}},$$

$$\mathrm{d}F_y = \mathrm{d}F \cdot \sin\alpha = \frac{y}{r}\mathrm{d}F = \frac{Gm\mu y\,\mathrm{d}y}{(a^2 + y^2)^{\frac{3}{2}}}.$$

将引力微元从 0 到 l 积分,即得 x 方向和 y 方向的引力分别为

$$F_x = -\int_0^l \frac{Gm\mu a}{(a^2 + y^2)^{\frac{3}{2}}}\mathrm{d}y \xrightarrow{\text{令 } y = a\tan t} -\frac{Gm\mu}{a}\int_0^{\arctan\frac{l}{a}} \frac{\sec^2 t\,\mathrm{d}t}{\sec^3 t} \quad \text{(参见图 6-24)}$$

$$= -\frac{Gm\mu}{a}\int_0^{\arctan\frac{l}{a}} \cos t\,\mathrm{d}t = -\frac{Gm\mu}{a}\sin t \Big|_0^{\arctan\frac{l}{a}} = -\frac{Gm\mu l}{a\sqrt{a^2 + l^2}},$$

$$F_y = \int_0^l \frac{Gm\mu y}{(a^2 + y^2)^{\frac{3}{2}}}\mathrm{d}y = -\frac{Gm\mu}{\sqrt{a^2 + y^2}}\Big|_0^l = Gm\mu\left(\frac{1}{a} - \frac{1}{\sqrt{a^2 + l^2}}\right).$$

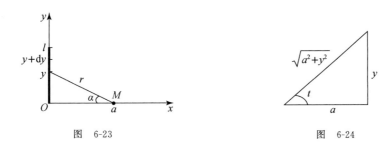

图 6-23   图 6-24

习 题 6.2

1. 若 1 kg 物体的重力能使弹簧伸长 1 cm,问:要使弹簧伸长 10 cm,需要做多少功?

2. 设一个圆锥形储水池,深 10 m,口径 10 m,盛满水.今要将该水池中的水抽干,问:需做多少功?

3. 设一个直径为 20 cm,高为 80 cm 的圆筒内充满压强为 10 N/cm^2 的气体.若温度保持不变,要使气体的体积缩小一半,需做多少功?

4. 设一个物体按规律 $x=ct^3(c>0)$ 做直线运动,介质的阻力与运动速度的平方成正比,计算该物体由点 $x=0$ 移至点 $x=a(a>0)$ 时,克服介质阻力所做的功.

5. 设有一个矩形闸门,宽 2 m,高 3 m,其上沿在水面以下 2 m 处,求该闸门一侧所受到的水压力.

6. 设有一块椭圆形薄板,长半轴为 a,短半轴为 b.若该薄板垂直立于水中,椭圆短轴与水面相齐,求该薄板一侧所受到的水压力.

7. 设有一根半径为 R,中心角为 2φ 的圆弧形细棒,其线密度为常数 μ,在圆心处有一个质量为 m 的质点 M,求该细棒对质点 M 的引力.

§6.3 综合例题

例 1 求抛物线 $y=1-x^2$ 在区间 $[0,1]$ 内的一条切线,使得它与两条坐标轴及抛物线所围成的平面图形面积最小.

解 设切点为 $M(x,1-x^2)$,则该点处抛物线 $y=1-x^2$ 的切线方程为

$$Y-(1-x^2)=-2x(X-x), \quad 即 \quad Y=1+x^2-2xX.$$

该切线与 x 轴、y 轴的交点分别为 $A\left(\dfrac{x^2+1}{2x},0\right),B(0,1+x^2)$(见图 6-25),从而由该切线与两条坐标轴及抛物线 $y=1-x^2$ 所围成的平面图形面积为

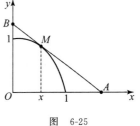

图 6-25

第六章　定积分的应用

$$S(x) = \frac{1}{2} \cdot \frac{(x^2+1)^2}{2x} - \int_0^1 (1-x^2)\,\mathrm{d}x = \frac{(x^2+1)^2}{4x} - \frac{2}{3}.$$

由 $S'(x) = \frac{x^2+1}{4x^2}(3x^2-1)$，令 $S'(x)=0$，得 $x = \pm\frac{\sqrt{3}}{3}$（舍去负值）.

当 $0 < x < \frac{\sqrt{3}}{3}$ 时，$S'(x) < 0$；当 $\frac{\sqrt{3}}{3} < x < 1$ 时，$S'(x) > 0$. 所以，$x = \frac{\sqrt{3}}{3}$ 是 $S(x)$ 的唯一极小值点，也是最小值点，故所求的切线方程为

$$y = -\frac{2\sqrt{3}}{3}x + \frac{4}{3}.$$

例 1 这类问题的一般解法是：先设出切点并写出待求的切线方程，据此可形式地求出该切线与坐标轴的交点坐标，通过定积分写出题设中平面图形面积 $S(x)$ 的表达式；再根据对 $S(x)$ 的要求，求出满足条件的切点坐标和切线方程.

例 2　过原点作曲线 $y = \ln x$ 的切线，该切线与曲线 $y = \ln x$，x 轴围成平面图形 D（见图 6-26），求：

(1) D 的面积；　　(2) D 绕直线 $x = \mathrm{e}$ 旋转而成的旋转体体积 V.

解　(1) 设切点为 $(x_0, \ln x_0)$，则该点处曲线 $y = \ln x$ 的切线方程为

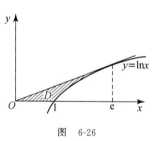

图　6-26

$$y - \ln x_0 = \frac{1}{x_0}(x - x_0), \quad 即 \quad y = \frac{1}{x_0}x + \ln x_0 - 1.$$

因设切线过原点，故 $\ln x_0 - 1 = 0$，即 $x_0 = \mathrm{e}$，从而过原点的切线方程为 $y = \frac{1}{\mathrm{e}}x$. 又当 $x = \mathrm{e}$ 时，$y = 1$. 于是，平面图形 D 的面积为

$$A = \int_0^1 (\mathrm{e}^y - \mathrm{e}y)\,\mathrm{d}y = \left(\mathrm{e}^y - \frac{\mathrm{e}}{2}y^2\right)\Big|_0^1 = \frac{1}{2}\mathrm{e} - 1.$$

(2) 由切线 $y = \frac{1}{\mathrm{e}}x$ 与 x 轴、直线 $x = \mathrm{e}$ 所围成的三角形绕直线 $x = \mathrm{e}$ 旋转而成的圆锥体积为 $\frac{\pi}{3}\mathrm{e}^2$，因此平面图形 D 绕直线 $x = \mathrm{e}$ 旋转而成的旋转体体积为

$$V = \frac{\pi}{3}\mathrm{e}^2 - \pi\int_0^1 (\mathrm{e} - \mathrm{e}^y)^2\,\mathrm{d}y = \frac{\pi}{3}\mathrm{e}^2 - \pi\left(\mathrm{e}^2 y - 2\mathrm{e}\mathrm{e}^y + \frac{1}{2}\mathrm{e}^{2y}\right)\Big|_0^1 = \frac{\pi}{6}(5\mathrm{e}^2 - 12\mathrm{e} + 3).$$

例 3　设非负函数 $f(x)$ 在区间 $[0,1]$ 上满足 $xf'(x) = f(x) + \frac{3a}{2}x^2$，由曲线 $y = f(x)$，直线 $x = 1$ 及两条坐标轴所围成的平面图形 D 的面积为 2.

(1) 求函数 $f(x)$；

(2) a 为何值时，平面图形 D 绕 x 轴旋转而成的旋转体体积最小？

解　(1) 当 $x \neq 0$ 时，由题设知

$$\frac{xf'(x)-f(x)}{x^2}=\frac{3}{2}a, \quad 即 \quad \left[\frac{f(x)}{x}\right]'=\frac{3}{2}a,$$

两边积分即得

$$f(x)=\frac{3}{2}ax^2+Cx.$$

由 $f(x)$ 的连续性知 $f(0)=0$,于是上式对于 $x=0$ 也成立.

由平面图形 D 的面积为 2 知 $\int_0^1 f(x)\mathrm{d}x=2$,得

$$2=\int_0^1\left(\frac{3}{2}ax^2+Cx\right)\mathrm{d}x=\frac{1}{2}a+\frac{1}{2}C,$$

进而得 $C=4-a$.故所求的函数为

$$f(x)=\frac{3}{2}ax^2+(4-a)x.$$

(2) 该旋转体的体积为

$$V=\pi\int_0^1 f^2(x)\mathrm{d}x=\pi\int_0^1\left[\frac{9}{4}a^2x^4+3(4-a)ax^3+(4-a)^2x^2\right]\mathrm{d}x$$

$$=\pi\left[\frac{9}{20}a^2+\frac{3}{4}a(4-a)+\frac{1}{3}(4-a)^2\right]=\left(\frac{1}{30}a^2+\frac{1}{3}a+\frac{16}{3}\right)\pi.$$

令 $V'=\left(\frac{1}{15}a+\frac{1}{3}\right)\pi=0$,得唯一驻点 $a=-5$.因为 $V''=$ $\frac{1}{15}>0$,所以 $a=-5$ 时该旋转体的体积 V 取最小值.

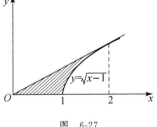

例 4 过原点作曲线 $y=\sqrt{x-1}$ 的切线,求由此切线与曲线及 x 轴所围成的平面图形绕 x 轴旋转而成的旋转体表面积(见图 6-27).

图 6-27

解 设切点为 $(x_0, \sqrt{x_0-1})$,则切线方程为

$$y-\sqrt{x_0-1}=\frac{1}{2\sqrt{x_0-1}}(x-x_0), \quad 即 \quad y=\frac{x}{2\sqrt{x_0-1}}+\sqrt{x_0-1}-\frac{x_0}{2\sqrt{x_0-1}}.$$

因切线过原点,故 $\sqrt{x_0-1}-\frac{x_0}{2\sqrt{x_0-1}}=0$,解得 $x_0=2$.因此,过原点的切线方程为 $y=\frac{1}{2}x$,切点为 $(2,1)$.

下面先导出旋转曲面的面积公式.设函数 $f(x)$ 定义在区间 $[a,b]$ 上,且具有连续导数,曲线 $y=f(x)$ 绕 x 轴旋转一周就形成一个**旋转曲面**Σ,其中曲线 $y=f(x)$ 称为该旋转曲面的**母线**.在 $[a,b]$ 中任取一个小区间 $[x,x+\mathrm{d}x]$,该小区间对应的小块旋转曲面的面积近似为 $2\pi|f(x)|\mathrm{d}s$,即面积微元为

$$\mathrm{d}A=2\pi|f(x)|\mathrm{d}s=2\pi|f(x)|\sqrt{1+[f'(x)]^2}\,\mathrm{d}x,$$

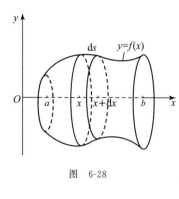

图 6-28

其中 $\mathrm{d}s=\sqrt{1+[f'(x)]^2}\,\mathrm{d}x$ 是曲线 $y=f(x)$ 的弧长微元(见图 6-28). 因此,旋转曲面 Σ 的面积为

$$A=2\pi\int_a^b|f(x)|\sqrt{1+[f'(x)]^2}\,\mathrm{d}x.$$

所以,由曲线 $y=\sqrt{x-1}$ $(1\leqslant x\leqslant2)$ 绕 x 轴旋转而成的旋转曲面面积为

$$A_1=2\pi\int_1^2\sqrt{x-1}\sqrt{1+\frac{1}{4(x-1)}}\,\mathrm{d}x=\pi\int_1^2\sqrt{4x-3}\,\mathrm{d}x$$
$$=\frac{\pi}{6}(4x-3)^{\frac{3}{2}}\Big|_1^2=\frac{\pi}{6}(5\sqrt{5}-1),$$

由直线 $y=\frac{1}{2}x$ $(0\leqslant x\leqslant2)$ 绕 x 轴旋转而成的旋转曲面面积为

$$A_2=2\pi\int_0^2\frac{1}{2}x\sqrt{1+\frac{1}{4}}\,\mathrm{d}x=\frac{\sqrt{5}}{4}\pi x^2\Big|_0^2=\sqrt{5}\,\pi.$$

故所求的旋转旋转体表面积为 $A_1+A_2=\frac{\pi}{6}(11\sqrt{5}-1)$.

例 5　设 $f(x)$ 是区间 $[0,+\infty)$ 上具有连续导数的单调增加函数,且 $f(0)=1$. 对于任意的 $t\in[0,+\infty)$,由曲线 $y=f(x)$,直线 $x=0,x=t$ 及 x 轴所围成的曲边梯形绕 x 轴旋转生成旋转体.若该旋转体的侧面积在数值上等于其体积的 2 倍,求函数 $f(x)$ 的表达式.

解　由题设知 $f(x)>0$. 该旋转体的侧面积为 $S=2\pi\int_0^t f(x)\sqrt{1+[f'(x)]^2}\,\mathrm{d}x$,体积为 $V=\pi\int_0^t f^2(x)\mathrm{d}x$. 依题设有 $S=2V$,即

$$2\pi\int_0^t f(x)\sqrt{1+[f'(x)]^2}\,\mathrm{d}x=2\pi\int_0^t f^2(x)\mathrm{d}x.$$

上式两边对 t 求导数,得

$$f(x)\sqrt{1+[f'(x)]^2}=f^2(x),\quad\text{即}\quad1+[f'(x)]^2=f^2(x),$$

从而 $f'(x)=\pm\sqrt{f^2(x)-1}$. 因为 $f(x)$ 单调增加,且 $f(0)=1$,所以 $f'(x)>0$. 因此,取 $f'(x)=\sqrt{f^2(x)-1}$,从而 $\dfrac{\mathrm{d}f(x)}{\sqrt{f^2(x)-1}}=\mathrm{d}x$. 此式两边积分,并由 $f(0)=1$ 得

$$\ln[f(x)+\sqrt{f^2(x)-1}]=x,\quad\text{即}\quad f(x)+\sqrt{f^2(x)-1}=\mathrm{e}^x.$$

由 $[f(x)-\sqrt{f^2(x)-1}][f(x)+\sqrt{f^2(x)-1}]=1$ 即得 $f(x)-\sqrt{f^2(x)-1}=\mathrm{e}^{-x}$,故

$$f(x)=\frac{1}{2}(\mathrm{e}^x+\mathrm{e}^{-x})=\mathrm{ch}x.$$

例 6　某个建筑工程打地基时,需用蒸汽锤将桩打进地下.蒸汽锤每次击打都要克服土

层对桩的阻力而做功.设土层对桩的阻力与桩被打进地下的深度成正比(比例系数 $k>0$).已知蒸汽锤第一次击打时将桩打进地下的深度为 a.根据设计方案,要求蒸汽锤每次击打时所做的功与前一次击打时所做的功之比为常数 $r(0<r<1)$.问:

(1) 蒸汽锤击打三次后可将桩打进地下多深?

(2) 若击打次数不限,蒸汽锤至多能将桩打进地下多深?

解 (1) 设击打 n 次后桩被打进地下的深度为 x_n,蒸汽锤第 n 次击打时所做的功为 W_n.当桩被打进地下的深度为 x 时,土层对桩的阻力为 kx.由题设知 $x_1=a$,于是

$$W_1=\int_0^{x_1}kx\,dx=\frac{k}{2}x_1^2=\frac{k}{2}a^2,\quad W_2=\int_{x_1}^{x_2}kx\,dx=\frac{k}{2}(x_2^2-x_1^2)=\frac{k}{2}(x_2^2-a^2).$$

由 $W_2=rW_1$ 可得 $x_2^2-a^2=ra^2$,即 $x_2^2=(1+r)a^2$,于是

$$W_3=\int_{x_2}^{x_3}kx\,dx=\frac{k}{2}(x_3^2-x_2^2)=\frac{k}{2}\left[x_3^2-(1+r)a^2\right].$$

由 $W_3=rW_2=r^2W_1$ 可得 $x_3^2-(1+r)a^2=r^2a^2$,解得 $x_3=\sqrt{1+r+r^2}\,a$.

(2) 设 $x_n=\sqrt{1+r+\cdots+r^{n-1}}\,a$,则

$$W_{n+1}=\int_{x_n}^{x_{n+1}}kx\,dx=\frac{k}{2}(x_{n+1}^2-x_n^2)=\frac{k}{2}\left[x_{n+1}^2-(1+r+\cdots+r^{n-1})\right]a^2=\frac{k}{2}r^na^2.$$

于是
$$x_{n+1}=\sqrt{1+r+\cdots+r^n}\,a=\sqrt{\frac{1-r^{n+1}}{1-r}}\,a.$$

由数学归纳法知,对于任意的正整数 n,有

$$x_n=\sqrt{1+r+\cdots+r^{n-1}}\,a=\sqrt{\frac{1-r^n}{1-r}}\,a,$$

再取极限得

$$\lim_{n\to\infty}x_n=\sqrt{\frac{1}{1-r}}\,a.$$

所以,若不限击打次数,蒸汽锤将桩打进地下的深度至多为 $\sqrt{\frac{1}{1-r}}a$.

例7 设一块长、宽分别为 a,b 的矩形板与液面成 α 角斜沉于液体中,长边平行于液面而位于深 h 处.若液体的密度为 ρ,试求该矩形板每面所受到的液体压力.

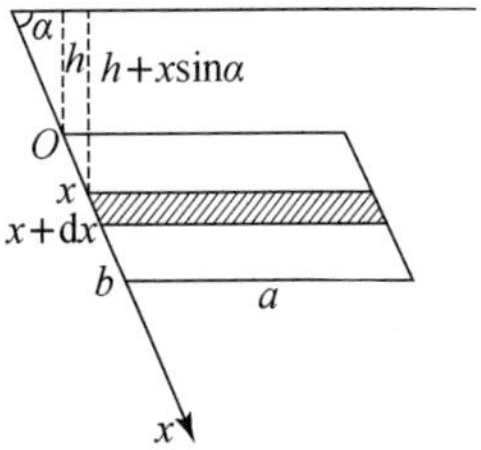

图 6-29

解 如图 6-29 所示,取该矩形板的一条短边在 x 轴上.该矩形板上对应于区间 $[0,b]$ 中任一小区间 $[x,x+dx]$ 的小横条,所受到的液体压强为 $\rho g(h+x\sin\alpha)$(g 为重力加速度),其面积为 $a\,dx$,所以该矩形板每面所受到的液体压力为

$$F=\int_0^b\rho ga(h+x\sin\alpha)\,dx=\rho ga\left(hx+\frac{1}{2}x^2\sin\alpha\right)\Big|_0^b=\frac{\rho g}{2}ab(2h+b\sin\alpha).$$

第七章 常微分方程

　　为了解决自然科学、经济学及工程技术等领域中的实际问题，常常需要寻求问题中变量之间的函数关系. 但在许多实际问题中，往往很难得到所讨论变量之间的函数关系，却比较容易根据相应学科中的某些基本原理，得到所求函数及其导数(或微分)之间的关系式. 这种关系式在数学上称为微分方程.

　　微分方程在自然科学、经济学及工程技术等领域中有着广泛的应用. 例如，考古年代的推测、人口的增长、电磁波的传播等问题都可以归结为微分方程问题. 这时微分方程称为所研究问题的数学模型. 本章主要介绍微分方程的基本概念和几种常用微分方程的解法以及有关线性微分方程解的理论.

§7.1　微分方程的基本概念

一、建立微分方程数学模型

　　例 1　设一条曲线通过点 $(0,1)$，且其上任一点 $M(x,y)$ 处的切线斜率为该点的横坐标与纵坐标之和，求这条曲线的方程.

　　解　设这条曲线的方程为 $y=y(x)$. 根据导数的几何意义，这条曲线上任一点处的切线斜率就是函数 $y=y(x)$ 在该点处的导数 y'，因此有 $y'=x+y$，即

$$y'-y=x. \tag{1}$$

由于这条曲线通过点 $(0,1)$，因此未知函数 $y=y(x)$ 还应满足下列条件：

$$y(0)=1. \tag{2}$$

　　将方程 (1) 两边乘以 e^{-x}，得

$$(\mathrm{e}^{-x}y)'=x\mathrm{e}^{-x},$$

再两边积分，可得 $\mathrm{e}^{-x}y=\displaystyle\int x\mathrm{e}^{-x}\mathrm{d}x$，于是 $y=\mathrm{e}^x[(-x-1)\mathrm{e}^{-x}+C]$，即

$$y = -x - 1 + Ce^x. \tag{3}$$

将(2)式代入(3)式,得

$$1 = -1 + C,$$

解得 $C=2$. 将 $C=2$ 代入(3)式,即得所求的曲线方程

$$y = -x - 1 + 2e^x. \tag{4}$$

例 2 一个质量为 m 的物体自由悬挂在一端固定的弹簧上,当重力与弹性恢复力抵消时,该物体处于平衡状态.用手向下拉该物体使它离开平衡位置,然后放开,若该物体在弹性恢复力与阻力作用下做往复运动,阻力的大小与运动速度成正比,方向相反,试建立该物体位移满足的方程.

解 取平衡状态时该物体的位置为坐标原点,建立坐标系如图 7-1 所示.

设该物体在 t 时刻的位移为 $x = x(t)$. 由胡克(Hooke)定律,弹簧使该物体回到平衡位置的弹性恢复力 f 和该物体离开平衡位置的位移 x 成正比:

$$f = -cx,$$

其中 c 为弹簧的弹性系数,负号表示弹性恢复力 f 的方向和位移 x 的方向相反.另外,由已知条件知,该物体所受到的阻力为 $R = -\mu \dfrac{\mathrm{d}x}{\mathrm{d}t}$,其中 μ 为比例常数,负号表示阻力 R 的方向与该物体运动的方向相反.因此,由牛顿第二定律有

$$m \frac{\mathrm{d}^2 x}{\mathrm{d}t^2} = -cx - \mu \frac{\mathrm{d}x}{\mathrm{d}t},$$

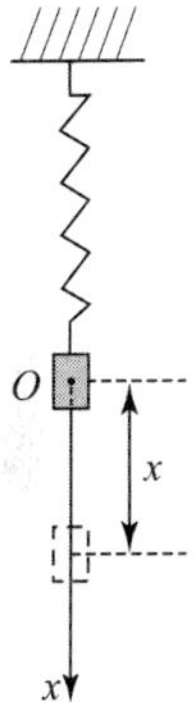

即

图 7-1

$$m \frac{\mathrm{d}^2 x}{\mathrm{d}t^2} + \mu \frac{\mathrm{d}x}{\mathrm{d}t} + cx = 0. \tag{5}$$

如果该物体在运动过程中还受到外力 $F(t)$ 的作用,则其位移所满足的方程为

$$m \frac{\mathrm{d}^2 x}{\mathrm{d}t^2} + \mu \frac{\mathrm{d}x}{\mathrm{d}t} + cx = F(t). \tag{6}$$

由上述两个例子知,求有关变化率(函数导数)的几何和物理问题,都可以归结为微分方程的求解问题.

二、微分方程的基本概念

定义 1 一般地,联系着自变量、未知函数及其导数(或微分)的关系式称为**微分方程**.

若微分方程中的未知函数是一元函数,则称该微分方程为**常微分方程**;若其中的未知函数是多元函数(多元函数的概念可参见下册第八章),则称该微分方程为**偏微分方程**.本章只讨论常微分方程,并把它简称为微分方程或方程.

定义 2 微分方程中所出现的未知函数最高阶导数的阶数称为微分方程的**阶**.

例如,方程(1)是一阶微分方程;方程(5)和(6)均为二阶微分方程.又如,方程

第七章　常微分方程

$$x^3 y''' + x^2 y'' - 4xy' = \sin x \tag{7}$$

是三阶微分方程,方程

$$y^{(4)} + 2y'' + 2y = 3\cos x \tag{8}$$

则为四阶微分方程.

一般地,n 阶常微分方程具有形式

$$F[x, y, y', \cdots, y^{(n)}] = 0, \tag{9}$$

其中 $F[x, y, y', \cdots, y^{(n)}]$ 是关于 $x, y, y', \cdots, y^{(n)}$ 的已知表达式,y 是未知函数,x 是自变量.方程(9)中必须含有 $y^{(n)}$,而 $x, y, y', \cdots, y^{(n-1)}$ 可以不出现.例如,三阶微分方程(7)中没有出现 y,四阶微分方程(8)中没有出现 y''',y'.

定义 3　在方程(9)中,如果 $F[x, y, y', \cdots, y^{(n)}]$ 是关于 $y, y', \cdots, y^{(n)}$ 的一次式,即方程(9)可以写成

$$a_0(x)y^{(n)} + a_1(x)y^{(n-1)} + \cdots + a_{n-1}(x)y' + a_n(x)y = f(x), \tag{10}$$

则称该方程为 **n 阶线性微分方程**,其中 $a_i(x)(i = 0, 1, 2, \cdots, n)$ 和 $f(x)$ 是已知函数,且 $a_0(x) \neq 0$.

我们把不能表示成形如(10)式的微分方程统称为**非线性微分方程**.方程(1),(5),(6),(7),(8)都是线性微分方程,而方程 $yy'' + y'^2 + 1 = 0$,$y'' = y'^3 + y'$ 就不是线性微分方程.

由前面的例子我们看到,在求解某些实际问题时,首先要建立微分方程,然后找出满足微分方程的函数,即解微分方程.也就是说,如果找到这样的函数,把这个函数代入微分方程能使微分方程成为恒等式,这个函数就叫作微分方程的解.

定义 4　设函数 $y = \varphi(x)$ 在区间 I 上有 n 阶连续导数.如果在区间 I 上有

$$F[x, \varphi(x), \varphi'(x), \cdots, \varphi^{(n)}(x)] \equiv 0,$$

那么函数 $y = \varphi(x)$ 就叫作方程(9)在区间 I 的解(也称**显式解**).如果关系式 $\Phi(x, y) = 0$ 确定的隐函数 $y = \varphi(x)$ 是方程(9)的解,则称 $\Phi(x, y) = 0$ 为方程(9)的**隐式解**.

为简单起见,我们把微分方程的显式解和隐式解统称为微分方程的**解**.

例如,容易验证函数

$$y = C_1 \sin kx + C_2 \cos kx \quad (C_1, C_2 \text{ 为任意常数}) \tag{11}$$

是微分方程

$$y'' + k^2 y = 0 \tag{12}$$

的显式解.

又如,关系式 $x^2 + y^2 = 1$ 是微分方程 $\dfrac{\mathrm{d}y}{\mathrm{d}x} = -\dfrac{x}{y}$ 的隐式解.事实上,关系式 $x^2 + y^2 = 1$ 两边对 x 求导数,得

$$2x + 2y\frac{\mathrm{d}y}{\mathrm{d}x} = 0, \quad \text{即} \quad \frac{\mathrm{d}y}{\mathrm{d}x} = -\frac{x}{y},$$

故关系式 $x^2+y^2=1$ 为微分方程 $\dfrac{\mathrm{d}y}{\mathrm{d}x}=-\dfrac{x}{y}$ 的隐式解.

从上面的例子可知,微分方程的解可能含有任意常数,也可能不含有任意常数.一般地,微分方程的不含有任意常数的解称为微分方程的**特解**;含有相互独立的任意常数,且任意常数的个数与微分方程的阶相等的解称为微分方程的**通解**(或**一般解**).这里的相互独立,是指任意常数不能合并.通俗地说,通解是指当其中的任意常数取遍所有实数时,就得到微分方程的所有解,至多有个别例外.

例如,函数(3)是一阶微分方程(1)的解,它含有一个任意常数,所以函数(3)是方程(1)的通解.又如,函数(11)含有两个相互独立的任意常数,且为二阶微分方程(12)的解,故函数(11)为方程(12)的通解.

许多实际问题都要求寻找满足某些附加条件的解,这类附加条件可用来确定通解中的任意常数,它们就是所谓的**定解条件**.确定了通解中的任意常数以后,就得到微分方程的特解.例如,函数(4)为一阶微分方程(1)满足定解条件(2)的特解.常见的定解条件是初始条件.对于 n 阶常微分方程(9),**初始条件**的一般形式如下:

$$y(x_0)=y_0, \quad y'(x_0)=y_1, \quad \cdots, \quad y^{(n-1)}(x_0)=y_{n-1}.$$

求微分方程满足定解条件的解,就是所谓的**定解问题**.当定解条件为初始条件时,相应的定解问题就称为**初值问题**.

一阶微分方程 $y'=f(x,y)$ 的特解 $y=\varphi(x)$ 是 Oxy 平面上的一条曲线,叫作微分方程的**积分曲线**.而微分方程 $y'=f(x,y)$ 的通解 $y=\varphi(x,C)$ 对应于 Oxy 平面上的一族曲线,我们称这族曲线为**积分曲线族**.满足初始条件 $y(x_0)=y_0$ 的特解就是通过点 (x_0,y_0) 的一条积分曲线.

例3 求微分方程 $y''+4y=0$ 满足初始条件 $y(0)=1,y'(0)=1$ 的特解.

解 由函数(11)是方程(12)的解知,微分方程 $y''+4y=0$ 的通解为

$$y=C_1\sin 2x+C_2\cos 2x,$$

其中 C_1,C_2 为任意常数.将 $y(0)=1$ 代入通解,可得 $C_2=1$;将 $y'(0)=1$ 代入通解,可得 $2C_1=1$,即 $C_1=\dfrac{1}{2}$.

因此,所求的微分方程特解为

$$y=\frac{1}{2}\sin 2x+\cos 2x.$$

习 题 7.1

1. 指出下列微分方程的阶,并指出哪些是线性微分方程:

(1) $y''+2y'-8y=\mathrm{e}^x$; (2) $yy'''-(y')^6=0$;

(3) $\dfrac{\mathrm{d}^2 y}{\mathrm{d}x^2} - \left(\dfrac{\mathrm{d}y}{\mathrm{d}x}\right)^3 + 12xy = 0$; 　　　　(4) $(x+y)\mathrm{d}x + (x-y)\mathrm{d}y = 0$.

2. 指出下列函数是否为所给微分方程的解:

(1) $y = x^2 \mathrm{e}^x$, $y'' - 2y' + y = 0$;

(2) $y = 2 + C\sqrt{1-x^2}$, $(1-x^2)y' + xy = 2x$ (C 为任意常数);

(3) $y = \mathrm{e}^x$, $y'\mathrm{e}^{-x} + y^2 - 2y\mathrm{e}^x = 1 - \mathrm{e}^{2x}$;

(4) $y = \dfrac{1}{x}$, $x^2 y' = x^2 y^2 - 2xy$;

(5) $y = x\displaystyle\int_0^x \dfrac{\sin t}{t}\mathrm{d}t$, $xy' = y + x\sin x$.

3. 验证函数 $y = \dfrac{Cx}{x-1} + x^2$ (C 为任意常数)是微分方程 $(x^2 - x)y' + y = x^2(2x-1)$ 的通解,并求满足初始条件 $y(2) = 4$ 的特解.

4. 验证函数 $y = C_1 \mathrm{e}^x + C_2 \mathrm{e}^{2x} + 1$ (C_1, C_2 为任意常数)是微分方程 $y'' - 3y' + 2y = 2$ 的通解,并求满足初始条件 $y(0) = 2$, $y'(0) = -1$ 的特解.

5. 若已知 $y = a\mathrm{e}^{bx}$ 满足微分方程 $\dfrac{\mathrm{d}y}{\mathrm{d}x} = -0.03y$,那么常数 a, b 的取值应如何?

6. 试建立具有下列性质的曲线所满足的微分方程:

(1) 曲线上任一点处的切线斜率与切点横坐标的平方成正比,比例常数为 k;

(2) 曲线上任一点处的切线介于两条坐标轴之间的部分等于定长 l;

(3) 曲线上任一点 $P(x,y)$ 处的法线与 x 轴的交点为 Q,且线段 PQ 被 y 轴平分.

7. 设一个质量为 m 的物体在空气中由静止下落.如果空气阻力为 $R = v^2$ 其中 v 为该物体运动的速度,试求该物体下落的位移 s 所满足的微分方程,并给出应满足的初始条件.

§7.2　可分离变量的微分方程

微分方程的**初等解法**,就是把微分方程的求解问题化为积分问题的求解方法.但并不是所有类型的微分方程都有初等解法.在本节至第五节中,我们将介绍若干能用初等解法求解的微分方程类型及其一般求解方法.

一、可分离变量的微分方程

定义 1 形如

$$\frac{\mathrm{d}y}{\mathrm{d}x} = f(x)g(y) \tag{1}$$

的微分方程称为**可分离变量的微分方程**,这里 $f(x)$, $g(y)$ 分别是 x, y 的连续函数.

下面介绍方程(1)的求解方法.

如果 $g(y) \neq 0$,我们可以将方程(1)写成如下形式:

$$\frac{1}{g(y)}\mathrm{d}y = f(x)\mathrm{d}x.$$

这样,变量就"分离"开了.上式两边积分,得到

$$\int \frac{1}{g(y)}\mathrm{d}y = \int f(x)\mathrm{d}x + C, \tag{2}$$

这里把 $\int \frac{1}{g(y)}\mathrm{d}y$,$\int f(x)\mathrm{d}x$ 分别理解为 $\frac{1}{g(y)}$,$f(x)$ 的某个原函数,而 C 是任意常数.(2)式两边微分,就知(2)式所确定的隐函数 $y = y(x, C)$ 满足方程(1),因此(2)式是方程(1)的解.因为该解含有一个任意常数,故(2)式为方程(1)的通解.

注意,如果存在 y_0,使得 $g(y_0) = 0$,直接代入可知,$y = y_0$ 也是方程(1)的解.它可能不包含在方程的通解(2)中,需予以补上.

例 1 求微分方程 $\frac{\mathrm{d}y}{\mathrm{d}x} = y\cos x$ 的通解.

解 将该微分方程分离变量:当 $y \neq 0$ 时,得

$$\frac{1}{y}\mathrm{d}y = \cos x \, \mathrm{d}x.$$

上式两边积分,有

$$\int \frac{\mathrm{d}y}{y} = \int \cos x \, \mathrm{d}x, \quad 即 \quad \ln|y| = \sin x + C_1,$$

其中 C_1 为任意常数,从而 $y = \pm \mathrm{e}^{\sin x + C_1} = B\mathrm{e}^{\sin x}$,其中 $B = \pm \mathrm{e}^{C_1}$.

注意,这里 $B \neq 0$.但在分离变量时微分方程两边除以函数 y,因此需要考虑函数 $y = 0$ 是否为该微分方程的解.显然,$y = 0$ 也是该微分方程的解,所以该微分方程的通解为

$$y = C\mathrm{e}^{\sin x} \quad (C \text{ 为任意常数}).$$

例 2 求微分方程 $(x + xy^2)\mathrm{d}x - (x^2 y + y)\mathrm{d}y = 0$ 满足初始条件 $y(0) = 1$ 的特解.

解 把该微分方程分离变量,得

$$\frac{y}{1 + y^2}\mathrm{d}y = \frac{x}{1 + x^2}\mathrm{d}x;$$

再两边积分,得

$$\frac{1}{2}\ln(1 + y^2) = \frac{1}{2}\ln(1 + x^2) + C_1,$$

其中 C_1 为任意常数.故该微分方程的隐式通解为

$$1 + y^2 = C(1 + x^2),$$

其中 $C = \mathrm{e}^{2C_1}$.

由初始条件 $y(0)=1$ 得 $C=2$,所以该微分方程满足初始条件 $y(0)=1$ 的特解为

$$1+y^2=2(1+x^2).$$

例 3　考查放射性元素铀的衰变.由于不断地有原子放射出微粒子而变成其他元素,铀的含量不断减少,这种现象称为衰变.由原子物理学知识知道,铀的衰变速度与该时刻铀的含量成正比.设 $t=0$ 时铀的含量为 u_0,求任意 t 时刻铀的含量 $u(t)$.

解　依题设有

$$\frac{\mathrm{d}u}{\mathrm{d}t}=-\lambda u \quad (\lambda>0), \tag{3}$$

其中 λ 是常数,叫作衰变常数. λ 前置负号是由于 t 增加时, $u(t)$ 因衰变而减少,即 $\dfrac{\mathrm{d}u}{\mathrm{d}t}<0$.

将方程(3)分离变量,得

$$\frac{\mathrm{d}u}{u}=-\lambda\,\mathrm{d}t;$$

再两边积分,并注意 $u>0$,得

$$\ln u=-\lambda t+\ln C, \quad 即 \quad u=C\mathrm{e}^{-\lambda t},$$

这里用 $\ln C$ 表示积分常数是为了便于化简,这是常用的一种技巧.将初始条件代入可得 $C=u_0$,所以 $u(t)=u_0\mathrm{e}^{-\lambda t}$.

二、齐次方程

定义 2　形如

$$\frac{\mathrm{d}y}{\mathrm{d}x}=f\left(\frac{y}{x}\right) \tag{4}$$

的微分方程称为**齐次方程**,其中 $f\left(\dfrac{y}{x}\right)$ 为 $\dfrac{y}{x}$ 的连续函数.

对方程(4),可以通过变量代换将其化为可分离变量的微分方程来解.事实上,令

$$u=\frac{y}{x} \quad (或\ y=ux),$$

其中 $u(x)$ 是新的未知函数,则有 $\dfrac{\mathrm{d}y}{\mathrm{d}x}=u+x\,\dfrac{\mathrm{d}u}{\mathrm{d}x}$. 将 $y=ux$ 及 $\dfrac{\mathrm{d}y}{\mathrm{d}x}=u+x\,\dfrac{\mathrm{d}u}{\mathrm{d}x}$ 代入方程(4),得

$$u+x\,\frac{\mathrm{d}u}{\mathrm{d}x}=f(u);$$

再分离变量,得

$$\frac{\mathrm{d}u}{f(u)-u}=\frac{\mathrm{d}x}{x} \quad (这里假设 f(u)\neq u). \tag{5}$$

方程(5)两边积分,可得

$$\int \frac{\mathrm{d}u}{f(u)-u} = \int \frac{\mathrm{d}x}{x} = \ln|x| + C,$$

其中 C 为任意常数. 将 $u = \dfrac{y}{x}$ 回代,即得方程(4)的通解.

例 4 求微分方程 $\dfrac{\mathrm{d}y}{\mathrm{d}x} = \dfrac{y}{x} + \dfrac{x}{y}$ 的通解.

解 这是一个齐次方程. 令 $u = \dfrac{y}{x}$,则 $\dfrac{\mathrm{d}y}{\mathrm{d}x} = u + x\dfrac{\mathrm{d}u}{\mathrm{d}x}$. 将 $y = ux$ 及 $\dfrac{\mathrm{d}y}{\mathrm{d}x} = u + x\dfrac{\mathrm{d}u}{\mathrm{d}x}$ 代入原方程,得

$$u + x\frac{\mathrm{d}u}{\mathrm{d}x} = u + \frac{1}{u}.$$

上式化简并分离变量,得 $u\,\mathrm{d}u = \dfrac{1}{x}\mathrm{d}x$;再两边积分,得

$$\frac{1}{2}u^2 = \ln|x| + C_1, \quad 即 \quad u^2 = 2\ln|x| + 2C_1 = \ln x^2 + 2C_1,$$

其中 C_1 为任意常数. 将 $u = \dfrac{y}{x}$ 代入,即得所求的微分方程通解

$$y^2 = x^2(\ln x^2 + C),$$

这里 $C = 2C_1$.

例 5 设有一个旋转曲面形状的凹镜. 若由旋转轴上一点发出的一切光线经此凹镜反射后都与旋转轴平行,求相应旋转曲面的母线方程.

解 如图 7-2 所示建立直角坐标系,光源所在处为原点,而 x 轴的正向与光的反射方向一致. 设相应旋转曲面母线的方程为 $y = f(x)$. 根据对称性,只需在 $y > 0$ 的范围内求方程 $y = f(x)$.

如图 7-2 所示,过母线 $y = f(x)$ 上任一点 $M(x,y)$ 作切线 AT,设 OM 为入射光线,MS 为反射光线,则由光的反射定律:入射角等于反射角,容易推知

$$\angle AMO = \angle TMS = \alpha.$$

由于 MS 平行 x 轴,所以 $\angle MAO = \alpha$,从而 $|OM| = |OA|$.

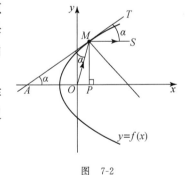

图 7-2

注意到 $\dfrac{\mathrm{d}y}{\mathrm{d}x} = \tan\alpha = \dfrac{|MP|}{|AP|}$ 及 $|OP| = x$,$|MP| = y$,$|OM| = \sqrt{x^2 + y^2}$,故得函数 $y = f(x)$ 应满足的微分方程

$$\frac{\mathrm{d}y}{\mathrm{d}x} = \frac{y}{x + \sqrt{x^2 + y^2}}. \tag{6}$$

方程(6)可改写成

$$\frac{\mathrm{d}x}{\mathrm{d}y} = \frac{x + \sqrt{x^2 + y^2}}{y} = \frac{x}{y} + \sqrt{1 + \left(\frac{x}{y}\right)^2}. \tag{7}$$

这是齐次方程. 令 $u = \dfrac{x}{y}$, 则 $x = uy$, $\dfrac{\mathrm{d}x}{\mathrm{d}y} = u + y\dfrac{\mathrm{d}u}{\mathrm{d}y}$. 将它们代入方程(7), 得到

$$u + y\frac{\mathrm{d}u}{\mathrm{d}y} = u + \sqrt{1 + u^2},$$

于是

$$\frac{\mathrm{d}u}{\sqrt{1 + u^2}} = \frac{\mathrm{d}y}{y}. \tag{8}$$

(8)式两边积分, 可得

$$\ln(u + \sqrt{1 + u^2}) = \ln y + C_1 \quad \text{或} \quad u + \sqrt{1 + u^2} = \mathrm{e}^{C_1} y,$$

其中 C_1 为任意常数. 记 $C = \mathrm{e}^{-C_1}$, 则

$$\sqrt{1 + u^2} = \frac{y}{C} - u.$$

上式两边平方, 可得 $1 = \dfrac{y^2}{C^2} - \dfrac{2}{C}yu$. 将 $x = uy$ 代入, 整理后得

$$y^2 = 2C\left(x + \frac{C}{2}\right).$$

由此可见, 所求的旋转曲面母线是以 x 为轴, 焦点在原点的抛物线.

习　题　7.2

1. 求下列微分方程的通解:

(1) $\dfrac{\mathrm{d}y}{\mathrm{d}x} = 1 + x + y^2 + xy^2$;　(2) $\dfrac{\mathrm{d}y}{\mathrm{d}x} = \mathrm{e}^{x+y}$;　　　(3) $y\ln x\,\mathrm{d}x + x\ln y\,\mathrm{d}y = 0$;

(4) $2x^2 yy' = y^2 + 1$;　　　(5) $y^2 + x^2\dfrac{\mathrm{d}y}{\mathrm{d}x} = xy\dfrac{\mathrm{d}y}{\mathrm{d}x}$;　(6) $x\dfrac{\mathrm{d}y}{\mathrm{d}x} = y\ln\dfrac{y}{x}$;

(7) $xy' - y = x\tan\dfrac{y}{x}$;　　　(8) $(x^2 + y^2)\mathrm{d}y - 2xy\,\mathrm{d}x = 0$.

2. 求下列微分方程满足给定初始条件的特解:

(1) $(x^2 + 1)y' = \arctan x$, $y(0) = 0$;

(2) $(\mathrm{e}^{x+y} - \mathrm{e}^x)\mathrm{d}x + (\mathrm{e}^{x+y} + \mathrm{e}^y)\mathrm{d}y = 0$, $y(0) = \ln 2$;

(3) $xy' = y(1 + \ln y - \ln x)$, $y(1) = \mathrm{e}$;

(4) $(x^2 + 2xy - y^2)\mathrm{d}x + (y^2 + 2xy - x^2)\mathrm{d}y = 0$, $y|_{x=1} = 1$.

3. 设一条曲线通过点 $(1, 2)$, 且该曲线上任一点处的切线斜率等于自原点到该切点的

连线斜率的平方,求这条曲线的方程.

4. 设一条曲线通过点$(1,0)$,且该曲线上任一点处的法线都通过原点,证明:该曲线为圆心在原点的单位圆.

5. 设一个质量为 m 的物体自高 h 处自由下落,初速度为零,且所受到的阻力与该物体下落的速度成正比(比例系数为 k),求该物体下落的速度 v 与时间 t 的关系.

6. 求一条经过点$(1,1)$的曲线,使它的切线介于两条坐标轴之间的部分被切点分成相等的两段.

§7.3 一阶线性微分方程

定义 形如

$$\frac{\mathrm{d}y}{\mathrm{d}x} + P(x)y = Q(x) \tag{1}$$

的微分方程称为**一阶线性微分方程**,其中 $P(x),Q(x)$ 为已知的连续函数. 如果 $Q(x)\equiv 0$,则称方程(1)为**一阶线性齐次微分方程**;如果 $Q(x)\not\equiv 0$,则称方程(1)为**一阶线性非齐次微分方程**,其中 $Q(x)$ 称为**自由项**或**非齐次项**.

一、一阶线性齐次微分方程的解法

一阶线性齐次微分方程

$$\frac{\mathrm{d}y}{\mathrm{d}x} + P(x)y = 0 \tag{2}$$

实际上是一个可分离变量的微分方程. 方程(2)分离变量,得

$$\frac{\mathrm{d}y}{y} = -P(x)\mathrm{d}x;$$

再两边积分,得 $\ln|y| = -\int P(x)\mathrm{d}x + C_1$,即

$$|y| = \mathrm{e}^{-\int P(x)\mathrm{d}x + C_1} = \mathrm{e}^{C_1} \cdot \mathrm{e}^{-\int P(x)\mathrm{d}x},$$

其中 C_1 为任意常数,$\int P(x)\mathrm{d}x$ 理解为 $P(x)$ 的一个原函数. 令 $C = \pm\mathrm{e}^{C_1}$,则上式也可写成

$$y = C\mathrm{e}^{-\int P(x)\mathrm{d}x}.$$

由于 $y=0$ 也是方程(2)的解,故可得方程(2)的通解为

$$y = C\mathrm{e}^{-\int P(x)\mathrm{d}x}, \tag{3}$$

其中 C 为任意常数.

例1 求微分方程 $y' + x^2 y = 0$ 的通解.

解　所给的微分方程为一阶线性齐次微分方程,且这里 $P(x)=x^2$,因此所求的微分方程通解为

$$y=C\mathrm{e}^{-\int P(x)\mathrm{d}x}=C\mathrm{e}^{-\int x^2\mathrm{d}x}=C\mathrm{e}^{-\frac{1}{3}x^3},$$

其中 C 为任意常数.

二、一阶线性非齐次微分方程的解法

对于一阶线性非齐次方程(1),可以采用下面介绍的常数变易法进行求解.

在方程(1)中令 $Q(x)\equiv 0$ 就可得到方程(2),因此我们把方程(2)称为方程(1)**对应的线性齐次微分方程**.

方程(2)的通解(3)可以看成方程(1)的通解的特殊情况,所以我们猜想方程(1)的通解可能具有如下形式:

$$y=u(x)\mathrm{e}^{-\int P(x)\mathrm{d}x},\tag{4}$$

其中 $u(x)$ 为待定函数.希望存在这样一个函数 $u(x)$,使得(4)式为方程(1)的通解.为此,将(4)式代入方程(1),从而确定 $u(x)$.

由(4)式可得

$$y'=u'(x)\mathrm{e}^{-\int P(x)\mathrm{d}x}-u(x)P(x)\mathrm{e}^{-\int P(x)\mathrm{d}x},$$

代入方程(1),得

$$u'(x)\mathrm{e}^{-\int P(x)\mathrm{d}x}-u(x)P(x)\mathrm{e}^{-\int P(x)\mathrm{d}x}+P(x)u(x)\mathrm{e}^{-\int P(x)\mathrm{d}x}=Q(x),$$

即

$$u'(x)\mathrm{e}^{-\int P(x)\mathrm{d}x}=Q(x)\quad 或\quad u'(x)=Q(x)\mathrm{e}^{\int P(x)\mathrm{d}x}.$$

上式两边积分,得

$$u(x)=\int Q(x)\mathrm{e}^{\int P(x)\mathrm{d}x}\mathrm{d}x+C,$$

其中 C 为任意常数.将它代入(4)式,即得方程(1)的通解

$$y=\mathrm{e}^{-\int P(x)\mathrm{d}x}\left[\int Q(x)\mathrm{e}^{\int P(x)\mathrm{d}x}\mathrm{d}x+C\right].\tag{5}$$

上述把(3)式中的常数 C 换成一个待定函数 $u(x)$,再代入方程(1)来确定 $u(x)$,从而得到方程(1)的通解的方法称为**常数变易法**.

注意到,(5)式可以写成

$$y=C\mathrm{e}^{-\int P(x)\mathrm{d}x}+\mathrm{e}^{-\int P(x)\mathrm{d}x}\int Q(x)\mathrm{e}^{\int P(x)\mathrm{d}x}\mathrm{d}x.\tag{6}$$

令 $C=0$,就得到方程(1)的一个特解

$$y^*=\mathrm{e}^{-\int P(x)\mathrm{d}x}\int Q(x)\mathrm{e}^{\int P(x)\mathrm{d}x}\mathrm{d}x,$$

所以(6)式可以表示为

$$y = Ce^{-\int P(x)\mathrm{d}x} + y^*.$$

也就是说,一阶线性非齐次方程的通解为其对应的线性齐次微分方程的通解与它本身的一个特解 y^* 之和. 以后还可以看到,这个结论对于高阶线性非齐次微分方程亦成立.

例 2 求微分方程 $y' + x^2 y = e^{-\frac{1}{3}x^3}\cos x$ 的通解.

解 由例 1 知,该微分方程对应的线性齐次微分方程的通解为 $y = Ce^{-\frac{1}{3}x^3}$.

用常数变易法,把 C 换成函数 $u = u(x)$,即令 $y = ue^{-\frac{1}{3}x^3}$,于是

$$y' = u'e^{-\frac{1}{3}x^3} - x^2 u e^{-\frac{1}{3}x^3}.$$

代入所给的微分方程,得

$$u'e^{-\frac{1}{3}x^3} - x^2 u e^{-\frac{1}{3}x^3} + x^2 u e^{-\frac{1}{3}x^3} = e^{-\frac{1}{3}x^3}\cos x, \quad \text{即} \quad u' = \cos x.$$

上式两边积分,可得 $u = \sin x + C$,其中 C 为任意常数. 于是,所求的微分方程通解为

$$y = e^{-\frac{1}{3}x^3}(\sin x + C).$$

例 3 求微分方程 $\dfrac{\mathrm{d}y}{\mathrm{d}x} = \dfrac{y}{2x - y^2}$ 的通解.

解 观察这个微分方程可知,它不是未知函数 y 的一阶线性微分方程. 如果我们把变量 x 看成 y 的未知函数,改写微分方程为

$$\frac{\mathrm{d}x}{\mathrm{d}y} = \frac{2x - y^2}{y}, \quad \text{即} \quad \frac{\mathrm{d}x}{\mathrm{d}y} - \frac{2}{y}x = -y,$$

则它是一阶线性微分方程. 由公式(5)便可得所求的微分方程通解

$$x = e^{\int \frac{2}{y}\mathrm{d}y}\left[\int (-y)e^{-\int \frac{2}{y}\mathrm{d}y}\mathrm{d}y + C\right] = e^{\ln y^2}\left[\int (-y)e^{\ln\frac{1}{y^2}}\mathrm{d}y + C\right],$$

即 $x = y^2(C - \ln|y|)$,其中 C 为任意常数.

三、伯努利方程

形如

$$\frac{\mathrm{d}y}{\mathrm{d}x} + P(x)y = Q(x)y^n \quad (n \text{ 为常数,且 } n \neq 0,1) \tag{7}$$

的微分方程称为**伯努利**(Bernoulli)**方程**,其中 $P(x), Q(x)$ 为已知的连续函数.

显然,伯努利方程是一类非线性微分方程. 但它可以通过适当的变量代换化为线性微分方程. 事实上,设 $y \neq 0$,方程(7)两边乘以 y^{-n},得

$$y^{-n}\frac{\mathrm{d}y}{\mathrm{d}x} + P(x)y^{1-n} = Q(x).$$

令 $z=y^{1-n}$,则 $\dfrac{\mathrm{d}z}{\mathrm{d}x}=(1-n)y^{-n}\dfrac{\mathrm{d}y}{\mathrm{d}x}$. 于是,上面的微分方程化为

$$\frac{\mathrm{d}z}{\mathrm{d}x}+(1-n)P(x)z=(1-n)Q(x).$$

这是一个关于变量 z 的一阶线性微分方程,求出其通解后,将 $z=y^{1-n}$ 代回,则可得方程(7)的通解.

例 4 求微分方程 $\dfrac{\mathrm{d}y}{\mathrm{d}x}+\dfrac{1}{x}y=2y^2\ln x$ 满足初始条件 $y(1)=1$ 的特解.

解 这是一个 $n=2$ 的伯努利方程,两边乘以 y^{-2},则它化为

$$y^{-2}\frac{\mathrm{d}y}{\mathrm{d}x}+\frac{1}{x}y^{-1}=2\ln x.$$

令 $z=y^{1-2}=y^{-1}$,此微分方程又化为

$$\frac{\mathrm{d}z}{\mathrm{d}x}-\frac{1}{x}z=-2\ln x.$$

这是一个关于 z 的一阶线性微分方程. 于是

$$z=\mathrm{e}^{-\int\left(-\frac{1}{x}\right)\mathrm{d}x}\left[\int(-2\ln x)\,\mathrm{e}^{\int\left(-\frac{1}{x}\right)\mathrm{d}x}\mathrm{d}x+C\right]=x\left(-2\int\frac{\ln x}{x}\mathrm{d}x+C\right),$$

即

$$z=x(C-\ln^2 x),$$

其中 C 为任意常数. 将 $z=y^{-1}$ 代入上式,即可得原微分方程的通解

$$xy(C-\ln^2 x)=1.$$

将 $x=1,y=1$ 代入上述通解,得 $C=1$,从而原微分方程满足初始条件 $y(1)=1$ 的特解为

$$xy(1-\ln^2 x)=1 \quad (x\neq 0).$$

利用变量代换把一个微分方程化为可分离变量的微分方程或一阶线性微分方程等已知可解的微分方程,这是解微分方程最常用的方法之一.

习 题 7.3

1. 求解下列微分方程:

(1) $y'-y\sin x=\mathrm{e}^{-\cos x}$;

(2) $(x^2+1)y'+2xy+\sin x=0$;

(3) $\dfrac{\mathrm{d}y}{\mathrm{d}x}-\dfrac{2y}{x+1}=(x+1)^3$;

(4) $x^2\dfrac{\mathrm{d}y}{\mathrm{d}x}+(1-2x)y=x^2$;

(5) $(\arctan y-x)\mathrm{d}y=(1+y^2)\mathrm{d}x$;

(6) $(x+y^3)\mathrm{d}y-y\mathrm{d}x=0$;

(7) $\dfrac{\mathrm{d}y}{\mathrm{d}x}=\dfrac{2y}{x}-y^2$;

(8) $(y\ln x-2)y\mathrm{d}x=x\mathrm{d}y$.

2. 求下列初值问题的解:

(1) $y'+2y=\sin x,y(0)=\dfrac{3}{5}$;

(2) $\dfrac{\mathrm{d}y}{\mathrm{d}x}-y\tan x=5\mathrm{e}^{\sin x},y(\pi)=1$;

(3) $(2x-y^2)\mathrm{d}y-y\mathrm{d}x=0,y(1)=1$;　(4) $x\dfrac{\mathrm{d}y}{\mathrm{d}x}+y=(x\ln x)y^2,y(1)=1$.

3. 证明：

(1) 一阶线性非齐次微分方程 $\dfrac{\mathrm{d}y}{\mathrm{d}x}+P(x)y=Q(x)$ 的任意两个解的差必为对应的线性齐次微分方程 $\dfrac{\mathrm{d}y}{\mathrm{d}x}+P(x)y=0$ 的解；

(2) 设 $y=\hat{y}(x)$ 是一阶线性齐次微分方程 $\dfrac{\mathrm{d}y}{\mathrm{d}x}+P(x)y=0$ 的非零解，而 $y=\tilde{y}(x)$ 是一阶线性非齐次微分方程 $\dfrac{\mathrm{d}y}{\mathrm{d}x}+P(x)y=Q(x)$ 的一个解，则微分方程 $\dfrac{\mathrm{d}y}{\mathrm{d}x}+P(x)y=Q(x)$ 的通解可表示为 $y=C\hat{y}(x)+\tilde{y}(x)$，其中 C 为任意常数；

(3) 如果 $y_1(x),y_2(x)$ 是一阶线性非齐次微分方程 $\dfrac{\mathrm{d}y}{\mathrm{d}x}+P(x)y=Q(x)$ 的两个不同的解，则 $y=C[y_1(x)-y_2(x)]+\dfrac{y_1(x)+y_2(x)}{2}$（$C$ 为任意常数）为该微分方程的通解.

4. 已知一条曲线在其上点 (x,y) 处的切线与 y 轴的交点为 $(0,x-y)$，且该曲线经过点 $(1,2)$，求该曲线的方程.

5. 设一个质量为 m 的质点做直线运动，从速度为零开始，有一个和时间成正比（比例系数为 k_1）的力作用在它上，同时它还受到一个与速度成正比（比例系数为 k_2）的阻力作用，求该质点运动的速度 v 与时间 t 的函数关系.

§7.4 可降阶的高阶微分方程

高阶微分方程 是指二阶及二阶以上的微分方程. 本节只介绍几种在应用中较常见的可用降阶方法求解的高阶微分方程（特别是二阶微分方程）的解法.

一、$y^{(n)}=f(x)$ 型的微分方程

形如

$$y^{(n)}=f(x) \tag{1}$$

的微分方程的主要特点是，未知函数的最高阶导数已被解出，而且是 x 的一元函数. 对于方程(1)，可以通过连续 n 次积分得到其通解.

例 1 求微分方程 $y'''=x\mathrm{e}^x$ 的通解.

解 逐次积分，第一次积分得

$$y'' = \int x \, \mathrm{e}^x \, \mathrm{d}x = (x-1) \mathrm{e}^x + \widetilde{C}_1,$$

其中 $\widetilde{C}_1$ 为任意常数;第二次积分得

$$y' = \int \left[(x-1) \mathrm{e}^x + \widetilde{C}_1 \right] \mathrm{d}x = (x-2) \mathrm{e}^x + \widetilde{C}_1 x + C_2,$$

其中 C_2 为任意常数;第三次积分得

$$y = \int \left[(x-2) \mathrm{e}^x + \widetilde{C}_1 x + C_2 \right] \mathrm{d}x = (x-3) \mathrm{e}^x + \frac{1}{2} \widetilde{C}_1 x^2 + C_2 x + C_3,$$

其中 C_3 为任意常数. 故原微分方程的通解为

$$y = (x-3) \mathrm{e}^x + C_1 x^2 + C_2 x + C_3,$$

其中 $C_1 = \dfrac{1}{2} \widetilde{C}_1$.

二、不显含未知函数 y 的微分方程

形如

$$y'' = f(x, y') \tag{2}$$

的微分方程的主要特点是,不显含未知函数 y,且它是二阶微分方程.

方程(2)的解法是:令 $y' = p$ [$p = p(x)$ 为新的未知函数],则 $y'' = \dfrac{\mathrm{d}p}{\mathrm{d}x}$. 将它们代入方程(2),得到一个关于变量 p 与 x 的一阶微分方程:

$$\frac{\mathrm{d}p}{\mathrm{d}x} = f(x, p).$$

假设它的通解为 $p = \phi(x, C_1)$ (C_1 为任意常数),代回到原来的变量,得

$$\frac{\mathrm{d}y}{\mathrm{d}x} = \phi(x, C_1).$$

再对上式两边积分,便得方程(2)的通解

$$y = \int \phi(x, C_1) \mathrm{d}x + C_2,$$

其中 C_2 为任意常数.

例 2　求微分方程 $xy'' - 2y' = x^3 \mathrm{e}^x$ 的通解.

解　令 $y' = p$,则 $y'' = p'$. 将它们代入原微分方程,有

$$p' - \frac{2}{x} p = x^2 \mathrm{e}^x.$$

这是 p 关于 x 的一阶线性非齐次微分方程,用前面的知识可以求出它的通解

$$p = \mathrm{e}^{\int \frac{2}{x} \mathrm{d}x} \left[\int \mathrm{e}^{-\int \frac{2}{x} \mathrm{d}x} \cdot x^2 \mathrm{e}^x \, \mathrm{d}x + \widetilde{C}_1 \right] = x^2 (\mathrm{e}^x + \widetilde{C}_1),$$

其中 $\widetilde{C}_1$ 为任意常数.

将 $y'=p$ 代回,得 $y'=x^2 e^x+\widetilde{C}_1 x^2$,于是

$$y=\int (x^2 e^x+\widetilde{C}_1 x^2)\,\mathrm{d}x=(x^2-2x+2)e^x+\frac{1}{3}\widetilde{C}_1 x^3+C_2,$$

C_2 为任意常数.所以,原微分方程的通解为

$$y=(x^2-2x+2)e^x+C_1 x^3+C_2,$$

其中 $C_1=\frac{1}{3}\widetilde{C}_1$.

例3 求微分方程 $x^2 y''-(y')^2=0$ 的经过点$(1,0)$,且在该点处与直线 $y=x-1$ 相切的积分曲线.

解 根据题意,应先求出该微分方程的通解,其几何意义就是积分曲线族;再通过所满足条件就可得到所求的积分曲线.

该微分方程不显含未知函数 y,故令 $y'=p$,则 $y''=p'$.将它们代入该微分方程,得

$$x^2 p'-p^2=0,\quad 解得\quad p^{-1}=x^{-1}+C_1,$$

其中 C_1 为任意常数.因为所求的积分曲线在点$(1,0)$处与直线 $y=x-1$ 相切,所以在该点处的 y' 等于1,即 $y'|_{x=1}=p|_{x=1}=1$.由此初始条件可得 $C_1=0$,所以 $y'=p=x$.此式两边积分,即得

$$y=\frac{1}{2}x^2+C_2,$$

其中 C_2 为任意常数.所求的积分曲线经过$(1,0)$点,于是由上式解得 $C_2=-\frac{1}{2}$,即所求的积分曲线是

$$y=\frac{1}{2}x^2-\frac{1}{2}.$$

三、不显含自变量 x 的微分方程

形如

$$y''=f(y,y') \tag{3}$$

的微分方程的主要特点是,不显含自变量 x,且它是二阶微分方程.

方程(3)的解法是:令 $y'=p$,则 $y''=\dfrac{\mathrm{d}y'}{\mathrm{d}x}=\dfrac{\mathrm{d}p}{\mathrm{d}x}=\dfrac{\mathrm{d}p}{\mathrm{d}y}\cdot\dfrac{\mathrm{d}y}{\mathrm{d}x}=p\dfrac{\mathrm{d}p}{\mathrm{d}y}$.将它们代回原微分方程后,得到一个关于变量 y 和 p 的一阶微分方程

$$p\frac{\mathrm{d}p}{\mathrm{d}y}=f(y,p). \tag{4}$$

如果用一阶微分方程的解法求得方程(4)的通解 $p=\phi(y,C_1)$(C_1 为任意常数),则有

$$\frac{\mathrm{d}y}{\mathrm{d}x} = \phi(y, C_1), \quad 即 \quad \frac{\mathrm{d}y}{\phi(y, C_1)} = \mathrm{d}x.$$

上式两边积分,可得方程(3)的通解为

$$\int \frac{\mathrm{d}y}{\phi(y, C_1)} = x + C_2,$$

其中 C_2 为任意常数.

例 4　求微分方程 $yy'' - 2(y')^2 = 0$ 满足 $y(0) = 1, y'(0) = 2$ 的特解.

解　令 $y' = p(y)$,则 $y'' = p\dfrac{\mathrm{d}p}{\mathrm{d}y}$.将它们代入原微分方程,得

$$yp\frac{\mathrm{d}p}{\mathrm{d}y} = 2p^2.$$

上式分离变量,得 $\dfrac{\mathrm{d}p}{p} = \dfrac{2}{y}\mathrm{d}y$,解得 $p = C_1 y^2$,即 $\dfrac{\mathrm{d}y}{\mathrm{d}x} = C_1 y^2$,其中 C_1 为任意常数.

由 $y(0) = 1, y'(0) = 2$ 可得 $C_1 = 2$,故有

$$\frac{\mathrm{d}y}{\mathrm{d}x} = 2y^2.$$

上式分离变量,得 $\dfrac{\mathrm{d}y}{y^2} = 2\mathrm{d}x$;再两边积分,得

$$-\frac{1}{y} = 2x + C_2 \quad 或 \quad (2x + C_2)y + 1 = 0,$$

其中 C_2 为任意常数.由 $y(0) = 1$ 得 $C_2 = -1$,故所求的微分方程特解为

$$(2x - 1)y + 1 = 0.$$

习　题　7.4

1. 求解下列微分方程:

(1) $y''' = x - \cos x$;　　　　(2) $y''' = x\sin x$;　　　　(3) $y'' = \dfrac{1}{2y'}$;

(4) $y'' + \sqrt{1 - (y')^2} = 0$;　　(5) $y^{(5)} - \dfrac{1}{x}y^{(4)} = 0$;　　(6) $yy'' + (y')^2 = 0$;

(7) $y'' = y' + \mathrm{e}^{-x}$;　　　　(8) $yy'' - (y')^2 + 1 = 0$.

2. 求下列初值问题的解:

(1) $y'' = x - \cos x, y(0) = 1, y'(0) = 1$;

(2) $(1 + x^2)y'' = 2xy', y(0) = 1, y'(0) = 3$;

(3) $y^3 y'' + 1 = 0, y(1) = 1, y'(1) = 0$.

3. 求一条曲线,使该曲线上任意点处的曲率都等于常数 $K(K \neq 0)$.

4. 已知某条曲线,它的方程 $y = f(x)$ 满足微分方程 $1 + y'^2 = 2yy''$,并且与另一条曲线 $y = e^{1-x}$ 相切于点 $(1,1)$,求该曲线的方程.

5. 设一条曲线经过原点 O,其上任一点 M 处的切线与 x 轴交于点 T.由点 M 向 x 轴作垂线,垂足为点 P.已知三角形 MTP 的面积与曲边三角形 OMP 的面积成正比(比例系数为 k),求该曲线的方程.

6. 设一条光滑曲线过点 $A(0,a)(a>0)$,且其从点 A 算起的弧长与相应曲线弧终点处的切线斜率 $y'(y'>0)$ 成正比,比例系数为 a,求此曲线的方程.

§7.5　二阶线性微分方程

上一节我们讨论了特殊二阶微分方程的求解方法.本节将讨论如何求解二阶线性微分方程.首先,我们介绍二阶线性微分方程解的基本结构.

定义 1　形如

$$y'' + P(x)y' + Q(x)y = f(x) \tag{1}$$

的微分方程称为**二阶线性微分方程**,其中 $P(x),Q(x),f(x)$ 是已知的连续函数.

若 $f(x) \equiv 0$,则方程(1)变为

$$y'' + P(x)y' + Q(x)y = 0, \tag{2}$$

称之为**二阶线性齐次微分方程**;若 $f(x) \not\equiv 0$,则称方程(1)为**二阶线性非齐次微分方程**,并称方程(2)为方程(1)**对应的线性齐次微分方程**,其中 $f(x)$ 称为**自由项**或非齐次项.

一、二阶线性齐次微分方程解的结构

我们先考虑二阶线性齐次微分方程(2)的解的结构.

定理 1　若 y_1,y_2 是二阶线性齐次微分方程(2)的两个解,则

$$y = C_1 y_1 + C_2 y_2 \tag{3}$$

仍是方程(2)的解,其中 C_1,C_2 是任意常数.

证　将 $y = C_1 y_1 + C_2 y_2$ 代入方程(2)的左边,得

$$
\begin{aligned}
&y'' + P(x)y' + Q(x)y \\
&= (C_1 y_1 + C_2 y_2)'' + P(x)(C_1 y_1 + C_2 y_2)' + Q(x)(C_1 y_1 + C_2 y_2) \\
&= C_1[y_1'' + P(x)y_1' + Q(x)y_1] + C_2[y_2'' + P(x)y_2' + Q(x)y_2] \\
&= 0 + 0 = 0.
\end{aligned}
$$

于是,由微分方程解的定义知,$y = C_1 y_1 + C_2 y_2$ 仍为方程(2)的解.

定理 1 表明,线性齐次微分方程的解符合叠加原理.由(3)式给出的线性齐次微分方程(2)的解,在形式上也含有两个任意常数.自然我们要问:它是否一定是方程(2)的通解?回答是否定的.这是因为,根据微分方程通解的定义,只有当 C_1,C_2 这两个常数相互独立时,

(3)式才是方程(2)的通解. 例如, 微分方程 $\dfrac{\mathrm{d}^2 y}{\mathrm{d}x^2} - 2\dfrac{\mathrm{d}y}{\mathrm{d}x} + y = 0$ 有两个解 $y_1 = \mathrm{e}^x$, $y_2 = 2\mathrm{e}^x$, 但

$$y = C_1 \mathrm{e}^x + 2C_2 \mathrm{e}^x = (C_1 + 2C_2)\mathrm{e}^x = \widetilde{C}\mathrm{e}^x$$

是它的解, 而不是通解. 那么, $y_1(x)$, $y_2(x)$ 在满足什么条件时, (3)式才是方程(2)的通解呢? 为了解决这个问题, 我们需要引入一组函数线性相关与线性无关的概念.

定义 2　设 n 个函数 $y_1(x)$, $y_2(x)$, $\cdots$, $y_n(x)$ 是定义在区间 I 上的函数. 如果存在 n 个不全为零的常数 C_1, C_2, $\cdots$, C_n, 使得当 $x \in I$ 时, 有恒等式

$$C_1 y_1 + C_2 y_2 + \cdots + C_n y_n \equiv 0$$

成立, 则称 $y_1(x)$, $y_2(x)$, $\cdots$, $y_n(x)$ 在 I 上**线性相关**; 否则, 称 $y_1(x)$, $y_2(x)$, $\cdots$, $y_n(x)$ 在 I 上**线性无关**.

例如, 函数 $y_1 = \cos x$, $y_2 = \dfrac{1}{3}\cos x$ 在任何区间上都是线性相关的, $\cos^2 x$, $\sin^2 x - 1$ 在任何区间上都是线性相关的. 又如, 函数 $\cos x$, $\sin x$ 在任何区间上都是线性无关的, 函数 t, t^2 在任何区间上都是线性无关的.

由线性相关性的定义可得, 若函数 $y_1(x)$, $y_2(x)$ 中任何一个都不是另一个的倍数, 即 $\dfrac{y_1(x)}{y_2(x)} \not\equiv$ 常数, 则 $y_1(x)$ 和 $y_2(x)$ 必线性无关; 否则, 它们就是线性相关的. 这为我们提供了判断两个函数在某个区间上是否线性相关的一种简便方法.

例如, 对于函数 $y_1 = \mathrm{e}^{-x}$, $y_2 = 2x\mathrm{e}^x$, 因为

$$\frac{y_1}{y_2} = \frac{\mathrm{e}^{-x}}{2x\mathrm{e}^x} = \frac{1}{2x}\mathrm{e}^{-2x} \not\equiv 常数,$$

所以它们在区间 $(-\infty, 0)$ 和 $(0, +\infty)$ 上线性无关. 又如, 对于函数 $y_1 = 6 - 2x$, $y_2 = x - 3$, 因为

$$\frac{y_1}{y_2} = \frac{6 - 2x}{x - 3} \equiv -2,$$

因此它们在区间 $(-\infty, +\infty)$ 上线性相关.

定理 2(通解结构定理)　若 y_1, y_2 是二阶线性齐次微分方程(2)的两个线性无关的特解, 则 $y = C_1 y_1 + C_2 y_2$ 是方程(2)的通解, 其中 C_1, C_2 为任意常数.

由定理 2 可以看出, 对于二阶线性齐次微分方程, 只要求得它的两个线性无关的特解, 就可以得到它的通解. 例如, $y'' - y = 0$ 是一个二阶线性齐次微分方程, 容易看出 $y_1 = \mathrm{e}^x$, $y_2 = \mathrm{e}^{-x}$ 都是它的解, 且 $\dfrac{y_1}{y_2} = \mathrm{e}^{2x} \not\equiv$ 常数, 即 y_1, y_2 是线性无关的, 因此 $y = C_1 \mathrm{e}^x + C_2 \mathrm{e}^{-x}$ (C_1, C_2 为任意常数)是微分方程 $y'' - y = 0$ 的通解.

二、二阶线性非齐次微分方程解的结构

在一阶线性微分方程的讨论中我们已经知道, 一阶线性非齐次微分方程的通解可以表

示为其对应的线性齐次方程的通解与它本身的一个特解之和. 事实上,不仅一阶线性非齐次微分方程的通解具有这样的结构,而且二阶甚至更高阶的线性非齐次微分方程的通解也都具有这样的结构.

不难验证如下关于线性微分方程解的两条性质:

性质 1　若 y 是线性齐次微分方程(2)的解,而 y^* 是线性非齐次微分方程(1)的解,则 $y+y^*$ 也是方程(1)的解.

性质 2　若 y_1,y_2 都是线性非齐次微分方程(1)的解,则 y_1-y_2 必然是线性齐次微分方程(2)的解.

下面给出关于二阶线性非齐次微分方程解的结构.

定理 3　若 y^* 是二阶线性非齐次微分方程(1)的一个特解,$Y=C_1y_1+C_2y_2$ 是方程(1)对应的线性齐次微分方程(2)的通解,则

$$y=Y+y^*$$

是方程(1)的通解.

证　因为 y^* 和 Y 分别是方程(1)和(2)的解,所以

$$(y^*)''+P(x)(y^*)'+Q(x)y^*=f(x),\quad Y''+P(x)Y'+Q(x)Y=0.$$

又因为 $y'=Y'+(y^*)',y''=Y''+(y^*)''$,所以

$$
\begin{aligned}
y''+P(x)y'+Q(x)y &=Y''+(y^*)''+P(x)[Y'+(y^*)']+Q(x)(Y+y^*)\\
&=[Y''+P(x)Y'+Q(x)Y]+[(y^*)''+P(x)(y^*)'+Q(x)y^*]\\
&=0+f(x)=f(x).
\end{aligned}
$$

这说明 $y=Y+y^*$ 是方程(1)的解. 又因为 Y 是方程(2)的通解,Y 中含有两个相互独立的任意常数,所以 $y=Y+y^*$ 中也含有两个相互独立的任意常数,从而它是方程(1)的通解.

定理 3 给出了二阶线性非齐次微分方程通解的结构. 例如,$y''+4y=4x$ 是二阶线性非齐次微分方程,其对应的线性齐次微分方程 $y''+4y=0$ 的通解为 $Y=C_1\cos2x+C_2\sin2x$(C_1,C_2 为任意常数). 另外,注意到 $y=x$ 是微分方程 $y''+4y=4x$ 的一个特解,故微分方程 $y''+4y=4x$ 的通解为

$$y=C_1\cos2x+C_2\sin2x+x.$$

二阶线性非齐次微分方程的特解也具有可叠加性,即有下面的定理:

定理 4　设 y_1,y_2 分别是二阶线性非齐次微分方程

$$y''+P(x)y'+Q(x)y=f_1(x) \tag{4}$$

与

$$y''+P(x)y'+Q(x)y=f_2(x) \tag{5}$$

的一个特解,则函数 $y^*=y_1+y_2$ 是二阶线性非齐次微分方程

$$y''+P(x)y'+Q(x)y=f_1(x)+f_2(x) \tag{6}$$

的一个特解.

证　由于

$$(y^*)'' + P(x)(y^*)' + Q(x)y^*$$
$$= (y_1 + y_2)'' + P(x)(y_1 + y_2)' + Q(x)(y_1 + y_2)$$
$$= [y_1'' + P(x)y_1' + Q(x)y_1] + [y_2'' + P(x)y_2' + Q(x)y_2]$$
$$= f_1(x) + f_2(x),$$

因此 y^* 是方程(6)的一个特解.

例如,已知 $y = e^x$ 和 $y = \cos 2x$ 分别是二阶线性非齐次微分方程

$$y'' - 4y' + 4y = e^x \quad 和 \quad y'' - 4y' + 4y = 8\sin 2x$$

的一个特解,于是 $y = e^x + \cos 2x$ 是二阶线性非齐次微分方程

$$y'' - 4y' + 4y = e^x + 8\sin 2x$$

的一个特解.

为了求二阶线性非齐次微分方程的一个特解,当其自由项比较复杂但可以分解成若干较简单的函数之和时,定理 4 提供了一个化繁为简的途径.

上面关于二阶线性非齐次微分方程解的性质,都可以推广到一般的 n 阶线性非齐次微分方程上.

习　题　7.5

1. 下列函数组中在其定义区间内,哪些是线性无关的? 哪些是线性相关的?

(1) e^{2x}, e^{-x};　　　　　　(2) $\sin 2x, \sin x \cos x$;　　　　　　(3) $\cos^2 x - 1, 3\sin^2 x$;

(4) $\ln x^2, \ln x \ (x > 0)$;　　(5) $\sin x, x^2 \sin x$;　　　　　　(6) $e^x \sin x, e^x \cos x$.

2. 验证函数 $y_1 = x, y_2 = e^x$ 是微分方程 $y'' + \dfrac{x}{1-x}y' - \dfrac{1}{1-x}y = 0$ 的解,并写出该微分方程的通解.

3. 验证下列函数是相应微分方程的通解(其中 C_1, C_2 为任意常数):

(1) 函数 $y = C_1 + C_2 x^2 + \dfrac{1}{3}x^3$,微分方程 $xy'' - y' = x^2$;

(2) 函数 $y = C_1 e^x + C_2 e^{-x} - \dfrac{1}{2}\cos x$,微分方程 $y'' - y = \cos x$;

(3) 函数 $y = C_1 \cos 2x + C_2 \sin 2x - \dfrac{x^2}{8}\cos 2x + \dfrac{x}{16}\sin 2x$,微分方程 $y'' + 4y = x\sin 2x$;

(4) 函数 $y = x^2\left(C_1 + C_2 \ln x + x + \dfrac{1}{6}\ln^3 x\right)$,微分方程 $x^2 y'' - 3xy' + 4y = x^3 + x^2 \ln x$;

(5) 函数 $y = e^{-3x}(C_1 + C_2 x) + x$,微分方程 $y'' + 6y' + 9y = 6 + 9x$.

§7.6　二阶常系数线性齐次微分方程

　　根据二阶线性微分方程解的结构,求解二阶线性非齐次微分方程,关键在于如何求得它的一个特解和对应的线性齐次微分方程的通解.本节和下一节将讨论二阶常系数线性微分方程及其求解方法.

　　定义　形如

$$y'' + ay' + by = f(x) \tag{1}$$

的微分方程称为**二阶常系数线性微分方程**,其中 a, b 为常数,$f(x)$ 为已知的连续函数.

　　当 $f(x) \equiv 0$ 时,方程(1)变成

$$y'' + ay' + by = 0, \tag{2}$$

称之为**二阶常系数线性齐次微分方程**;当 $f(x) \not\equiv 0$ 时,称方程(1)为**二阶常系数线性非齐次微分方程**.

　　根据通解结构定理知道,只要求出方程(2)的两个线性无关的特解 $y_1(x), y_2(x)$,即可得到方程(2)的通解 $y = C_1 y_1(x) + C_2 y_2(x)$ (C_1, C_2 为任意常数).如何求出方程(2)的两个线性无关的特解呢? 为此,先来考虑:方程(2)的解应该具有什么样的形式? 从方程(2)的形式上看,它的特点是 y'', y' 与 y 各自乘以常数因子后相加等于零,即方程(2)的解 $y = y(x)$ 满足:y'', y' 与 y 应该具有相同的形式,它们之间应只相差一个常数.在初等函数中,指数函数 $e^{\lambda x}$ 符合这个要求.这就启发我们用指数函数来尝试求方程(2)的解.于是,令

$$y = e^{\lambda x},$$

其中 λ 是待定常数.将 $y = e^{\lambda x}$,$y' = \lambda e^{\lambda x}$,$y'' = \lambda^2 e^{\lambda x}$ 代入方程(2),得

$$e^{\lambda x}(\lambda^2 + a\lambda + b) = 0.$$

因为 $e^{\lambda x} \neq 0$,所以

$$\lambda^2 + a\lambda + b = 0. \tag{3}$$

也就是说,如果 λ 是代数方程(3)的根,那么 $y = e^{\lambda x}$ 就是方程(2)的解.这样,方程(2)的求解问题就转化为代数方程(3)的求根问题.称代数方程(3)为方程(2)的**特征方程**,并称它的根为方程(2)的**特征根**.

　　因为特征方程(3)是一个关于 λ 的二次代数方程,所以它的根有三种情况.下面我们根据特征方程(3)的根的不同情况分别进行讨论:

　　(1) 当 $a^2 - 4b > 0$ 时,特征方程(3)有两个不相等的实根 λ_1, λ_2,即 $\lambda_1 \neq \lambda_2$.此时,方程(2)对应有两个特解 $y_1 = e^{\lambda_1 x}$ 与 $y_2 = e^{\lambda_2 x}$.又因为

$$\frac{y_1}{y_2} = \frac{e^{\lambda_1 x}}{e^{\lambda_2 x}} = e^{(\lambda_1 - \lambda_2)x} \neq 常数,$$

即 y_1,y_2 线性无关,所以根据通解结构定理知方程(2)的通解为

$$y = C_1 e^{\lambda_1 x} + C_2 e^{\lambda_2 x},$$

其中 C_1,C_2 为任意常数.

(2) 当 $a^2-4b=0$ 时,特征方程(3)有两个相等的实根 $\lambda_1=\lambda_2=\lambda_0=-\dfrac{a}{2}$. 这时,我们得到方程(2)的一个特解 $y_1=e^{\lambda_0 x}$. 为了求方程(2)的通解,还需再求出方程(2)的与 $y_1=e^{\lambda_0 x}$ 线性无关的另一个特解 $y_2=y_2(x)$. 为此,设 $y_2=u(x)y_1=u(x)e^{\lambda_0 x}$,其中 $u(x)$ 是一个待定函数. 于是

$$y_2' = [u'(x)+\lambda_0 u(x)] e^{\lambda_0 x}, \quad y_2'' = [u''(x)+2\lambda_0 u'(x)+\lambda_0^2 u(x)] e^{\lambda_0 x}.$$

将 y_2,y_2',y_2'' 的表达式代入方程(2),得

$$e^{\lambda_0 x} [u''(x)+(2\lambda_0+a)u'(x)+(\lambda_0^2+a\lambda_0+b)u(x)] = 0.$$

因为 λ_0 是特征方程的重根,所以 $\lambda_0^2+a\lambda_0+b=0$,$2\lambda_0+a=0$,从而得 $u''(x)=0$. 容易看出,$u(x)=x$ 满足 $u''(x)=0$. 因此,$y_2=xe^{\lambda_0 x}$ 满足方程(2),从而 $y_2=xe^{\lambda_0 x}$ 是方程(2)的与 $y_1=e^{\lambda_0 x}$ 线性无关的一个特解. 所以,方程(2)的通解为

$$y = (C_1+C_2 x)e^{\lambda_0 x},$$

其中 C_1,C_2 为任意常数.

(3) 如果 $a^2-4b<0$,则特征方程(3)有一对共轭复根 $\lambda_{1,2}=\alpha\pm i\beta$ $(\beta\neq 0)$. 此时,方程(2)有两个线性无关的特解

$$y_1 = e^{\lambda_1 x} = e^{(\alpha+i\beta)x}, \quad y_2 = e^{\lambda_2 x} = e^{(\alpha-i\beta)x}.$$

这是复数形式的解. 但是,在实际问题中常常需要实数形式的解. 为了得到实数形式的解,利用欧拉公式 $e^{i\theta}=\cos\theta+i\sin\theta$,有

$$y_1 = e^{\alpha x}(\cos\beta x+i\sin\beta x), \quad y_2 = e^{\alpha x}(\cos\beta x-i\sin\beta x).$$

它们的线性组合 $Y_1=\dfrac{1}{2}(y_1+y_2)=e^{\alpha x}\cos\beta x$,$Y_2=\dfrac{1}{2i}(y_1-y_2)=e^{\alpha x}\sin\beta x$ 也是方程(2)的解,且 $\dfrac{Y_1}{Y_2}=\cot\beta x\neq$ 常数. 所以,方程(2)的通解为

$$y = C_1 Y_1(x)+C_2 Y_2(x) = e^{\alpha x}(C_1\cos\beta x+C_2\sin\beta x).$$

综上所述,可以得到求二阶常系数线性齐次微分方程

$$y''+ay'+by=0$$

的通解的步骤如下:

(1) 写出该微分方程的特征方程 $\lambda^2+a\lambda+b=0$;

(2) 求出特征方程的两个根 λ_1,λ_2;

(3) 根据两个根的不同情况,分别写出该微分方程的通解,如表 7.1 所示,其中 C_1, C_2 为任意常数.

表 7.1

特征方程 $\lambda^2 + a\lambda + b = 0$ 的两个根 λ_1, λ_2	微分方程 $y'' + ay' + by = 0$ 的通解
两个不相等的实根 $\lambda_1 \neq \lambda_2$	$y = C_1 e^{\lambda_1 x} + C_2 e^{\lambda_2 x}$
两个相等的实根 $\lambda_1 = \lambda_2 = \lambda_0$	$y = (C_1 + C_2 x) e^{\lambda_0 x}$
一对共轭复根 $\lambda_{1,2} = \alpha \pm \beta i$	$y = e^{\alpha x}(C_1 \cos\beta x + C_2 \sin\beta x)$

这种根据特征方程的根直接确定二阶常系数线性齐次微分方程通解的方法称为**特征方程法**.

例 1 求微分方程 $y'' - 2y' - 8y = 0$ 的通解.

解 该微分方程的特征方程为 $\lambda^2 - 2\lambda - 8 = 0$,即 $(\lambda - 4)(\lambda + 2) = 0$,特征根为 $\lambda_1 = 4$,$\lambda_2 = -2$,故所求的微分方程通解为
$$y = C_1 e^{4x} + C_2 e^{-2x},$$
其中 C_1, C_2 为任意常数.

例 2 求微分方程 $y'' + 4y' + 4y = 0$ 满足初始条件 $y(0) = 0, y'(0) = 1$ 的特解.

解 先求通解,再求满足初始条件的特解.

该微分方程的特征方程为 $\lambda^2 + 4\lambda + 4 = 0$,解得特征根 $\lambda_1 = \lambda_2 = -2$,故该微分方程的通解为
$$y = (C_1 + C_2 x) e^{-2x},$$
其中 C_1, C_2 为任意常数.

对上述通解代入初始条件 $y(0) = 0, y'(0) = 1$,得 $C_1 = 0, C_2 = 1$,所以该微分方程满足初始条件的特解为 $y = x e^{-2x}$.

例 3 求微分方程 $y'' - 2y' + 3y = 0$ 的通解.

解 该微分方程的特征方程为 $\lambda^2 - 2\lambda + 3 = 0$,解得特征根 $\lambda_{1,2} = 1 \pm \sqrt{2}\,i$. 这是一对共轭复根,因此所求的微分方程通解为
$$y = e^x(C_1 \cos\sqrt{2}\,x + C_2 \sin\sqrt{2}\,x),$$
其中 C_1, C_2 为常数.

上述关于二阶常系数线性齐次微分方程的讨论可以推广到 n 阶常系数线性齐次微分方程上.

设有 n 阶常系数线性齐次微分方程
$$y^{(n)} + a_1 y^{(n-1)} + \cdots + a_{n-1} y' + a_n y = 0, \tag{4}$$
其中 $a_1, \cdots, a_{n-1}, a_n$ 为常数. 我们称 n 次代数方程
$$\lambda^n + a_1 \lambda^{n-1} + \cdots + a_{n-1}\lambda + a_n = 0 \tag{5}$$

为方程(4)的**特征方程**,而称代数方程(5)的根为方程(4)的**特征根**.

代数方程(5)有 n 个根,相应于这些根,微分方程(4)的通解具有的特点如表 7.2 所示,其中 $C,C_0,C_1,C_2,\cdots,C_{k-1},D_0,D_1,D_2,\cdots,D_{k-1}$ 为任意常数.

表　7.2

特征方程(5)的根	微分方程(4)的通解的特点
一个单实根 λ_0	$Ce^{\lambda_0 x}$ （一项）
一对共轭复根 $\alpha\pm\beta i\,(\beta\neq 0)$	$e^{\alpha x}(C_1\cos\beta x+C_2\sin\beta x)$ （两项）
一个 k 重实根 λ_0	$e^{\lambda_0 x}(C_0+C_1 x+\cdots+C_{k-1}x^{k-1})$ （k 项）
一对 k 重共轭复根 $\alpha\pm\beta i\,(\beta\neq 0)$	$e^{\alpha x}(C_0+C_1 x+\cdots+C_{k-1}x^{k-1})\cos\beta x$ $+e^{\alpha x}(D_0+D_1 x+\cdots+D_{k-1}x^{k-1})\sin\beta x$ （$2k$ 项）

例 4　求微分方程 $y^{(4)}-3y'''+3y''-y'=0$ 的通解.

解　该微分方程的特征方程为 $\lambda^4-3\lambda^3+3\lambda^2-\lambda=0$,即 $\lambda(\lambda-1)^3=0$,解得特征根
$$\lambda_1=0,\quad \lambda_2=\lambda_3=\lambda_4=1.$$

特征根 $\lambda_1=0$ 为单实根,意味着所求的微分方程通解中含有 $C_1 e^{0\cdot x}=C_1$;

特征根 $\lambda_2=1$ 为三重实根,意味着所求的微分方程通解中含有 $e^x(C_2+C_3 x+C_4 x^2)$.

因此,微分方程 $y^{(4)}-3y'''+3y''-y'=0$ 的通解为
$$y=C_1+e^x(C_2+C_3 x+C_4 x^2),$$

其中 C_1,C_2,C_3,C_4 为任意常数.

例 5　求微分方程 $y^{(5)}+2y'''+y'=0$ 的通解.

解　该微分方程的特征方程为 $\lambda^5+2\lambda^3+\lambda=0$,即 $\lambda(\lambda^2+1)^2=0$,解得特征根
$$\lambda_1=0,\quad \lambda_2=\lambda_3=i,\quad \lambda_4=\lambda_5=-i.$$

特征根 $\lambda_1=0$ 为单实根,意味着所求的微分方程通解中含有 $C_1 e^{0\cdot x}=C_1$;

特征根 $\lambda=\pm i$ 为二重共轭复根,意味着所求的微分方程通解中含有
$$e^{0\cdot x}(C_2+C_3 x)\cos x+e^{0\cdot x}(C_4+C_5 x)\sin x.$$

因此,微分方程 $y^{(5)}+2y'''+y'=0$ 的通解为
$$y=C_1+(C_2+C_3 x)\cos x+(C_4+C_5 x)\sin x,$$

其中 C_1,C_2,C_3,C_4,C_5 为任意常数.

习　题　7.6

1. 求下列微分方程的通解:

(1) $y''-9y=0$;　　　　(2) $y''-3y'-18y=0$;　　　(3) $4y''+4y'+y=0$;

(4) $y''+5y=0$;　　　　(5) $y''-2y'+4y=0$;　　　(6) $y'''-3y''+3y'-y=0$;

(7) $y^{(4)}+4y''+4y=0$;　　(8) $y^{(4)}+5y''-36y=0$.

2. 求下列初值问题的解：

(1) $y''-2y'-15y=0, y(0)=2, y'(0)=2$;

(2) $y''-2y'+5y=0, y(0)=0, y'(0)=2$;

(3) $y''+4y'+4y=0, y(0)=1, y'(0)=1$;

(4) $y''+25y=0, y(0)=2, y'(0)=5$.

3. 写出具有特解 $y_1=\mathrm{e}^{-x}, y_2=2x\mathrm{e}^{-x}, y_3=3\mathrm{e}^x$ 的三阶常系数线性齐次微分方程.

4. 设连续函数 $y=f(x)$ 满足 $f(x)=x+1-\int_0^x (t-x)f(t)\mathrm{d}t$.

(1) 证明：$y=f(x)$ 满足微分方程 $y''-y=0$;

(2) 求 $f(x)$ 的表达式.

§7.7 二阶常系数线性非齐次微分方程

二阶常系数线性非齐次微分方程的一般形式为

$$y''+ay'+by=f(x), \tag{1}$$

其中 a,b 为常数，$f(x)$ 为自由项或非齐次项.

由二阶线性非齐次微分方程解的结构定理(§7.5 的定理 3)可知，方程(1)的通解是它对应的线性齐次微分方程

$$y''+ay'+by=0 \tag{2}$$

的通解 Y 与它本身的一个特解 y^* 之和，即 $y=Y+y^*$.上一节已经介绍了求方程(2)的通解的方法，本节只需讨论如何求方程(1)的一个特解 y^*.

方程(1)的特解形式与其自由项 $f(x)$ 有关，下面仅就 $f(x)$ 为两种常见的特殊类型函数进行讨论.

一、$f(x)=P_n(x)\mathrm{e}^{\mu x}$

若方程(1)的自由项为

$$f(x)=P_n(x)\mathrm{e}^{\mu x},$$

其中 μ 是常数，$P_n(x)$ 是 n 次多项式，即 $f(x)$ 是多项式与指数函数的乘积，由于 $f(x)$ 这类函数的各阶导数仍为多项式与指数函数的乘积，可以猜想，这时方程(1)应该有多项式与指数函数乘积形式的特解.

为此，设方程

$$y''+ay'+by=P_n(x)\mathrm{e}^{\mu x} \tag{3}$$

的特解为 $y^*=Q(x)\mathrm{e}^{\mu x}$，其中 $Q(x)$ 是待定的多项式.

容易得到

$$(y^*)' = e^{\mu x}[Q'(x) + \mu Q(x)], \quad (y^*)'' = e^{\mu x}[Q''(x) + 2\mu Q'(x) + \mu^2 Q(x)].$$

将 y^*,$(y^*)'$,$(y^*)''$ 的表达式代入方程(3),再两边乘以 $e^{-\mu x}$,得

$$Q''(x) + (2\mu + a)Q'(x) + (\mu^2 + a\mu + b)Q(x) = P_n(x). \tag{4}$$

以下我们分三种情况加以讨论:

(1) 当 μ 不是特征方程 $\lambda^2 + a\lambda + b = 0$ 的根时,有 $\mu^2 + a\mu + b \neq 0$. 由于(4)式的右端是 n 次多项式,因此 $Q(x)$ 也必须是 n 次多项式. 所以,可设特解为 $y^* = Q_n(x)e^{\mu x}$,其中

$$Q_n(x) = c_0 x^n + c_1 x^{n-1} + \cdots + c_{n-1} x + c_n,$$

这里 $c_i(i = 0, 1, 2, \cdots, n)$ 是待定系数. 将所设定的特解代入方程(4),并通过比较两边 x 的同次幂系数来确定 $c_i(i = 0, 1, 2, \cdots, n)$.

(2) 当 μ 是特征方程的单根时,必有 $\mu^2 + a\mu + b = 0$,而 $2\mu + a \neq 0$,于是方程(4)为如下形式:

$$Q''(x) + (2\mu + a)Q'(x) = P_n(x). \tag{5}$$

因此,$Q'(x)$ 必须是 n 次多项式,即 $Q(x)$ 是 $n+1$ 次多项式. 故可设特解为 $y^* = xQ_n(x)e^{\mu x}$,并且可用与(1)同样的方法来确定 $Q_n(x)$ 的系数 $c_i(i = 0, 1, 2, \cdots, n)$.

(3) 当 μ 是特征方程的二重根时,必有 $\mu^2 + a\mu + b = 0$,且 $2\mu + a = 0$,于是方程(4)为如下形式:

$$Q''(x) = P_n(x). \tag{6}$$

由(6)式可见,$Q''(x)$ 必须是 n 次多项式,从而 $Q(x)$ 是 $n+2$ 次多项式,故可设特解为 $y^* = x^2 Q_n(x)e^{\mu x}$,并用与(1)同样的方法确定 $Q_n(x)$ 的系数 $c_i(i = 0, 1, 2, \cdots, n)$.

综上所述,如果 $f(x) = P_n(x)e^{\mu x}$,则可假设方程(1)有如下形式的特解:

$$y^* = x^k Q_n(x)e^{\mu x},$$

其中 $Q_n(x)$ 是与 $P_n(x)$ 同次的待定多项式,按 λ 不是特征方程的根,是特征方程的单根,或是特征方程的二重根,k 分别取 $0, 1$ 或 2.

例1　求微分方程 $y'' - 2y' - 8y = 2x^2 - 1$ 的一个特解.

解　这里 $P(x) = (2x^2 - 1)e^{0 \cdot x}$,因此 $\mu = 0, n = 2$.

特征方程 $\lambda^2 - 2\lambda - 8 = 0$ 的两个根是 $\lambda_1 = 4, \lambda_2 = -2$.

由于 $\mu = 0$ 不是特征方程的根,因此原微分方程必有一个形如

$$y^* = x^0 e^{0 \cdot x}(c_0 x^2 + c_1 x + c_2) = c_0 x^2 + c_1 x + c_2$$

的特解,其中 c_0, c_1, c_2 为待定常数. 将此特解代入原微分方程,得

$$(c_0 x^2 + c_1 x + c_2)'' - 2(c_0 x^2 + c_1 x + c_2)' - 8(c_0 x^2 + c_1 x + c_2) = 2x^2 - 1,$$

即　　　　　　$-8c_0 x^2 + (-8c_1 - 4c_0)x + 2c_0 - 2c_1 - 8c_2 = 2x^2 - 1.$

比较上式两边同次幂的系数,得

$$\begin{cases} -8c_0 = 2, \\ -8c_1 - 4c_0 = 0, \\ 2c_0 - 2c_1 - 8c_2 = -1, \end{cases}$$

解得 $c_0 = -\dfrac{1}{4}$, $c_1 = \dfrac{1}{8}$, $c_2 = \dfrac{1}{32}$. 因此,原微分方程有一个特解

$$y^* = -\frac{1}{4}x^2 + \frac{1}{8}x + \frac{1}{32}.$$

例 2 求微分方程 $y'' + 4y' + 4y = 6x\mathrm{e}^{-2x}$ 的通解.

解 先求对应的线性齐次微分方程的通解.

特征方程为 $\lambda^2 + 4\lambda + 4 = 0$,特征根为 $\lambda_1 = \lambda_2 = -2$,所以对应的线性齐次微分方程
$$y'' + 4y' + 4y = 0$$
的通解为
$$Y = (C_1 + C_2 x)\mathrm{e}^{-2x},$$
其中 C_1, C_2 为任意常数.

再求原微分方程的一个特解.

原微分方程的自由项为 $f(x) = 6x\mathrm{e}^{-2x}$,属于 $P_n(x)\mathrm{e}^{\mu x}$ 型,其中 $n = 1$, $P_1(x) = 6x$, $\mu = -2$,且 $\mu = -2$ 是特征方程的二重根,故设特解为
$$y^* = x^2(c_0 x + c_1)\mathrm{e}^{-2x},$$
其中 C_0, C_1 为待定常数. 求得
$$(y^*)' = \mathrm{e}^{-2x}[-2c_0 x^3 + (3c_0 - 2c_1)x^2 + 2c_1 x],$$
$$(y^*)'' = \mathrm{e}^{-2x}[4c_0 x^3 + (-12c_0 + 4c_1)x^2 + (6c_0 - 8c_1)x + 2c_1].$$
将 y^*, $(y^*)'$, $(y^*)''$ 的表达式代入原微分方程并整理,得 $6c_0 x + 2c_1 = 6x$. 比较此式两边 x 同次幂的系数,得 $c_0 = 1$, $c_1 = 0$,于是 $y^* = x^3 \mathrm{e}^{-2x}$.

所以,原微分方程的通解为
$$y = (C_1 + C_2 x + x^3)\mathrm{e}^{-2x}.$$

二、$f(x) = \mathrm{e}^{\alpha x}[P_l(x)\cos\beta x + P_n(x)\sin\beta x]$

若方程(1)的自由项为
$$f(x) = \mathrm{e}^{\alpha x}[P_l(x)\cos\beta x + P_n(x)\sin\beta x],$$
其中 α, β 为常数,$P_l(x)$, $P_n(x)$ 分别为 l, n 次多项式,根据 $f(x)$ 的特点,方程(1)的特解 y^* 应具有与 $f(x)$ 相似的形式,故可设方程(1)有如下形式的特解:
$$y^* = x^k \mathrm{e}^{\alpha x}[R_m^{(1)}(x)\cos\beta x + R_m^{(2)}(x)\sin\beta x],$$
其中 $R_m^{(1)}(x)$ 与 $R_m^{(2)}(x)$ 是 m 次多项式,$m = \max\{l, n\}$,而 k 根据 $\alpha + \mathrm{i}\beta$(或 $\alpha - \mathrm{i}\beta$)不是特征根或是特征根分别取 0 或 1.

以上结论可以推广到 n 阶常系数线性非齐次微分方程的情形.

例 3 求微分方程 $y'' - y = \mathrm{e}^{-x}\cos x$ 的一个特解.

解 特征方程是 $\lambda^2 - 1 = 0$,特征根是 $\lambda_{1,2} = \pm 1$.

这里自由项为 $f(x)=\mathrm{e}^{-x}\cos x=\mathrm{e}^{-x}(\cos x+0\cdot\sin x)$，此时 $\alpha=-1,\beta=1,P_l(x)=1$，$P_n(x)=0$. 因为 $\alpha\pm\mathrm{i}\beta=-1\pm\mathrm{i}$ 不是特征根，且 $P_l(x),P_n(x)$ 均为零次多项式，所以设特解为

$$y^{*}=\mathrm{e}^{-x}(A\cos x+B\sin x),$$

其中 A,B 为待定常数. 求得

$$
\begin{aligned}
(y^{*})' &=\mathrm{e}^{-x}(-A\sin x+B\cos x)-\mathrm{e}^{-x}(A\cos x+B\sin x)\\
&=\mathrm{e}^{-x}[(B-A)\cos x-(A+B)\sin x],\\
(y^{*})'' &=\mathrm{e}^{-x}(-A\cos x-B\sin x)-\mathrm{e}^{-x}(-A\sin x+B\cos x)\\
&\quad -\mathrm{e}^{-x}(-A\sin x+B\cos x)+\mathrm{e}^{-x}(A\cos x+B\sin x)\\
&=\mathrm{e}^{-x}(-2B\cos x+2A\sin x).
\end{aligned}
$$

将 $y^{*},(y^{*})',(y^{*})''$ 的表达式代入原微分方程，整理得

$$(2A-B)\sin x-(A+2B)\cos x=\cos x.$$

比较上式两边 $\sin x,\cos x$ 的系数，得

$$
\begin{cases}
2A-B=0,\\
A+2B=-1,
\end{cases}
\quad 解出 \quad A=-\frac{1}{5},B=-\frac{2}{5}.
$$

所以，原微分方程的一个特解为

$$y^{*}=\mathrm{e}^{-x}\left(-\frac{1}{5}\cos x-\frac{2}{5}\sin x\right).$$

例 4　求微分方程 $y''-2y'+2y=\mathrm{e}^{x}\sin x$ 满足初始条件 $y|_{x=0}=0,y'|_{x=0}=1$ 的特解.

解　特征方程为 $\lambda^2-2\lambda+2=0$，特征根为 $\lambda_{1,2}=1\pm\mathrm{i}$，于是对应的线性齐次微分方程的通解为

$$Y=\mathrm{e}^{x}(C_1\cos x+C_2\sin x).$$

这里自由项为 $f(x)=\mathrm{e}^{x}\sin x$，此时 $\alpha=1,\beta=1,P_l(x)=0,P_n(x)=1$. 因为 $\alpha\pm\mathrm{i}\beta=1\pm\mathrm{i}$ 是特征根，且 $P_l(x),P_n(x)$ 均为零次多项式，所以设特解为

$$y^{*}=x\mathrm{e}^{x}(A\cos x+B\sin x),$$

其中 A,B 为待定常数. 求得

$$
\begin{aligned}
(y^{*})' &=(1+x)\mathrm{e}^{x}(A\cos x+B\sin x)+x\mathrm{e}^{x}(-A\sin x+B\cos x),\\
(y^{*})'' &=2\mathrm{e}^{x}(A\cos x+B\sin x)+2(x+1)\mathrm{e}^{x}(-A\sin x+B\cos x).
\end{aligned}
$$

将 $y^{*},(y^{*})',(y^{*})''$ 的表达式代入原微分方程，整理得

$$2\mathrm{e}^{x}(-A\sin x+B\cos x)=\mathrm{e}^{x}\sin x.$$

比较上式两边 $\mathrm{e}^{x}\sin x,\mathrm{e}^{x}\cos x$ 的系数有 $-2A=1,2B=0$，于是 $A=-\frac{1}{2},B=0$. 故原微分方程的一个特解为

$$y^* = -\frac{1}{2}x\,\mathrm{e}^x\cos x.$$

因此,原微分方程的通解为

$$y = Y + y^* = \mathrm{e}^x(C_1\cos x + C_2\sin x) - \frac{1}{2}x\,\mathrm{e}^x\cos x.$$

把初始条件 $y|_{x=0}=0$, $y'|_{x=0}=1$ 代入原微分方程的通解,求出 $C_1=0$, $C_2=\frac{3}{2}$. 所以,原微分方程满足初始条件的特解为

$$y = \frac{3}{2}\mathrm{e}^x\sin x - \frac{1}{2}x\,\mathrm{e}^x\cos x.$$

习 题 7.7

1. 求下列微分方程的通解:

(1) $y'' + y' - 2y = x\mathrm{e}^x$;   (2) $y'' + y' - 6y = x^3$;

(3) $y'' + 6y' + 9y = x\mathrm{e}^{-3x}$;   (4) $y'' + 6y' + 8y = \mathrm{e}^{-2x} + \mathrm{e}^{-4x}$;

(5) $y'' + y' = \sin^2 x$;   (6) $y'' + y = \mathrm{e}^x + \cos x$.

2. 求下列微分方程满足给定初始条件的特解:

(1) $y'' + 2y' + 4y = x$, $y(0) = y'(0) = 1$;

(2) $y'' + 3y' + 2y = 2x\mathrm{e}^{-x}$, $y(0) = 1$, $y'(0) = 0$;

(3) $y'' + 4y = x\cos x$, $y(0) = 0$, $y'(0) = 1$;

(4) $y'' + 2y' + y = \mathrm{e}^{-x}$, $y(0) = y'(0) = 0$.

3. 给出下列二阶常系数线性非齐次微分方程的特解形式(不必求出待定系数):

(1) $y'' + 8y' + 16y = (x^2+1)\mathrm{e}^{-4x}$;   (2) $y'' + 2y' + 5y = (x+1)\mathrm{e}^x\sin 2x$;

(3) $y'' + 2y' - 3y = x(\mathrm{e}^x+\sin x) + \mathrm{e}^{-x}$;   (4) $y'' - 2y' + 2y = 2x\mathrm{e}^{2x}\cos x$.

4. 已知函数 $y=f(x)$ 所确定的曲线与 x 轴相切于原点,且满足

$$f(x) = 2 + \sin x - f''(x),$$

试求 $f(x)$ 的表达式.

5. 求微分方程 $y''' + y' = \cos x$ 满足初始条件 $y''(0)=0$, $y'(0)=1$, $y(0)=1$ 的特解.

§7.8 综 合 例 题

一、一阶微分方程的求解

某些一阶微分方程虽然本身不是齐次方程或可分离变量的微分方程,但可以通过变量代换化为齐次方程或可分离变量的微分方程.

例 1 求微分方程 $\mathrm{d}y - (y\cos x + \sin 2x)\mathrm{d}x = 0$ 的通解.

解 原微分方程可化为

$$\frac{\mathrm{d}y}{\mathrm{d}x} - y\cos x = \sin 2x. \tag{1}$$

这是一阶线性非齐次方程,其中 $P(x) = -\cos x$, $Q(x) = \sin 2x$.

方法 1 用常数变易法求解.

先求对应的线性齐次微分方程 $\frac{\mathrm{d}y}{\mathrm{d}x} - y\cos x = 0$ 的通解. 分离变量,得

$$\frac{1}{y}\mathrm{d}y = \cos x\,\mathrm{d}x;$$

再两边积分,得

$$\ln y = \sin x + \ln C,$$

即通解为 $y = C\mathrm{e}^{\sin x}$,其中 C 为任意常数.

再求原微分方程的通解. 设原微分方程有通解

$$y = u(x)\mathrm{e}^{\sin x},$$

则

$$\frac{\mathrm{d}y}{\mathrm{d}x} = \frac{\mathrm{d}u}{\mathrm{d}x}\mathrm{e}^{\sin x} + u\mathrm{e}^{\sin x}\cos x.$$

将 y, $\frac{\mathrm{d}y}{\mathrm{d}x}$ 的表示式代入原微分方程,得

$$\frac{\mathrm{d}u}{\mathrm{d}x} = \mathrm{e}^{-\sin x}\sin 2x.$$

上式两边积分得

$$u(x) = \int \mathrm{e}^{-\sin x}\sin 2x\,\mathrm{d}x = -2(1 + \sin x)\mathrm{e}^{-\sin x} + C,$$

其中 C 为任意常数. 故所求的微分方程通解为

$$y = u(x)\mathrm{e}^{\sin x} = C\mathrm{e}^{\sin x} - 2(1 + \sin x).$$

方法 2 用 $u(x) = \mathrm{e}^{\int p(x)\mathrm{d}x} = \mathrm{e}^{-\int \cos x\,\mathrm{d}x} = \mathrm{e}^{-\sin x}$ 乘以方程(1)的两边,得

$$\frac{\mathrm{d}y}{\mathrm{d}x}\mathrm{e}^{-\sin x} - \cos x \cdot y\mathrm{e}^{-\sin x} = \sin x 2x \cdot \mathrm{e}^{-\sin x}, \quad \text{即} \quad (y\mathrm{e}^{-\sin x})' = \sin 2x \cdot \mathrm{e}^{-\sin x},$$

积分得

$$y\mathrm{e}^{-\sin x} = -2(1 + \sin x)\mathrm{e}^{-\sin x} + C,$$

故所求的微分方程通解为

$$y = C\mathrm{e}^{\sin x} - 2(1 + \sin x).$$

例 2 求微分方程 $\frac{\mathrm{d}y}{\mathrm{d}x} = -\frac{2x + y - 3}{x + y - 2}$ 的通解.

解 令 $x=X+h, y=Y+k$,其中 h, k 为待定常数,于是 $\mathrm{d}x=\mathrm{d}X, \mathrm{d}y=\mathrm{d}Y$. 将它们代入原微分方程,得

$$\frac{\mathrm{d}Y}{\mathrm{d}X}=-\frac{2X+Y+2h+k-3}{X+Y+h+k-2}. \tag{2}$$

令 $2h+k-3=0, h+k-2=0$,得 $h=1, k=1$,此时方程(2)可化为

$$\frac{\mathrm{d}Y}{\mathrm{d}X}=-\frac{2X+Y}{X+Y}=-\frac{2+\dfrac{Y}{X}}{1+\dfrac{Y}{X}}.$$

这是一个齐次方程. 令 $u=\dfrac{Y}{X}$,则 $\dfrac{\mathrm{d}Y}{\mathrm{d}X}=X\dfrac{\mathrm{d}u}{\mathrm{d}X}+u$. 于是,上面的方程化为

$$X\frac{\mathrm{d}u}{\mathrm{d}X}+u=-\frac{2+u}{1+u}.$$

分离变量,得

$$-\frac{(1+u)\mathrm{d}u}{u^2+2u+2}=\frac{\mathrm{d}X}{X};$$

再两边积分,得

$$\ln C_1-\frac{1}{2}\ln(u^2+2u+2)=\ln|X| \quad \text{或} \quad \ln(u^2+2u+2)+2\ln|X|=2\ln C_1,$$

即

$$2X^2+2XY+Y^2=C_2, \tag{3}$$

其中 $C_2=C_1^2, C_1$ 为任意常数.

将 $X=x-1, Y=y-1$ 代入(3)式,即可得原微分方程的通解

$$2x^2+2xy+y^2-6x-4y=C \quad (C=C_2-5).$$

例3 设函数 $F(x)=f(x)g(x)$,其中函数 $f(x), g(x)$ 在区间 $(-\infty, +\infty)$ 内满足以下条件:

$$f'(x)=g(x), \quad g'(x)=f(x), \quad f(0)=0, \quad f(x)+g(x)=2\mathrm{e}^x.$$

(1) 求 $F(x)$ 所满足的一阶微分方程;   (2) 求 $F(x)$ 的表达式.

解 (1) 由于

$$F'(x)=f'(x)g(x)+f(x)g'(x)=g^2(x)+f^2(x)$$

$$=[f(x)+g(x)]^2-2f(x)g(x)=4\mathrm{e}^{2x}-2F(x),$$

所以 $F(x)$ 所满足的一阶微分方程为

$$F'(x)+2F(x)=4\mathrm{e}^{2x}.$$

(2) 由一阶线性微分方程的通解公式得 $F(x)$ 具有以下形式:

$$F(x)=\mathrm{e}^{-\int 2\mathrm{d}x}\left(\int 4\mathrm{e}^{2x}\cdot\mathrm{e}^{\int 2\mathrm{d}x}\mathrm{d}x+C\right)=\mathrm{e}^{-2x}\left(\int 4\mathrm{e}^{4x}\mathrm{d}x+C\right)=\mathrm{e}^{2x}+C\mathrm{e}^{-2x},$$

其中 C 为待定常数.将 $F(0)=f(0)g(0)=0$ 代入上式,可求得 $C=-1$,故

$$F(x)=\mathrm{e}^{2x}-\mathrm{e}^{-2x}.$$

例 4　设河边点 O 的正对岸为点 A,河宽 $|OA|=h$,河两岸为平行直线,水流速度为 a. 一只鸭子从点 A 游向点 O,设该鸭子在静水中的速度为 b ($b>a$),且其游动方向始终朝着点 O,求该鸭子游动的轨迹方程.

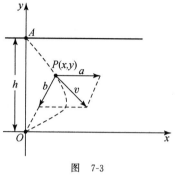

解　如图 7-3 所示,取点 O 为原点,河岸为 x 轴,顺水方向为其正向,y 轴指向对岸.设 t 时刻该鸭子位于点 $P(x,y)$,则该鸭子的水平方向速度和垂直方向速度分别为

图　7-3

$$v_x=\frac{\mathrm{d}x}{\mathrm{d}t},\quad v_y=\frac{\mathrm{d}y}{\mathrm{d}t}.$$

故有 $\dfrac{\mathrm{d}x}{\mathrm{d}y}=\dfrac{v_x}{v_y}$.而已知水流速度为 a,又由题设易知该鸭子在静水中点 $P(x,y)$ 处的水平方向速度和垂直方向速度分别为 $\dfrac{-bx}{\sqrt{x^2+y^2}}$,$\dfrac{-by}{\sqrt{x^2+y^2}}$,于是

$$v_x=a-\frac{bx}{\sqrt{x^2+y^2}},\quad v_y=-\frac{by}{\sqrt{x^2+y^2}}.$$

因此

$$\frac{\mathrm{d}x}{\mathrm{d}y}=\frac{v_x}{v_y}=-\frac{a}{b}\sqrt{\left(\frac{x}{y}\right)^2+1}+\frac{x}{y}. \tag{4}$$

下面求解微分方程(4).令 $\dfrac{x}{y}=u$,即 $x=uy$,得

$$y\frac{\mathrm{d}u}{\mathrm{d}y}=-\frac{a}{b}\sqrt{u^2+1}.$$

分离变量,得

$$\frac{\mathrm{d}u}{\sqrt{u^2+1}}=-\frac{a}{by}\mathrm{d}y;$$

再两边积分,得

$$\mathrm{arsh}u=-\frac{a}{b}(\ln y+\ln C).$$

将 $u=\dfrac{x}{y}$ 代入上式,得

$$\mathrm{arsh}\frac{x}{y}=-\frac{a}{b}(\ln y+\ln C),$$

于是 $\qquad \dfrac{x}{y}=\text{shln}(Cy)^{-\frac{a}{b}}$, 即 $\quad \dfrac{x}{y}=\dfrac{1}{2}\left[(Cy)^{-\frac{a}{b}}-(Cy)^{\frac{a}{b}}\right]$,

故方程(4)的通解为

$$2Cx=(Cy)^{1-\frac{a}{b}}-(Cy)^{1+\frac{a}{b}},$$

其中 C 为大于零的任意常数.

以 $x|_{y=h}=0$ 代入上式,得 $C=\dfrac{1}{h}$,故该鸭子游动的轨迹方程为

$$x=\dfrac{h}{2}\left[\left(\dfrac{y}{h}\right)^{1-\frac{a}{b}}-\left(\dfrac{y}{h}\right)^{1+\frac{a}{b}}\right], \quad 0\leqslant y\leqslant h.$$

例 5 设函数 $y=f(x)$ 在区间 $[1,+\infty)$ 上连续.若由曲线 $y=f(x)$,直线 $x=1,x=t$ $(t>1)$ 与 x 轴所围成的平面图形绕 x 轴旋转而成的旋转体体积为

$$V(t)=\dfrac{\pi}{3}\left[t^2f(t)-f(1)\right],$$

试求 $y=f(x)$ 所满足的微分方程,并求此微分方程满足初始条件$y|_{x=2}=\dfrac{2}{9}$的特解.

解 该旋转体的体积 $V(t)=\pi\displaystyle\int_1^t f^2(x)\mathrm{d}x$,于是由题设有

$$\pi\int_1^t f^2(x)\mathrm{d}x=\dfrac{\pi}{3}\left[t^2f(t)-f(1)\right],$$

其中 $t>1$.上式两边对 t 求导数,得 $f^2(t)=\dfrac{1}{3}\left[2tf(t)+t^2f'(t)\right]$,即

$$t^2\dfrac{\mathrm{d}y}{\mathrm{d}t}+2ty=3y^2,$$

其中 $y=f(t)$.所以,$y=f(x)$ 满足的微分方程是

$$x^2\dfrac{\mathrm{d}y}{\mathrm{d}x}+2xy=3y^2,$$

它是一个齐次方程.

令 $u=\dfrac{y}{x}$,即可化为

$$\dfrac{\mathrm{d}u}{3u(u-1)}=\dfrac{\mathrm{d}x}{x}.$$

上式两边积分,有$\dfrac{u-1}{u}=Cx^3$,其中 C 为任意常数.将 $u=\dfrac{y}{x}$代入此式,可得

$$y=f(x)=\dfrac{x}{1-Cx^3}.$$

由初始条件$y|_{x=2}=\dfrac{2}{9}$得 $C=-1$,于是所求的特解为

$$f(x) = \frac{x}{1+x^3} \quad (x>1).$$

二、有关二阶微分方程解的例题

例 6　设微分方程 $y'' + ay' + by = ce^x$ 的一个特解为 $y_0 = e^{2x} + (1+x)e^x$,试确定常数 a, b, c 的值,并求该微分方程的通解.

解　把 y_0 代入原微分方程,整理得
$$(4 + 2a + b)e^{2x} + (3 + 2a + b)e^x + (1 + a + b)xe^x = ce^x,$$
于是
$$\begin{cases} 4 + 2a + b = 0, \\ 3 + 2a + b = c, \\ 1 + a + b = 0, \end{cases}$$
解得 $a = -3, b = 2, c = -1$. 故原微分方程为
$$y'' - 3y' + 2y = -e^x.$$
特征方程为 $\lambda^2 - 3\lambda + 2 = 0$,因此特征根为 $\lambda_1 = 1, \lambda_2 = 2$. 所以,原微分方程对应的线性齐次微分方程的通解为
$$Y = C_1 e^x + C_2 e^{2x},$$
其中 C_1, C_2 为任意常数.

由于 $y_0 = e^{2x} + e^x + xe^x$ 为原微分方程的特解,而 $e^{2x} + e^x$ 是对应线性齐次微分方程的解,因此 xe^x 为原微分方程的特解,从而原微分方程的通解为
$$y = C_1 e^x + C_2 e^{2x} + xe^x.$$

例 7　已知 $y_1 = 3, y_2 = 3 + e^{2x}, y_3 = 3 + e^x$ 是某个二阶常系数线性非齐次微分方程的解,求它的通解和该微分方程.

解　由于 y_1, y_2, y_3 是所求二阶常系数线性非齐次微分方程的特解,故 $y_2 - y_1 = e^{2x}$, $y_3 - y_1 = e^x$ 是对应的线性齐次微分方程的特解. 而 $\dfrac{e^{2x}}{e^x} = e^x \not\equiv$ 常数,从而 e^{2x} 与 e^x 线性无关,所以对应的线性齐次微分方程的通解为 $C_1 e^{2x} + C_2 e^x$,其中 C_1, C_2 为任意常数. 故所求的二阶常系数线性非齐次微分方程通解为
$$y = C_1 e^{2x} + C_2 e^x + 3.$$

由二阶常系数线性齐次微分方程的通解与特征根的关系知,特征根为 $\lambda_1 = 1, \lambda_2 = 2$,特征方程为 $\lambda^2 - 3\lambda + 2 = 0$,相应的二阶常系数线性齐次微分方程为
$$y'' - 3y' + 2y = 0.$$
于是,设所求的二阶常系数线性非齐次微分方程为

$$y'' - 3y' + 2y = f(x).$$

把 $y = C_1 e^{2x} + C_2 e^x + 3$ 代入该微分方程，求得 $f(x) = 6$，故所求的二阶常系数线性非齐次微分方程为

$$y'' - 3y' + 2y = 6.$$

例 8 求微分方程 $x^2 y'' + 2xy' - 6y = x$ 的通解.

解 令 $x = e^t$，即 $t = \ln x$，则由复合函数的求导法则可得

$$\frac{\mathrm{d}y}{\mathrm{d}x} = \frac{\mathrm{d}y}{\mathrm{d}t} \cdot \frac{\mathrm{d}t}{\mathrm{d}x} = \frac{1}{x} \cdot \frac{\mathrm{d}y}{\mathrm{d}t}, \quad 即 \quad x \frac{\mathrm{d}y}{\mathrm{d}x} = \frac{\mathrm{d}y}{\mathrm{d}t};$$

$$\frac{\mathrm{d}^2 y}{\mathrm{d}x^2} = \frac{1}{x^2}\left[x \frac{\mathrm{d}}{\mathrm{d}x}\left(\frac{\mathrm{d}y}{\mathrm{d}t}\right) - \frac{\mathrm{d}y}{\mathrm{d}t}\right] = \frac{1}{x^2}\left(\frac{\mathrm{d}^2 y}{\mathrm{d}t^2} - \frac{\mathrm{d}y}{\mathrm{d}t}\right), \quad 即 \quad x^2 \frac{\mathrm{d}^2 y}{\mathrm{d}x^2} = \frac{\mathrm{d}^2 y}{\mathrm{d}t^2} - \frac{\mathrm{d}y}{\mathrm{d}t}.$$

将它们代入原微分方程，可得 $\frac{\mathrm{d}^2 y}{\mathrm{d}t^2} - \frac{\mathrm{d}y}{\mathrm{d}t} + 2\frac{\mathrm{d}y}{\mathrm{d}t} - 6y = e^t$，即

$$\frac{\mathrm{d}^2 y}{\mathrm{d}t^2} + \frac{\mathrm{d}y}{\mathrm{d}t} - 6y = e^t. \tag{5}$$

方程（5）对应的线性齐次微分方程的特征方程为 $\lambda^2 + \lambda - 6 = 0$，可求得特征根 $\lambda_1 = 2$，$\lambda_2 = -3$. 于是，方程（4）对应的线性齐次微分方程的通解为

$$Y = C_1 e^{2t} + C_2 e^{-3t},$$

其中 C_1, C_2 为任意常数.

由于 $f(t) = e^t, \mu = 1$ 不是特征根，因此可设方程（5）的一个特解为 $y^* = A e^t$，其中 A 为待定常数. 代入方程（5），可求得 $A = -\frac{1}{4}$. 因此，方程（5）的通解为

$$y = Y + y^* = C_1 e^{2t} + C_2 e^{-3t} - \frac{1}{4} e^t.$$

故所求的微分方程通解为

$$y = C_1 x^2 + \frac{C_2}{x^3} - \frac{1}{4} x.$$

例 8 中的微分方程是一个欧拉方程. **欧拉方程**的一般形式为

$$x^n y^{(n)} + a_1 x^{n-1} y^{(n-1)} + \cdots + a_{n-1} xy' + a_n y = f(x),$$

其中 $a_1, a_2, \cdots, a_n$ 为常数. 欧拉方程均可以通过变量代换 $x = e^t$ 化为常系数线性微分方程来求解.

一些含有积分的方程可以通过两边求导数去掉积分，化为微分方程.

例 9 设函数 $f(x) = \cos x - \int_0^x (x-t) f(t) \mathrm{d}t$，且 $f(x)$ 连续，求 $f(x)$ 的表达式.

解 所给的等式两边对 x 求导数，得

$$f'(x) = -\sin x - \left[x \int_0^x f(t) \mathrm{d}t - \int_0^x t f(t) \mathrm{d}t \right]'$$

$$= -\sin x - \int_0^x f(t) \mathrm{d}t - x f(x) + x f(x)$$

$$= -\sin x - \int_0^x f(t) \mathrm{d}t; \tag{6}$$

再对 x 求导数,得

$$f''(x) = -\cos x - f(x), \quad 即 \quad f''(x) + f(x) = -\cos x.$$

在所给的等式中令 $x = 0$,得 $f(0) = \cos 0 - 0 = 1$. 在(6)式中令 $x = 0$,得 $f'(0) = -\sin 0 = 0$. 记 $y = f(x)$,于是得到初值问题

$$\begin{cases} y'' + y = -\cos x, \\ y(0) = 1, y'(0) = 0. \end{cases} \tag{7}$$

方程(7)对应的线性齐次微分方程的特征方程为 $\lambda^2 + 1 = 0$,特征根为 $\lambda_{1,2} = \pm \mathrm{i}$,故方程(7)对应的线性齐次微分方程的通解为

$$Y = C_1 \cos x + C_2 \sin x,$$

其中 C_1, C_2 为任意常数.

设方程(7)的一个特解为 $y_0 = x(a\cos x + b\sin x)$,其中 a, b 为待定常数. 将它代入方程(7),解得

$$a = 0, \quad b = -\frac{1}{2}.$$

于是,得到方程(7)的一个特解 $y^* = -\frac{1}{2} x \sin x$.

故方程(7)的通解为

$$y = C_1 \cos x + C_2 \sin x - \frac{x}{2} \sin x.$$

由初始条件 $y(0) = 1, y'(0) = 0$ 得 $C_1 = 1, C_2 = 0$,于是

$$f(x) = \cos x - \frac{x}{2} \sin x.$$

例 10　设对于任意的 $x > 0$,曲线 $y = f(x)$ 在点 $(x, f(x))$ 处的切线在 y 轴上的截距为 $\frac{1}{x} \int_0^x f(t) \mathrm{d}t$,求 $f(x)$ 的一般表达式.

解　曲线 $y = f(x)$ 在点 $(x, f(x))$ 处的切线方程为

$$Y - f(x) = f'(x)(X - x).$$

令 $X = 0$,得点 $(x, f(x))$ 处的切线在 y 轴上的截距为 $Y = f(x) - x f'(x)$.

由题意知 $\frac{1}{x} \int_0^x f(t) \mathrm{d}t = f(x) - x f'(x)$,即

$$\int_0^x f(t)\mathrm{d}t = x[f(x) - xf'(x)].$$

上式两边对 x 求导数并化简,得 $xf''(x) + f'(x) = 0$,即 $\dfrac{\mathrm{d}}{\mathrm{d}x}[xf'(x)] = 0$,于是 $xf'(x) = C_1$,从而

$$f(x) = C_1\ln x + C_2,$$

其中 C_1,C_2 为任意常数.

例 11 求微分方程

$$\begin{cases} y'' + y = x, & x \leqslant \dfrac{\pi}{2}, \\[2mm] y'' + 4y = 0, & x > \dfrac{\pi}{2} \end{cases}$$

满足条件 $y\big|_{x=0} = y'\big|_{x=0} = 0$,且在点 $x = \dfrac{\pi}{2}$ 处连续可微(指一阶导数连续)的特解.

解 当 $x \leqslant \dfrac{\pi}{2}$ 时,所求的特解满足

$$\begin{cases} y'' + y = x, \\ y\big|_{x=0} = y'\big|_{x=0} = 0. \end{cases} \tag{8}$$

方程(8)对应的线性齐次微分方程的特征根为 $\lambda_{1,2} = \pm\mathrm{i}$,所以方程(8)对应的线性齐次微分方程的通解为

$$Y = C_1\cos x + C_2\sin x,$$

其中 C_1,C_2 为任意常数.

由于 $\mu = 0$ 不是特征方程的根,因此设方程(8)的一个特解为

$$y^* = Ax + B,$$

其中 A,B 为待定常数. 将它代入方程(8),可得 $A = 1,B = 0$,于是 $y^* = x$. 故方程(8)的通解为

$$y = C_1\cos x + C_2\sin x + x.$$

由 $y\big|_{x=0} = y'\big|_{x=0} = 0$ 可得 $C_1 = 0,C_2 = -1$,因此

$$y = -\sin x + x \quad \left(x \leqslant \dfrac{\pi}{2}\right).$$

由于所求的特解在点 $x = \dfrac{\pi}{2}$ 处连续可微,于是

$$y\big|_{x=\pi/2} = (-\sin x + x)\big|_{x=\pi/2} = \dfrac{\pi}{2} - 1, \quad y'\big|_{x=\pi/2} = (-\cos x + 1)\big|_{x=\pi/2} = 1.$$

故当 $x \geqslant \dfrac{\pi}{2}$ 时,所求的特解满足

$$\begin{cases} y'' + 4y = 0, & (9) \\ y|_{x=\pi/2} = \dfrac{\pi}{2} - 1, \; y'|_{x=\pi/2} = 1. \end{cases}$$

方程(9)的特征根为 $\lambda_{1,2} = \pm 2i$,所以方程(9)的通解为

$$y = C_1 \cos 2x + C_2 \sin 2x,$$

其中 C_1, C_2 为任意常数. 由 $y|_{x=\pi/2} = \dfrac{\pi}{2} - 1, \; y'|_{x=\pi/2} = 1$ 可得 $C_1 = 1 - \dfrac{\pi}{2}, C_2 = -\dfrac{1}{2}$,因此

$$y = \left(1 - \frac{\pi}{2}\right)\cos 2x - \frac{1}{2}\sin 2x \quad \left(x \geqslant \frac{\pi}{2}\right).$$

综上可得,所求的特解为

$$y = \begin{cases} -\sin x + x, & x \leqslant \dfrac{\pi}{2}, \\[2mm] -\dfrac{1}{2}\sin 2x + \left(1 - \dfrac{\pi}{2}\right)\cos 2x, & x > \dfrac{\pi}{2}. \end{cases}$$

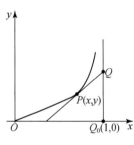

图　7-4

例 12　如图 7-4 所示,位于原点 O 的我方舰艇向位于 x 轴上点 $Q_0(1,0)$ 处的敌方舰艇发射制导鱼雷,使鱼雷永远对准敌方舰艇. 设敌方舰艇以速度 v_0 沿与 y 轴正向一致的方向行驶,又设鱼雷的速度为 $5v_0$,求鱼雷的航迹曲线方程.

解　设 $P(x,y)$ 为鱼雷航迹曲线上的任意一点,在同一时刻敌方舰艇在点 $Q(1,Y)$ 处. 显然,在 t 时刻,$Y = v_0 t$,$\dfrac{\mathrm{d}Y}{\mathrm{d}t} = v_0$. 又知鱼雷的速度为 $5v_0$,故

$$\sqrt{\left(\frac{\mathrm{d}x}{\mathrm{d}t}\right)^2 + \left(\frac{\mathrm{d}y}{\mathrm{d}t}\right)^2} = 5v_0 = 5\frac{\mathrm{d}Y}{\mathrm{d}t}, \quad \text{即} \quad \sqrt{1 + \left(\frac{\mathrm{d}y}{\mathrm{d}x}\right)^2} = 5\frac{\mathrm{d}Y}{\mathrm{d}x}.$$

由导数的几何意义知 $\dfrac{\mathrm{d}y}{\mathrm{d}x} = \dfrac{Y-y}{1-x}$,即 $Y = y + (1-x)\dfrac{\mathrm{d}y}{\mathrm{d}x}$. 由此得 $\dfrac{\mathrm{d}Y}{\mathrm{d}x} = (1-x)\dfrac{\mathrm{d}^2 y}{\mathrm{d}x^2}$,于是

$$\sqrt{1 + \left(\frac{\mathrm{d}y}{\mathrm{d}x}\right)^2} = 5(1-x)\frac{\mathrm{d}^2 y}{\mathrm{d}x^2}.$$

令 $p = \dfrac{\mathrm{d}y}{\mathrm{d}x}$,则上式变为

$$\frac{\mathrm{d}p}{\sqrt{1+p^2}} = \frac{1}{5(1-x)}\mathrm{d}x.$$

上式两边积分并整理,可得

$$(1-x)^{-\frac{1}{5}} = C\left(p + \sqrt{1+p^2}\right),$$

其中 C 为任意常数.

由于 $t=0$ 时，$x=0$，$y=0$，$\dfrac{\mathrm{d}y}{\mathrm{d}x}=p=0$，解得 $C=1$，故

$$(1-x)^{-\frac{1}{5}}=p+\sqrt{1+p^2}.$$

利用 $\sqrt{1+p^2}-p=\dfrac{1}{\sqrt{1+p^2}+p}=(1-x)^{\frac{1}{5}}$，则有

$$\frac{\mathrm{d}y}{\mathrm{d}x}=p=\frac{1}{2}\left[(1-x)^{-\frac{1}{5}}-(1-x)^{\frac{1}{5}}\right].$$

上式两边积分，得

$$y=\frac{1}{2}\left[-\frac{5}{4}(1-x)^{\frac{4}{5}}+\frac{5}{6}(1-x)^{\frac{6}{5}}\right]+C_1,$$

其中 C_1 为任意常数. 因为 $y\big|_{x=0}=0$，所以 $C_1=\dfrac{5}{24}$. 因此，鱼雷的航迹曲线方程为

$$y=\frac{1}{2}\left[-\frac{5}{4}(1-x)^{\frac{4}{5}}+\frac{5}{6}(1-x)^{\frac{6}{5}}\right]+\frac{5}{24}.$$

部分习题答案与提示

习 题 1.1

1. (1) $(-\infty,-1)\cup(-1,2)\cup(2,+\infty)$；　(2) $[-\sqrt{2},0)\cup(0,\sqrt{2}\,]$；　(3) $\left(\dfrac{1}{2},+\infty\right)$；　(4) $[-4,0]$.

2. (1) 偶函数；　(2) 偶函数；　(3) 奇函数；　(4) 非奇非偶函数.

4. (1) 不是；　(2) 是,周期为 $T=4$.　　**5.** (B).

6. (1) $y=\dfrac{x+2}{x-1},x\neq1$；　　(2) $y=\dfrac{\log_2 x-1}{3},x>0$.

7. (1) $y=u^3,u=2+v,v=\sqrt{w},w=x^2+1$；　(2) $y=\mathrm{e}^u,u=3\arcsin v,v=2x+1$.

8. $f[g(x)]=\begin{cases}1,&-1\leqslant x\leqslant0,\\0,&x<-1\text{ 或 }x>0.\end{cases}$　　**9.** $f(x)=x^2+7$.

习 题 1.2

4. 必定发散.　　**5.** (1) 未必；　(2) 一定；　(3) 未必.

6. (1) 4；　(2) $\dfrac{1}{2}$；　(3) $-\dfrac{3}{2}$.

习 题 1.3

2. (1) 不存在；　(2) 不存在　　**3.** (A).　　**4.** (B).

习 题 1.4

1. (1) 错；　(2) 对；　(3) 错；　(4) 错；　(5) 错；　(6) 对；　(7) 对；　(8) 错.

2. (1) 无穷小；　(2) 无穷大；　(3) 无穷小；　(4) 无穷小；　(5) 无穷大.

3. (A).　　**4.** (D).

习 题 1.5

1. (1) 1；　(2) 0；　(3) 2；　(4) ∞；　(5) $2x$；　(6) 1；　(7) $\dfrac{1}{2}$；　(8) $\dfrac{1}{4}$.

2. (1) 1；　(2) 0；　(3) $\dfrac{1}{1024}$；　(4) 9.　　**3.** $\dfrac{3}{2}$.　　**4.** -6.

习 题 1.6

1. (1) $\dfrac{3}{2}$；　(2) 3；　(3) 1；　(4) 1；　(5) $\dfrac{1}{8}$；　(6) 1.

2. (1) $e^{\frac{5}{3}}$； (2) e^{-6}； (3) e^3； (4) e^{-2}； (5) e^3.

4. 0.

习 题 1.7

1. (1) 一阶； (2) 二阶； (3) 四阶.   **2.** (B).

3. (1) 1； (2) 2； (3) $\dfrac{1}{4}$； (4) -2.

习 题 1.8

1. (1) 连续； (2) 连续； (3) 不连续； (4) 不连续.

2. $k=\dfrac{1}{4}$.   **3.** $f(0)=2$.   **4.** $a=0$.

5. (1) $x=0$,第二类中的无穷间断点.

  (2) $x=1$,第一类中的可去间断点,补充定义 $f(1)=-\dfrac{1}{2}$；$x=-1$,第二类中的无穷间断点.

  (3) $x=0$,第二类中的振荡间断点.   (4) $x=0$,第一类中的跳跃间断点.

6. (1) $\dfrac{1}{a}$； (2) $\dfrac{1}{2}$； (3) 1； (4) $\dfrac{1}{2}$； (5) 1.

习 题 2.1

1. (1) $f'(x)=\dfrac{1}{2\sqrt{x+1}}$,$f'(0)=\dfrac{1}{2}$,$f'(1)=\dfrac{1}{2\sqrt{2}}$；

  (2) $f'(x)=-\dfrac{1}{(x+5)^2}$,$f'(0)=-\dfrac{1}{25}$,$f'(1)=-\dfrac{1}{36}$；

  (3) $f'(x)=-2\sin(2x+5)$,$f'(0)=-2\sin 5$,$f'(1)=-2\sin 7$.

2. 切线方程：$y=\dfrac{1}{2}x+\dfrac{1}{2}$；法线方程：$y=-2x+3$.

3. $y=3x+3$ 与 $y=3x-1$.

4. (1) $5-g-\dfrac{1}{2}g\Delta t$； (2) $5-g$； (3) $5-gt_0-\dfrac{1}{2}g\Delta t$； (4) $5-gt_0$.

5. (1) $f'(x_0)$； (2) $2f'(x_0)$；   (3) $2f'(x_0)$；   (4) $\dfrac{3}{2}f'(x_0)$.

6. (1) $f'(0)$； (2) $2tf'(0)$.

8. (1) 在点 $x=0$ 处连续,不可导； (2) 在点 $x=0$ 处连续,不可导.

9. $f'(0)=1$.   **10.** $a=2x_0$,$b=-x_0^2$.

11. (D).   **12.** (C).   **13.** (C).   **16.** $(-1,1)$,$\left(\dfrac{1}{4},\dfrac{1}{16}\right)$.

部分习题答案与提示

习　题　2.2

1. (1) $6x^2+\dfrac{1}{x^3}+\sqrt[3]{\dfrac{2}{x^2}}$;　(2) $10x^9-10^x\ln10$;　(3) $4t-\dfrac{1}{2t\sqrt{t}}+\dfrac{1}{t^2}$;　(4) $\dfrac{7}{8}x^{-\frac{1}{8}}$;　(5) $-\dfrac{1}{2x\sqrt{x}}-\dfrac{1}{2\sqrt{x}}$;

(6) $\alpha\beta\left[x^{\beta-1}+x^{\alpha-1}+(\alpha+\beta)x^{\alpha+\beta-1}\right]$;　　　(7) $3x^2-12x+11$;　(8) $\cos x\ln x-x\sin x\ln x+\cos x$;

(9) $\cos x\cdot\arcsin x+\dfrac{\sin x}{\sqrt{1-x^2}}$;　(10) $-\dfrac{2}{(1+x)^2}$;　(11) $-\dfrac{2}{x(1+\ln x)^2}$;　(12) $-\dfrac{1}{1+\sin x}$;

(13) $\dfrac{(1+x^2)\sec^2 x-2x\tan x}{(1+x^2)^2}$;　(14) $-\dfrac{x+(1+x^2)\text{arccot}\,x}{x^2(1+x^2)}$.

2. (1) $-\mathrm{e}^{\pi}$;　(2) $-\dfrac{1}{18}$;　(3) $n!$.

3. (1) $\mathrm{ch}x$;　(2) $\mathrm{sh}x$;　(3) $\dfrac{1}{6\sqrt{x}(1+\sqrt{x})^{\frac{2}{3}}}$;　(4) $\dfrac{3x^2\cos x^3}{2\sqrt{\sin x^3}}$;　(5) $-\dfrac{x}{\sqrt{1+x^2}}\sin\sqrt{1+x^2}$;

(6) $\cot x$;　(7) $-3^{\sin x}\ln3\cos x\sin3^{\sin x}$;　　　(8) $-2^{\cos(\arctan x^2)}\ln2\sin(\arctan x^2)\dfrac{2x}{1+x^4}$;

(9) $\dfrac{4x^3}{(2x+1)^5}$;　　(10) $\dfrac{1}{\sqrt{x^2+a^2}}$;　　(11) $3^{\frac{x}{\ln x}}\ln3\dfrac{\ln x-1}{\ln^2 x}$;

(12) $-\dfrac{1}{x^2}\mathrm{e}^{\tan\frac{1}{x}}\left(\cos\dfrac{1}{x}+\sin\dfrac{1}{x}\sec^2\dfrac{1}{x}\right)$;　　(13) $\dfrac{1}{2\sqrt{1-x^2}\sqrt{\ln(\arcsin x)}\arcsin x}$;

(14) $-\dfrac{1}{1+x^2}$;　　(15) $\arccos\dfrac{x}{2}$;　　(16) $2\mathrm{e}^x\sqrt{1-\mathrm{e}^{2x}}$.

4. (1) $2xf'(x^2)+2f(x)f'(x)$;　(2) $\sin2x[f'(\sin^2 x)-f'(\cos^2 x)]$;

(3) $\mathrm{e}^{f(x)}[\mathrm{e}^x f'(\mathrm{e}^x)+f'(x)f(\mathrm{e}^x)]$.

5. $\dfrac{f(x)f'(x)+g(x)g'(x)}{\sqrt{f^2(x)+g^2(x)}}$.　　**6.** $\dfrac{f'(x)g(x)-\log_{g(x)}f(x)g'(x)f(x)}{f(x)g(x)\ln g(x)}$.

7. (1) $-\dfrac{1}{(1+x)\sqrt{2x(1-x)}}$;　　(2) $\dfrac{1-\sqrt{1-x^2}}{x^2\sqrt{1-x^2}}$;　　(3) $\dfrac{2}{x\ln3x\cdot\ln(\ln3x)}$;

(4) $\dfrac{1+2\sqrt{x}+4\sqrt{x}\sqrt{x+\sqrt{x}}}{8\sqrt{x}\sqrt{x+\sqrt{x}}\sqrt{x+\sqrt{x+\sqrt{x}}}}$;　　(5) $\cos\{f[\sin f(x)]\}f'[\sin f(x)]f'(x)\cos f(x)$.

9. (1) $\mathrm{e}^{\mathrm{ch}x}(\mathrm{sh}^2 x+\mathrm{ch}x)$;　　(2) $3\mathrm{sh}^2 x\,\mathrm{ch}x+3\mathrm{ch}^2 x\,\mathrm{sh}x$;　　(3) $\dfrac{2x}{\sqrt{x^4+2x^2}}$;

(4) $\mathrm{e}^{\mathrm{ch}2x+\sqrt{1-x}}\left(2\mathrm{sh}2x-\dfrac{1}{2\sqrt{1-x}}\right)$.

10. $v(t)=-k(T_0-T_1)\mathrm{e}^{-kt}$.　　**11.** $\dfrac{\mathrm{d}m}{\mathrm{d}t}=-km_0\mathrm{e}^{-kt}$.

12. (1) $v(t)=v_0-gt$;　　(2) $\dfrac{v_0^2}{2g}$;　　(3) $\dfrac{2v_0}{g}$.

习 题 2.3

1. (1) $2\cos x - x\sin x$;　　　(2) $2\mathrm{e}^{-t}\sin t$;　　　(3) $-\dfrac{2(1+x^2)}{(1-x^2)^2}$;

(4) $-2\cos 2x \cdot \ln x - \dfrac{2}{x}\sin 2x - \dfrac{1}{x^2}\cos^2 x$;　　　(5) $2\arctan x + \dfrac{2x}{1+x^2}$;

(6) $-\dfrac{2\sin(\ln x)}{x}$;　　　(7) $-\dfrac{x}{(1+x^2)^{\frac{3}{2}}}$;　　　(8) $\dfrac{2}{(1-x^2)^{\frac{3}{2}}}\left(\sqrt{1-x^2}+x\arcsin x\right)$;

(9) $\dfrac{3x}{(1-x^2)^{\frac{5}{2}}}$;　　　(10) $\dfrac{3x+2x^3}{(1+x^2)^{\frac{3}{2}}}$.

2. (1) $\dfrac{10}{27}$;　　　(2) $\dfrac{\sin 2 - 2\cos 2}{\mathrm{e}^2}$.

3. (1) $f''(\sin x)\cos^2 x - f'(\sin x)\sin x$;　　　(2) $\dfrac{f''(x)f(x)-[f'(x)]^2}{f^2(x)}$.

4. $\dfrac{\mathrm{d}^2 y}{\mathrm{d}x^2}=\begin{cases}2, & x>0,\\ -2, & x<0,\end{cases}$ $y''(0)$不存在.　　　**5.** $\dfrac{2-\ln x}{x\ln^3 x}$.　　　**6.** $-\dfrac{y''}{y'^3}$.

7. (1) $\dfrac{(-1)^{n-1}(n-1)!}{(1+x)^n}$;　　(2) $(n+x)\mathrm{e}^x$;　　(3) $2^{n-1}\sin\left(2x+\dfrac{n-1}{2}\pi\right)$;　　(4) $\dfrac{2(-1)^n n!}{(1+x)^{n+1}}$.

8. $-90\times 7!$.

习 题 2.4

1. (1) $\dfrac{ay-x^2}{y^2-ax}$;　(2) $-\sqrt{\dfrac{y}{x}}$;　(3) $-\dfrac{\sin(x+y)}{\mathrm{e}^y+\sin(x+y)}$;　(4) $-\dfrac{1+y\sin xy}{x\sin xy}$.

2. 切线方程:$y=x-4$;法线方程:$y=-x$.

3. (1) $\dfrac{2(y+\mathrm{e}^x)-x\mathrm{e}^x}{x^2}$;　(2) $\dfrac{2x^2 y\left[3(y^2+1)^2+2x^4(1-y^2)\right]}{(y^2+1)^3}$;　(3) $-\dfrac{b^4}{a^2 y^3}$;　(4) $\dfrac{2y(1+y^2)}{(2+y^2)^3}$.

4. (1) $\dfrac{1}{2}\sqrt{\dfrac{(2x-1)(1-3x)}{(x-1)(5-2x)}}\left(\dfrac{2}{2x-1}-\dfrac{3}{1-3x}-\dfrac{1}{x-1}+\dfrac{2}{5-2x}\right)$;

(2) $\dfrac{(2x+3)^6\sqrt[3]{x-5}}{\sqrt{x+2}}\left[\dfrac{12}{2x+3}+\dfrac{1}{3(x-5)}-\dfrac{1}{2(x+2)}\right]$;

(3) $\left(\dfrac{a}{b}\right)^x\left(\dfrac{b}{x}\right)^a\left(\dfrac{x}{a}\right)^b\left(\ln\dfrac{a}{b}-\dfrac{a}{x}+\dfrac{b}{x}\right)$.

5. (1) $\dfrac{\mathrm{d}y}{\mathrm{d}x}=\dfrac{1}{(1-t)^2}$;　(2) $\dfrac{\mathrm{d}y}{\mathrm{d}x}=-t\cos t$;　(3) $\dfrac{\mathrm{d}y}{\mathrm{d}x}=\dfrac{b(t^2+1)}{a(t^2-1)}$;　(4) $\dfrac{\mathrm{d}y}{\mathrm{d}x}=\dfrac{2t}{1-t^2}$.

6. (1) $\dfrac{\mathrm{d}^2 y}{\mathrm{d}x^2}=\dfrac{3}{4t}$;　　　(2) $\dfrac{\mathrm{d}^2 y}{\mathrm{d}x^2}=\dfrac{1}{f''(t)}$.

8. 切线方程:$\sqrt{2}x+y-2=0$;法线方程:$x-\sqrt{2}y-\sqrt{2}=0$.

部分习题答案与提示

9. $144\pi\ \mathrm{m^2/s}$. **10.** $\dfrac{16}{25}$ cm/min≈ 0.64 cm/min.

习 题 2.5

1. 当 $\Delta x=1$ 时，$\Delta y=18$，$\mathrm{d}y=11$；当 $\Delta x=0.1$ 时，$\Delta y=1.161$，$\mathrm{d}y=1.1$；

当 $\Delta x=0.01$ 时，$\Delta y=0.110601$，$\mathrm{d}y=0.11$.

2. (1) $\dfrac{3}{2}x^2+C$；　(2) $\dfrac{1}{\omega}\sin\omega x+C$；　(3) $\ln|x-1|+C$；　(4) $-\dfrac{1}{3}\mathrm{e}^{-3x}+C$；

(5) $2\sqrt{x}+C$；　(6) $\dfrac{1}{5}\tan 5x+C$.

3. (B)，(D).

4. (a) $\Delta y>0$，$\mathrm{d}y>0$，$\Delta y-\mathrm{d}y>0$；　(b) $\Delta y>0$，$\mathrm{d}y>0$，$\Delta y-\mathrm{d}y<0$；

(c) $\Delta y<0$，$\mathrm{d}y<0$，$\Delta y-\mathrm{d}y<0$；　(d) $\Delta y<0$，$\mathrm{d}y<0$，$\Delta y-\mathrm{d}y>0$.

5. (1) $\mathrm{d}y=(1-x+x^2-x^3)\mathrm{d}x$；　(2) $\mathrm{d}y=\mathrm{e}^{ax}(\alpha\sin\beta x+\beta\cos\beta x)\mathrm{d}x$；　(3) $\mathrm{d}y=\dfrac{1}{2(x-1)}\mathrm{d}x$；

(4) $\mathrm{d}y=\dfrac{2x+x^2}{(1+x)^2}\mathrm{d}x$；　(5) $\mathrm{d}y=x^2\mathrm{e}^x(3\sin x+x\sin x+x\cos x)\mathrm{d}x$；　(6) $\mathrm{d}y=\begin{cases}\dfrac{\mathrm{d}x}{\sqrt{1-x^2}}，&-1<x<0，\\[3mm]-\dfrac{\mathrm{d}x}{\sqrt{1-x^2}}；&0<x<1；\end{cases}$

(7) $\mathrm{d}y=\sin 2x\cdot\mathrm{e}^{\sin^2 x}\mathrm{d}x$；　　(8) $\mathrm{d}y=-2\mathrm{e}^{2(\gamma-ax)}\cos(\omega x+\beta)[\omega\sin(\omega x+\beta)+\alpha\cos(\omega x+\beta)]\mathrm{d}x$.

6. (1) $\mathrm{d}y\Big|_{x=1}=(2-\sin 1)\mathrm{d}x$；　(2) $\mathrm{d}y\Big|_{x=0.1}=-2100\mathrm{d}x$，$\mathrm{d}y\Big|_{x=0.01}=-2010000\mathrm{d}x$；

(3) $\mathrm{d}y\Big|_{x=1}=\left(2\ln 2+\dfrac{5}{2}\right)\mathrm{d}x$；　(4) $\mathrm{d}y\Big|_{t=1}=6\mathrm{d}x$.

7. $\mathrm{d}y=\varphi'(x)\mathrm{e}^{\varphi(x)}f'[\mathrm{e}^{\varphi(x)}]\mathrm{d}x$. 　**8.** (1) $\mathrm{d}y=\dfrac{x+y}{y-x}\mathrm{d}x$；　(2) $\mathrm{d}y=\dfrac{y}{x-y}\mathrm{d}x$.

10. (1) 0.98；　　(2) 0.4950；　　(3) 0.0002；　　(4) 2.0017.

11. 体积为 $V\approx 343\,000\ \mathrm{cm^3}$，$\delta_V\approx 1470\ \mathrm{cm^3}$，$\dfrac{\delta_V}{V}\approx 0.4\%$.

12. 3%.

习 题 3.1

1. 有且仅有三个实根，分别位于区间 $(0,1)$，$(1,3)$，$(3,5)$ 内.

2. 利用罗尔中值定理证明（需应用两次罗尔中值定理）.

3. 令 $F(x)=xf(x)$，利用罗尔中值定理证明.

4. 令 $F(x)=a_0x+\dfrac{1}{2}a_1x^2+\cdots+\dfrac{1}{n+1}x^{n+1}$，利用罗尔中值定理证明.

5. (1) 令 $f(x)=\arctan x+\mathrm{arccot}\,x$，利用拉格朗日中值定理的推论证明.

(2) 令 $f(x) = \arctan x - \arcsin \dfrac{x}{\sqrt{1+x^2}}$，利用拉格朗日中值定理的推论证明.

6. (1) 令 $f(x) = \ln(1+x)$，利用拉格朗日中值定理证明.

(2) 令 $f(x) = \arctan x$，利用拉格朗日中值定理证明.

(3) 令 $f(x) = \ln x$，利用拉格朗日中值定理证明.

7. 用反证法.

8. 令 $F(x) = \begin{vmatrix} f(a) & f(x) \\ g(a) & g(x) \end{vmatrix}$，利用拉格朗日中值定理证明.

习　题　3.2

1. (1) $-\dfrac{5}{7}$；　(2) $\ln\dfrac{2}{3}$；　(3) $\dfrac{1}{2}$；　(4) $-\dfrac{1}{8}$；　(5) 0；　(6) 0；

(7) $\dfrac{1}{2}$；　　(8) $-\dfrac{1}{2}$；　(9) e^{-1}；　(10) 1.

2. 不能用洛必达法则.　(1) 1；　(2) 1.

3. $a = -3, b = \dfrac{9}{2}$.　　　　**4.** $c = \ln 2$.

习　题　3.3

1. $-5 + 9(x+1) - 11(x+1)^2 + 10(x+1)^3 - 5(x+1)^4 + (x+1)^5$.

2. $1 + \dfrac{1}{2}(x-1) - \dfrac{1}{8}(x-1)^2 + \dfrac{1}{16}(x-1)^3 - \dfrac{5}{128}(x-1)^4 + o[(x-1)^4]$.

3. $1 - (x-1) + (x-1)^2 - \cdots + (-1)^n(x-1)^n + (-1)^{n+1} \dfrac{(x-1)^{n+1}}{[1+\theta(x-1)]^{n+1}},\ 0 < \theta < 1$.

4. $x + \dfrac{1}{3!}x^3 + \dfrac{1}{5!}x^5 + \dfrac{1}{7!}x^7 + o(x^7)$.　　　**5.** $x + \dfrac{1}{3}x^3 + o(x^3)$.

6. (1) 3.1072；　　(2) 0.3090.　　　　**7.** (1) $\dfrac{1}{3}$；　(2) $\dfrac{1}{2}$；　(3) $\dfrac{1}{3}$；　(4) $\dfrac{1}{4}$.

习　题　3.4

1. (1) 单调减少；　(2) 单调增加.

3. (1) 单调增加区间为 $(-\infty, -1]$ 和 $[1, +\infty)$，单调减少区间为 $[-1, 1]$；

(2) 单调减少区间为 $(0, 2]$，单调增加区间为 $[2, +\infty)$；

(3) 单调增加区间为 $(-\infty, -1)$ 和 $[0, 1]$，单调减少区间为 $[-1, 0]$ 和 $[1, +\infty)$；

(4) 单调增加区间为 $\left[\dfrac{1}{2}, +\infty\right)$，单调减少区间为 $\left(-\infty, -\dfrac{1}{2}\right]$.

4. (1) 令 $f(x) = 1 + x\ln(x + \sqrt{1+x^2}) - \sqrt{1+x^2}$，利用 $f(x)$ 的单调性证明；

(2) 令 $f(x) = (1+x)\ln(1+x) - \arctan x$，利用 $f(x)$ 的单调性证明；

(3) 令 $f(x)=\dfrac{\ln x}{x}$，由 $f(x)$ 的单调性可得 $\dfrac{\ln b}{b}>\dfrac{\ln a}{a}$，即 $a\ln b>b\ln a$；

(4) 令 $f(x)=\dfrac{x}{1+x}$，利用 $f(x)$ 的单调性和不等式 $|a+b|\leqslant|a|+|b|$ 证明.

5. 当 $a>\dfrac{1}{e}$ 时，没有实根；当 $a=\dfrac{1}{e}$ 时，只有一个实根；当 $0<a<\dfrac{1}{e}$ 时，有两个实根.

6. (1) 凸区间为 $(-\infty,2]$，凹区间为 $[2,+\infty)$，拐点为 $(2,-2)$；

    (2) 凸区间为 $(-\infty,-1]$ 和 $[1,+\infty)$，凹区间为 $[-1,1]$，拐点为 $(-1,\ln2)$，$(1,\ln2)$.

8. $a=-\dfrac{3}{2}$，$b=\dfrac{9}{2}$.   **9.** $a=1$，$b=-3$，$c=-24$，$d=16$.

习 题 3.5

1. (1) 极大值为 $f(-1)=20$，极小值为 $f(3)=-12$；   (2) 极小值为 $f(0)=0$；

    (3) 极大值为 $f\left(\dfrac{3}{4}\right)=\dfrac{5}{4}$；   (4) 极大值为 $f(e^2)=\dfrac{4}{e^2}$，极小值为 $f(1)=0$.

2. $a=2$，极大值为 $y\left(\dfrac{\pi}{3}\right)=\sqrt{3}$.   **3.** $\sqrt[3]{3}$.

4. (1) 最小值为 $y(-2)=-28$，最大值为 $y(2)=4$；   (2) 最小值为 $y\left(\dfrac{1}{e}\right)=-\dfrac{1}{e}$，最大值为 $y(e)=e$；

    (3) 最小值为 $y(-1)=-\dfrac{1}{2}$，最大值为 $y(1)=\dfrac{1}{2}$.

5. $r=\sqrt[3]{\dfrac{V}{2\pi}}$，$h=2\sqrt[3]{\dfrac{V}{2\pi}}$.   **6.** $\alpha=2\pi\left(1-\dfrac{\sqrt{6}}{3}\right)$.   **7.** 离甲村 1.2 km 处.

8. $m=m_0-v_0t$，$v=gt$，动能为 $U=\dfrac{1}{2}mv^2$，动能最大的时刻为 $t_0=\dfrac{2m_0}{3v_0}$.

习 题 3.6

1. (1) $x=0$，$y=1$；   (2) $x=1$，$x=-1$，$y=x$；   (3) $x=1$，$y=x+2$；   (4) $x=-1$，$y=0$；

    (5) $x=1$，$x=-1$，$y=x$，$y=-x$；   (6) $x=0$，$y=2x+1$.

2. (1) 单调增加区间为 $(-\infty,-1]$ 和 $[3,+\infty)$，单调减少区间为 $[-1,3]$，极大值为 $y(-1)=3$，极小值为 $y(3)=-\dfrac{17}{5}$，拐点为 $\left(1,-\dfrac{1}{5}\right)$；与 y 轴交于点 $y=2$，与 x 轴交于点 $x=-2.4$，0.9，4.5(近似值).

    (2) 偶函数，极大值为 $y(0)=\dfrac{1}{4}$，极小值为 $y(\pm1)=0$，拐点为 $\left(\pm\dfrac{\sqrt{3}}{3},\dfrac{1}{9}\right)$.

    (3) 奇函数，极小值为 $y(-1)=-\dfrac{1}{2}$，极大值为 $y(1)=\dfrac{1}{2}$，拐点为 $(0,0)$，$\left(-\sqrt{3},-\dfrac{\sqrt{3}}{4}\right)$，$\left(\sqrt{3},\dfrac{\sqrt{3}}{4}\right)$，渐近线为 $y=0$.

    (4) $y=\dfrac{(x-2)^2}{2x}+2=\dfrac{x}{2}+\dfrac{2}{x}$，奇函数，极大值为 $y(-2)=-2$，极小值为 $y(2)=2$，无拐点，渐近线为 $x=0$，$y=\dfrac{1}{2}x$.

习　题　3.7

1. $K = \dfrac{2}{\left[1+(4-2x)^2\right]^{\frac{3}{2}}}$，$\rho\,|_{x=2}=\dfrac{1}{2}$.　　2. $K\,|_{x=1}=\dfrac{\sqrt{2}}{2}$.

3. $K = \dfrac{8}{(8-x^2)^{\frac{3}{2}}}$，$\rho\,|_{x=2}=1$.　　　　4. $\left(\dfrac{\sqrt{2}}{2}, -\dfrac{1}{2}\ln 2\right)$，$\rho\,|_{x=\sqrt{2}/2}=\dfrac{3\sqrt{3}}{2}$.

习　题　4.1

1. 利用复合函数的求导法则,证明等式右端的导数等于左端的被积函数.

2. 当 $x>0$ 时,$f'(x)=x$；当 $x<0$ 时,$f'(x)=-x$. 所以 $f'(x)=|x|$.

3. 验证等式右端的导数等于左端的被积函数.

4. (1) $\dfrac{3}{5}x^{\frac{5}{3}}-2x^{-\frac{1}{2}}+C$；　(2) $-\dfrac{4}{x}+\dfrac{4x}{3}+\dfrac{1}{27}x^3+C$；　　(3) $\dfrac{1}{3}x^3+\dfrac{2}{5}x^{\frac{5}{2}}-\dfrac{2}{3}x^{\frac{3}{2}}-x+C$；

(4) $-\dfrac{1}{x}-\arctan x+C$；　(5) $\dfrac{1}{3}x^3-\dfrac{1}{2}x^2+x+C$；　　(6) $-\dfrac{3}{x}-\arcsin x+C$；

(7) $e^x-\arcsin x+C$；　　(8) $-\dfrac{1}{2\ln 3}\left(\dfrac{1}{3}\right)^x+\dfrac{3}{\ln 2}\left(\dfrac{1}{2}\right)^x+C$；　(9) $\dfrac{1}{2}\tan x+C$；

(10) $-\dfrac{1}{2}\cot x+C$；　　(11) $\tan x-\cot x-4x+C$；　　(12) $\tan x-\sec x+C$.

5. $y=x^2+1$.　　6. (1) $F(x)=4x^2-5x-x^3+5$；　(2) $F(x)=x+\cos x-\dfrac{\pi}{2}$.

习　题　4.2

1. $-\dfrac{1}{3}\sqrt{2-3x^2}+C$.　　2. $-\dfrac{1}{6}e^{-3x^2}+C$.　　3. $-e^{\frac{1}{x}}+C$.　　4. $\arcsin\dfrac{x-1}{2}+C$.

5. $\arctan e^x+C$.　　6. $x-\ln(1+e^x)+C$.　　7. $\dfrac{1}{2}\ln\left|\dfrac{x-3}{x-1}\right|+C$.　　8. $\dfrac{1}{4}\ln\dfrac{x^4}{1+x^4}+C$.

9. $\dfrac{1}{3}x^3-\dfrac{1}{3}\ln|x^3+1|+C$.　　10. $\dfrac{1}{2}\ln(x^2+2x+3)+\dfrac{1}{\sqrt{2}}\arctan\dfrac{x+1}{\sqrt{2}}+C$.　　11. $\ln|\ln x|+C$.

12. $-\dfrac{1}{2(x\ln x)^2}+C$.　　13. $-\cos x+\dfrac{1}{3}\cos^3 x+C$.　　14. $2\sqrt{\sin x-\cos x}+C$.

15. $\arctan(\sin^2 x)+C$.　　16. $-\dfrac{1}{16}\cos 8x-\dfrac{1}{4}\cos 2x+C$.　　17. $-\dfrac{1}{2(1+\tan x)^2}+C$.

18. $-\cot x+\dfrac{1}{\sin x}+C$.　　19. $e^{\arcsin x}+C$.　　20. $(\arctan\sqrt{x})^2+C$.

21. $\dfrac{6}{7}x\sqrt[6]{x}-\dfrac{6}{5}\sqrt[6]{x^5}+2\sqrt{x}-6\sqrt[6]{x}+6\arctan\sqrt[6]{x}+C$.　　22. $\dfrac{x}{\sqrt{x^2+1}}+C$.

部分习题答案与提示

23. $\frac{1}{2}\arcsin x + \frac{1}{2}\ln|x + \sqrt{1-x^2}| + C.$ **24.** $x + 1 - 4\sqrt{x+1} + 4\ln(1 + \sqrt{x+1}) + C.$

习 题 4.3

1. (1) $-(x+1)\mathrm{e}^{-x} + C$;   (2) $x\arccos x - \sqrt{1-x^2} + C$;   (3) $\frac{1}{3}x^3\ln x - \frac{1}{9}x^3 + C$;

(4) $x\ln^2 x - 2x\ln x + 2x + C$;   (5) $x\tan x + \ln|\cos x| - \frac{1}{2}x^2 + C$;   (6) $x^2\sin x + 2x\cos x - 2\sin x + C$;

(7) $-\frac{1}{x}(\ln^3 x + 3\ln^2 x + 6\ln x + 6) + C$;   (8) $3\mathrm{e}^{\sqrt[3]{x}}(\sqrt[3]{x^2} - 2\sqrt[3]{x} + 2) + C$;

(9) $-\frac{\mathrm{e}^{-2x}}{13}(2\sin 3x + 3\cos 3x) + C$;   (10) $\frac{1}{2}\mathrm{e}^x + \frac{1}{5}\mathrm{e}^x\sin 2x + \frac{1}{10}\mathrm{e}^x\cos 2x + C$;

(11) $x\tan x + \ln|\cos x| + C$;   (12) $\frac{1}{2}x(\sin\ln x - \cos\ln x) + C$.

2. (1) $\frac{1}{a}x^n\mathrm{e}^{ax} - \frac{n}{a}I_{n-1} + C$ $(n \geqslant 1)$;   (2) $\frac{1}{n}\cos^{n-1} x \cdot \sin x + \frac{n-1}{n}I_{n-2}$ $(n \geqslant 2)$.

习 题 4.4

1. $\frac{1}{2}x^2 - 2x + 4\ln|x+2| + C$.   **2.** $\frac{1}{4}\ln\left|\frac{x-1}{x+1}\right| - \frac{1}{2}\arctan x + C$.   **3.** $\frac{1}{4}\ln\left|\frac{1+x}{1-x}\right| - \frac{1}{2}\arctan x + C$.

4. $\ln|x| - \frac{1}{2}\ln(1+x^2) + C$.   **5.** $\ln|x+1| - \frac{1}{2}\ln(x^2 - x + 1) + \sqrt{3}\arctan\frac{2x-1}{\sqrt{3}} + C$.

6. $\frac{1}{4}\ln\left|\frac{x-1}{x+1}\right| + \frac{1}{2(x+1)} + C$.   **7.** $\frac{1}{2}\ln\frac{x^2+x+1}{x^2+1} + \frac{1}{\sqrt{3}}\arctan\frac{2x+1}{\sqrt{3}} + C$.

8. $\frac{2}{\sqrt{3}}\arctan\left[\frac{1}{\sqrt{3}}\left(2\tan\frac{x}{2} + 1\right)\right] + C$.   **9.** $\ln\left|1 + \tan\frac{x}{2}\right| + C$.   **10.** $\frac{1}{2}\tan^2 x + \ln|\cos x| + C$.

11. $\frac{1}{24}(2+4x)^{\frac{3}{2}} - \frac{1}{4}\sqrt{2+4x} + C$.   **12.** $\sqrt{x^2-1} + \ln|x + \sqrt{x^2-1}| + C$.

13. $\ln\left[x + \frac{1}{2} + \sqrt{x(1+x)}\right] + C$.   **14.** $2\sqrt{x} - 4\sqrt[4]{x} + 4\ln(1 + \sqrt[4]{x}) + C$.

习 题 5.1

1. (1) 2;   (2) $1 - \frac{\sqrt{2}}{2}$;   (3) $\mathrm{e} - 1$.   **2.** (1) 4;   (2) 1;   (3) π.

3. (1) $\int_1^2 \ln x \,\mathrm{d}x > \int_1^2 \ln^2 x \,\mathrm{d}x$;   (2) $\int_1^2 x \,\mathrm{d}x > \int_1^2 \ln x \,\mathrm{d}x$;

(3) $\int_0^{\pi/4} \sin^2 x \,\mathrm{d}x < \int_0^{\pi/4} \tan x \,\mathrm{d}x$;   (4) $\int_0^1 \mathrm{e}^{-x} \,\mathrm{d}x < \int_0^1 \mathrm{e}^{-x^2} \,\mathrm{d}x$.

4. (1) $4 \leqslant \int_1^3 (x^2+1)\,\mathrm{d}x \leqslant 20$;   (2) $\frac{7}{6}\pi \leqslant \int_{\pi/6}^{3\pi/4} (1 + 2\sin x)\,\mathrm{d}x \leqslant \frac{7}{4}\pi$;

(3) $\frac{\pi}{9} \leqslant \int_{1/\sqrt{3}}^{\sqrt{3}} x\arctan x \,\mathrm{d}x \leqslant \frac{2}{3}\pi$;   (4) $2\mathrm{e}^{-\frac{1}{4}} \leqslant \int_0^2 \mathrm{e}^{x^2-x} \,\mathrm{d}x \leqslant 2\mathrm{e}^2$.

5. 记 $\int_0^1 f(x)\mathrm{d}x = a$，由 $\int_0^1 [f(x)-a]^2\mathrm{d}x \geqslant 0$ 即得.

6. (1) 不妨设 $f(x_0)>0$，由连续性知，存在区间 $(\alpha,\beta)\subset[a,b]$，$x_0\in(\alpha,\beta)$，使得对于任意的 $x\in(\alpha,\beta)$，有

$f(x)>\dfrac{1}{2}f(x_0)>0$. 由定积分的性质即得.

(2) 利用(1)，用反证法.

7. (1) 0，　(2) 0.

习 题 5.2

1. (1) $\dfrac{1}{2\sqrt{x}}\mathrm{e}^{\sqrt{x}}$；　(2) $3x^2\sin^3 x^3$；　(3) $\dfrac{3}{\sqrt{1+9x^2}}-\dfrac{2x}{\sqrt{1+x^4}}$；　(4) $(\sin x-\cos x)\cos(\pi\sin^2 x)$.

2. $\cot t^2$.　　　**3.** $-\mathrm{e}^{y^2}\sqrt{\ln(1+x^2)}$.　　　　**4.** 极大值点为 $x=\dfrac{1}{3}$，极小值点为 $x=2$.

5. $1+3\sqrt{2}$.　　**6.** (1) $\dfrac{1}{2}$；　(2) $\dfrac{1}{3}$；　(3) $\dfrac{1}{2}$；　(4) 2.

7. (1) $\dfrac{17}{6}$；　　(2) $12\dfrac{1}{6}$；　(3) $\dfrac{\pi}{6}$；　(4) $\dfrac{\pi}{3}$；　(5) 3；　(6) $1-\dfrac{\pi}{4}$；　(7) $2(\sqrt{2}-1)$；　(8) 5.

习 题 5.3

1. (1) $\pi-\dfrac{4}{3}$；　　(2) $\sqrt{2}\pi+2\sqrt{2}$；　(3) $\sqrt{2}-\dfrac{2}{3}\sqrt{3}$；　(4) $\dfrac{1}{16}\pi a^4$；　(5) $2(\sqrt{3}-1)$；

(6) $\dfrac{\pi}{4}+\dfrac{1}{2}$；　(7) $\dfrac{2}{3}$；　　　　(8) 1；　　　　(9) 4.

2. 记 $F(x)=\displaystyle\int_0^x f(t)\mathrm{d}t$. 由 $f(-x)=\pm f(x)$，证明 $F(-x)=\displaystyle\int_0^{-x} f(t)\mathrm{d}t=\mp F(x)$.

3. (1) 令 $x=\dfrac{\pi}{2}-t$；　(2) 令 $x=\pi-t$，$\displaystyle\int_0^\pi \dfrac{x\sin x}{1+\cos^2 x}\mathrm{d}x=\dfrac{\pi^2}{4}$.

4. $\displaystyle\int_a^{a+T} f(x)\mathrm{d}x=\int_a^0 f(t)\mathrm{d}t+\int_0^T f(t)\mathrm{d}t+\int_T^{a+T} f(t)\mathrm{d}t$，证明 $\displaystyle\int_T^{a+T} f(t)\mathrm{d}t=\int_0^a f(t)\mathrm{d}t$.

5. (1) $\displaystyle\lim_{n\to\infty}\sum_{k=1}^n \dfrac{k}{n^3}\sqrt{n^2-k^2}=\int_0^1 x\sqrt{1-x^2}\mathrm{d}x=\dfrac{1}{3}$；　(2) $\displaystyle\lim_{n\to\infty}\dfrac{1}{n}\sqrt[n]{n(n+1)\cdots(2n-1)}=\mathrm{e}^{\int_0^1 \ln(1+x)\mathrm{d}x}=\dfrac{4}{\mathrm{e}}$.

6. (1) $\dfrac{2}{3}-\dfrac{1}{3}\ln 3$；　(2) $\dfrac{\pi}{4}-\dfrac{1}{2}$；　(3) $\dfrac{1}{9}(2\mathrm{e}^3+1)$；　(4) $\dfrac{\pi}{2}-1$；

(5) $\dfrac{1}{2}(\mathrm{e}^{\frac{\pi}{2}}-1)$；　(6) $\dfrac{1}{2}\mathrm{e}(\sin 1-\cos 1)+\dfrac{1}{2}$.

习 题 5.4

1. (1) 收敛；　(2) 收敛；　(3) 收敛；　(4) 发散；　(5) 收敛；　(6) 发散；　(7) $1<\lambda<2$ 时收敛.

2. (1) $\dfrac{1}{4}$；　　(2) $\dfrac{1}{4}$；　　(3) $\dfrac{\pi}{2}$；　　(4) $\dfrac{\pi}{4}$.

部分习题答案与提示

3. 利用 $\left| \dfrac{f(x)}{x} \right| \leqslant \dfrac{1}{2}\left[f^2(x) + \dfrac{1}{x^2} \right]$ 证明. **4.** (1) $\dfrac{1}{2}\Gamma\left(\dfrac{1}{4}\right)$; (2) $\dfrac{1}{n}\Gamma\left(\dfrac{m+1}{n}\right)$; (3) $\Gamma(\lambda+1)$.

<h3 style="text-align:center">习 题 6.1</h3>

1. (1) $\dfrac{9}{2}$; (2) $\dfrac{3}{2}-\ln 2$; (3) $b-a$; (4) $\dfrac{4}{3}$; (5) $\dfrac{3}{2}\pi a^2$; (6) a^2.

2. $\dfrac{9}{4}$. **3.** $\dfrac{2}{3}R^3\tan\alpha$. **4.** (1) $\dfrac{\pi}{3}r^2h$. (2) 绕 x 轴：$\dfrac{\pi}{12}$; 绕 y 轴：$\dfrac{2}{21}\pi$. (3) $2\pi^2a^2b$.

5. 取 $[x,x+\mathrm{d}x]$ 对应的圆柱壳,得体积微元 $\mathrm{d}V=2\pi x f(x)\mathrm{d}x$.

6. 绕 x 轴：$\dfrac{\pi^2}{2}$; 绕 y 轴：$2\pi^2$.

7. (1) $\displaystyle\int_1^3 \dfrac{1+x}{2\sqrt{x}}\mathrm{d}x = 2\sqrt{3}-\dfrac{4}{3}$; (2) $\displaystyle\int_1^e \left(\dfrac{y}{2}+\dfrac{1}{2y}\right)\mathrm{d}x = \dfrac{1}{4}(e^2+1)$;

(3) $2a\displaystyle\int_0^{2\pi}\sin\dfrac{t}{2}\mathrm{d}t = 8a$; (4) $2\sqrt{2}a\displaystyle\int_{-\pi/2}^{\pi/2}\left(\cos\dfrac{\theta}{2}+\sin\dfrac{\theta}{2}\right)\mathrm{d}\theta = 8a$.

<h3 style="text-align:center">习 题 6.2</h3>

1. 0.5 J. **2.** 6.4108×10^6 J. **3.** 1742 J. **4.** $\dfrac{27}{7}kc^{\frac{2}{3}}a^{\frac{7}{3}}$.

5. 205.8 kN. **6.** $\dfrac{2}{3}\mu a^2 b$. **7.** $\dfrac{2Gm\mu}{R}\sin\varphi$.

<h3 style="text-align:center">习 题 7.1</h3>

1. (1) 二阶; (2) 三阶; (3) 二阶; (4) 一阶.

2. (1) 不是; (2) 是; (3) 是; (4) 是; (5) 是.

3. 特解：$y=x^2$. **4.** 特解：$y=3e^x-2e^{2x}+1$.

5. $a=0$ 时,b 可取任何值;$a\neq0$ 时,$b=-0.03$.

6. (1) $y'=kx^2$; (2) $(y-xy')^2+\left(x-\dfrac{y}{y'}\right)^2=l^2$; (3) $yy'+2x=0$.

7. $\begin{cases} m\dfrac{\mathrm{d}^2s}{\mathrm{d}t^2}=mg-\left(\dfrac{\mathrm{d}s}{\mathrm{d}t}\right)^2, \\ \dfrac{\mathrm{d}s}{\mathrm{d}t}\Big|_{t=0}=0,s\big|_{t=0}=0. \end{cases}$

<h3 style="text-align:center">习 题 7.2</h3>

1. (1) $y=\tan\left(x+\dfrac{1}{2}x^2+C\right)$; (2) $e^x+e^{-y}=C$; (3) $\ln^2 x+\ln^2 y=C$; (4) $\dfrac{1}{x}+\ln(1+y^2)=C$;

(5) $\dfrac{y}{x}=\ln|y|+C$; (6) $y=x\,e^{Cx+1}$; (7) $\sin\dfrac{y}{x}=Cx$; (8) $x^2=y^2+Cy$.

2. (1) $y=\dfrac{1}{2}(\arctan x)^2$；　(2) $(e^x+1)(e^y-1)=2$；　(3) $y=xe^x$；　(4) $\dfrac{x+y}{x^2+y^2}=1$.

3. $y=\dfrac{2x}{2-x}$.　**5.** $v=\dfrac{mg}{k}(1-e^{-\frac{kt}{m}})$,$0\leqslant t\leqslant T_0$,$T_0$ 为该物体落地的时间.　**6.** $xy=1$.

习　题　7.3

1. (1) $y=(x+C)e^{-\cos x}$；　(2) $y=\dfrac{1}{1+x^2}(\cos x+C)$；　(3) $y=(x+1)^2\left(\dfrac{1}{2}x^2+x+C\right)$；

(4) $y=x^2+Cx^2e^{\frac{1}{x}}$；　(5) $x=\arctan y-1+Ce^{-\arctan y}$；

(6) $x=\dfrac{1}{2}y^3+Cy$；　(7) $y=\dfrac{3x^2}{x^3+C}$；　(8) $\dfrac{1}{y}=Cx^2+\dfrac{1}{2}\ln x+\dfrac{1}{4}$.

2. (1) $y=\dfrac{2}{5}\sin x-\dfrac{1}{5}\cos x+\dfrac{4}{5}e^{-2x}$；　(2) $y=\dfrac{5e^{\sin x}-6}{\cos x}$；

(3) $x=y^2(1-\ln y)$；　(4) $y=\dfrac{2}{x(2-\ln^2 x)}$.

4. $y=x+x^2$.　**5.** $v=\dfrac{k_1}{k_2}t-\dfrac{k_1 m}{k_2^2}(1-e^{-\frac{k_1 t}{m}})$.

习　题　7.4

1. (1) $y=\dfrac{1}{24}x^4+\sin x+C_1x^2+C_2x+C_3$；　(2) $y=x\cos x-3\sin x+C_1x^2+C_2x+C_3$；

(3) $y=\dfrac{2}{3}(x+C_1)^{\frac{3}{2}}+C_2$ 或 $y=-\dfrac{2}{3}(x+C_1)^{\frac{3}{2}}+C_2$；　(4) $y=\sin(x+C_1)+C_2$；

(5) $y=C_1x^5+C_2x^3+C_3x^2+C_4x+C_5$；　(6) $y^2=C_1x+C_2$；　(7) $y=\dfrac{1}{2}e^{-x}+C_1e^x+C_2$；

(8) $y=C_1\operatorname{sh}\left(\dfrac{x}{C_1}+C_2\right)$（此时 $y'>1$），$y=-C_1\operatorname{sh}\left(\dfrac{x}{C_1}+C_2\right)$（此时 $y'<-1$），$y=C_1\sin\left(\dfrac{x}{C_1}+C_2\right)$（此时 $|y'|<1$）.

2. (1) $y=\dfrac{1}{6}x^3+\cos x+x$；　(2) $y=x^3+3x+1$；　(3) $y=\sqrt{2x-x^2}$ $(0<x<2)$.

3. $(x-C_1)^2+(y-C_2)^2=\dfrac{1}{K^2}$.　**4.** $y=\dfrac{1}{2}(x^2-4x+5)$.

5. $y^{2k-1}=Cx$ $\left(k>\dfrac{1}{2}\right)$.　**6.** $y=\dfrac{a}{2}(e^{\frac{x}{a}}+e^{-\frac{x}{a}})$.

习　题　7.5

1. (1) 线性无关；　(2) 线性相关；　(3) 线性相关；　(4) 线性相关；　(5) 线性无关；　(6) 线性无关.

2. $y=C_1x+C_2e^x$.

部分习题答案与提示

习　题　7.6

1. (1) $y=C_1\mathrm{e}^{3x}+C_2\mathrm{e}^{-3x}$；　　　　　(2) $y=C_1\mathrm{e}^{-3x}+C_2\mathrm{e}^{6x}$；　　　　　(3) $y=(C_1+C_2x)\mathrm{e}^{-\frac{1}{2}x}$；

(4) $y=C_1\cos\sqrt{5}\,x+C_2\sin\sqrt{5}\,x$；　(5) $y=\mathrm{e}^x(C_1\cos\sqrt{3}\,x+C_2\sin\sqrt{3}\,x)$；　(6) $y=(C_1+C_2x+C_3x^2)\mathrm{e}^x$；

(7) $y=(C_1+C_2x)\cos\sqrt{2}\,x+(C_3+C_4x)\sin\sqrt{2}\,x$；　(8) $y=C_1\mathrm{e}^{2x}+C_2\mathrm{e}^{-2x}+C_3\cos3x+C_4\sin3x$.

2. (1) $y=\mathrm{e}^{5x}+\mathrm{e}^{-3x}$；　　(2) $y=\mathrm{e}^x\sin2x$；　　(3) $y=(1+3x)\mathrm{e}^{-2x}$；　　(4) $y=2\cos5x+\sin5x$.

3. $y'''+y''-y'-y=0$.　　**4.** (2) $f(x)=\mathrm{e}^x$.

习　题　7.7

1. (1) $y=C_1\mathrm{e}^{-2x}+C_2\mathrm{e}^x+\left(\dfrac{1}{6}x^2-\dfrac{1}{9}x\right)\mathrm{e}^x$；　(2) $y=C_1\mathrm{e}^{2x}+C_2\mathrm{e}^{-3x}-\dfrac{1}{6}x^3-\dfrac{1}{12}x^2-\dfrac{7}{36}x-\dfrac{13}{216}$；

(3) $y=\left(C_1+C_2x+\dfrac{1}{6}x^3\right)\mathrm{e}^{-3x}$；　　　　　(4) $y=C_1\mathrm{e}^{-2x}+C_2\mathrm{e}^{-4x}+\dfrac{1}{2}x\mathrm{e}^{-2x}-\dfrac{1}{2}x\mathrm{e}^{-4x}$；

(5) $y=C_1+C_2\mathrm{e}^{-x}+\dfrac{1}{2}x+\dfrac{1}{20}(2\cos2x-\sin2x)$；　(6) $y=C_1\cos x+C_2\sin x+\dfrac{1}{2}(\mathrm{e}^x+x\sin x)$.

2. (1) $y=\dfrac{1}{8}\mathrm{e}^x(9\cos\sqrt{3}\,x-\sqrt{3}\sin\sqrt{3}\,x)+\dfrac{1}{4}x-\dfrac{1}{8}$；　(2) $y=4\mathrm{e}^{-x}-3\mathrm{e}^{-2x}+(x^2-2x)\mathrm{e}^{-x}$；

(3) $y=\dfrac{2}{9}\sin2x+\dfrac{1}{3}x\cos x+\dfrac{2}{9}\sin x$；　　　　(4) $y=\dfrac{1}{2}x^2\mathrm{e}^{-x}$.

3. (1) $y^*=x^2(ax^2+bx+c)+\mathrm{e}^{-4x}$；　　　　(2) $y^*=\mathrm{e}^x\left[(ax+b)\cos2x+(cx+d)\sin2x\right]$；

(3) $y^*=x(a_1x+a_2)\mathrm{e}^x+k\mathrm{e}^{-x}+(b_1x+b_2)\cos x+(c_1x+c_2)\sin x$；

(4) $y^*=\mathrm{e}^{2x}\left[(a_1x+a_2)\cos x+(b_1x+b_2)\sin x\right]$.

4. $f(x)=-2\cos x-\dfrac{1}{2}x\cos x+\dfrac{1}{2}\sin x+2$.　　**5.** $y=1+\dfrac{3}{2}\sin x-\dfrac{1}{2}x\cos x$.